Heinz Fehling

Elektrische Starkstromanlagen

Stromsysteme, Netze, Leitungen, Kurzschlußschutz

VDE-VERLAG GmbH
Berlin und Offenbach

Redaktion: Dipl.-Ing. Roland Werner

CIP-Kurztitelaufnahme der Deutschen Bibliothek

Fehling, Heinz:
Elektrische Starkstromanlagen: Stromsysteme,
Netze, Leitungen, Kurzschlußschutz / Heinz
Fehling. – Berlin ; Offenbach : VDE-VERLAG, 1983.
ISBN 3-8007-1299-7

ISBN 3-8007-1299-7

© 1984 VDE-VERLAG GmbH, Berlin und Offenbach
    Bismarckstraße 33, D-1000 Berlin 12

Alle Rechte vorbehalten

Druck: Mercedes-Druck, Berlin   8402

Vorwort

Das hier vorliegende neue Lehr- und Sachbuch über elektrische Starkstromanlagen soll die bereits verfügbaren, umfangreichen Kompendien auf dem Sektor der elektrischen Energietechnik ebensowenig ersetzen wie die zahlreiche, durch den technischen Fortschritt sich in permanenter Ergänzung befindliche Spezialliteratur.

Das Buch stellt vielmehr in Verbindung mit den einschlägigen Vorschriften und den *neuesten Begriffsbildungen nach DIN-Normen und VDE-Bestimmungen* eine seit langem notwendige Ergänzung dar, die vor allem den Studenten der elektrischen Energietechnik beider Hochschularten auf einem geeigneten pädagogischen und didaktischen Hintergrund als begleitende Vorlesungsliteratur dienen soll. Aber auch der in der Praxis stehende Ingenieur der elektrischen Energietechnik kann diesem Buch Anregungen entnehmen, die ihm bei der Lösung relevanter Probleme dienlich sind.

Das Buch baut auf didaktischen Erfahrungen auf, die der Verfasser in einer über viele Jahre an einer Fachhochschule gehaltenen und in zahlreiche Ingenieurabschlußarbeiten mündenden praxisorientierten Lehrveranstaltung gesammelt hat, die dem größeren curricularen Bereich der allgemeinen elektrischen Energietechnik angehört, dem der „Elektrischen Starkstromanlagen". Die zunehmende Bedeutung der Energieverteilung mit geeigneten Betriebsmitteln sowie die Fragen eines ökonomischen und wirksamen Anlagenschutzes haben den Verfasser bewogen, neben den grundsätzlichen Methoden zur Leitungs- und Kurzschlußberechnung auch die Mittel aufzuzeigen, die heute nach dem letzten technischen Stand geeignet sind, einen optimalen Schutz im Störungsfall zu gewährleisten.

Die Technik der Mehrfachstromsysteme und deren unmittelbare Anwendung auf Problemstellungen des dreiphasigen Drehstromsystems sowie zahlreiche durchgerechnete Beispiele und Aufgaben ergänzen die übrigen Kapitel.

Für die Berechnung der Kurzschlußströme konnten aus Platzgründen – aber auch aus didaktischen Überlegungen heraus – nur die symmetrischen Fälle behandelt werden. Für die Kurzschlußberechnung bei unsymmetrischer Netzbelastung – symmetrische Komponenten – muß auf die einschlägige Literatur verwiesen werden.

Dort, wo mit möglicherweise ungewohntem mathematischen Kalkül gearbeitet wird – Determinanten, Matrizen, Algorithmen –, bietet eine im Teil IV befindliche Kurzfassung der wichtigsten Rechenregeln mit entsprechenden Beispielen eine leicht verständliche Einführung.

Für das Überlassen von geeignetem Bildmaterial und aktuellen technisch-wissenschaftlichen Veröffentlichungen danke ich den Firmen AEG-Telefunken, Siemens, BBC, Klöckner-Moeller und Calor-Emag. Für wertvolle Hinweise

und für die Durchsicht der Teile II und III bedanke ich mich recht herzlich bei Herrn Dr. Schramm von der Firma Siemens-Energietechnik.
Herrn cand. math. Pfeiffer vom mathematischen Institut der Universität Kiel und den Herren cand. ing. Haß und Gronau von der FH Kiel ist für die mühevolle Arbeit des Korrekturlesens der Aufgaben und Beispiele mit Lösungen zu danken. Dem VDE-VERLAG danke ich für die Buchausstattung.
Mein besonderer Dank gilt Herrn Dipl.-Ing. R. Werner von der Buchredaktion, der sich in vorbildlicher Weise für die Buchgestaltung eingesetzt hat und der durch sachkundige Anregungen zum Gelingen des vorliegenden Werkes beitragen konnte.
Alle Anregungen aus dem fachkundigen Leserkreis, die zu einer Verbesserung bzw. Ergänzung des Buches auch im didaktischen Bereich beitragen können, werden gern entgegengenommen.

Kiel, im Sommer 1983   HEINZ FEHLING

Einleitung

Der diesem Buch als Oberbegriff zugrundeliegende Ausdruck *Elektrische Starkstromanlagen* stellt nach den Begriffsbestimmungen gemäß VDE 0100/5.73, aber auch nach VDE 0105 Teil 1/5.75, eine deutliche Abgrenzung zu den sogenannten *Schwachstromanlagen* dar.

Starkstromanlagen sind nach *VDE 0100* und *VDE 0101* elektrische Anlagen mit Betriebsmitteln zum Erzeugen, Umwandeln, Speichern, Fortleiten, Verteilen und Verbrauchen elektrischer Energie mit dem Zweck des Verrichtens von Arbeit – z. B. von mechanischer Arbeit –, zur Wärme- und Lichterzeugung oder bei elektrochemischen Vorgängen.

So gesehen umfaßt der Begriff „Starkstromanlagen" weit mehr Teilgebiete der Elektrischen Energietechnik als in den folgenden Kapiteln des Buches behandelt werden können. An den Technischen Universitäten und Fachhochschulen haben sich bereits frühzeitig jene spezifischen Disziplinen der elektrischen Energietechnik herausgebildet, die heute einigen Instituten und Lehrstühlen ihren Namen gegeben haben: Elektrische Maschinen und Antriebe, Hochspannungstechnik und elektrische Starkstromanlagen.

Die elektrischen Starkstromanlagen umfassen hierbei im allgemeinen die Probleme der Energieversorgung und der Energieverteilung mit Hilfe von Leitungen und Netzen sowie den Anlagen- und Verbraucherschutz durch Schaltgeräte im Störungsfall, ganz besonders bei Kurzschlußvorgängen.

Besonders die nach dem Zweiten Weltkrieg einsetzende und stark wachsende Elektrifizierung auf allen Gebieten des täglichen Lebens sowie eine expandierende Industrie führten zu völlig neuen Aspekten bei der Verwirklichung einer optimalen Energieversorgung.

In der Schwer- und Grundstoffindustrie, einschließlich der Stahlwerke, der chemischen Betriebe und der Großelektrolyseanlagen, hatte die Konzentration der installierten elektrischen Energie eine Steigerung der Kurzschlußleistung zur Folge, die oft nur noch mit Mühe durch geeignete Schutzeinrichtungen beherrscht werden konnten.

Entgegen den Gepflogenheiten bisheriger Lehrbücher hat der Verfasser die zumeist aus physikalisch-elektrischen Betrachtungen bestehende *Elektrische Festigkeitslehre* aus dem Darstellungsbereich herausgenommen und dafür im dritten Teil dieses Buches dem technischen Stand des Anlagen- und Verbraucherschutzes mehr Gewicht gegeben.

Im **ersten Teil** werden nach einer grundlegenden Einführung in die Drehstromtechnik – unter Beachtung der geltenden Begriffsbestimmungen nach DIN und VDE – elektrische Betriebsmittel behandelt, die für den kontinuierlichen elektrischen Energietransport zwischen dem Erzeuger und dem Ver-

braucher von Bedeutung sind: Leitungen, Kabel und Netze. Hierbei finden die Strahlen-, Ring- und Maschennetze mit den unterschiedlichen Einspeisestellen besondere Beachtung.
Neben der eingehenden Erörterung rechnerischer Methoden für die Auslegung verschiedener Leitungssysteme, stehen dem Leser zahlreiche durchgerechnete Beispiele und Aufgaben für eine Vertiefung des Stoffes zur Verfügung.
Der **zweite Teil** behandelt die möglichen Störungsfälle, insbesondere das Kurzschlußverhalten im Hoch- und Niederspannungsnetz. Ebenfalls wird wieder anhand relevanter Beispiele und unter besonderer Berücksichtigung der in VDE 0102 Teil 1 und 2 festgelegten Begriffe und Leitsätze die Berechnung der Kurzschlußströme in Drehstromanlagen behandelt.
Der **dritte Teil** des Buches ist schließlich dem weiten Spektrum des Anlagen- und Verbraucherschutzes gewidmet und befaßt sich neben grundsätzlichen Fragen der Selektivität in Strahlen-, Ring- und Maschennetzen auch mit der Entwicklung der modernen Schaltertechnik, insbesondere der SF_6-Schaltanlagen für Hochspannung, dem Vakuumschalter für Mittelspannung und dem staffelbaren Leistungsschalter für Niederspannung.
Eine kurze Betrachtung des physikalischen Verhaltens elektrischer Lichtbögen, die als Kurzschlußlichtbögen in Starkstromanlagen ein hohes Zerstörungspotential aufweisen und die als Schaltlichtbögen in Schaltgeräten gezielten Löschmethoden unterworfen werden, ergänzt den letzten Teil des Buches.
Im **vierten Teil** sind neben einer Zusammenstellung der wichtigsten Formeln die Lösungen der Aufgaben aus den vier Buchteilen wiedergegeben. Eine Übersicht der einschlägigen Literatur, der wichtigsten VDE-Bestimmungen und DIN-Normen beschließt das Buch.

Inhalt

I	**Mehrphasensysteme, elektrische Leitungen und Netze in Starkstromanlagen**	**13**
1	**Theoretische Grundlagen der Drehstromtechnik**	**13**
1.1	Symmetrische Mehrphasensysteme, Dreieck- und Sternschaltung im Drehstromsystem	13
1.1.1	Leistung im symmetrischen Drehstromsystem	21
1.1.2	Leistung im Mehrphasensystem	23
1.1.3	Genormte Darstellung dreiphasiger Drehstromsysteme	23
1.1.4	Umlaufrichtung der Spannungszeiger im Drehstromsystem	24
1.1.5	Beziehungen zwischen den Spannungen im Drehstromsystem bei Wahl einer Bezugsgröße	26
1.2	Unsymmetrische Belastung im Drehstromsystem	29
1.2.1	Unsymmetrische Belastung eines Dreiphasen-Vierleitersystems ohne Neutralleiter	33
1.3	Leistungsmessung im Drehstromsystem	38
2	**Elektrische Energieverteilung**	**41**
2.1	Historische Entwicklung	41
2.2	Formen der elektrischen Energieübertragung heute	44
2.2.1	Netzformen	45
2.2.2	Leitungen, Kabel und Maste	48
2.3	Genormte Spannungssysteme für elektrische Energieübertragung	55
3	**Elektrische Eigenschaften der Leitungen**	**57**
3.1	Leitungskonstanten	57
3.2	Ersatzschaltbilder für elektrische Leitungen	60
4	**Berechnung elektrischer Leitungen und Netze**	**62**
4.1	Mit Gleichstrom betriebene Leitungen	62
4.1.1	Offene und am Ende belastete Gleichstromleitung	62
4.1.2	Offene und an mehreren Stellen belastete Gleichstromleitung	65
4.1.3	Offene Gleichstromleitung mit gleichmäßig verteilter spezifischer Belastung	66
4.1.4	Offene Zweigleitung	68
4.1.5	Ringleitungen und zweiseitig gespeiste Leitungen	73
4.2	Mit Wechsel- oder Drehstrom betriebene Leitungen	79
4.2.1	Offene und am Ende belastete Wechsel- oder Drehstromleitung mit Längswiderstand R	79

4.2.2	Offene und an mehreren Stellen belastete Wechsel- oder Drehstromleitung	82
4.2.3	Ringleitungen, zweiseitig gespeiste Wechselstrom- oder Drehstromleitungen	86
4.3	Mit Wechsel- oder Drehstrom betriebene Leitungen unter Berücksichtigung der Längswiderstände R und X	91
4.3.1	Offene und am Ende belastete Leitung mit R und X	91
4.3.2	Wirtschaftlichkeit von Freileitungen und Kabel	94
4.3.3	Offene und an mehreren Stellen belastete Leitung mit R und X	96
4.3.4	Zweiseitig gespeiste Leitung mit R und X	97
4.4	Leitungen für Wechsel- oder Drehstrom mit Längswiderständen R und X sowie Querkapazität C und Ableitung G	99
4.4.1	Offene und am Ende belastete Leitung mit R, X und C	99
4.4.2	Offene und am Ende belastete Leitung mit R, X, C und G	100
4.5	Beliebig lange Fernleitung für Wechsel- und Drehstromübertragung mit R, X, C und G	102
5	**Elektrische Energieübertragung mit hochgespanntem Gleichstrom**	105
6	**Berechnung von Maschennetzen**	108
6.1	Allgemeines über vermaschte Netze	108
6.2	Methoden zur Berechnung einfacher Maschen: Gleichsetzungsmethode	109
6.3	Verlegungs- oder Verwerfungsmethode	114
6.4	Netzumwandlung, Netzabbau und Netzaufbau	119
7	**Netzberechnung mit Hilfe von Matrizen**	126
7.1	Orientiertes Gerüst und Hilfskoeffizientenmatrix	126
7.2	Knotenpunktverfahren	131
II	**Kurzschlüsse in elektrischen Starkstromanlagen und ihre Berechnung**	135
1	**Kurzschlußvorgänge und Folgeerscheinungen in Starkstromanlagen**	135
1.1	Allgemeine Probleme bei Kurzschlüssen in Netzen	135
1.2	Kurzschluß in Mittel- und Hochspannungsanlagen	136
1.3	Kurzschluß in Niederspannungsanlagen	137
1.4	Arten der Kurzschlüsse	138
1.4.1	Fehlerarten im Netz	139
1.5	Kurzschluß im Einphasen-Wechselstromkreis	142
2	**Kurzschlußstromverlauf und Grundlagen seiner Berechnung**	145
2.1	Einschaltvorgänge im Gleichstrom- und Wechselstromkreis als Äquivalenz zum Kurzschlußstromverlauf	145

2.1.1	Kurzschluß im Gleichstromkreis	145
2.1.2	Kurzschluß im Wechselstromkreis	147
2.2	Ausgleichsvorgang im Wechselstromnetz bei plötzlichen Stromänderungen	148
2.2.1	Symmetrischer Kurzschlußstromverlauf	151
2.2.2	Vollständig asymmetrischer Kurzschlußstromverlauf	151
2.3	Kurzschlußstromverlauf im Drehstrom-Dreileitersystem	154
2.4	Interpretation der Begriffe nach VDE 0102 Teil 1 und 2	155
2.4.1	Generatornahe und generatorferne Kurzschlüsse	155
2.4.2	Kurzschlußstromgrößen nach VDE 0102 Teil 1 und 2	157
2.4.3	Stoßfaktor $\varkappa$ und seine Wirkung auf I_s	158
2.5	Stromkräfte und ihre Wirkung in Starkstromanlagen	161
2.5.1	Kurzschlußkräfte zwischen Leitern	161
2.5.2	Umbruchfestigkeit der Stützer	164
2.6	Thermische Beanspruchung von Starkstromanlagen	165
3	**Berechnung dreipoliger Kurzschlüsse in Drehstromanlagen**	**167**
3.1	Berechnung bei Einspeisung ohne Netzverzweigung	167
3.1.1	Berechnungsverfahren bei dreipoligen Kurzschlüssen	169
3.2	Transformator in der Kurzschlußbahn – Spannungsebenen und Bezugsspannung U_B	172
3.3	Widerstandsgrößen der Betriebsmittel in der Kurzschlußbahn	174
3.3.1	Beitrag des Generators	174
3.3.2	Beitrag des Transformators	176
3.3.3	Beitrag der Freileitungen und Kabel	177
3.3.4	Beitrag einer Kurzschlußstrom-Begrenzungsdrossel	177
3.4	Beispiele für die Berechnung dreipoliger Kurzschlüsse in Strahlennetzen mit Transformatoren	178
3.4.1	Netz mit Transformatoren und starrer Einspeisung	178
3.4.2	Ersatzreaktanz bei starrer Einspeisung	181
3.4.3	Netz mit Generatoren, Transformatoren und Kurzschlußstrom-Begrenzungsdrosseln bei nichtstarrer Einspeisung	186
3.5	Dreipolige Kurzschlüsse in der Nähe eines Generators oder einer Generatorgruppe	191
3.5.1	Kurzschlußstromverlauf	191
3.5.2	Beeinflussung der Kurzschlußstromauswirkung durch gekapselte Generatorableitungen	192
4	**Berechnung dreipoliger Kurzschlüsse in Ringnetzen und in Netzen mit mehrfacher Einspeisung**	**193**
4.1	Kurzschluß im Ringnetz	193
4.2	Kurzschlüsse in Ringnetzen mit mehreren Speisestellen	197
4.2.1	Dreieck-Stern-Umwandlung: Netzverwandlung	197
4.3	Methode der fiktiven Quellenspannung	201
4.4	Kurzschlüsse in vermaschten und mehrfach vermaschten Netzen	203

4.4.1	Lösung mit Hilfe der Cramerschen Regel	204
4.4.2	Lösung mit Hilfe des verketteten Algorithmus	206
4.4.3	Lösung mit dem Knotenpunktverfahren	207

III Schaltgeräte und Schutzeinrichtungen in elektrischen Starkstromanlagen ... 209

1	**Schutzeinrichtungen für elektrische Starkstromanlagen**	
1.1	Rückblick auf die Entwicklung der Schaltgeräte	209
1,2	Einteilung der Schutzeinrichtungen	211
1.2.1	Niederspannungs-Schaltgeräte	211
1.2.2	Hochspannungs-Schaltgeräte	213
2	**Elektrischer Lichtbogen in Starkstromanlagen**	217
2.1	Physikalischer Hintergrund der Lichtbogenentladung	217
2.2	Elektrischer Schaltlichtbogen	222
3	**Niederspannungs-Leistungsschalter**	228
3.1	Auslöseeinrichtungen für den Anlagenschutz in Niederspannungsnetzen	229
3.2.	Staffelbarer Niederspannungs-Leistungsschalter	230
3.2.1	Kennlinie der staffelbaren Niederspannungs-Leistungsschalter	236
3.3	Kurzschlußstrombegrenzende Niederspannungs-Leistungsschalter	237
3.3.1	Kennlinie der kurzschlußstrombegrenzenden Niederspannungs-Leistungsschalter	240
4	**Niederspannungs-Hochleistungs-Sicherung**	241
4.1	Aufbau und Wirkung der NH-Sicherung	241
4.2	Kennlinie der NH-Sicherung	245
4.3	Kombination Leistungsschalter und Sicherung	247
4.4	Prüfung und Qualitätssicherung der Niederspannungs-Schaltgeräte	248
5	**Selektivität in Niederspannungsnetzen**	251
5.1	Selektivität zwischen Leistungsschaltern	253
5.2	Selektivität zwischen NH-Sicherungen	255
5.3	Selektivität zwischen Leistungsschaltern, Sicherungen und strombegrenzenden Leistungsschaltern	257
5.4	Selektivität im Niederspannungs-Maschennetz	258
6	**Kurzschlußschutz in Mittelspannungs- und Hochspannungsanlagen**	265
6.1	Grundlegendes zur Relaistechnik	265
6.1.1	Erdschlußschutz	269
6.1.2	Kurzunterbrechung oder Kurzschlußfortschaltung	272

7	**Leistungsschalter im Mittelspannungs- und Hochspannungsnetz**	274
7.1	Ölarmer Leistungsschalter bis 36 kV	278
7.2	Druckluft-Leistungsschalter bis 36 kV	279
7.3	Vakuum-Leistungsschalter bis 36 kV	280
7.4	Hochspannungs-Leistungsschalter in SF_6-Technik bis 800 kV	284
7.5	Prüfung und Qualitätssicherung der Hochspannungs-Schaltgeräte	288
7.5.1	Prinzip der synthetischen Prüfschaltung	289
8	**Schaltanlagenbau**	291
8.1	Fremdisolierte Hochspannungs-Schaltanlagen	291
8.1.1	Überspannungsschutz in Hochspannungs-Schaltanlagen	293
8.2	Luft- und fremdisolierte Mittelspannungs-Schaltanlagen	296
8.3	Niederspannungs-Schaltanlagen	299
IV	**Anhang**	301
1	**Zusammenstellung wichtiger Formeln**	301
1.1	Aus Teil I	301
1.2	Aus Teil II	308
2	**Angewandte Determinanten- und Matrizenrechnung**	311
2.1	Einführung in den Determinantenbegriff	311
2.2	Determinanten dritter Ordnung und ihre Anwendung	315
2.3	Determinanten höherer Ordnung	320
2.4	Matrizenrechnung, Begriffe und Rechenregeln	327
2.4.1	Regeln der Matrizenalgebra	328
2.4.2	Darstellungen von Gleichungssystemen aus der elektrischen Anlagentechnik mit Hilfe von Matrizen	335
2.5	Gaußscher Algorithmus und seine Anwendung	338
2.5.1	Verketteter Algorithmus	338
3	**Aufgabenlösungen der Teile I bis IV**	340
3.1	Teil I, Aufgaben 1.1 bis 6.2	340
3.2	Teil II, Aufgaben 2.1 bis 4.3	356
3.3	Teil III, Aufgaben 5.1 bis 5.3	362
3.4	Teil IV, Aufgaben 2.1 bis 2.7	365
4	**Schrifttum**	371
4.1	Sammel- und Nachschlagewerke	371
4.2	Lehr- und Fachbücher über Starkstromanlagen und deren Schutzeinrichtungen	371

4.3	Veröffentlichungen über Einzelprobleme der elektrischen Anlagentechnik	372
4.4	VDE-Bestimmungen und DIN-Normen für elektrische Starkstromanlagen (Auswahl)	373
5	**Sachregister**	371

I Mehrphasensysteme, elektrische Leitungen und Netze in Starkstromanlagen

1 Theoretische Grundlagen der Drehstromtechnik

1.1 Symmetrische Mehrphasensysteme, Dreieck- und Sternschaltung im Drehstromsystem

Der Normenausschuß für Einheiten und Formelgrößen (AEF) im DIN – Deutsches Institut für Normung e. V. – hat auch im Bereich der elektrischen Energietechnik für Stromsysteme einheitliche Begriffsbestimmungen erarbeitet.

„*DIN 40 108 vom August 1978* definiert ein *Mehrphasensystem* als ein Wechselstromsystem mit mehr als zwei Strombahnen in und entlang denen die elektrischen und magnetischen Größen mit gleicher Frequenz, mit gleichen oder angenähert gleichen Amplituden in vorgegebener Phasenfolge mit gleichen oder angenähert gleichen Phasenverschiebungswinkeln verlaufen. Mit Mehrphasensystemen kann man räumlich umlaufende elektrische und magnetische Felder erzeugen. Diese werden *Drehfelder* genannt. Deshalb werden Mehrphasensysteme als *Drehstromsysteme* bezeichnet."

Magnetische Drehfelder wurden bereits Ende des 19. Jahrhunderts angestrebt, um elektrische in mechanische Energie umzuwandeln. Zum Verwirklichen dieses „Motorprinzips" waren Wechselspannungen mit Phasenverschiebung nötig. Erste funktionsfähige Systeme entwickelten die Franzosen *Deprez* und *Carpentier*, die 1881 in England patentiert wurden. 1885 baute *Ferraris* einen Motor, indem er zwei Wechselspannungsquellen auf senkrecht zueinander stehende Spulen schaltete, wobei die Quellenspannungen um eine viertel Periode gegeneinander verschoben waren. Das magnetische Drehfeld brachte eine Kupferschleife zum Umlaufen. *Bradley, Haselwander* und *Tesla* arbeiten in den USA an Systemen mit mehrphasigem Wechselstrom. *Tesla* beendete seine Versuche 1890 ergebnislos, da er – bei zweiphasigem Wechselstrom – mit dem Wirkungsgrad immer unter 50 Prozent blieb. Seine Patente kaufte schließlich die Firma Westinghous für eine Million Dollar! Erst *Dolivo Dobrowolsky* gelang die Entwicklung eines Versuchsmotors mit wesentlich höherem Wirkungsgrad, bei dem er mit drei Wechselspannungen arbeitete.

Bild 1.1 zeigt die Anordnung von Spulen mit Eisenkern, die nach dem Ferrari-Prinzip mit zwei Wechselspannungen ein magnetisches Drehfeld erzeugen. Die Wechselspannungen haben eine Phasenverschiebung von 90 Grad elek-

$u_1 = \hat{u}_1 \sin \omega t$

$u_2 = \hat{u}_2 \sin(\omega t - 90°)$

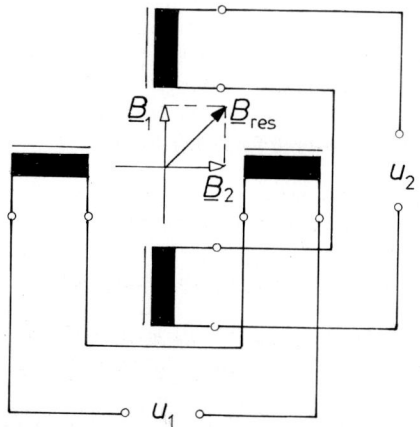

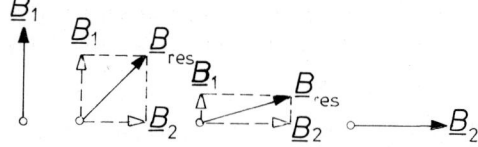

Bild 1.1 Magnetisches Drehfeld durch zwei Wechselspannungen

trisch, die beiden magnetischen Induktionen $\underline{B}_1$ und $\underline{B}_2$ erzeugen ein resultierendes kreisförmiges Magnetfeld mit der Induktion $\underline{B}_{res}$.

Ein Mehrphasensystem kann dann als *symmetrisch* bezeichnet werden, wenn die Impedanzen aller Stränge in Ring- oder Sternschaltung untereinander gleich sind. Für m Quellenspannungen in m Strängen gilt nach dem Vorangegangenen das folgende Bildungsgesetz für die Anordnung auf der Erzeugerseite:

$$\begin{aligned}
u_{12} &= \hat{u} \cdot \sin \omega t \\
u_{23} &= \hat{u} \cdot \sin(\omega t - 2\pi/m) \\
&\vdots \\
u_{m1} &= \hat{u} \cdot \sin(\omega t - (m-1) \cdot 2\pi/m).
\end{aligned} \qquad (1.1)$$

Hierin sind:
u_{ik} zeitabhängige elektrische Spannungen
$\hat{u}$ Amplitude der Spannung

ω · t   Kreisfrequenz ($2 \cdot \pi \cdot f$)
m   Anzahl der Quellenspannungen ($m \geq 3$).

Für $m = 3$ ergibt sich das gebräuchliche und heute am meisten verwendete dreiphasige Wechselstromsystem, das die übliche Bezeichnung *Drehstromsystem* führt.
Bei einem *m*-Phasensystem können die einzelnen Strangleitungen entweder miteinander in einer *Ring-* oder *Polygonschaltung* oder in einer *Sternschaltung* verbunden werden. In einer Ringschaltung werden die Stränge hintereinandergeschaltet, das ist eine *Reihenschaltung* der *Quellenspannungen* bzw. der *Verbraucher*.
Die *Außenleiter* L1...Lm führen dem Verbraucher die *Außenleiterströme* $\underline{I}_1 \ldots \underline{I}_m$ zu. Da immer zwei Strangströme mit einem Außenleiterstrom verbunden sind, war früher der heute nicht mehr empfohlene Ausdruck „verkettetes Mehrphasensystem" üblich. Die in einer Ringschaltung befindlichen Strangströme heißen auch *Ringströme*.
Bei *symmetrischen Mehrphasensystemen* in der Ringschaltung besteht zwischen den Strangströmen und den Außerleiterströmen der folgende Zusammenhang:

$$I_{auß} = 2 \cdot I_{str} \cdot \sin(\pi/m). \tag{1.2}$$

Die Summe der Augenblickswerte aller *Strangspannungen* ist unter den gegebenen Voraussetzungen ebenfalls Null, in dem Ring fließt daher kein Kurz-

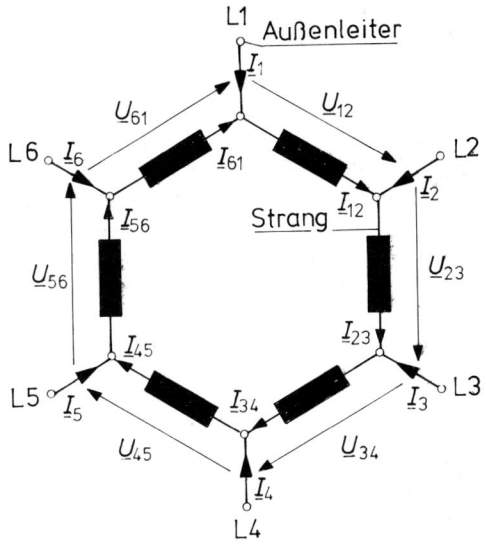

Bild 1.2   Ring- oder Polygonschaltung von sechs Quellenspannungen

schlußstrom. Die Spannungen zwischen den Außenleitern sind nach DIN 40108 *Außenleiterspannungen,* sie sind bei der Ringschaltung immer mit der Strangspannung identisch **(Bild 1.2).**

In Ring- oder Polygonschaltungen mit gleichartigen Impedanzen – symmetrisches Mehrphasensystem – fließt kein Kurzschlußstrom. Die Summe aller Stromaugenblickswerte $i_v(t)$ $(v=1\ldots m)$ ist immer Null!
Eine Ringschaltung speziell für $m=3$ liefert die folgenden Beziehungen:

$$u_{12} = \hat{u} \cdot \sin \omega t,$$
$$u_{23} = \hat{u} \cdot \sin (\omega t - 120°), \qquad (1.3)$$
$$u_{31} = \hat{u} \cdot \sin (\omega t - 240°).$$

Der *Phasenverschiebungswinkel* zwischen den drei Wechselspannungen beträgt 120 Grad. Die mit gleich großen Amplituden und gleicher Frequenz ver-

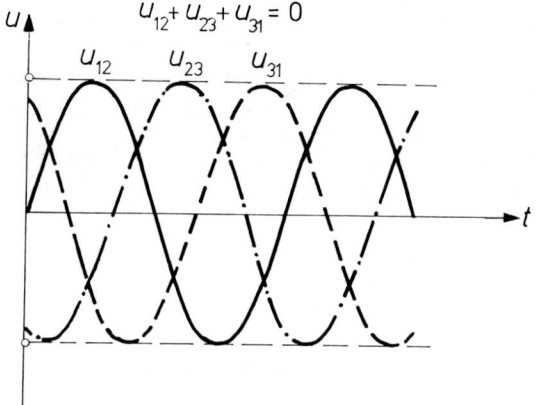

Bild 1.3 Linienbild von drei Quellenspannungen bei 120 Grad Phasenverschiebung

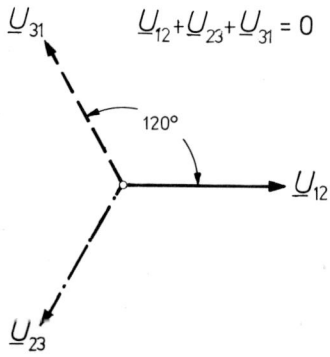

Bild 1.4 Zeigerdarstellung der drei Spannungen

laufenden Spannungen können entweder in einem *Linienbild* entsprechend **Bild 1.3** oder in einem *Zeigerbild* nach **Bild 1.4** dargestellt werden. Auch für die drei Quellenspannungen, die in einem Ring zusammengeschaltet werden, gilt:

$$u_{12} + u_{23} + u_{31} = 0,$$

oder in Zeigerform:

$$\underline{U}_{12} + \underline{U}_{23} + \underline{U}_{31} = 0.$$

Wegen der getroffenen Voraussetzung – gleiche Amplitude und gleiche Frequenz – ergibt die Addition der Zeiger ein geschlossenes Dreieck.
Betrachtet man die Quellenspannungen einschließlich der Verbraucher als getrennte Wechselstromkreise mit insgesamt sechs Außenleitern, dann liefert eine Zusammenschaltung unter den genannten Bedingungen eine Reduzierung auf drei Außenleiter L1, L2 und L3.
Das System ist symmetrisch, wenn die Verbraucherwiderstände untereinander gleich sind, d. h. $R_1 = R_2 = R_3 = R_a$ **(Bild 1.5)**.
Eine andere Darstellungsweise der auf drei Quellenspannungen und drei Verbraucherwiderständen reduzierten „Ringschaltung" zeigt das **Bild 1.6**. Wegen der sich aus dem Ring ergebenden dreieckförmigen Anordnung der Erzeuger u_{12}, u_{23}, u_{31} und der Verbraucher R_1, R_2, R_3 heißt das spezielle Mehrphasensystem *Drehstromsystem* in *Dreieckschaltung*.

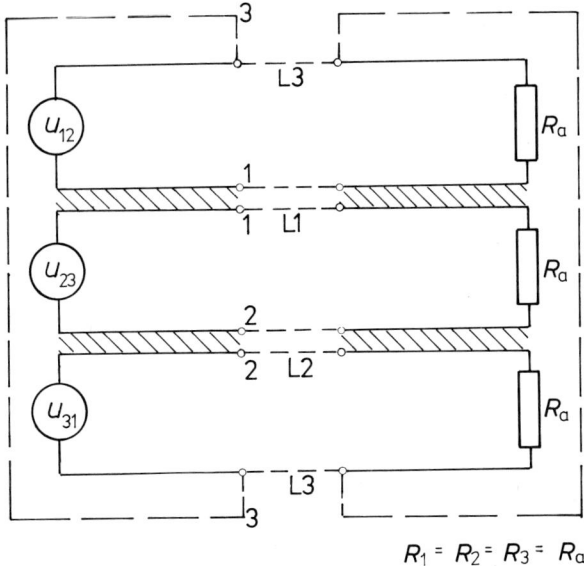

$R_1 = R_2 = R_3 = R_a$

Bild 1.5 Reihenschaltung von drei Quellenspannungen und Widerständen

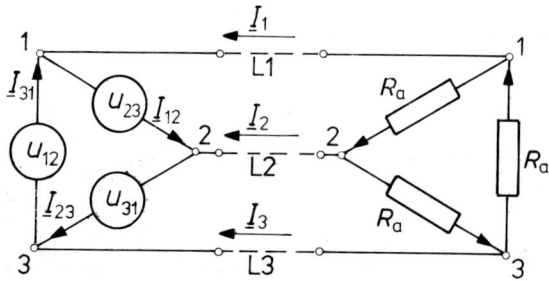

Bild 1.6 Drehstromsystem in Dreieckschaltung

Die in den Strängen der Dreieckschaltung fließenden Strangströme heißen auch *Dreieckströme*. Die Außenleiter L1, L2 und L3 führen die Außenleiterströme $\underline{I}_1$, $\underline{I}_2$, $\underline{I}_3$. Der Strom in jedem Außenleiter setzt sich geometrisch additiv aus zwei Dreieckströmen zusammen. Hierbei gilt das erste Kirchhoffsche Gesetz:

$$\underline{I}_{12} - \underline{I}_{31} = \underline{I}_1,$$
$$\underline{I}_{23} - \underline{I}_{12} = \underline{I}_2, \qquad (1.4)$$
$$\underline{I}_{31} - \underline{I}_{23} = \underline{I}_3.$$

Der Zusammenhang zwischen den Dreieck- und Außenleiterströmen kann aus dem Zeigerdiagramm der Ströme entnommen werden **(Bild 1.7)**.

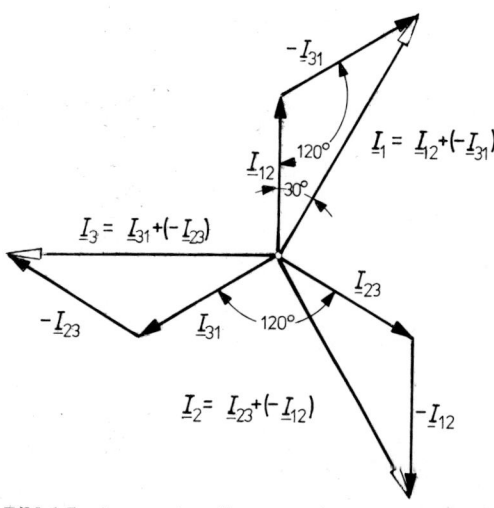

Bild 1.7 Stromzeigerdiagramm der symmetrischen Dreieckschaltung

Grundsätzlich gilt:
$$I_1 = I_2 = I_3 = I_{auß},$$
$$I_{12} = I_{23} = I_{31} = I_{str},$$
$$U_{12} = U_{23} = U_{31} = U_{auß} \equiv U_{str}.$$

Der Außenleiterstrom bildet mit den beiden zugehörigen Strangströmen ein gleichseitiges Dreieck mit einem Winkel von 120 Grad. Der Zusammenhang zwischen Außenleiterstrom und Strangstrom kann unschwer mit Hilfe des Kosinussatzes gefunden werden. Unter Beachtung der bekannten goniometrischen Beziehung $\cos(180° - \alpha) = -\cos \alpha$ wird für den 120-Grad-Winkel $\cos(180° - 60°) = -\cos 60°$. Der $\cos 60°$ ist aber $\frac{1}{2}$. Damit reduziert sich der Wurzelausdruck für den Außenleiterstrom auf:

$$I_{auß} = (I_{str}^2 \cdot I_{str}^2 + I_{str} \cdot I_{str})^{\frac{1}{2}}$$
$$= I_{str} \cdot (1 + 1 + 1)^{\frac{1}{2}}$$
$$= I_{str} \cdot \sqrt{3}.$$

Ganz allgemein gelten für die Dreieckschaltung in einem Drehstromsystem die Bedingungen:

$$I_{auß} = \sqrt{3} \cdot I_{str},$$
$$U_{auß} = U_{str}. \tag{1.5}$$

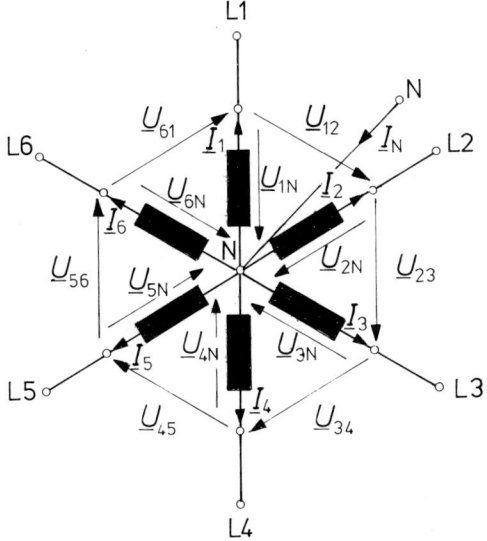

Bild 1.8 Sternschaltung von sechs Quellenspannungen

In einer *Sternschaltung* werden die Stränge parallel geschaltet, so daß die Quellenspannungen und die Verbraucher an einer gemeinsamen „Sammelschiene" liegen. Nach DIN 40108, Abschnitt 5.2 liegt bei einem Mehrphasensystem dann eine Sternschaltung vor, wenn sämtliche Stränge an einem ihrer Enden in einem sogenannten *Sternpunkt* zusammengeschlossen sind.
Es ist aus dem **Bild 1.8** leicht zu erkennen, daß bei dieser Schaltungsart die Außenleiterströme $\underline{I}_1 \ldots \underline{I}_m$ in den Außenleitern L1...Lm gleichzeitig die Strangströme sind, die hier auch als *Sternströme* bezeichnet werden. So liefert die Zusammenschaltung von sechs Strängen unter Berücksichtigung des *Sternpunktleiters* ein Sechsphasen-Siebenleitersystem.
Internationale Vereinbarungen, vor allem die Harmonisierungsbestrebungen im europäischen Raum (CENELEC) haben auch hier zu einer neuen Bezeichnung für den $(m+1)$ten Leiter geführt: *Neutralleiter*.
Für die Spannungen in einer Sternschaltung gilt unter der Voraussetzung vollständiger Symmetrie, daß die Summe aller Außenspannungen Null ist:

$$\sum_{v=1}^{n} U_{\text{auß}_v} = 0.$$

Außerdem sind die Augenblickswerte der Ströme im Neutralleiter N Null, wenn das System symmetrisch belastet ist:

$$\sum_{v=1}^{n} i_v = 0.$$

Ganz allgemein gilt für ein Mehrphasensystem in Sternschaltung: $U_{\text{auß}} \neq U_{\text{str}}$. Wie bei den Strömen in der Ringschaltung besteht der Zusammenhang:

$$U_{\text{auß}} = 2 \cdot U_{\text{str}} \cdot \sin(\pi/m). \tag{1.6}$$

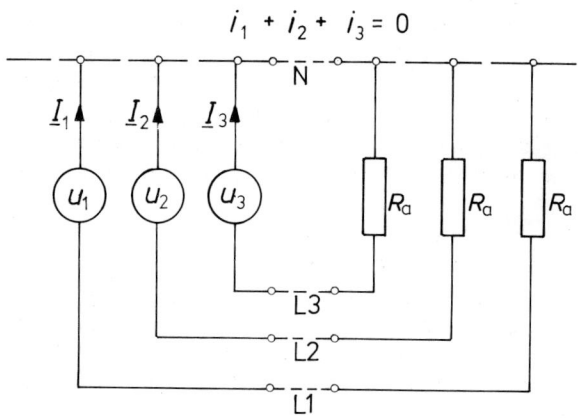

Bild 1.9 Parallelschaltung von drei Quellenspannungen und Widerständen

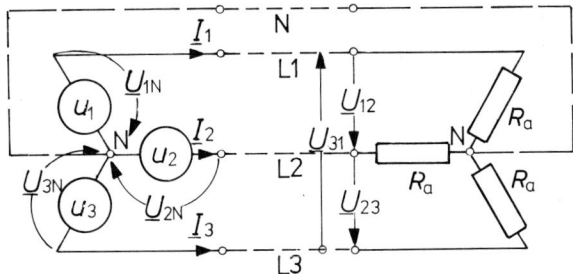

Bild 1.10 Drehstromsystem in Sternschaltung

Eine *Parallelschaltung* von drei Quellenspannungen und drei Außenwiderständen zeigt das **Bild 1.9**. Werden die drei Stränge im Erzeuger bzw. im Verbraucher um einen Punkt gedreht, dann erhält man die bekannte Form und symbolische Gestalt des *Dreiphasen-Vierleitersystems,* mit dem Neutralleiter als vierten Leiter. Der Neutralleiter führt bei symmetrischer Belastung keinen Strom, er hieß deshalb früher auch *Nulleiter* **(Bild 1.10)**.
Der Nachweis für den Zusammenhang zwischen Außenleiterspannung und Strangspannung kann wie bei den Strömen der Dreieckschaltung mit Hilfe des Kosinussatzes geführt werden. Setzt man in Gl. (1.6) $m = 3$, dann wird deutlich, daß auch hier wieder der Faktor $\sqrt{3}$ die Verbindungsgröße zwischen beiden Spannungen wird.
Für die Sternschaltung im Drehstromsystem gilt demgemäß:

$$U_{auß} = \sqrt{3} \cdot U_{str},$$
$$I_{auß} = I_{str}.$$
(1.7)

In einem symmetrischen Drehstromsystem in Dreieckschaltung sind die Außenleiterströme durch den Faktor $\sqrt{3}$ mit den Strangströmen (Dreieckströmen) verbunden. Die Außenleiterspannung ist hier gleich der Dreieckspannung.
In einem symmetrischen Drehstromsystem in Sternschaltung sind die Außenleiterspannungen mit den Strangspannungen (Sternspannungen) durch den Faktor $\sqrt{3}$ verbunden. Die Außenleiterströme sind hier gleich den Strangströmen (Sternströmen).

1.1.1 Leistung im symmetrischen Drehstromsystem

Die von einem Drehstromverbraucher aufgenommene Gesamtleistung ist die Summe der drei Einzelleistungen in den Strängen des Verbrauchers. Die Leistungen werden vorteilhaft durch Netzgrößen (Außenleiterströme und Außenleiterspannungen) ausgedrückt, da diese zugänglicher und vor allem meßbar sind.
Bei sinusförmigem Wechselstrom ist die Wirkleistung in einem Strang eines Drehstromverbrauchers:

$P = U_{str} \cdot I_{str} \cdot \cos \varphi_{str}$.

Hierin ist $\cos \varphi_{str}$ der Phasenverschiebungswinkel zwischen dem Strangstrom und der Strangspannung. So sind etwa bei einer Dreieckschaltung im Drehstromsystem drei Einzelleistungen vorhanden:

$P_{12} = U_{12} \cdot I_{12} \cdot \cos \varphi_{12}$,
$P_{23} = U_{23} \cdot I_{23} \cdot \cos \varphi_{23}$,
$P_{31} = U_{31} \cdot I_{31} \cdot \cos \varphi_{31}$.

Bei symmetrischer Belastung können die drei Einzelleistungen zusammengefaßt werden:

$P = 3 \cdot U_{str} \cdot I_{str} \cdot \cos \varphi_{str}$.

Ersetzt man die Stranggrößen für die Dreieckschaltung durch Netzgrößen, d. h. Außenleitergrößen, dann wird:

$P = 3 \cdot U_{auß} \cdot \dfrac{I_{auß}}{\sqrt{3}} \cdot \cos \varphi_{str}$.

Einen ganz entsprechenden Ausdruck erhält man für die Sternschaltung im Drehstromsystem:

$P = 3 \cdot \dfrac{U_{auß}}{\sqrt{3}} \cdot I_{auß} \cdot \cos \varphi_{str}$.

Wird in beiden Gleichungen oberhalb und unterhalb des Bruchstriches mit $\sqrt{3}$ erweitert, dann ergibt sich für beide Schaltungen im Drehstromsystem die gleiche Wirkleistung:

$P = \sqrt{3} \cdot U_{auß} \cdot I_{auß} \cdot \cos \varphi_{str}$. (1.8)

Die Scheinleistung in den Strängen ist schließlich das Produkt aus Strangstrom und Strangspannung ohne den Leistungsfaktor. Die gesamte Scheinleistung für ein symmetrisches Drehstromsystem ist demnach:

$S = \sqrt{3} \cdot U_{auß} \cdot I_{auß}$. (1.9)

Die Blindleistung ist entsprechend:

$Q = \sqrt{3} \cdot U_{auß} \cdot I_{auß} \cdot \sin \varphi_{str}$. (1.10)

Der Faktor $\sqrt{3}$ tritt in Verbindung mit der Leistung nur in einem dreiphasigen Drehstromsystem mit symmetrischer Belastung auf. In allen anderen Fällen müssen die drei Einzelleistungen der Stränge addiert werden. Der *Leistungsfaktor* $\cos \varphi$ wird immer durch die Verbraucherimpedanz im Strang bestimmt.

1.1.2 Leistung im Mehrphasensystem

Nach DIN 40110, Abschnitt 2.2 sind für *symmetrische* m-Phasensysteme unter Beachtung der effektiven m-Eckspannung

$$U_{auß} = 2 \cdot U_{str} \cdot \sin(\pi/m)$$

die Wirk-, Schein- und Blindleistungen m-mal so groß wie die entsprechenden Größen in einem einzelnen Strang:

$$P = m \cdot U_{str} \cdot I_{str} \cdot \cos \varphi_{str}, \qquad (1.11)$$

$$P = \frac{m}{2 \cdot \sin(\pi/m)} \cdot U_{auß} \cdot I_{auß} \cdot \cos \varphi_{str},$$

$$S = \frac{m}{2 \cdot \sin(\pi/m)} \cdot U_{auß} \cdot I_{auß}, \qquad (1.12)$$

$$Q = \frac{m}{2 \cdot \sin(\pi/m)} \cdot U_{auß} \cdot I_{auß} \cdot \sin \varphi_{str}.$$

Hieraus lassen sich für $m=3$ wieder unter der Voraussetzung sinusförmiger Spannungen und Ströme die unter Abschnitt 1.1.1 aufgestellten Beziehungen für die Leistungen in einem Drehstromsystem direkt ableiten.

1.1.3 Genormte Darstellung dreiphasiger Drehstromsysteme

DIN 40108 hat nach Übernahme von Empfehlungen der Internationalen Elektrotechnischen Komission (IEC) und nach Anpassung an CENELEC-Harmonisierungsdokumente viele der bisher in den Starkstromanlagen üblichen, vertrauten Begriffe durch neue ersetzt.

Nur für die Erweiterung bestehender Anlagen sollen noch die nach DIN 40108 Ausgabe 1966 geltenden Bezeichnungen für Leitungen, Ströme und Spannungen verwendet werden.

In den folgenden Schaltbildern für die Dreieck- und Sternschaltung im Drehstromsystem sind die bisherigen Symbole noch einmal in Klammern gesetzt! Die Schaltungsarten werden zeichnerisch entweder in stern- oder dreieckförmiger Anordnung der Impedanzen von Erzeugern und Verbrauchern oder aber in der für Schaltpläne üblichen und sichtbaren „Parallel- oder Reihenschaltung" entsprechend **Bild 1.11b** dargestellt.

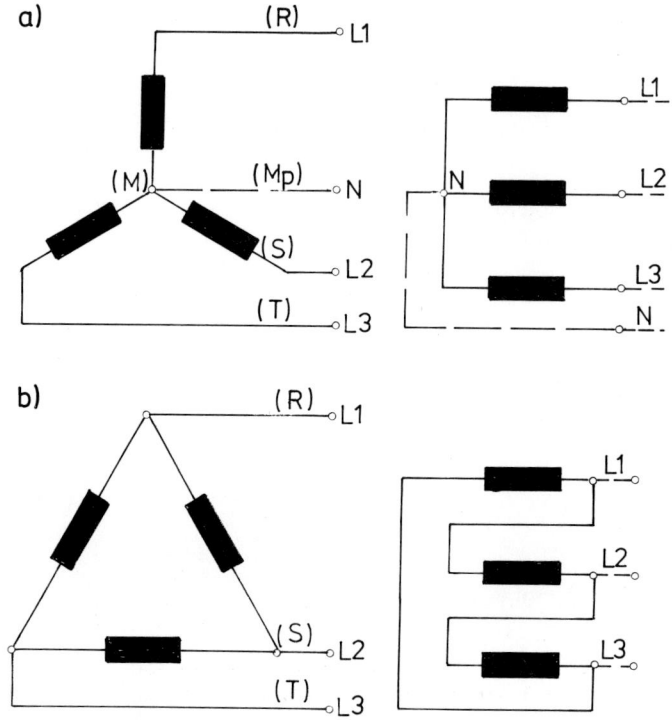

Bild 1.11 Genormte Darstellung:
a) Sternschaltung, b) Dreieckschaltung

1.1.4 Umlaufrichtung der Spannungszeiger im Drehstromsystem
Für alle weiteren Erörterungen und insbesondere für die Lösung der sich aus Problemstellungen ergebenden Aufgaben ist es erforderlich, Klarheit in die jeweilige Wahl der Spannungszeigerrichtung zu bringen. Es ist üblich, die Dreieckspannungen der Drehstromsysteme zusammen mit den Sternspannungen darzustellen.

Hierbei läßt sich für den symmetrischen Fall – und nur dieser soll hier betrachtet werden – eine einfache geometrische Beziehung herstellen: Die Sternspannungen sind die Winkelhalbierenden der ein geschlossenes Dreieck bildenden Dreieckspannungen.

Mit Rücksicht auf die Augenblickswertdarstellung der Spannungen durch die Zeiger ist es gleichgültig, ob die Pfeilrichtung im oder entgegengesetzt dem Uhrzeigersinn gewählt wird. Wichtig ist, daß sich – wie im Dreiphasen-Vierleitersystem – entsprechend dem zweiten Kirchhoffschen Gesetz $\sum_{v=1}^{n} \underline{U}_v = 0$ die folgenden Beziehungen ergeben:

$$\underline{U}_{12} + \underline{U}_{2N} - \underline{U}_{1N} = 0,$$
$$\underline{U}_{23} + \underline{U}_{3N} - \underline{U}_{2N} = 0,$$
$$\underline{U}_{31} + \underline{U}_{1N} - \underline{U}_{3N} = 0.$$

Aufgelöst nach den Außenleiterspannungen entstehen die Gleichungen:

$$\underline{U}_{12} = \underline{U}_{1N} - \underline{U}_{2N},$$
$$\underline{U}_{23} = \underline{U}_{2N} - \underline{U}_{3N}, \qquad (1.13)$$
$$\underline{U}_{31} = \underline{U}_{3N} - \underline{U}_{1N}.$$

Das zugehörige Zeigerbild mit den eingetragenen Spannungsrichtungen ist in **Bild 1.12a** dargestellt. Werden beide Seiten der Zeigergleichungen (1.13) mit dem Faktor (−1) multipliziert, dann bedeutet das eine Änderung der Richtung der Dreieck-Spannungszeiger bei gleichzeitigem Richtungswechsel der Stern-Spannungszeiger, **Bild 1.12b**.

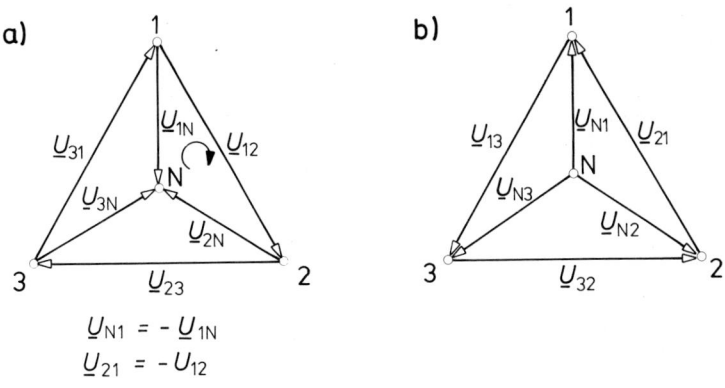

Bild 1.12 Zeigerrichtungen der Spannungen:
a) rechtsumlaufend, b) linksumlaufend

Aufgabe 1.1:
In einem Dreiphasen-Dreileitersystem beträgt die Quellenspannung 220 V. Auf der Verbraucherseite sind in den Strängen Widerstände von je 22 Ω eingezeichnet. Wie verteilen sich Spannungen und Ströme in der Schaltung?

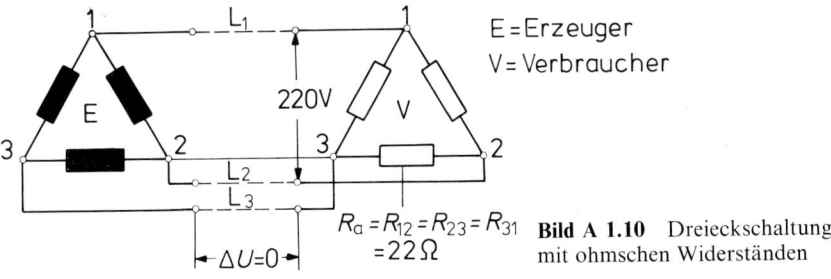

Bild A 1.10 Dreieckschaltung mit ohmschen Widerständen

Aufgabe 1.2:
a) Wie verhält sich das System in A 1.10, wenn der Außenleiter L 1 unterbrochen ist?
b) Wie verhalten sich die Ströme und Spannungen, wenn der Widerstand des Verbrauchers zwischen 1 und 2 unterbrochen ist?

Aufgabe 1.3:
Ein Dreiphasen-Vierleitersystem hat eine Außenleiterspannung von 220 V. Die Widerstände im Verbraucher sollen wieder 22 Ω betragen. Wie verhalten sich die Ströme und Spannungen?

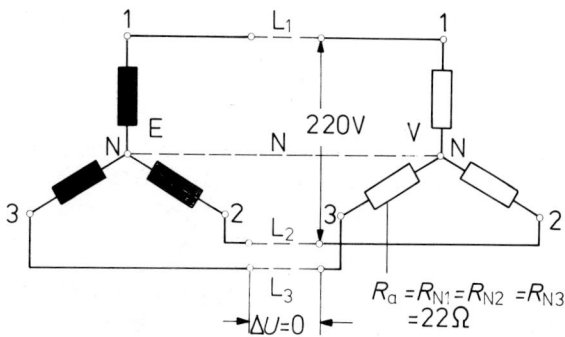

Bild A 1.30 Sternschaltung von Erzeuger und Verbraucher

Aufgabe 1.4:
Wie ändern sich die Verhältnisse in A.30, wenn der Widerstand zwischen 1 und N unterbrochen ist?

1.1.5 Beziehungen zwischen den Spannungen im Drehstromsystem bei Wahl einer Bezugsgröße
In symmetrischen Drehstromsystemen lassen sich die Außenleiterspannungen und die Sternspannungen durch eine gemeinsame Bezugsspannung mathematisch ausdrücken. Im allgemeinen wählt man hierfür die Dreieckspannung $\underline{U}_{12}$ bzw. die Sternspannung $\underline{U}_{1N}$.
Unter Beachtung der Winkellage ergeben sich die Gleichungen:

$$\begin{aligned}\underline{U}_{23} &= \underline{U}_{12} \cdot \exp(-j120°), \\ \underline{U}_{31} &= \underline{U}_{12} \cdot \exp(-j240°) \\ &= \underline{U}_{12} \cdot \exp(+j120°) \equiv \underline{U}_{12} \cdot \exp(j120°).\end{aligned} \quad (1.14)$$

Entsprechend gilt für die Sternspannungen:

$$\underline{U}_{2N} = \underline{U}_{1N} \cdot \exp(-j120°),$$
$$\underline{U}_{3N} = \underline{U}_{1N} \cdot \exp(-j240°) \qquad (1.15)$$
$$= \underline{U}_{1N} \cdot \exp(+j120°).$$

Ebenso besteht ein Zusammenhang zwischen den Dreieck- und Sternspannungen, der sich unmittelbar aus Bild 1.12a, b herleiten läßt. $\underline{U}_{1N}$ ist hier wieder die Bezugsspannung. Werden die Gln. (1.15) in die Gln. (1.13) eingesetzt, dann lassen sich die Außenleiterspannungen durch die Sternspannungen wie folgt ausdrücken:

$$\underline{U}_{12} = \underline{U}_{1N} \cdot [1 - \exp(-j120°)],$$
$$\underline{U}_{23} = \underline{U}_{1N} \cdot [\exp(-j120°) - \exp(+j120°)], \qquad (1.16)$$
$$\underline{U}_{31} = \underline{U}_{1N} \cdot [\exp(+j120°) - 1],$$
$$\underline{U}_{1N} = \frac{\underline{U}_{12}}{\sqrt{3}} \cdot \exp(-j30°).$$

Die Werte der in den Klammern stehenden Exponenten wirken hierbei neben ihrer Funktion als Drehoperatoren gleichzeitig als eine Maßzahl für den Zeiger der Sternspannung.

Beispiel:
In einer Verbraucher-Dreieckschaltung eines Drehstromsystems befinden sich Impedanzen $\underline{Z} = 40\,\Omega \cdot \exp(j40°)$. Die Dreieckspannung beträgt 500 V.
Gesucht sind die Dreieck- und Außenleiterströme.
Die Lösung soll rechnerisch und grafisch durchgeführt werden, wobei für die grafische Lösung ein selbstgewählter Maßstab zugrundegelegt wird.

Rechnerische Lösung:
Mit der Bezugsspannung $\underline{U}_{12}$ und den Gln. (1.14) werden die Dreieckströme:

$$\underline{I}_{12} = \frac{\underline{U}_{12} \cdot \exp(j0°)}{\underline{Z} \cdot \exp(j40°)} = \frac{500\,\text{V} \cdot \exp(j0°)}{40\,\Omega \cdot \exp(j40°)} = 12{,}5\,\text{A} \cdot \exp(-j40°),$$

$$\underline{I}_{23} = \frac{500\,\text{V} \cdot \exp(-j120°)}{40\,\Omega \cdot \exp(j40°)} = 12{,}5\,\text{A} \cdot \exp(-j160°),$$

$$\underline{I}_{31} = \frac{500\,\text{V} \cdot \exp(j120°)}{40\,\Omega \cdot \exp(j40°)} = 12{,}5\,\text{A} \cdot \exp(j80°).$$

Die Außenleiterströme sind nach Gl. (1.4):

$$\underline{I}_1 = \underline{I}_{12} - \underline{I}_{31},$$
$$\underline{I}_2 = \underline{I}_{23} - \underline{I}_{12},$$
$$\underline{I}_3 = \underline{I}_{31} - \underline{I}_{23},$$

$$\underline{I}_1 = 12{,}5\,\text{A} \cdot [\exp(-\text{j}40°) - \exp(80°)]$$
$$= 12{,}5\,\text{A} \cdot [\cos(40°) - \text{j}\sin(40°) - \cos(80°) - \text{j}\sin(80°)]$$
$$= 12{,}5\,\text{A} \cdot (0{,}5924 - \text{j}1{,}628)$$
$$= 21{,}65\,\text{A} \cdot \exp(\text{j}\arctan 1{,}628/0{,}5924)$$
$$= 21{,}65\,\text{A} \cdot \exp(-\text{j}70°).$$

Man erkennt unschwer, daß in dem Betrag des Außenleiterstromes (Scheinstrom!) der Faktor $\sqrt{3}$ enthalten ist. Er errechnet sich aus den Maßzahlen der komplexen Zahl in der Klammer.
Wegen der Symmetrie der Belastung ergeben sich für die übrigen Außenleiterströme:
$$\underline{I}_2 = 21{,}65\,\text{A} \cdot \exp(-\text{j}190°),$$
$$\underline{I}_3 = 21{,}65\,\text{A} \cdot \exp(\text{j}50°).$$

Grafische Lösung:
Grafische Darstellungen für Wechsel- und Drehstromsysteme können sehr schnell Aufschluß über den elektrischen Sachverhalt geben. Zeichnerische Lösungen lassen bei günstiger Maßstabswahl eine Genauigkeit bis auf zwei Stellen hinter dem Komma zu. Viel wichtiger erscheint jedoch die bildliche Wiedergabe der elektrischen Situation, die aus der Lage der Zeiger zueinander ablesbar wird.
Bild 1.13a zeigt die einzelnen Zeiger der Dreieckspannungen als geschlossenes Dreieck und die auf jede dieser Spannungen bezogenen nacheilenden – induktiven – Ströme. In **Bild 1.13b** sind dagegen die Zeiger der Dreieckströme so verschoben, daß eine deutliche Winkellage zu $\underline{U}_{12}$ als Bezugsspannung erkennbar wird.

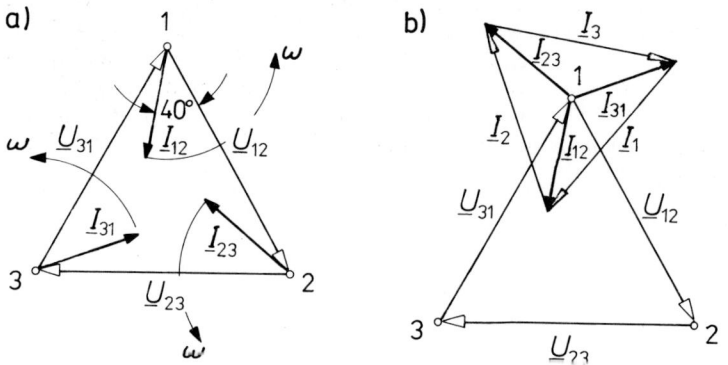

Bild 1.13 Stromzeiger eines symmetrisch belasteten Drehstromsystems:
a) Strangströme, b) Strang- und Außenleiterströme zusammengefaßt

Die Zeiger der Außenleiterströme $\underline{I}_1$, $\underline{I}_2$ und $\underline{I}_3$ verbinden die Zeigerspitzen der Dreieckströme. Ihr Richtungssinn entspricht den Gln. (1.14). Ihre Winkellage zu $\underline{U}_{12}$ wird erkennbar, wenn man sie wieder durch Parallelverschiebung nach 1 verlegt.

1.2 Unsymmetrische Belastung im Drehstromsystem

Wenn die Verbraucherseite eines Drehstromsystems ungleiche Widerstände in den Strängen der Dreieck- oder Sternschaltung aufweist, liegt eine *unsymmetrische* Belastung vor.
Die Spannungsverhältnisse in der Dreieckschaltung und in der Sternschaltung bei mitgeführtem Neutralleiter ändern sich hierbei nicht. Der Erzeuger liefert nach wie vor eine *symmetrische Spannung*.
Besonders einfach sind die Verhältnisse, wenn sich auf der Verbraucherseite nur rein ohmsche Widerstände befinden. Die Berechnung der Stromverteilung ist dann in der Dreieckschaltung wieder mit Hilfe des Kosinussatzes möglich. Auch bei einer unsymmetrischen Belastung ist die geometrische Summe der Außenleiterströme für eine Dreieckschaltung immer Null:

$$\underline{I}_1 + \underline{I}_2 + \underline{I}_3 = 0. \tag{1.17}$$

Für die Sternschaltung mit Neutralleiter gilt Gl. (1.17) nur bei vollkommen symmetrischer Last. Bei Unsymmetrie ist die Summe aller Außenleiterströme gleich dem Strom im Neutralleiter:

$$\underline{I}_1 + \underline{I}_2 + \underline{I}_3 = \underline{I}_N. \tag{1.18}$$

Beispiel:
In der Verbraucher-Dreieckschaltung nach **Bild 1.14**, die mit 380 V betrieben wird, befinden sich die ohmschen Widerstände $R_{12} = 25\,\Omega$, $R_{23} = 40\,\Omega$, $R_{31} = 55\,\Omega$. Gesucht sind die Strang- und Außenleiterströme sowie die Winkellage zwischen den Strömen. Wie groß ist die Gesamtleistung des Systems?
Wegen der fehlenden Phasenwinkelverschiebung zwischen Strangstrom und Strangspannung, können die Beträge der Dreieckströme skalar direkt bestimmt werden:

$$I_{12} = \frac{380\,\text{V}}{25\,\Omega} = 15{,}2\,\text{A},$$

$$I_{23} = \frac{380\,\text{V}}{40\,\Omega} = 9{,}5\,\text{A},$$

$$I_{31} = \frac{380\,\text{V}}{55\,\Omega} = 6{,}9\,\text{A}.$$

Jeder Dreieckstrom ist hierbei auf seine zugehörige Dreieckspannung bezogen!
Bild 1.15 zeigt die Lage der Dreieckströme und die Größe und Lage der Außenleiterströme, so wie sie sich aus der grafischen Konstruktion ergeben.
Werden die Außenleiterströme wieder geometrisch zusammengesetzt, entsteht das geschlossene Zeiger-Dreieck nach Gl. (1.17).

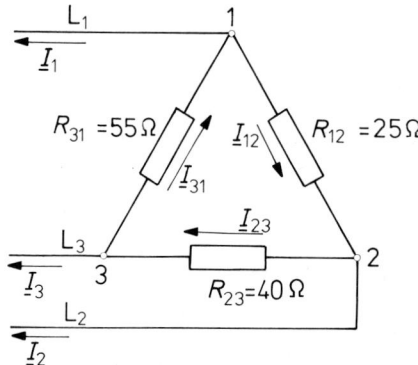

Bild 1.14 Verbraucher-Dreieckschaltung mit ohmscher Belastung

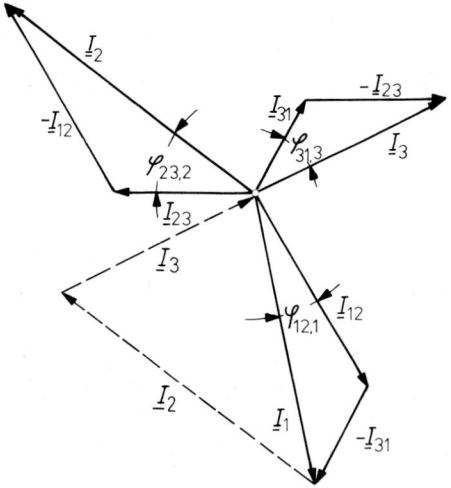

Bild 1.15 Dreieck- und Außenleiterströme nach grafischer Konstruktion

Rechnerische Bestimmung der Außenleiterströme:
Wegen der rein ohmschen Belastung im Verbraucher ist es vorteilhaft, die gesuchten Außenleiterströme $\underline{I}_1$, $\underline{I}_2$ und $\underline{I}_3$ wieder mit Hilfe des Kosinussatzes zu ermitteln. Es gelten die folgenden Beziehungen:

$$I_1 = (I_{12}^2 + I_{31}^2 + I_{12} \cdot I_{31})^{\frac{1}{2}}$$
$$= (15{,}2^2 \text{A}^2 + 6{,}9^2 \text{A}^2 + 15{,}2 \cdot 6{,}9 \text{A}^2)^{\frac{1}{2}} = 19{,}59 \text{A},$$
$$I_2 = (I_{23}^2 + I_{12}^2 + I_{23} \cdot I_{12})^{\frac{1}{2}}$$
$$= 21{,}58 \text{A},$$
$$I_3 = (I_{31}^2 + I_{23}^2 + I_{31} \cdot I_{23})^{\frac{1}{2}}$$
$$= 14{,}27 \text{A}.$$

Die Winkel zwischen den Dreieck- und Außenleiterströmen können leicht mit Hilfe des Sinussatzes berechnet werden:

$$\frac{\sin 120°}{\sin \varphi_{12,1}} = \frac{I_1}{I_{31}}$$

$$\varphi_{12,1} = \arcsin \left(\frac{6{,}9}{19{,}59} \cdot 0{,}866 \right) = 17{,}76°,$$

$$\varphi_{23,2} = 37{,}6°,$$

$$\varphi_{31,3} = 35{,}2°.$$

Die Gesamtleistung ist schließlich durch die Addition der einzelnen Leistungen in den Strängen der Dreieckschaltung zu ermitteln:

$$P_{12} = 380 \text{V} \cdot 15{,}2 \text{A} \cdot 1 = 5776 \text{W},$$
$$P_{23} = 380 \text{V} \cdot 9{,}5 \text{A} \cdot 1 = 3610 \text{W},$$
$$P_{31} = 380 \text{V} \cdot 6{,}9 \text{A} \cdot 1 = 2622 \text{W},$$
$$P_{ges} = 12{,}008 \text{ kW}.$$

Eine unsymmetrische Belastung durch den Verbraucher im Dreiphasen-Vierleitersystem zeigt das nächste Beispiel. Neben ohmschen Widerständen befindet sich jeweils eine Induktivität und eine Kapazität in den Strängen.
Es ist wieder vorteilhaft, bei der rechnerischen Lösung eine Spannung als Bezugsgröße zugrundezulegen.

Beispiel:
In einem Dreiphasen-Vierleitersystem entsprechend **Bild 1.16** werden – bei angeschlossenem Neutralleiter – die Außenleiterströme gesucht. Neben der Winkellage zur Bezugsspannung $\underline{U}_{1N}$ soll auch die aufgenommene Gesamtleistung bestimmt werden (Aufgabe 1.6).

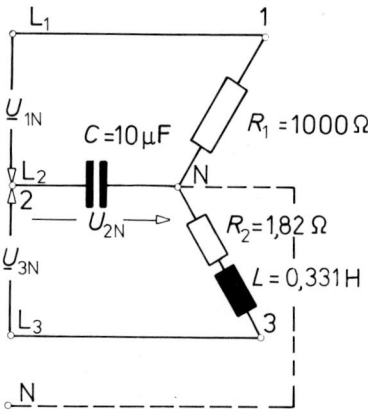

Bild 1.16 Dreiphasen-Vierleitersystem mit unterschiedlicher Belastung

Rechnerische Lösung:
Unter Beachtung der in Gl. (1.15) angegebenen Beziehungen können die Außenleiterströme, die hier mit den Sternströmen identisch sind, direkt bestimmt werden. Es ergeben sich, im Gegensatz zum vorigen Beispiel, unmittelbar die Zeigerwerte der Ströme:

$$\underline{I}_1 = \frac{\underline{U}_{1N}}{R_1} = \frac{220\,\text{V} \cdot \exp(j0°)}{1000\,\Omega} = 0{,}22\,\text{A} \cdot \exp(j0°),$$

$$\underline{I}_2 = \frac{\underline{U}_{2N}}{\dfrac{1}{j\omega \cdot C}} = \underline{U}_{2N} \cdot j\omega \cdot C = \underline{U}_{1N} \cdot \exp(-j120°) \cdot j\omega \cdot C \cdot \exp(j90°)$$

$$= 220\,\text{V} \cdot \exp(j0°) \cdot \exp(-j120°) \cdot 314\,\text{s}^{-1} \cdot 10^{-5}\,\text{s}\Omega^{-1} \cdot \exp(j90°)$$

$$= 0{,}691\,\text{A} \cdot \exp(-j30°),$$

$$\underline{I}_3 = \frac{\underline{U}_{3N}}{R_2 + j\omega L} = \frac{\underline{U}_{1N} \cdot \exp(j120°)}{\sqrt{R_2^2 + \omega^2 L^2} \cdot \exp\left(j\arctan\dfrac{\omega L}{R_2}\right)}$$

$$= \frac{220\,\text{V} \cdot \exp(j120°)}{103{,}9\,\Omega \cdot \exp(j89°)}\,\text{A} = 2{,}1\,\text{A} \cdot \exp(j31°).$$

Da ein dreiphasiges Vierleitersystem vorliegt, gilt die Bedingung Gl. (1.18).

Die Summe der drei Außenleiterströme ist gleich dem Neutralleiterstrom:

$$\underline{I}_N = \underline{I}_1 + \underline{I}_2 + \underline{I}_3$$
$$= 0{,}22\,\text{A} + 0{,}691\,\text{A} \cdot (\cos 30° - j\sin 30°) + 2{,}1\,\text{A} \cdot (\cos 31° + j\sin 31°)$$

$= 2{,}618\,\text{A} + \text{j}\,0{,}734\,\text{A}$

$= 2{,}72\,\text{A} \cdot \exp(\text{j}15{,}7°)$, bezüglich $\underline{U}_{1N}$.

Grafische Lösung:
Der erste Zeiger $\underline{I}_1$ hat keine Phasenverschiebung mit der Spannung $\underline{U}_{1N}$, die übrigen Zeiger $\underline{I}_2$ und $\underline{I}_3$ werden unter Beachtung der Winkellage zu $\underline{U}_{1N}$ entsprechend Gl. (1.18) bei Wahl eines geeigneten Strommaßstabes geometrisch addiert. **Bild 1.17** zeigt die Konstruktion.

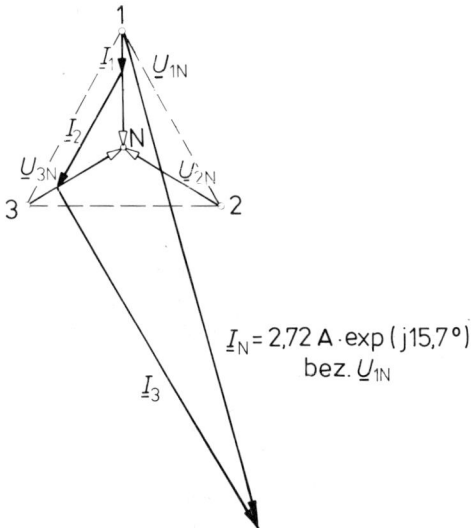

Bild 1.17 Grafische Lösung der Schaltung nach Bild 1.16

1.2.1 Unsymmetrische Belastung eines Dreiphasen-Vierleitersystems ohne Neutralleiter

Wenn kein Neutralleiter vorhanden ist oder der Neutralleiter durch eine Störung unterbrochen wurde, bleibt auch das Spannungssystem an den Strängen des Verbrauchers nicht mehr symmetrisch. In Gl. (1.18) wird dann $\underline{I}_N = 0$. Die Außenleiterströme bilden demgemäß wieder ein geschlossenes Dreieck:

$\underline{I}_1 + \underline{I}_2 + \underline{I}_3 = 0$.

Beispiel:
Ist der Strom im Leiter L1 durch eine Störung unterbrochen und liegt ein Dreiphasen-Vierleitersystem ohne Neutralleiter vor, dann fallen die beiden übrigen Zeiger mit entgegengesetzter Richtung zusammen. Bei gleicher Betragsgröße beider Zeiger würde der Sternpunkt auf der Spannungshälfte des Zeigers $\underline{U}_{23}$ liegen. Die Sternspannungen sind direkt ablesbar **(Bild 1.18):**

$U_{1N} = 329$ V,
$U_{2N} = U_{3N} = 190$ V.

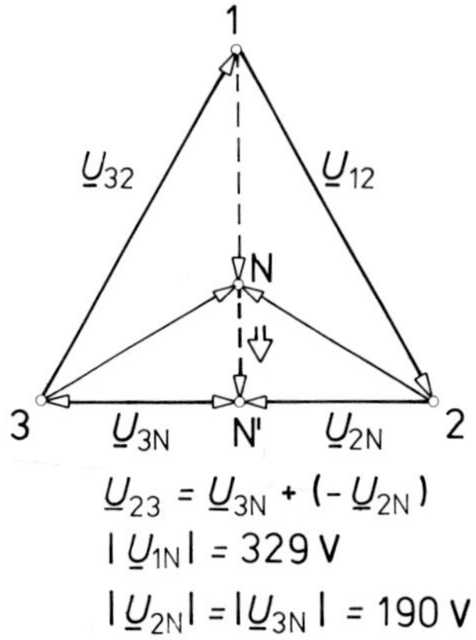

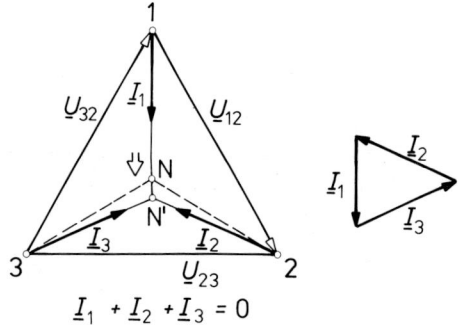

$\underline{U}_{23} = \underline{U}_{3N} + (-\underline{U}_{2N})$
$|\underline{U}_{1N}| = 329$ V
$|\underline{U}_{2N}| = |\underline{U}_{3N}| = 190$ V

Bild 1.18 Sternpunkt bei Unterbrechung von L1 ohne N

Wird in L1 ein Strom $I_1 = 12$ A gemessen und führen beispielsweise die beiden anderen Leiter jeweils 15 A, dann ergibt sich unter der Annahme rein ohmscher Belastung eine *Verschiebung des Sternpunktes* entsprechend **Bild 1.19**.

$\underline{I}_1 + \underline{I}_2 + \underline{I}_3 = 0$

Bild 1.19 Verschobener Sternpunkt im Vierleitersystem ohne N

Für die unsymmetrische Belastung eines Drehstromsystems in Sternschaltung lassen sich ganz allgemeine Beziehungen zwischen den Spannungen herstellen, wenn der vierte Leiter (Neutralleiter) unterbrochen ist.

Unter der Annahme, daß es sich um ungleiche Belastungsimpedanzen im Verbraucher handelt, ist es vorteilhaft, zur Berechnung der Ströme mit Leitwert-Operatoren zu arbeiten. Aus der Zeigerdarstellung, wie sie **Bild 1.20** zeigt, können die folgenden Beziehungen entnommen werden:

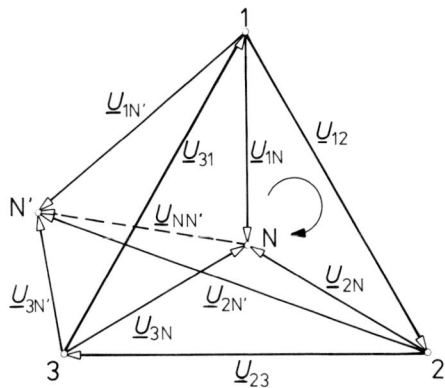

Bild 1.20 Allgemeine Zeigerdarstellung des verschobenen Sternpunktes

$\underline{U}_{12} = \underline{U}_{1N'} - \underline{U}_{2N'}; \quad \underline{U}_{1N'} = \underline{U}_{1N} + \underline{U}_{NN'};$
$\underline{U}_{23} = \underline{U}_{2N'} - \underline{U}_{3N'}; \quad \underline{U}_{2N'} = \underline{U}_{2N} + \underline{U}_{NN'};$
$\underline{U}_{31} = \underline{U}_{3N'} - \underline{U}_{1N'}; \quad \underline{U}_{3N'} = \underline{U}_{3N} + \underline{U}_{NN'},$

Bestimmen der Ströme mit den Leitwert-Operatoren:

$$\begin{aligned}\underline{I}_1 &= \underline{Y}_1 \cdot \underline{U}_{1N'} = \underline{Y}_1 \cdot (\underline{U}_{1N} + \underline{U}_{NN'}) \\ \underline{I}_2 &= \underline{Y}_2 \cdot \underline{U}_{2N'} = \underline{Y}_2 \cdot (\underline{U}_{2N} + \underline{U}_{NN'}) \\ \underline{I}_3 &= \underline{Y}_3 \cdot \underline{U}_{3N'} = \underline{Y}_3 \cdot (\underline{U}_{3N} + \underline{U}_{NN'}).\end{aligned} \quad (1.19)$$

Um die endgültige Berechnung durchführen zu können, wird die Spannung $\underline{U}_{NN'}$ benötigt. Wegen der Voraussetzung $\underline{I}_1 + \underline{I}_2 + \underline{I}_3 = 0$ gilt:

$\underline{Y}_1(\underline{U}_{1N} + \underline{U}_{NN'}) + \underline{Y}_2(\underline{U}_{2N} + \underline{U}_{NN'}) + \underline{Y}_3(\underline{U}_{3N} + \underline{U}_{NN'}) = 0.$

Nach $\underline{U}_{NN'}$ aufgelöst:

$$\underline{U}_{NN'} = -\frac{\underline{Y}_1 \cdot \underline{U}_{1N} + \underline{Y}_2 \cdot \underline{U}_{2N} + \underline{Y}_3 \cdot \underline{U}_{3N}}{\underline{Y}_1 + \underline{Y}_2 + \underline{Y}_3}. \quad (1.20)$$

Eine andere Möglichkeit, die Ströme in einem unsymmetrisch belasteten Drehstromsystem ohne Neutralleiter zu bestimmen, besteht in der Anwendung des Determinantenverfahrens (Teil IV, Abschnitt 2).
Nach dem **Bild 1.21** können die folgenden Gleichungen aufgestellt werden:

$\underline{U}_{1N} - \underline{U}_{2N} = \underline{U}_{12} = -\underline{U}_{21},$
$\underline{U}_{2N} - \underline{U}_{3N} = \underline{U}_{23} = -\underline{U}_{32}.$

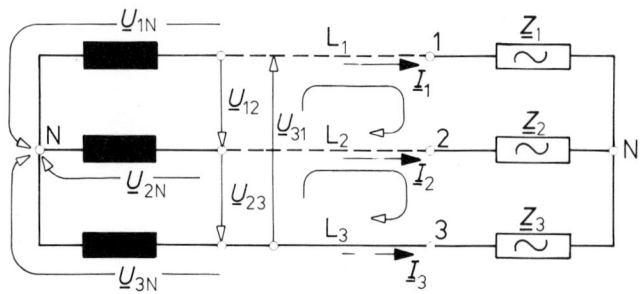

Bild 1.21 Ströme und Spannungsmaschen im Vierleitersystem

Unter Anwendung der Kirchhoffschen Sätze lassen sich nach Bild 1.21 zwei Maschengleichungen und eine Knotenpunktgleichung aufstellen:

Masche 1: $\underline{I}_1 \underline{Z}_1 - \underline{I}_2 \underline{Z}_2 \quad\quad = \underline{U}_{12}$
Masche 2: $\quad\quad\quad \underline{I}_2 \underline{Z}_2 - \underline{I}_3 \underline{Z}_3 = \underline{U}_{23}$
Knoten: $\underline{I}_1 \;\; + \underline{I}_2 \;\; + \underline{I}_3 \;\; = 0$

Aufstellen der Widerstandsdeterminante:

$$\det \underline{Z} = \begin{vmatrix} \underline{Z}_1 & -\underline{Z}_2 & 0 \\ 0 & \underline{Z}_2 & -\underline{Z}_3 \\ 1 & 1 & 1 \end{vmatrix} = \underline{Z}_1(\underline{Z}_2 + \underline{Z}_3) + \underline{Z}_2 \underline{Z}_3.$$

Wenn die Nennerdeterminante von Null verschieden ist, kann die „Cramersche Regel" angewandt werden. Für die Zählerdeterminanten gilt in der bekannten Weise:

$$\underline{I}_1 \longrightarrow \begin{vmatrix} \underline{U}_{12} & -\underline{Z}_2 & 0 \\ \underline{U}_{23} & \underline{Z}_2 & -\underline{Z}_3 \\ 0 & 1 & 1 \end{vmatrix} = \underline{U}_{13}\underline{Z}_2 + \underline{U}_{12}\underline{Z}_3,$$

$$\underline{I}_2 \longrightarrow \begin{vmatrix} \underline{Z}_1 & \underline{U}_{12} & 0 \\ 0 & \underline{U}_{23} & -\underline{Z}_3 \\ 1 & 0 & 1 \end{vmatrix} = \underline{U}_{23}\underline{Z}_1 - \underline{U}_{12}\underline{Z}_3,$$

$$\underline{I}_3 \longrightarrow \begin{vmatrix} \underline{Z}_1 & -\underline{Z}_2 & \underline{U}_{12} \\ 0 & \underline{Z}_2 & \underline{U}_{23} \\ 1 & 1 & 0 \end{vmatrix} = -\underline{U}_{23}\underline{Z}_1 + \underline{U}_{31}\underline{Z}_2.$$

Für die Ströme wird dann endgültig:

$$I_1 = \frac{U_{13}Z_2 + U_{12}Z_3}{Z_1Z_2 + Z_1Z_3 + Z_2Z_3},$$

$$I_2 = \frac{U_{23}Z_1 - U_{12}Z_3}{Z_1Z_2 + Z_1Z_3 + Z_2Z_3}, \qquad (1.21)$$

$$I_3 = \frac{-U_{23}Z_1 + U_{31}Z_2}{Z_1Z_2 + Z_1Z_3 + Z_2Z_3}.$$

Aufgabe 1.5:
Ein Dreiphasen-Dreileitersystem hat in der Verbraucher-Dreieckschaltung bei einer Nennspannung von 380 V drei gleiche Impedanzen $Z = 85\,\Omega \cdot \exp(j25°)$. Wie groß sind die Dreieck- und Außenleiterströme? Welche Gesamtleistung nimmt der Verbraucher auf? Kontrolle der rechnerisch ermittelten Außenleiterströme durch grafische Konstruktion!

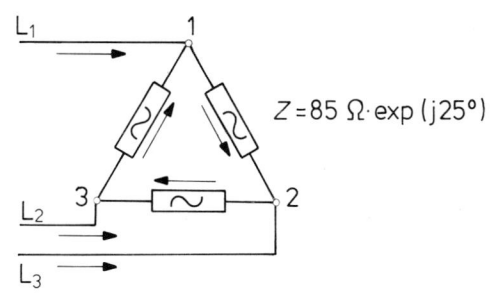

Bild A 1.50 Gleiche Impedanzen in der Dreieckschaltung

Aufgabe 1.6:
Es ist die aufgenommene Gesamtwirkleistung des Dreiphasen-Vierleitersystems im Beispiel nach Bild 1.16 zu bestimmen!

Aufgabe 1.7:
In einer Sternschaltung, die mit 500 V betrieben wird, haben die Impedanzen folgende Werte:

$Z_1 = 20\,\Omega \cdot \exp(j25°), \quad Z_2 = 50\,\Omega \cdot \exp(-j50°), \quad Z_3 = 85\,\Omega \cdot \exp(j30°).$

Der Neutralleiter ist mitgeführt, wie verteilen sich die Ströme auf alle vier Leiter?

Aufgabe 1.8:
Wie ändern sich die Verhältnisse in A 1.7, wenn der Neutralleiter unterbrochen ist?

Aufgabe 1.9:
Es sind die Ströme der Außenleiter in der nachfolgenden Schaltung zu berechnen. Die Lage des Sternpunktes soll zeichnerisch festgelegt werden.

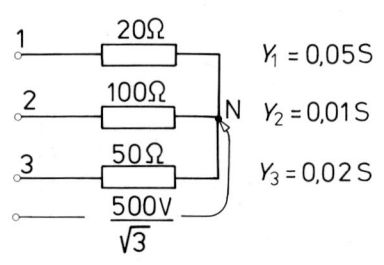

```
1 ──[ 20Ω ]──┐        Y₁ = 0,05 S
2 ──[ 100Ω ]─┤ N      Y₂ = 0,01 S
3 ──[ 50Ω ]──┘        Y₃ = 0,02 S
   ── 500V ──
       √3
```

$Y_1 = 0{,}05\,\mathrm{S}$
$Y_2 = 0{,}01\,\mathrm{S}$
$Y_3 = 0{,}02\,\mathrm{S}$

Spannung: $\dfrac{500\,\mathrm{V}}{\sqrt{3}}$

Bild A 1.90 Sternschaltung ohne Neutralleiter

1.3 Leistungsmessung im Drehstromsystem

Die getrennte Leistungsmessung mit dem Volt- bzw. Amperemeter in den Außenleitern einer Drehstromschaltung liefert nur die Scheinleistung. Für die Messung der Wirkleistung ist ein Leistungsmesser (Wattmeter) erforderlich. Bei einem symmetrisch belasteten Drehstrom-Vierleitersystem genügt es, den „Strompfad" des Leistungsmessers in den Netzleiter und den „Spannungspfad" zwischen Außenleiter und Neutralleiter zu legen. In diesem Fall wird die Wirkleistung eines Stranges der Drehstromschaltung gemessen. Um die Gesamtleistung zu erhalten, muß die gemessene Leistung verdreifacht werden:

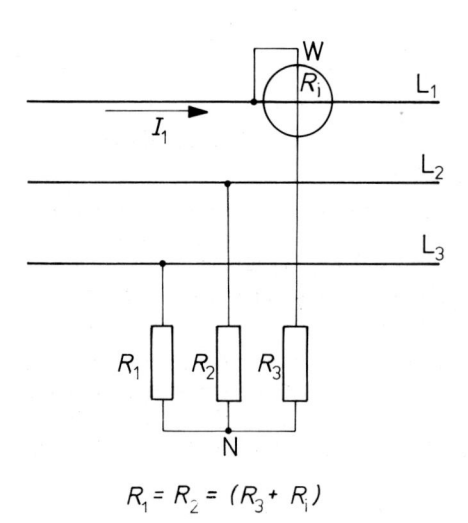

$R_1 = R_2 = (R_3 + R_i)$

Bild 1.22 Künstlicher Sternpunkt

$P_{ges} = 3 \cdot P_{str}$.

Ist der Neutralleiter nicht zugänglich, kann die Messung durch die Bildung eines sogenannten *künstlichen Sternpunktes* ermöglicht werden **(Bild 1.22)**. Hierbei müssen die *Meßwiderstände* so gewählt werden, daß diese auf den Innenwiderstand des Instruments abgestimmt sind.
Es gilt die Bedingung $R_1 = R_2 = (R_3 + R_i)$.

Die *unsymmetrische Belastung* ist der in der Praxis am häufigsten vorkommende Fall. Im Dreiphasen-Vierleitersystem kann entweder mit drei Leistungsmessern gleichzeitig gemessen werden *(Dreiwattmeter-Methode!)*, oder die Messung erfolgt jeweils nacheinander mit einem Leistungsmesser. Die *Einwattmeter-Methode* muß immer dann angewandt werden, wenn im Netz ein Erdschluß besteht, d.h. wenn ein Außenleiter eine leitende Verbindung zur Erde hat. **Bild 1.23** zeigt die Dreiwattmeter-Methode, wobei die Gesamtleistung wieder durch Zusammensetzung der Einzelleistungen gewonnen wird.

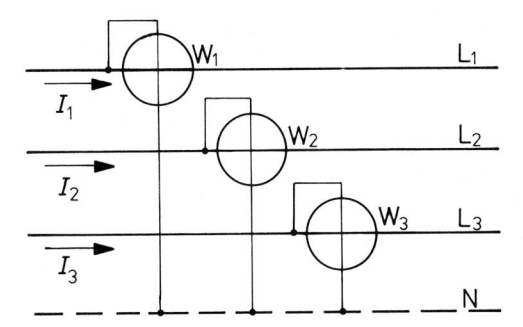

Bild 1.23 Leistungsmessung mit drei Wattmetern

Auch bei der Dreiwattmeter-Methode kann der Neutralleiter durch das Bilden eines künstlichen Sternpunktes ersetzt werden.

Die Leistungsmessung im Dreileiter-Drehstromsystem ist auch mit zwei Wattmetern möglich. Die sogenannte Zweiwattmeter-Methode wurde nach ihrem Entdecker, dem deutschen Physiker Hermann *Aron* (1845–1913), auch *Aronschaltung* genannt. Bei dieser Messung kann der Spannungspfad der Wattmeter zwischen den Außenleitern angeschlossen werden.

Es läßt sich nachweisen, daß die Summe der von den beiden Leistungsmessern gemessenen Wirkleistung tatsächlich mit der Gesamtleistung des Systems identisch ist. Werden die beiden Wattmeter der Einfachheit halber in ein symmetrisches Drehstromsystem geschaltet, müssen die folgenden Beziehungen bestehen:

$P_{ges} = P_{w1} + P_{w2}$.

Auf das Wattmeter W1 wirkt die Außenleiterspannung $\underline{U}_{21}$ und der Außenleiterstrom $\underline{I}_1$.
Auf das Wattmeter W2 wirkt die Außenleiterspannung $\underline{U}_{23}$ und der Außenleiterstrom $\underline{I}_3$.
Die Phasenverschiebung zwischen $\underline{U}_{21}$ und $\underline{I}_1$ beträgt φ_1.
Die Phasenverschiebung zwischen $\underline{U}_{23}$ und $\underline{I}_3$ beträgt φ_2.

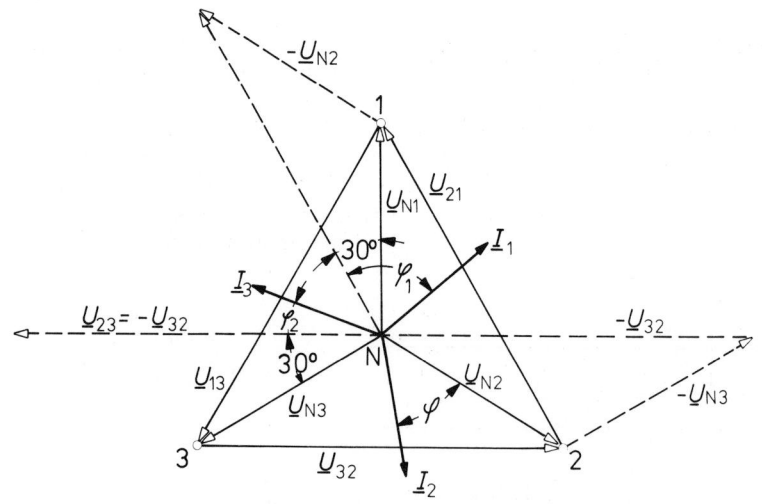

Bild 1.24 Zeiger und Winkel bei der Zweiwattmeter-Methode

Bild 1.24 zeigt die Verhältnisse bei einer symmetrischen Schaltung. Man erkennt, daß die Phasenverschiebungswinkel φ_1 und φ_2 sich jeweils von den Phasenverschiebungswinkeln zwischen den Stranggrößen um 30° unterscheiden. Es gilt nach Bild 1.24:

$\varphi_1 = \varphi + 30°$,

$\varphi_2 = \varphi - 30°$.

Die beiden Wattmeter messen demnach:

$P_{w1} = U_{21} \cdot I_1 \cdot \cos \varphi_1$,

$P_{w2} = U_{23} \cdot I_3 \cdot \cos \varphi_2$.

Die Gesamtleistung ist dann unter Berücksichtigung der Phasenverschiebungswinkel zwischen den Stranggrößen:

$P_{ges} = P_{w1} + P_{w2} = U_{21} \cdot I_1 \cdot \cos(\varphi + 30°) + U_{23} \cdot I_3 \cdot \cos(\varphi - 30°)$.

Unter Beachtung einer goniometrischen Beziehung zwischen den Winkeln auf der rechten Gleichungsseite wird:

$P_{ges} = U_{auß} \cdot I_{auß} \cdot (\cos\varphi \cdot \cos 30° - \sin\varphi \cdot \sin 30° + \cos\varphi \cdot \cos 30° - \sin\varphi \cdot \sin 30°)$
$= U_{auß} \cdot I_{auß} \cdot 2 \cdot \cos\varphi \cdot \cos 30°;$ wegen $\cos 30° = (1/2)\sqrt{3}$
$= \sqrt{3}\, U_{auß} \cdot I_{auß} \cdot \cos\varphi_{str}.$

Das ist aber die bekannte Leistungsgleichung für ein symmetrisches Drehstromsystem. Die Zweiwattmeter-Methode läßt sich ebenso vorteilhaft bei einem unsymmetrisch belasteten Dreileiter-Drehstromsystem einsetzen. Zu beachten ist, daß bei einer Winkellage von $\varphi > 60°$ gilt: $\varphi_1 > 90°$, und damit wird der $\cos\varphi$ negativ. Das Instrument schlägt nach der entgegengesetzten Seite aus, die Anschlüsse müssen getauscht werden. Für den Sonderfall $\varphi = 60°$ wird $\varphi_1 = 90°$, d. h., das Wattmeer W1 zeigt keinen Ausschlag **(Bild 1.25)**.

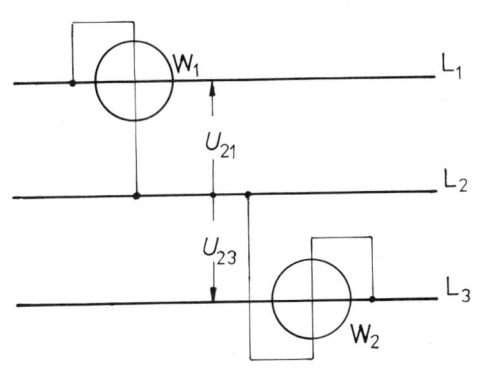

Bild 1.25 Schaltung mit zwei Wattmetern nach *Aron*

Aufgabe 1.10:
Die Gesamtleistungen, die sich nach den Schaltungen in A 1.5 und A 1.9 ergeben, sollen auch mit Hilfe der Zweiwattmetermethode ermittelt werden!

2 Elektrische Energieverteilung

2.1 Historische Entwicklung

In den achtziger Jahren des 19. Jahrhunderts war die elektrische Energieübertragung mit Gleichstrom bereits weitgehend bekannt. Die „Elektrizitätslehre" blieb jedoch immer noch ein Teil der Physik und wurde besonders bei der Betrachtung galvanischer bzw. elektrolytischer Vorgänge herangezogen.
Erste Quellenspannungen lieferten chemische Elemente, die Stromstärken waren noch gering. In der damaligen „Starkstromtechnik" gab es nur zwei Arten von elektrischen Energieverbrauchern: Beleuchtungs- oder Galvanik-

anlagen. Die für die Beleuchtung verwendeten Bogenlampen wurden mit Gleichstromlichtbögen betrieben, als Elektrodenmaterial diente Kohle.
Der Gleichstrombetrieb brachte erhebliche Verluste an Energie, vor allem bei den üblichen kleinen Spannungen, die oft unter 110 V lagen. Eine wirtschaftliche Energiebelieferung war daher nur in unmittelbarer Nähe der *Zentralstation*, dem sogenannten *Kraftwerk* möglich. Eine erste elektrische Energieübertragung mit Gleichspannung, die höher als die übliche Verbraucherspannung lag, gelang 1882 zwischen Miesbach und München. Über eine Entfernung von 57 km konnte bei 2 kV eine Leistung von 1,5 kW übertragen werden.
Die Erkenntnis, daß Wechselspannungen Transformationseigenschaften haben und für den Betrieb von Motoren geeignet sind, führte zur gleichen Zeit zu intensiven Bemühungen um eine optimale und technisch tragbare Lösung. In Wien wurde 1885 eine Übertragungsanlage mit Wechselspannung vorgeführt, die von den Ingenieuren *Blathy, Deri* und *Zipernowski* mit einem bereits funktionierenden Transformator ausgerüstet war.
In Deutschland schlug *Oskar von Miller* 1891 als technischer Berater bei der Internationalen Elektrotechnischen Ausstellung in Frankfurt am Main vor, von der Wasserkraftanlage der Portland-Zementwerke in Lauffen am Neckar bis in das Ausstellungsgelände Wechselstrom zu übertragen. In einer Gemeinschaftsarbeit zwischen der Allgemeinen Elektrizitätsgesellschaft und der Firma Oerlikon/Schweiz wurde das Projekt durchgeführt. Die Übertragung geschah mit 12–24 kV auf einer Strecke von 178 km. Neben der Beleuchtungsanlage, bestehend aus etwa 1000 Glühlampen, wurde ein 100 PS-Drehstrommotor betrieben, der mit einer Pumpe gekoppelt war, die einen 10 m hohen Wasserfall erzeugte.
Die aus blankem Kupferdraht bestehende Freileitung war auf über 3000 Holzmasten verlegt, die mittlere Spannweite betrug 60 m. Besondere Schwierigkeiten bereitete die Trassenführung, mußten doch vier „Länder" durchquert werden: Württemberg, Baden, Hessen und Preußen. Die wegen einer unmöglichen Tunneldurchquerung über die Berge des Odenwaldes geführte Leitung war auf Porzellanisolatoren gesetzt, die ölgefüllte Rinnen hatten.
Die Energieübertragungsstrecke Lauffen–Frankfurt arbeitete auch noch nach Beendigung der Ausstellung bei einer Spannungsebene von 25 kV einwandfrei. Die Übertragung der elektrischen Energie mit hohen Spannungen warf erstmalig Probleme auf, die auch heute noch nicht an Bedeutung verloren haben. Fragen der Isolation, der Wiederherstellung der elektrischen Festigkeit bei Schaltvorgängen, Verluste durch Koronaentladungen usw. sind in der Hochspannungstechnik von gravierendem Einfluß geblieben.
1912 arbeitete man bereits bei der elektrischen Energieübertragung mit 100 kV, und etwa zur gleichen Zeit wurden die ersten Hochleistungsversuchsfelder errichtet, die eine Überprüfung aller in dieser Spannungsebene arbeitenden Geräte gestatteten. In Deutschland war es vor allem das Berliner Großkraftwerk *Klingenberg* – benannt nach dem Pionier des Kraftwerkbaues *Georg Klingenberg* (1870–1925) –, das auf dem Gebiet der Stromerzeugung und der Verteilung elektrischer Energie vorzugsweise im Raum Groß-Berlin einen

erheblichen Anteil hatte. 1924 wurde in den USA bei San Francisco eine 220-kV-Leitung installiert, während 1927 die Energieübertragung mit der gleichen Spannungsebene in Deutschland von Köln über Mannheim bis zur österreichischen Grenze gelang.

Die Entwicklung in den fünfziger und sechziger Jahren ging immer weiter in Richtung zu noch höheren Übertragungsspannungen. Geht man von den sich allerdings oft wandelbaren Prognosen für eine zukünftige elektrische Energieübertragung aus, dann sollte etwa alle zwanzig Jahre eine Verdopplung der Übertragungsspannung zu erwarten sein.

Im Jahre 1929 wurde – im Deutschen Reich allgemein – die Höchstspannung von 220 kV eingeführt, und 1957 konnte in der Bundesrepublik Deutschland die bisher höchste Spannung für die elektrische Energieübertragung realisiert werden: 380 kV.

1968 wurden auf der CIGRE (Conférence Internationale de Grands Réseaux Electrique à Haute Tension) in Paris Spannungen von 1300 und 1500 kV erörtert. In den IEC-Empfehlungen (International Electrical Commission) sind 765 kV als Höchstspannung aufgenommen worden. Ab 700 kV ist jedoch bereits eine Trassenbreite von 100–130 m erforderlich, ganz abgesehen von der Durchführung besonderer Maßnahmen bei der Bewältigung aller anderen Probleme.

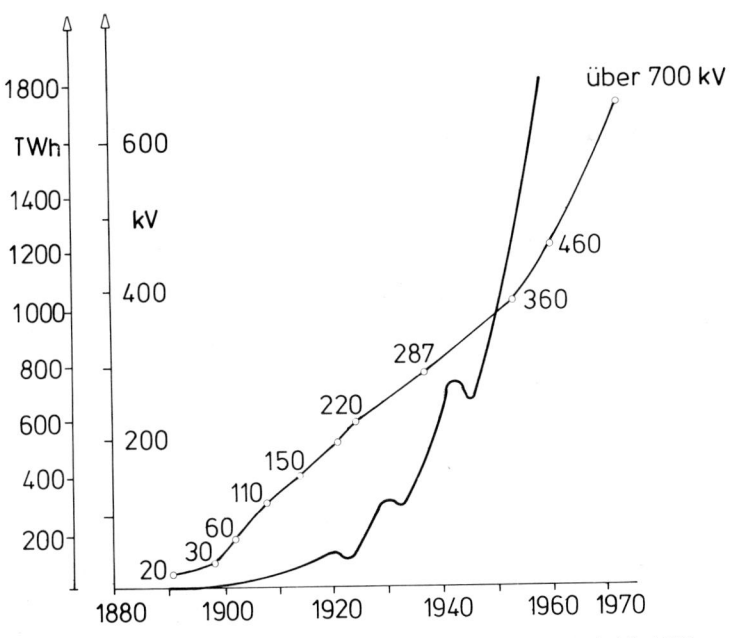

Bild 2.1 Spannungsanstieg und Elektroenergiebedarf der Welt bis 1970

Die elektrische Energieübertragung mit Höchstspannung, heute unter dem Begriff *HDÜ – Hochgespannte Drehstromübertragung* – zusammengefaßt und als permanentes Forschungsprojekt betrieben, wird zukünftig überall dort an Bedeutung gewinnen, wo es um die Überwindung von großen Entfernungen geht. Innerhalb der Bundesrepublik Deutschland, so hat die „Deutsche Verbundgesellschaft" DVG festgestellt, werden auch zukünftig für die elektrische Energieübertragung 380 kV als höchste Spannungsebene genügen. **Bild 2.1** zeigt die Entwicklung des Elektro-Energiebedarfs und der Übertragungsspannungen in der Welt bis 1970.

Im Gegensatz zur Drehstromübertragung mit Hoch- und Höchstspannung steht die in den letzten Jahrzehnten zunehmend weiterentwickelte elektrische Energieübertragung mit *hochgespanntem Gleichstrom, die HGÜ*.

Die nach dem zweiten Weltkrieg vor allem im Ausland weiterbetriebene Forschung auf diesem Gebiet wurde ab 1960 von der „400-kV-Forschungsgemeinschaft" auch in der Bundesrepublik Deutschland wieder fortgesetzt. Die technische Weiterentwicklung der Gleichrichterelemente (Thyristoren) ließ auch an eine größere Wirtschaftlichkeit bei dieser Form der Energieübertragung denken.

Bedeutende Vorteile hat die HGÜ überall dort, wo es darauf ankommt, mit möglichst wenig Verlusten – dielektrische Verluste bei Kabeln – den Energietransport durchzuführen. Die HGÜ eignet sich vor allem für Seekabel und zur Überbrückung großer Entfernungen. Die relativ kurzen Strecken im europäischen Raum werden einen ökonomisch sinnvollen Einsatz kaum erwarten lassen (siehe auch Teil I, Kapitel 5). Problematisch bleiben auch die bis heute durch das Fehlen geeigneter Gleichstrom-Leistungsschalter nicht beherrschbaren Schaltvorgänge auf der Gleichstromseite der HGÜ.

2.2 Formen der elektrischen Energieübertragung heute

Die Entwicklung der Übertragungsnetze ging konform mit der Entwicklung des Strombedarfs. In der Bundesrepublik Deutschland und im übrigen Europa wurde nach 1945 systematisch die wirtschaftliche Zusammenarbeit mehrerer Stromversorgungsanlagen gefördert; sie wurden zu *Verbundsystemen* zusammengefaßt, um bei Bedarf einen gegenseitigen Stromaustausch zu ermöglichen.

Der *Verbundbetrieb* gewährt heute neben einer erhöhten Betriebssicherheit bei der Energieübertragung auch den Ausgleich der Schwankungen im Verbraucherbereich. Er findet im allgemeinen zwischen den Großkraftwerken auf der höchsten Spannungsebene statt und hat sich immer mehr zu einem europäischen und damit internationalen Verbundsystem entwickelt. **Bild 2.2** zeigt die schematische Anordnung verschiedener Netzformen, ausgehend von einem auf einer 220-kV-Ebene liegenden Verbundsystem zweier Kraftwerke.

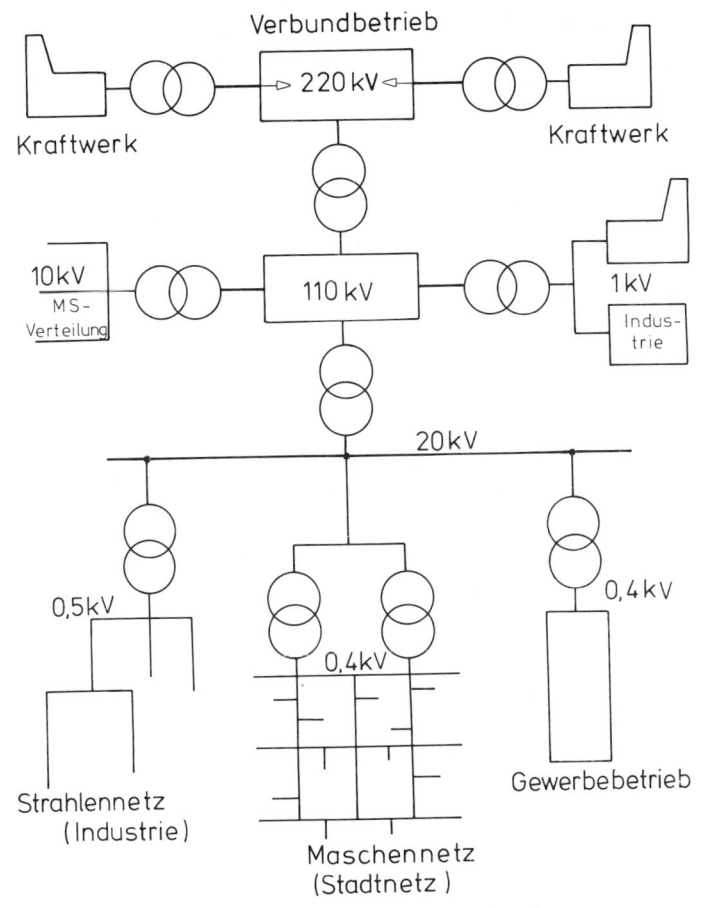

Bild 2.2 Verschiedene Netzformen an einem Verbundsystem

2.2.1 Netzformen
Nach den VDE-Bestimmungen für das Errichten von Starkstromanlagen ist das *Verteilungsnetz* die Gesamtheit aller Leitungen und Kabel vom Stromerzeuger bis zur Verbraucheranlage ausschließlich. Im folgenden sollen vor allem die für die elektrische Energieübertragung innerhalb der verschiedenen Spannungsebenen entwickelten Netzformen untersucht werden.
Im Hoch- und Mittelspannungsbereich sind vorzugsweise *Ringnetze* anzutreffen, die häufig – wie beim Verbundbetrieb – mit mehreren Einspeisestellen versehen sind. Aber auch auf der Verbraucherseite, den Niederspannungsnetzen, werden heute, oft als Vorstufe zu einer Vermaschung, Ringleitungen verwendet. Die Ringleitung mit einem Speisepunkt weist weniger Verluste auf

als vergleichbare, einseitig gespeiste Leitungen. Von Ringnetzen im Mittel- und Hochspannungsbereich ausgehend, erfolgt die weitere Energieverteilung – zumeist auf einer niederen Spannungsebene – mit sogenannten *Maschen-* oder *Strahlennetzen*. Das Niederspannungsnetz im kommunalen Bereich wird vielfach von Mittelspannungs-Ringleitungen versorgt.

In den letzten Jahrzehnten wurde durch das „Verknüpfen" von Leitungsstrecken eine als *Vermaschung* bezeichnete Netzform eingeführt. Neben einer optimalen Versorgungssicherheit und Minderung der Spannungsverluste kam es vor allem auf die problemlose Erweiterungsfähigkeit der Netze an. Maschennetze wurden besonders in Ballungszentren mit hoher elektrischer Energiedichte, so wie sie in einzelnen Stadtbereichen und Industrien anzutreffen sind, ausgeführt. **Bild 2.3** zeigt das Schema eines Maschennetzes mit mehreren Einspeisestellen.

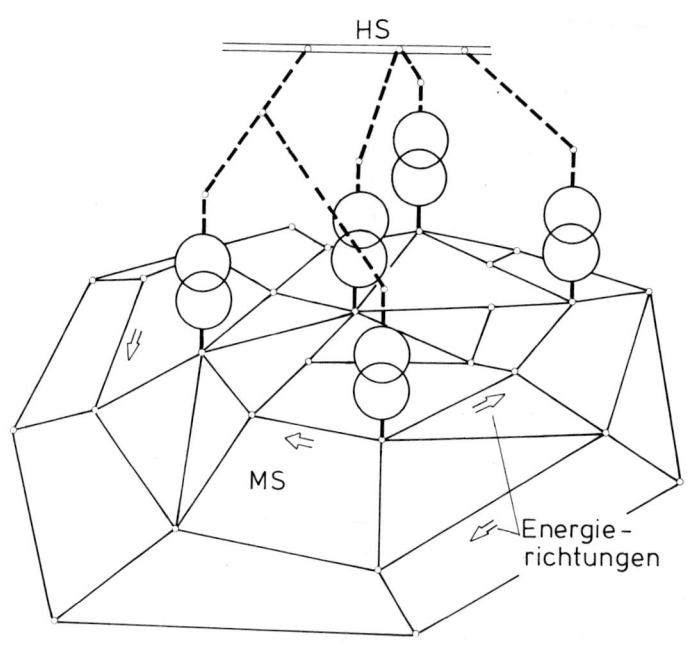

Bild 2.3 Mittelspannungsmaschennetz mit mehreren Einspeisungen

Den besonderen Vorteilen vermaschter Netze stehen die Nachteile einer zunehmenden Unübersichtlichkeit der elektrischen Verhältnisse und die Verschlechterung des Selektivschutzes gegenüber.

Simultananlagen – Netzmodelle – erleichtern heute die Lösung von Übertragungsaufgaben in stark vermaschten Netzen, für die eine „rechnerische Behandlung" zu umfangreich werden würde.

Den mit Niederspannung versorgten Wohnhäusern, den Gewerbebetrieben und Industrieanlagen wird die elektrische Energie zumeist über *Strahlennetze* zugeführt. Die Energielieferung erfolgt hier nur in einer Richtung, was den Vorzug besitzt, einen abgestuften und übersichtlichen Selektivschutz (siehe hierzu Teil III, Kapitel 5 und 6) zu ermöglichen **(Bild 2.4)**.

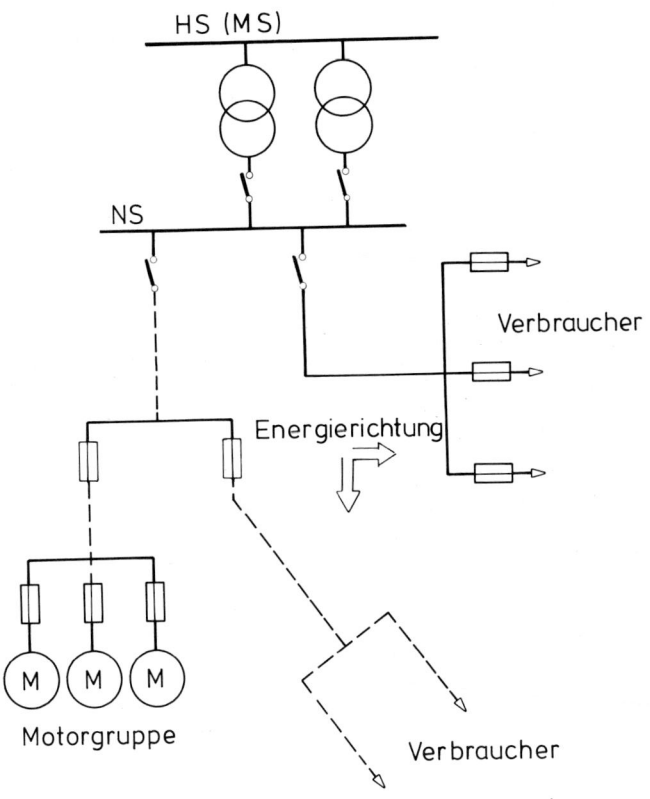

Bild 2.4 Strahlennetzformen auf der Niederspannungsseite

Als nachteilig bei einem Strahlennetz gelten die hohen Verluste und Spannungsfallwerte. Bei Störungen in unmittelbarer Nähe der Speisestelle würden außerdem sämtliche Verbraucher spannungslos werden.
Die Wahl der Netzform und der Übertragungsmittel – Leitungen bzw. Kabel – wurde in letzter Zeit nicht nur anhand der Wirtschaftlichkeit entschieden, sie war auch mit zunehmender Bedeutung in ökologische Überlegungen eingebunden.

2.2.2 Leitungen, Kabel und Maste

Nach den Bestimmungen von VDE 0210/5.69 ist eine *Freileitung* die Gesamtheit einer der Fortleitung von Starkstrom dienenden Anlage, bestehend aus Stützpunkten – Maste und deren Gründung –, oberirdisch verlegten Leitern mit Zubehör, Isolatoren mit Zubehör und Erdungen.

Trotz eines gesteigerten Umweltbewußtseins und der Empfindung, daß Freileitungen in unzulässiger Weise die „Landschaft belasten", wird es vor allem in den höheren Spannungsebenen kaum eine Alternative geben, die technisch einwandfrei und ebenso wirtschaftlich ist wie die Freileitung. Der technologische Aufbau von Freileitungen ist in DIN 48200 und DIN 48201/04 festgehalten.

Neben den üblichen Leitermaterialien Kupfer und Aluminium hat sich in letzter Zeit vor allem die Kombination *Aluminium-Stahl* durchgesetzt, wobei eine erhöhte mechanische Zugfestigkeit für die Aufspannung zwischen den Masten gewonnen werden konnte. Das Querschnittsverhältnis zwischen Stahl und Aluminium beträgt bei den genormten Seilen zwischen 1 : 4,3 und 1 : 7,7. Den „inneren" Aufbau eines Aluminium-Stahl-Seiles zeigt das **Bild 2.5**.

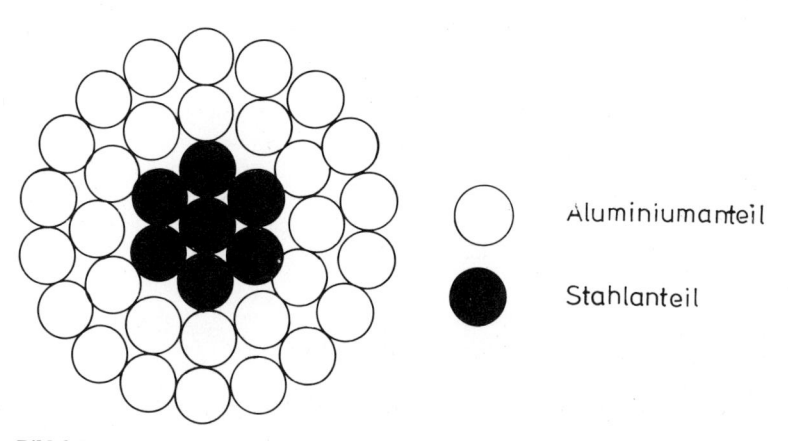

Bild 2.5 Aufbau eines Al-St-Freileitungsseiles

Im Leiter ist der verdrillte Stahlkern erkennbar, außen, ebenfalls verdrillt und mit einer sogenannten gegenseitigen „Schlagrichtung" versehen, liegen die Aluminiumdrähte. Al St 240/40 bedeutet, daß der Aluminiumgesamtquerschnitt 240 mm^2 und der Stahlquerschnitt 40 mm^2 beträgt. Auch Materiallegierungen sind für Freileitungen gebräuchlich (Bronze, Aldrey) **(Tabelle 2.1 I)**.

Tabelle 2.1 I

Nenn-querschnitt mm²	Seildurchm. mm	Dauerstrombelastung A			Bezogener Wirkwiderstand			
		Cu DIN 48201	Aldrey DIN 48215	Al	Al-St DIN 48204	Cu Ω/km	Al Ω/km	Aldrey Ω/km	Al-St Ω/km
10	4,1	–	–	–	–	1,78	–	–	–
16/2,5*	5,1/5,4	125	88	92	90	1,12	1,81	2,10	1,874
25/4	6,3/6,8	160	115	121	125	0,74	1,19	1,38	1,118
35/6	7,5/8,1	200	142	149	145	0,52	0,85	0,98	0,824
44/32	/11,2	–	–	–	–	–	–	–	–
50/8	9/9,6	250	176	185	170	0,37	0,60	0,69	0,574
50/30	/11,7	–	–	–	–	–	–	–	–
70/12	10,5/11,7	310	215	226	290	0,27	0,44	0,51	0,404
95/15	12,5/13,6	380	269	282	350	0,19	0,31	0,36	0,300
95/55	/16	–	–	–	–	–	–	–	–
105/75	/17,5	–	–	–	–	–	–	–	0,252
120/20	14,0/15,5	440	313	329	410	0,15	0,25	0,29	0,233
120/70	/18	–	–	–	–	–	–	–	0,224
125/30	/16,1	–	–	–	425	–	–	–	0,221
150/25	15,7/17,1	510	363	382	470	0,12	0,20	0,23	0,190
170/40	/18,9	–	–	–	520	–	–	–	0,165
185/30	17,5/19	585	414	435	535	0,10	0,16	0,18	0,154
210/35	/20,3	–	–	–	590	–	–	–	0,135
210/50	/21	–	–	–	610	–	–	–	0,133
230/30	/21	–	–	–	630	–	–	–	0,122
240/40	20,2/21,9	700	488	513	645	0,07	0,12	0,14	0,116
265/35	/22,4	–	–	–	680	–	–	–	0,107
300/50	22,5/24,5	800	568	598	740	0,06	0,10	0,11	0,093

* Die Ziffern nach dem Schrägstrich gelten nur für die Kombination Al-St, sie geben die Stahlquerschnitte in der Stahlseilverstärkung und die Seildurchmesser an. Aluminium-Stahl-Seile sind bis zu 560/50 genormt. Fehlende Angaben, wie Seileigenlasten, Bruchlast, zulässige Zugspannungen usw., sind den DIN-Blättern oder den einschlägigen Firmenkompendien zu entnehmen.

Freileitungen sind blanke Leitungen, sie sind nicht wie Installationsleitungen mit einer isolierenden Ummantelung versehen.
Im höheren Spannungsbereich – etwa ab 80 kV Effektivwert – treten bei Freileitungen, bedingt durch die hohen Feldstärken, Glimmentladungen auf, die als *Koronaentladung* bezeichnet werden. Sie bedeuten für die elektrische Energieübertragung Verluste. Nach dem Erreichen einer Anfangsspannung U_d steigen die Verluste steil an, so wie es in **Bild 2.6** dargestellt ist.
Um den Koronaverlusten entgegenzutreten, wurden früher Hohlleiter mit großem Durchmesser eingesetzt, um die elektrische Feldstärke an der Leiteroberfläche möglichst klein zu halten.
Heute werden für die elektrische Energieübertragung mit Höchstspannung *Bündelleiter* verwendet, die als *Zweier-* oder *Viererbündel* durch eine elektrische Feldverzerrung die Austrittsarbeit der Elektronen aus der Leiteroberfläche

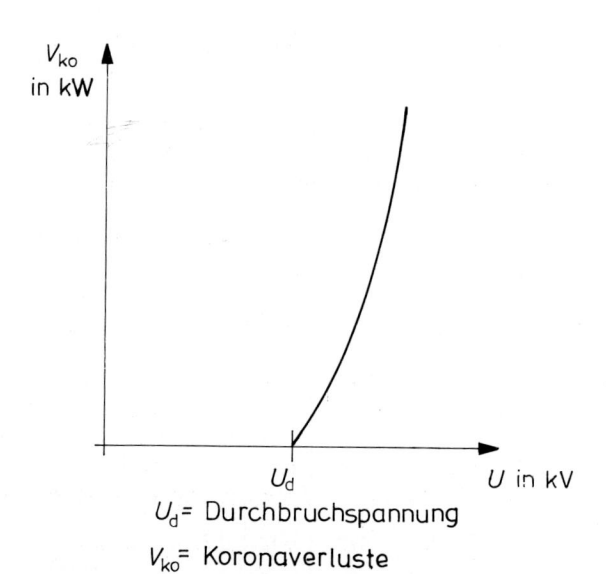

U_d = Durchbruchspannung
V_{ko} = Koronaverluste

Bild 2.6 Anstieg der Koronaverluste

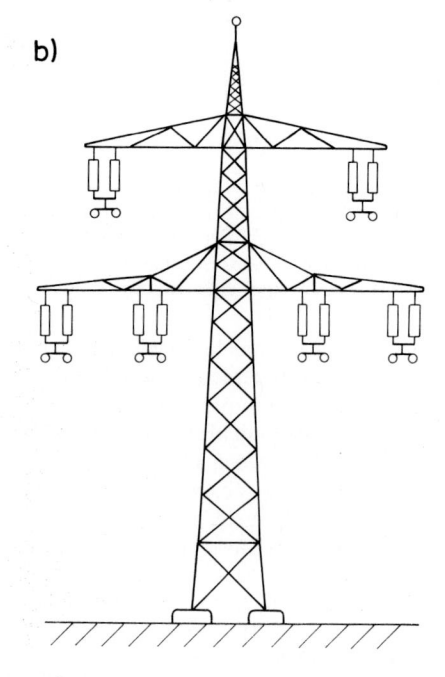

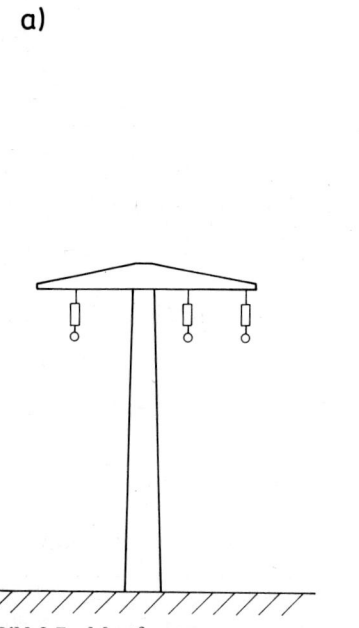

Bild 2.7 Mastformen:
a) Mittelspannungs-Betonmast,   b) Hochspannungs-Donaumast,

beeinflussen und die Koronaverluste herabsetzen. Bei ausgeführten Hochspannungsleitungen betragen diese Verluste heute etwa 0,7...1,5 kW pro km, das sind 1 − 2 % der Stromwärmeverluste.

In VDE 0210, den „Vorschriften für den Bau von Starkstrom-Freileitungen", sind für die Leitungsanordnung weitere Hinweise enthalten, wobei vor allem auch Erfahrungswerte aus dem Leitungsbau − empirische Ergebnisse − eingearbeitet wurden.

Freileitungen werden durch *Maste* getragen, deren Entwicklung in den letzten Jahrzehnten in Form und Abmessung vor allem durch die mechanische Beanspruchung bestimmt war. Seilzug, Winddruck und Zusatzlasten im Winter (Eis, Schnee) bestimmen im Zusammenhang mit der Übertragungsspannung und der Geländeart das *Mastbild*.

Während Holzmaste, vor allem in der Bundesrepublik Deutschland, immer seltener werden, hat sich für den Mittelspannungsbereich der *Betonmast* immer mehr durchgesetzt. Im Hoch- und Höchstspannungsbereich dominiert nach wie vor der *Gittermast*, der sich wegen seiner statischen Festigkeit vor allem für die Hochbauweise eignet und bei schwierigem Gelände eingesetzt werden kann. **Bild 2.7** stellt einige der wichtigsten Mastformen vor.

Die *Einebenenanordnung* entsprechend Bild 2.7a findet im Mittelspannungsbereich (bis 20 kV) Verwendung. Eine *Mehrebenenanordnung* − Bild 2.7b −

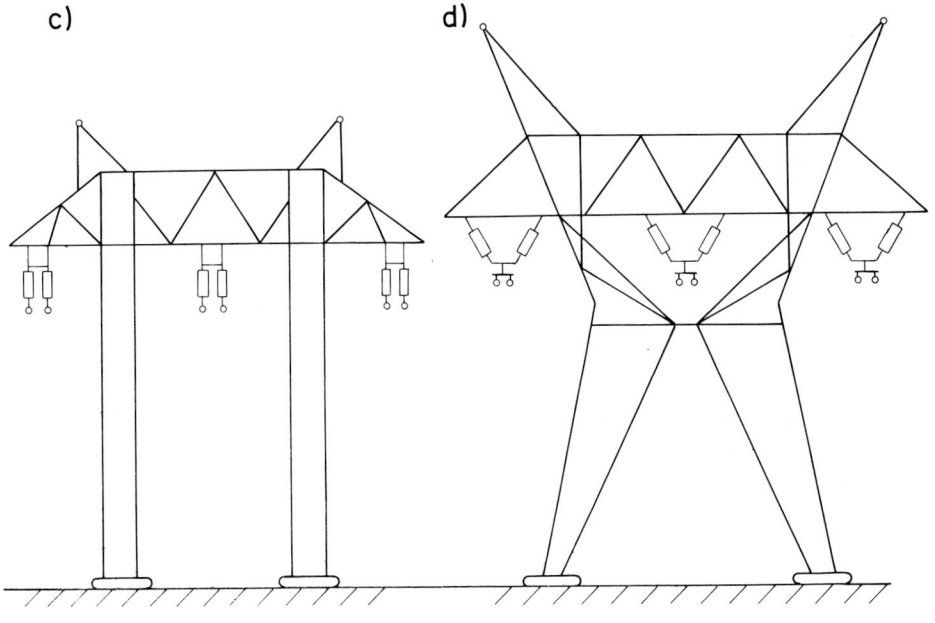

Bild 2.7 (Fortsetzung)
c) Portalmast, d) Hirschgeweihmast

stellt der „*Donaumast*" dar, der heute in Wald- und Siedlungsgebieten häufig anzutreffen ist. Er wird für Spannungen zwischen 110 und 380 kV eingesetzt.
Die Bilder 2.7c und d zeigen Mastformen des Auslands, den *Portalmast* für 380 kV (Schweden) und den *Hirschgeweihmast* ebenfalls bis 380 kV (Frankreich).
In der VDE-Bestimmung 0210 sind auch Angaben über die *Spannweiten* zwischen den Masten enthalten:

Mittelspannungsnetz	10 – 30 kV	Stahlbetonmast	80 – 160 m
Hochspannungsnetz	60 – 110 kV	Stahlgittermast	200 – 300 m
Höchstspannungsnetz	220 – 380 kV	Stahlgittermast	300 – 360 m

Bei Hochspannungsleitungen besteht ein besonderes Problem für den Blitzschutz. Daher ist es wichtig, eine optimale *Blitzschutzerdung* entsprechend VDE 0141 vorzunehmen. Unter dem *Erdseil* bildet sich ein Blitzschutzraum, in dem sich die atmosphärische Entladung entweder für die Erde oder für das Erdseil entscheiden soll (Angaben der Studiengesellschaft für Höchstspannung, Berlin).
Erdseile haben außerdem eine zusätzliche Wirkung, sie verringern das Auftreten von *Wanderwellen* bei indirekter Blitzeinwirkung auf etwa 2/3 **(Bild 2.8)**.
Besonders wichtig ist auch die *Mastgründung* (Erdung). Sie muß so durchgeführt werden, daß bei der Ableitung des Blitzstromes zur Erde keine unzulässigen Überspannungen auftreten können, die eine Isolationsgefährdung der Anlagenteile bedeuten könnten.

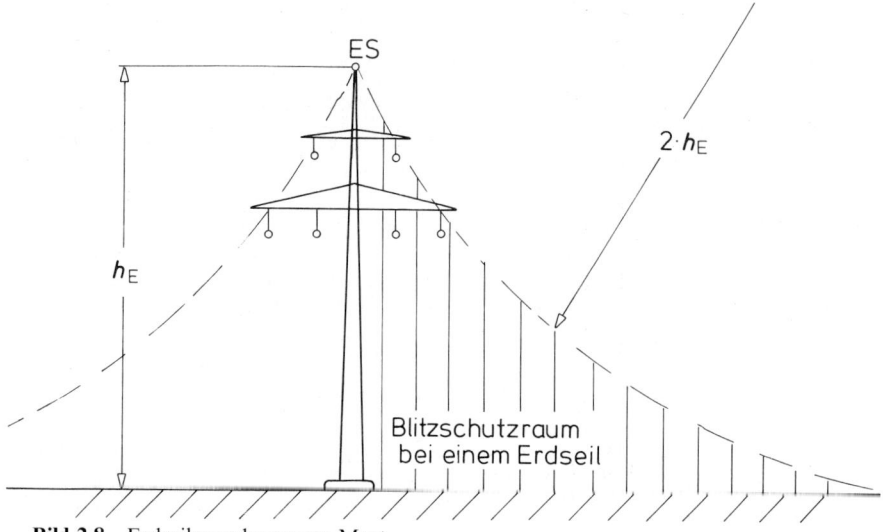

Bild 2.8 Erdseilanordnung am Mast

Ein weiteres wichtiges Übertragungsmittel für die elektrische Energie ist das *Kabel*. Bereits heute läßt sich zwischen den konventionellen Kabelarten und den fremdgekühlten bzw. fremdisolierten Kabeln für höhere Spannungen unterscheiden. Für die verschiedenen Verwendungszwecke gibt es eine Kabeltypisierung, die in mehreren VDE-Bestimmungen ihren Niederschlag gefunden hat:

VDE 0255   Kabel mit Papierisolation und Metallmantel
VDE 0256   Niederdruck-Ölkabel bis 275 kV
VDE 0265   Kabel mit Gummiisolierung und Bleimantel
VDE 0271   Kabel mit Gummi- oder Kunststoffisolierung.

Besonders für den Hoch- und Höchstspannungsbereich ist die Entwicklung der elektrischen Energieübertragung noch nicht abgeschlossen. Neben modernen Kunststoffen im Niederspannungsbereich werden es zukünftig vor allem die *zwangsgekühlten* oder die SF_6-*isolierten Rohrleiter* sein, die für die Hochspannungsseite eingesetzt werden. Versuche mit supraleitenden Kabeln haben wegen des hohen technischen Aufwandes immer noch Laborcharakter; ein technisch einwandfreier Einsatz ist vorerst kaum zu erwarten. Die Bezeichnung der konventionellen Kabel ist weitgehend genormt, die Vielfalt der Ausführungen wird als Abkürzung durch Großbuchstaben wiedergegeben. Es bedeuten unter anderem:

N   Normkabel,
K   Kabel mit Bleimantel,
B   Bandstahlbewehrung,
A   Außenhülle,
F   Flachdrahtbewehrung,
Y   Kunststoffisolierung (Y statt K), Kunststoffmantel usw.

Demgemäß ist dann NKBA ein Kabel mit Bleimantel und Bandstahlbewehrung, NKFA ein Kabel mit Bleimantel und Flachdrahtbewehrung, NYY ein Kabel mit Kunststoffisolierung und Kunststoffmantel.
Kabel sind grundsätzlich um ein Vielfaches teurer als Freileitungen. Im Hochspannungsbereich beträgt das Kostenverhältnis Freileitung: Kabel zwischen 1 : 10 bis 1 : 30. Kabel stören das Landschaftsbild nicht, sie haben daher gegenüber Freileitungen einen ästhetischen Vorteil, solange nicht durch einen oberirdischen Zusatzaufwand – etwa Kühlsysteme für die Kabelzwangskühlung – neue umweltstörende Faktoren geschaffen werden.
Trotz komplizierter Fehlersuche im Störungsfall und den Nachteilen bei der Wartung und Nachrüstung, werden heute in den Ballungsgebieten mit hoher elektrischer Energiedichte Verkabelungen bis zu 110 kV durchgeführt.
Bild 2.9a und **Bild 2.9b** zeigen den grundsätzlichen Aufbau von Kabeln im Niederspannungs- und Hochspannungsbereich.
Einige Kabelarten, die für Hochspannung geeignet sind, werden im folgenden beschrieben:

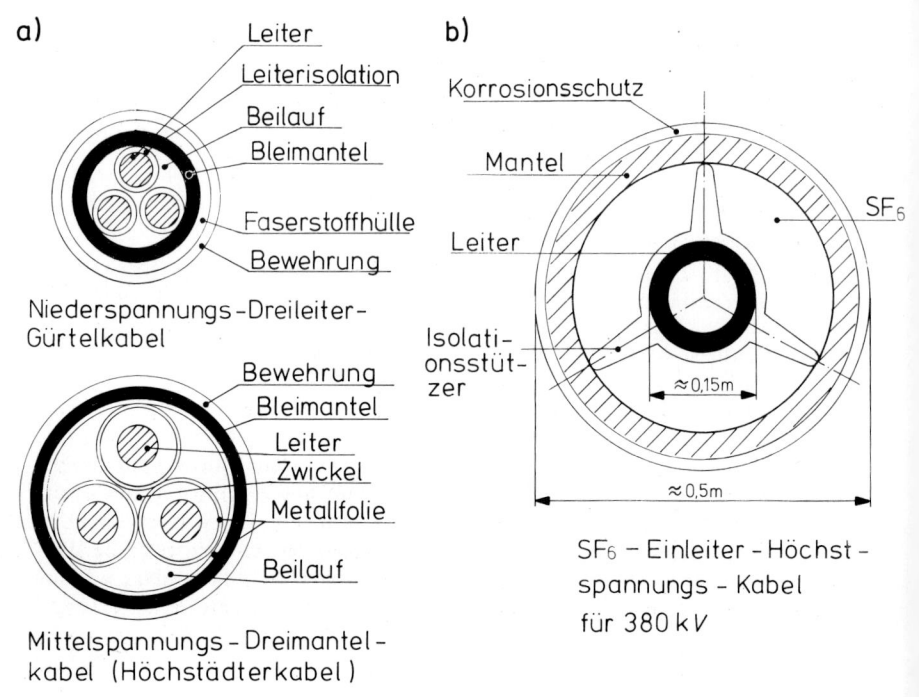

Bild 2.9 Schematischer Aufbau von Mittel- und Hochspannungskabel

Dreimantelkabel
Jede leitende Ader hat einen separaten Metallmantel, der das elektrische Feld vom *Beilauf* und dem sogenannten *Zwickel* – Bild 2.9 – fern hält. Damit wird die Gefahr einer Teilentladung im Isolationsbereich verhindert, die zur Zerstörung des Kabels führen würde.

Ölkabel 100 kV
Als isolierendes Medium wird dünnflüssiges Öl eingesetzt, das durch vorgesehene Längskanäle führt. Neben *Dreileiter-Ölkabel* mit einem Einsatzgebiet bis 132 kV gibt es *Einleiter-Ölkabel*, bei denen der Leiter selbst Ölkanal ist. Sie finden bis 500 kV Verwendung und arbeiten in einem Druckbereich von 2–6 bar.

Druckkabel bis 220 kV
Mit einem merklichen Überdruck von mehr als 10 bar werden die Medien Öl oder Gas für die Erhöhung der Spannungsfestigkeit eingesetzt. *Öldruckkabel* und *Gasinnendruckkabel* finden vielfach im Ausland einen Einsatzbereich bis 110 kV. *Gasaußendruckkabel*, in dem die isolierten Kabeladern innerhalb eines starren Systems von Stahlrohren von außen mit mehr als 14 bar Gasüberdruck beaufschlagt werden, können bis 220 kV verwendet werden.

Kabel mit Fremdkühlung bis 500 kV
Direkte Zwangskühlung der Kabeloberfläche in einem wasserführenden Rohr. Bei 380 kV ist eine Übertragungsleistung von 1500 MW möglich. Neben der „Außenkühlung" bei geschlossenem Wasserkreislauf mit Rückkühlung wird auch die „innere Wasserkühlung" erwogen. Der Leiter umschließt das Kühlmittel.

SF_6-Rohrleiter bis 500 kV
Rohrgaskabel haben den Vorteil, daß bis 5000 A Nennströme übertragen werden können. Das Blindleistungsverhalten ist wie bei einer Freileitung. Bis 110 kV ist noch flexibler Aufbau möglich, ab 380 kV nur noch starre Verlegung. Große Kabelkanäle. Rohrdurchmesser bis 5 m!

2.3 Genormte Spannungssysteme für elektrische Energieübertragung

Die Wahl der Spannungen für Starkstromanlagen hängt von den Betriebsmitteln ab, deren Bemessung zu den nach VDE 0100 gekennzeichneten Nenngrößen führt: Nennspannung, Nennstrom, Nennleistung und Nennfrequenz.
Als *Nennspannung* eines Netzes wird die Spannung verstanden, nach der das Netz benannt ist, und auf die sich bestimmte Betriebsgrößen beziehen. Nennspannungen sind nach VDE 0175 und VDE 0176 genormt. Die folgende **Tabelle 2.2I** zeigt eine Übersicht der gebräuchlichsten Nennspannungen über 100 V.

Tabelle 2.2 I

Gleichspannung	110, 220, 440, 600, 800, 1200, 1500, 3000 V
Gleichspannung HGÜ*	50, 100, 200, 250, 400, 500, 750, (1100) kV
Wechselspannung NS 50 Hz	127, 220, 380, 500, 660, 1000 V
Wechselspannung MS und HS 50 Hz	3, 5, 6, 10, 15, 20, 30, 60, 110, 220, 380, (765) kV
Wechselspannung $16^2/_3$ Hz einphasig	6, 15, 60, 110 kV

* Angaben aus den zur Zeit bestehenden Anlagen (Klammerwerte bei HGÜ-Versuchsanlage).

Anwendungen der Spannungen im Gleichstrombereich:
110 V bis 220 V: Außerhalb der bekannten Batteriebetriebe nur für kleine Stromverbraucher im Haushaltssektor, für Steuerspannungen und im elektromedizinischen Bereich.
440 bzw. 600 V: In Galvanikbetrieben sowie im O-Bus- und Straßenbahnbetrieb.
800 V: Für Elektrolyseanlagen mit hoher Stromaufnahme im Nennbetrieb

(bis 200 kA!). Aber auch für den Bahnnahbetrieb, etwa Berliner S-Bahn. Grubenbahnen und Industriebahnen.
1,2 kV bis 1,5 kV: Für elektrisch betriebene Bahnen im Nahverkehr, beispielsweise Hamburger S-Bahn. 1,5 kV auch Bahnbetrieb im Ausland (Indien).
3 kV: Fernbahnen, besonders in Süd-Afrika, wo das gesamte Streckennetz für 3000 V ausgelegt wurde. Elektrische Fernbahnen in Polen.
Anwendungen der Spannungen im Wechsel- bzw. Drehstrombetrieb:
110 V: Findet heute kaum noch Verwendung.
380/220 V: Als Dreieck-Sternspannung im kommunalen Versorgungsnetz (Ortsnetz), Gewerbebetriebe, Großkaufhäuser, Kliniken und kleinere Industriebetriebe.
500 V, 660 V und 1000 V: Versorgung mittelgroßer Industrienetze, beispielsweise Motoren für Schwerindustrie, Antriebe für größere Maschinen.
3,6 kV und 10 kV: Bisherige kommunale Versorgungsringleitungen, aber auch Industrieanlagen.
30 kV, 60 kV und 110 kV: Versorgungsspannungen zur Überbrückung größerer Entfernungen. Länder und Großstadtversorgung.
220 kV und 380 kV: Dienen zur elektrischen Energieübertragung auf große Entfernungen, auch im Verbundbetrieb mehrerer Kraftwerke üblich.

Als *Betriebsspannung* wird die jeweils zeitlich und örtlich an einem Betriebsmittel oder Anlagenteil herrschende Spannung zwischen den Leitern (Klemmen) bezeichnet. Es ist die Spannung, mit der ein Netz betrieben wird, auch wenn es für eine bestimmte Nennspannung konzipiert wurde. Betriebsspannungen können daher immer nur gleich oder aber kleiner als die Nennspannung sein.
Die *Reihen-* oder *Prüfspannung* ist eine genormte Spannung, für die die Isolation eines Betriebsmittels oder Anlagenteils bemessen wird. Sie wird an den jeweiligen Prüfling zum Nachweis einer bestimmten *Spannungsfestigkeit* angelegt (DIN 57101/VDE 0101/11.80).
Als *Erdungsspannung* bezeichnet man die zwischen einer Erdungsanlage und der Bezugserde auftretende Spannung, während die *Berührungsspannung* ein Teil der Erdungsspannung ist, die vom Menschen überbrückt werden kann, wobei dann der Stromweg über den menschlichen Körper geht (DIN 57141/VDE 0141).
Bei der Berechnung elektrischer Leitungen in Starkstromanlagen wird grundsätzlich von der Nennspannung ausgegangen, für die die Verbraucher ausgelegt und bemessen werden. Bei Systemen mit einem Verbraucher am Ende einer Leitung ist die dort herrschende Spannung $U_e \equiv U_N$. Die *Klemmenspannung* an einem Generator oder an einem Transformator ist immer größer als die Nennspannung. Oft wird die prozentuale Spannungserhöhung der *Anfangsspannung* U_a sinnfällig für die betreffende Spannungsebene eingesetzt: Die 380-V-Niederspannungsseite – mit $\Delta U_{max} = 5\%$ – heißt dann 0,4-kV-Seite, oder im Höchstspannungsbereich wird von einer 400-kV-Ebene statt von einer 380-kV-Ebene gesprochen.

3 Elektrische Eigenschaften der Leitungen

Maßgebend für die Bemessung einer Leitung in elektrischer Hinsicht wird der jeweilige Einsatzort sein. Bei der Überbrückung großer Entfernungen steht weniger die thermische Belastbarkeit als der zulässige Wert des Spannungs- oder Leistungsverlustes im Vordergrund. Während in den unteren Spannungsebenen der Anteil des ohmschen Widerstandes überwiegt, wird der Wert der Leitungsimpedanz mit wachsender Spannung durch den induktiven Widerstand bestimmt. Bei Freileitungen hängt er vom Verhältnis des mittleren Leiterabstandes zum Seilleiterdurchmesser ab. Als mittlerer Leiterabstand wird das geometrische Mittel aus dem Produkt der einzelnen Entfernungen zwischen den Seilen verstanden:

$$a = (a_{12} \cdot a_{23} \cdot a_{31})^{\frac{1}{3}}.$$

Tabelle 3.1 I zeigt den mittleren Leiterabstand und den induktiven Widerstand für Freileitungen bei Spannungen zwischen 10 und 110 kV.
Bei Leitungen, die nur kurze Strecken bedienen, muß eine Überprüfung der thermischen Belastung vor allem für hohe Übertragungsleistungen erfolgen.

Tabelle 3.1 I

Betriebsspannung	Querschnitt	mittlerer Leiterabstand $\sqrt[3]{a_{12} \cdot a_{23} \cdot a_{31}}$	mittlerer induktiver Widerstand
kV	mm²	m	Ω/km
10...30	25	1,40...2,20	0,41
	50		0,39
	70		0,37
	150		0,35
60	95	2,75	0,40
	150		0,38
	210		0,37
	300		0,36
110	120	4,00	0,49
	185		0,40
	240		0,39
	300		0,38

3.1 Leitungskonstanten

Unter Leitungskonstanten (Leitungsbelag) werden alle Widerstände verstanden, die für die jeweilige Leitung charakteristisch sind und auf die Streckeneinheit von 1 km bezogen werden. Neben den *Längswiderständen* R und X_L gibt es *Querwiderstände* bzw. *Querleitwerte* C und G, die sich auf die Kapazität bzw. auf die Ableitung durch Koronaverluste beziehen.

Der *ohmsche Widerstand* für eine Einzelleitung setzt sich aus der Leitfähigkeit (Material), dem Leiterquerschnitt und der Leiterlänge zusammen. Trennt man den elektrischen Widerstand der Leitung in eine auf die Längeneinheit bezogene Widerstandsgröße und in den Längenfaktor *l* auf, dann ist:

$$R = \frac{1}{\varkappa \cdot A} \, l = R' \cdot l, \text{ mit } R' \text{ in } \Omega/\text{km}. \tag{3.1}$$

Nach DIN 48200 ist für die Leitfähigkeit bei 20 °C vorgesehen:

$\varkappa_{Cu} = 56$, $\varkappa_{Al} = 34$ und $\varkappa_{Aldrey} = 30 \text{ m}/(\Omega \text{mm}^2)$.

Wegen der starken Temperaturschwankungen, denen Freileitungen ausgesetzt sind, werden die Leitfähigkeiten reduziert. Man rechnet im Intervall -10 bis $+40\,°C$ mit

$\varkappa_{Cu} = 50$, $\varkappa_{Al} = 31$ und $\varkappa_{Aldrey} = 27 \text{ m}/(\Omega \text{mm}^2)$.

Der *induktive Widerstand* für eine Einzelleitung wird ebenfalls auf eine Längeneinheit bezogen:

$$X_L = \omega \cdot L = \omega \cdot L' \cdot l.$$

Für Rundleiter läßt sich die Induktivität bekanntlich berechnen. So setzt sich die Gesamtinduktivität zusammen aus der inneren Induktivität L_i und der äußeren Induktivität L_a:

$$L_{ges} = L_i + L_a.$$

Das ergibt eine Induktivitätsverteilung, die lineare und logarithmische Anteile enthält **(Bild 3.1)**.

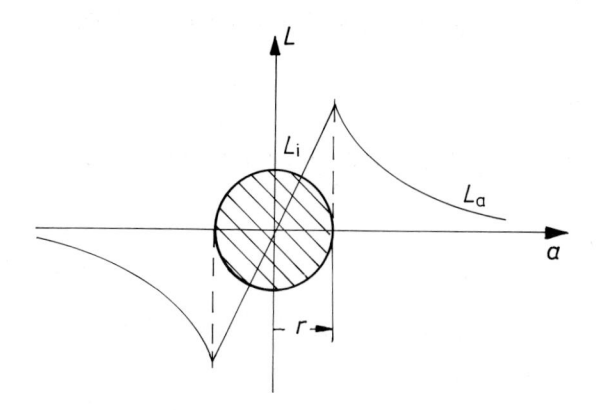

Bild 3.1 Induktionsverteilung um einen Rundleiter

Es ist für

$$L_a = [\mu_a/(2\pi)] \ln[(a-r)/r]$$

und für die innere Induktivität

$$L_i = \mu_i/(8\pi).$$

Wird für außen und innen mit einem $\mu_r = 1$ gerechnet und ist $\mu_0 = 0,4 \cdot \pi \cdot 10^{-3}$ H/km, dann ist die Gesamtinduktivität, bezogen auf eine Längeneinheit:

$$L'_{ges} = \{0,2 \cdot \ln[(a-r)/r] + 0,05\} \cdot 10^{-3} \text{ in H/km}. \tag{3.2}$$

Hierin ist a die mittlere Leiterentfernung.
Da der Leiterabstand gewöhnlich sehr viel größer ist als der Seil-Leiterradius r, kann r im Zähler vernachlässigt werden:

$$L'_{ges} = [0,2 \cdot \ln(a/r) + 0,05] \cdot 10^{-3} \text{ in H/km}. \tag{3.3}$$

Für die Induktivität eines Leiters gegen Erde, etwa Fahrdraht und Schiene im Bahnbetrieb, wird durch Spiegelung für $a = 2h$ gesetzt. Hierin ist h der Abstand des Fahrdrahtes zur Erde:

$$L' = [0,2 \cdot \ln(2 \cdot h/r) + 0,05] \cdot 10^{-3} \text{ in H/km}. \tag{3.4}$$

In den meisten Fällen und vor allem bei praktischen Berechnungen wird der Induktivitätsbelag einer Freileitung vorzugsweise aus den hierfür geltenden Diagrammen entnommen.

Der kapazitive Widerstand für eine Einzelleitung wird ebenfalls auf die Längeneinheit km bezogen. Es ist:

$$C = C' \cdot l, \quad \text{mit} \quad C' \text{ in F/km}.$$

Die Kapazität für einen Rundleiter läßt sich aus der Anordnung eines Zylinderkondensators bestimmen, wobei die bekannte Beziehung entsteht:

$$C = \frac{2\pi}{\ln(a/r)}.$$

Für C' und unter der Voraussetzung, daß $\varepsilon_r = 1$ ist, wird mit $\varepsilon_0 = 8,86 \cdot 10^{-14}$ F/cm:

$$C' = \frac{0,0556}{\ln(a/r)} \cdot 10^{-6} \text{ in F/km}. \tag{3.5}$$

Entsprechende Werte ergeben sich für die wechselstrombetriebene Leitung:

$$C' = \frac{0,0278}{\ln(a/r)} \cdot 10^{-6} \text{ in F/km,} \qquad (3.6)$$

und für den Fahrdraht gegen Erde wird:

$$C' = \frac{0,0556}{\ln(2h/r)} \cdot 10^{-6} \text{ in F/km.} \qquad (3.7)$$

Die durch die Koronaerscheinung entstehenden Verluste enthalten einen ohmschen Widerstandswert, der als *Ableitung* G bezeichnet wird. G wird vorzugsweise als Leitwert angegeben und beträgt bei Spannungen > 110 kV im Mittel 0,1 – 0,2 S/km. Bei feuchter Witterung können diese Werte um das Zehnfache ansteigen.

$$G = G' \cdot l \quad \text{und} \quad P_{Ko} = U^2 \cdot G' \cdot l \text{ als Koronaverluste.} \qquad (3.8)$$

3.2 Ersatzschaltbilder für elektrische Leitungen

Ersatzschaltbilder elektrischer Leitungen dienen als Hintergrund für die Leitungsberechnung, sie sollen die Zustandsform der jeweiligen Leitersituation abbilden. Besonders einfach liegen die Verhältnisse bei einer Gleichstromleitung, da in einem kontinuierlichen Betrieb – ohne Schaltvorgänge – außer den ohmschen Widerständen keine weiteren Beiträge zu erwarten sind. **Bild 3.2** stellt das Ersatzschaltbild der offenen und unbelasteten *Gleichstromleitung* dar.

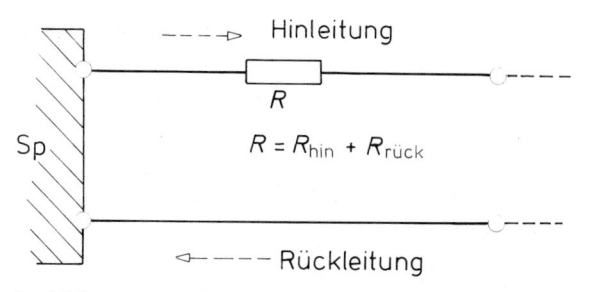

Bild 3.2 Offene Gleichstromleitung mit Hin- und Rückleitung

Bei der *Wechsel- und Drehstromleitung* tritt neben den ohmschen Widerstand der induktive Widerstand. Wenn Kapazitäten von nur geringem Einfluß sind, und daher vernachlässigt werden können, gilt das Ersatzschaltbild entsprechend **Bild 3.3** bis zu einer Übertragungsspannung von 30 kV.

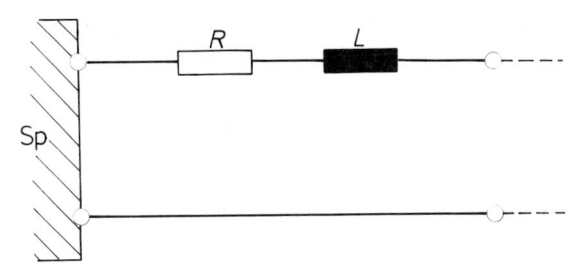

Bild 3.3 Ersatzschaltbild der Wechselstrom- und Drehstromleitung bis 30 kV

Trägt die Kapazität als merkliche Größe zum elektrischen Verhalten der Leitung bei, wird für Leitungen, die nur geringe Entfernungen überbrücken, die Kapazität je zur Hälfte auf Anfang und Ende verlegt. Das Ersatzschaltbild nach **Bild 3.4** ist gültig für Kabel ab 6 bis 10 kV und bei Freileitungen ab 30 kV.

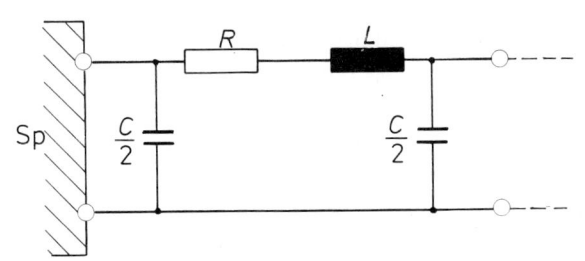

Bild 3.4 Ersatzschaltbild für Drehstromleitungen mit Spannungen über 30 kV

Die Wechsel- und Drehstromleitung mit Längs- und Querwiderständen gemäß dem Ersatzschaltbild, **Bild 3.5,** in dem neben den Kapazitäten auch die Ableitungen der Korona-Erscheinung enthalten sind, gilt für Kabel größer als 10 kV und für Freileitungen ab 60 kV.

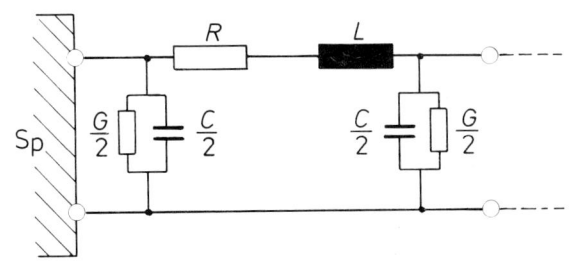

Bild 3.5 Ersatzschaltbild für Drehstromleitungen mit Spannungen ab 60 kV

Leitungen, die keine sogenannten „endlichen" Entfernungen überbrücken, gelten als *Fernleitungen*. Ihr Ersatzschaltbild enthält dann differentielle Glieder.

4 Berechnung elektrischer Leitungen und Netze

4.1 Mit Gleichstrom betriebene Leitungen

4.1.1 Offene und am Ende belastete Gleichstromleitung
Offene Leitungen haben immer *einen* Speisepunkt; sie werden einseitig, d. h. in einer Richtung gespeist. Gleichstromleitungen haben eine Hin- und eine Rückleitung. Alle Leitungslängen erscheinen daher in der Gleichung für den elektrischen (ohmschen) Widerstand zweimal:

$$R = \frac{2 \cdot l}{\varkappa \cdot A}.$$

Das vollständige Ersatzbild der *einseitig gespeisten und belasteten* Gleichstromleitung hätte Widerstände R_1 und R_2 sowohl in der Hin- als auch in der Rückleitung. Eine symbolische Zusammenfassung vereinfacht die Darstellung entsprechend **Bild 4.1a**, und da keine anderen Widerstandsgrößen bei der kontinuierlichen Gleichstromübertragung mitwirken, kann schließlich die symbolische Form entsprechend **Bild 4.1b** gewählt werden.
Für Gleichstromleitungen wird ein Spannungsverlust bis 8 Prozent zugelassen. Praktisch ausgeführte Leitungen arbeiten jedoch mit wesentlich geringeren Verlusten. Die belastete Leitung führt den Strom I; er soll im folgenden mit dem Index „e" versehen werden, da er als „Verbraucherstrom" am Ende der Leitung durch den Verbraucher entsteht.

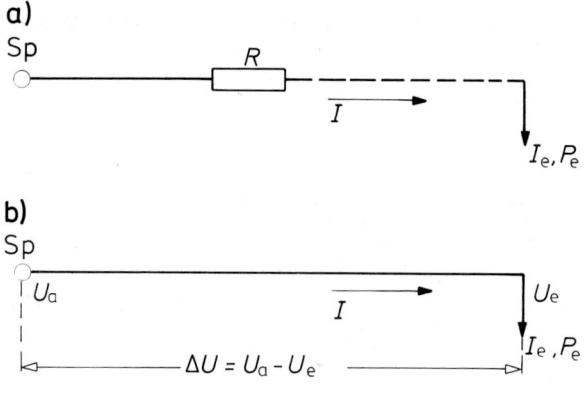

Bild 4.1 Symbolische Darstellung für Leitungen mit R:
a) mit eingezeichnetem Widerstand, b) als Symbolbild

Leitungen zwischen dem Erzeuger und dem Verbraucher heißen gemäß VDE 0100 § 3 Abschnitt 8 *Stromkreise;* sie stellen die geschlossene Strombahn zwischen Stromquelle und Verbrauchsmittel dar.
Der durch die Gleichstromleitung realisierte Stromkreis enthält eine Spannung am Anfang der Leitung U_a und eine Spannung am Ende der Leitung U_e. Die Differenz zwischen U_a und U_e liefert den Spannungsverlust ΔU. Die Spannung U_e entspricht der Nennspannung, mit der ein Verbraucher betrieben wird: $U_e \equiv U_N$.
Da fast alle Verbraucher Leistung als „Wirkleistung" benötigen (Motoren, Heizungen usw.), wird bei der Leitungsberechnung immer die Wirkleistung eingesetzt; das gilt vor allem bei den mit Wechsel- und Drehstrom betriebenen Leitungen. Für die Gleichstromleitung ist P_e die Leistung, die der Verbraucher am Ende der Leitung benötigt.
Da die Leitung den Strom I_e führen muß, wird der Spannungsfall durch den Leitungswiderstand hervorgerufen, es ist:

$$\Delta U = I_e \cdot R. \tag{4.1}$$

Wird hier der ohmsche Widerstand einer Gleichstromleitung $R = 2 \cdot l/(\varkappa \cdot A)$ eingesetzt, dann geht Gl. (4.1) über in:

$$\Delta U = I_e \cdot \frac{2 \cdot l}{\varkappa \cdot A}. \tag{4.2}$$

Bei Beachtung der Leistung $P_e = I_e \cdot U_e$ wird:

$$\Delta U = \frac{2 \cdot l \cdot P_e}{\varkappa \cdot A \cdot U_e}. \tag{4.3}$$

Im allgemeinen wird der Spannungsverlust einer Leitung in Prozenten angegeben, wobei davon ausgegangen wird, daß der Leiterquerschnitt für die Hin- und Rückleitung gleich ist. Der prozentuale Spannungsverlust wird entsprechend mit:

$$\Delta U_\% = (\Delta U/U_e) \cdot 100$$

$$\Delta U_\% = \frac{200 \cdot l \cdot I_e}{\varkappa \cdot A \cdot U_e} = \frac{200 \cdot l \cdot P_e}{\varkappa \cdot A \cdot U_e^2}. \tag{4.4}$$

Es ist vorteilhaft, die Gln. (4.1) bis (4.4) als zugeschnittene Größengleichungen zu behandeln. Hierbei vereinfacht sich die Berechnung, und Mißverständnisse beim Einsetzen der Zahlenwerte werden vermieden. Gl. (4.5) zeigt den ersten Teil von Gl. (4.4) als zugeschnittene Größengleichung:

$$\Delta U_\% = \frac{200 \cdot l/\text{m} \cdot I_e/\text{A}}{\varkappa/\left(\text{m}/(\Omega\,\text{mm}^2)\right) \cdot A/\text{mm}^2 \cdot U_e/\text{V}}. \tag{4.5}$$

Der *Leistungsverlust* auf der Gleichstromleitung kann ebenfalls berechnet werden:

$$\Delta P = \Delta U \cdot I_e = I_e^2 \cdot R$$

$$\Delta P_\% = (\Delta P / P_e) \cdot 100$$

$$= [\Delta U \cdot I_e / (U_e \cdot I_e)] \cdot 100$$

$$= (\Delta U / U_e) \cdot 100$$

$$\Delta P_\% = \Delta U_\%. \tag{4.6}$$

Der prozentuale Leistungsverlust entspricht bei der Gleichstromleitung dem prozentualen Spannungsverlust.

Beispiel:
Eine offene, am Ende belastete Gleichstromleitung ist 100 m lang. Sie führt zu einem Verbraucher mit $P_e = 12$ kW, der eine Nennspannung von 220 V benötigt. Für den Spannungsfall sind 3 % zugelassen. Der Querschnitt der Leitung soll einmal für Kupfer mit $\varkappa = 50$ m/(Ω mm²) und zum anderen für Aluminium mit $\varkappa = 31$ m/(Ω mm²) berechnet werden. Wie groß ist der wirkliche Spannungsverlust bei gewähltem Querschnitt?

Nach Gl. (4.4) ist:

$$A = \frac{200 \cdot l \cdot P_e}{\Delta U_\% \cdot U_e^2} = \frac{200 \cdot 100 \cdot 12 \cdot 10^3}{3 \cdot 50 \cdot 220^2} \text{ mm}^2 = 33{,}06 \text{ mm}^2.$$

Da es in der elektrischen Energieübertragung nur genormte Querschnitte für Leitungen gibt – von den Ausnahmen im Sammelschienenbetrieb, etwa bei Elektrolyseanlagen, abgesehen –, muß der Querschnitt so gewählt werden, daß der zulässige ΔU-Wert nicht überschritten wird.
Liegt der errechnete Querschnitt nur knapp über der eigentlichen Norm, muß

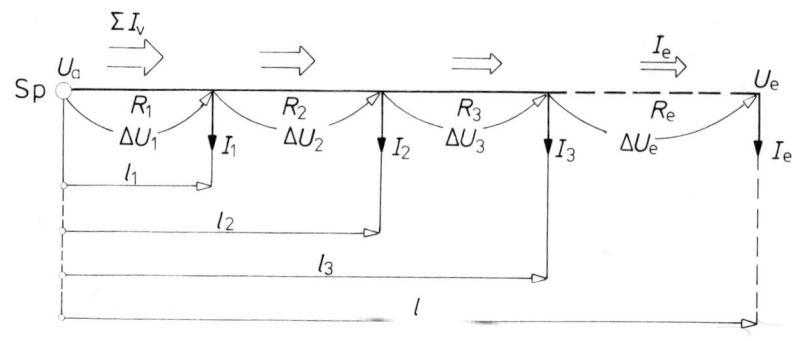

Bild 4.2 Symbolische Darstellung einer Leitung mit mehreren Belastungen

entschieden werden, ob aus wirtschaftlichen Gründen – trotz eines höheren Spannungsfallwertes – auf den nächstliegenden Normquerschnitt zurückgegriffen werden kann.
Im vorliegenden Beispiel wird für Kupfer $A = 35$ mm² gewählt (siehe auch Tabelle 2.1, Teil IV, Kapitel 4). Mit diesem Querschnitt ist dann der wahre Spannungsfallwert $\Delta U_\% = (33,06/35) \cdot 3 = 2,83\,\%$. Für Aluminium ist der errechnete Querschnitt $A = 53$ mm². Wird $A = 50$ mm² gewählt, steigt der Spannungsfallwert auf 3,2 %.

4.1.2 Offene und an mehreren Stellen belastete Gleichstromleitung

Die Leitung wird wieder einseitig eingespeist, die Verbraucher sind an verschiedenen Stellen angeschlossen und haben unterschiedliche Strom- bzw. Leistungsaufnahmen. Das Symbolbild der Leitung zeigt **Bild 4.2**.
Auf jedem Leiterabschnitt wird ein Spannungsfall durch den Strom und den Abschnittswiderstand hervorgerufen:

$$\sum_{v=1}^{n} \Delta U_v = \Delta U.$$

Der erste Leitungsabschnitt führt den Summenstrom, der sich aus den Einzelströmen der Verbraucher zusammensetzt.
In der Praxis werden derartige Leitungen nicht abgestuft, sondern vorzugsweise mit *einem einzigen* Querschnitt versehen. So lassen sich die Anschlüsse für Verbraucher, Meß- und Schutzeinrichtungen vereinheitlichen. Unter der Voraussetzung eines einheitlichen Querschnittes und bei gleichem Leitermaterial gelten die folgenden Beziehungen:

$$\begin{aligned}
\Delta U &= U_a - U_e \\
&= \Delta U_1 + \Delta U_2 + \Delta U_3 + \cdots + \Delta U_e \\
&= (I_1 + I_2 + I_3 + \cdots + I_e) \cdot R_1 \\
&\quad + (I_2 + I_3 + \cdots + I_e) \cdot R_2 \\
&\quad + \cdots\cdots\cdots\cdots\cdots + I_e \cdot R_e.
\end{aligned}$$

Nach Widerständen zusammengefaßt wird:

$$\Delta U = I_1 \cdot R_1 + I_2 \cdot (R_1 + R_2) + I_3 \cdot (R_1 + R_2 + R_3) + \\
+ \cdots\cdots\cdots + I_e \cdot (R_1 + R_2 + \cdots + R_e).$$

Nach Voraussetzung ist $R_1 = 2 \cdot l_{a1}/(\varkappa \cdot A)$, $R_2 = 2 \cdot l_{12}/(\varkappa \cdot A)$, $R_3 = 2 \cdot l_{23}/(\varkappa \cdot A)$ usw.

Unter Berücksichtigung der im Bild 4.2 eingetragenen Längen von der Speisestelle bis zum Verbraucher ist:

$$\Delta U = \frac{2}{\varkappa \cdot A} \cdot (I_1 \cdot l_1 + I_2 \cdot l_2 + \cdots + I_e \cdot l).$$

Die Produkte in der Klammer sind – bezogen auf den Speisepunkt als „Stützpunkt" – dem Momentensatz der Mechanik ähnlich, es wird daher auch von *Strommomenten* gesprochen. Die Ströme sind jedoch *nicht* wie die Kräfte in der Mechanik *richtungsabhängig*. Der Gesamtspannungsfall für eine mehrfach belastete Leitung läßt sich entweder durch die Verbraucherströme oder aber durch die Verbraucherleistungen ausdrücken:

$$\Delta U = \frac{2}{\varkappa \cdot A} \cdot \sum_{v=1}^{n} I_v \cdot l_v \qquad (4.7)$$

$$= \frac{2}{\varkappa \cdot A \cdot U} \cdot \sum_{v=1}^{n} P_v \cdot l_v. \qquad (4.8)$$

Entsprechendes gilt für den prozentualen Spannungsfall:

$$\Delta U_\% = \frac{200}{\varkappa \cdot A \cdot U_e} \cdot \sum_{v=1}^{n} I_v \cdot l_v = \frac{200}{\varkappa \cdot A \cdot U_e^2} \cdot \sum_{v=1}^{n} P_v \cdot l_v. \qquad (4.9)$$

Beispiel:
An einer einseitig gespeisten, mehrfach belasteten Leitung sind vier Gleichstrommotoren mit je 3 kW angeschlossen, die vom Speisepunkt jeweils um 25 m weiter entfernt liegen. Gesucht ist der Querschnitt für eine angenommene Kupferleitung bei einem zulässigen Spannungsfallwert $\Delta U = 3\%$ und einer Nennspannung von 220 V.
Mit Gl. (4.9) und unter Beachtung der im Symbolbild der Leitung eingetragenen Werte wird:

$$A = \frac{200 \cdot 3 \cdot 10^3 \cdot (25 + 50 + 75 + 100)}{50 \cdot 3 \cdot 220^2} \text{ mm}^2 = 20{,}7 \text{ mm}^2.$$

Der gewählte Querschnitt für die Kupferleitung liegt demnach bei $A = 25$ mm².

4.1.3 Offene Gleichstromleitung mit gleichmäßig verteilter spezifischer Belastung
Viele Leitungen der elektrischen Netze sind derart dicht mit Belastungsstellen belegt, daß nicht mehr von Einzelbelastungen gesprochen werden kann. Bei der Leitungsberechnung muß davon ausgegangen werden, daß es sich um eine *gleichmäßig* verteilte, sogenannte spezifische Belastung handelt. In der Praxis gehören hierzu auch Leitungen, für die – selbst bei unterschiedlicher Stromabnahme – eine im Mittel gleichmäßige Belastung angenommen werden kann, so daß die Berechnung einen genügend genauen Näherungswert bietet. **Bild 4.3** zeigt das Symbolbild der Leitung mit spezifischer Belastung.

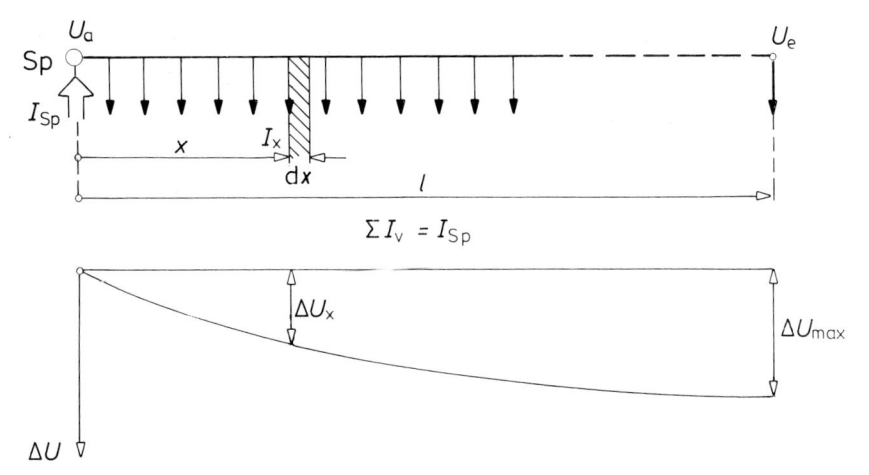

Bild 4.3 Leitung mit spezifischer Belastung

Die Summe der Ströme bildet den Gesamtstrom der Leitung und die Summe der Leistungen die Gesamtleistung der Leitung. An einer beliebigen Stelle x wird der Strom I_x entnommen. Wenn I_{Sp} der vom Speisepunkt aufzubringende Gesamtstrom ist und I/l die spezifische Streckenbelastung auf der Leitung, dann gilt:

$$I_x = I_{Sp} - \frac{I}{l} \cdot x. \tag{4.10}$$

Für $x=0$ ist $I_x = I_{Sp}$ und für $x=l$ geht Gl. (4.10) über in $I_x = I_{Sp} - I$. Der auf der Leitung entnommene Gesamtstrom I muß genau so groß sein, wie der vom Speisepunkt gelieferte Strom I_{Sp}, damit ist $I_x = 0$.

Infinitesimal gesehen wird von I_x bei dx ein Spannungsfall $d(U_x)$ hervorgerufen:

$$d(\Delta U_x) = I_x \cdot \frac{R}{l} \cdot dx.$$

Beidseitige Integration liefert für:

$$\Delta U_x = I \cdot R \cdot \left[\frac{x}{l} - \frac{1}{2} \cdot \left(\frac{x}{l} \right)^2 \right]. \tag{4.11}$$

Das ist der Spannungsfall der spezifisch belasteten Leitung an einer beliebigen Stelle x.

Gl. (4.11) gibt deutlich den parabolischen Verlauf des Spannungsfalles wieder. Der maximale Spannungsfall liegt schließlich bei $x=l$. Setzt man diesen Wert in Gl. (4.11) ein, dann wird:

$$\Delta U_{max} = \frac{I \cdot R}{2} = \frac{l}{\varkappa \cdot A} I = \frac{l \cdot P_{ges}}{\varkappa \cdot A \cdot U_e}.$$

Der prozentuale Spannungsfall ist dann entsprechend:

$$\Delta U_{max\%} = \frac{100 \cdot l \cdot P_{ges}}{\varkappa \cdot A \cdot U_e^2}. \qquad (4.12)$$

Danach tritt der gleiche Spannungsfall auf, als würde die Gesamtlast auf der halben Strecke entnommen werden. Für den Leistungsverlust auf der Leitung mit gleichmäßiger Lastverteilung gilt:

$$\Delta P_x = \Delta U_x \cdot I_x$$

$$d(\Delta P_x) = d(\Delta U_x) \cdot I_x = I_x^2 \cdot \frac{R}{l} \cdot dx.$$

Wird für I_x Gl. (4.10) eingesetzt und danach auf beiden Seiten wieder integriert, erhält man für den Leistungsverlust:

$$\Delta P_x = I_{Sp}^2 \cdot R \cdot \frac{x}{l} - I_{Sp} \cdot I \cdot R \cdot \frac{x^2}{l^2} + \frac{I^2 \cdot R}{3} \cdot \frac{x^3}{l^3}. \qquad (4.13)$$

Für $x = l$ und $I = I_{Sp}$ wird:

$$\Delta P = \frac{I^2 \cdot R}{3} = \frac{2 \cdot l \cdot P^2}{3 \cdot \varkappa \cdot A \cdot U_e^2}. \qquad (4.14)$$

Der Leistungsverlust wird dann in Prozent:

$$\Delta P_\% = 66{,}7 \frac{l \cdot P}{\varkappa \cdot A \cdot U_e^2}.$$

Die offene Leitung mit gleicher Streckenbelastung verhält sich bezüglich der Leistungsverluste so, als wenn die Gesamtbelastung auf einem Drittel der Leitung liegen würde.

4.1.4 Offene Zweigleitung

Auch die Gleichstromnetze sind in der Praxis häufig als Strahlennetze ausgelegt. Beispiele hierfür gibt es in Bahn-, Galvanik- und Elektrolyseanlagen. Von einem gemeinsamen Speisepunkt (Gleichrichter) ausgehend, treten bei der Energielieferung erste Verzweigungen schon kurz hinter der Sammelschiene auf.
Für einfache Zweigleitungen läßt sich ein relativ einfaches Berechnungsverfahren angeben, sofern gewisse Einschränkungen vorausgesetzt werden: Das für die Leitung ausgesuchte Material soll gleich sein, und der Spannungsfall

soll für alle Leitungsenden an den Verbrauchern den gleichen Wert besitzen. In vielen praktischen Fällen können so auch Leitungen berechnet werden, die den Bedingungen nicht vollständig entsprechen. Näherungsweise müßte dann mit dem ungünstigsten vorkommenden Spannungsfallwert gerechnet werden.

Das folgende Verfahren für die Querschnittsberechnung der Zweigleitungen heißt *Verwandlungsverfahren* oder das *Verfahren mit den fiktiven Längen*. Für Verzweigungsleitungen besteht die Aufgabe darin, Querschnitte A_v ($v = 1 \ldots n$) zu finden, so daß der vorgeschriebene Spannungsfall in den Leitungsendpunkten nicht überschritten wird.

Im Gegensatz zu den einfachen Leitungen mit mehreren Belastungsstellen werden bei Zweigleitungen aus wirtschaftlichen Gründen mehrere unterschiedliche Querschnitte zugelassen. **Bild 4.4** zeigt ein Netz mit drei Verbrauchern, von denen zwei über unterschiedlich lange Zweigleitungen mit elektrischer Energie beliefert werden, während ein Verbraucher unmittelbar an A angeschlossen ist. A ist der einzige Verzweigungspunkt, insgesamt werden drei Leitungsquerschnitte gebildet: A_1, A_2 und A_3.

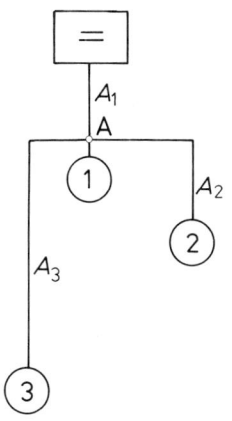

Bild 4.4 Verzweigungsleitung mit unterschiedlichen Leitungsquerschnitten

A_1 ist der Querschnitt der Leitung, die den gemeinsamen Summenstrom führt. Diese Leitung möge eine Länge von l_1 haben. Für die Zweigleitung mit Querschnitt A_2 ist die Entfernung von A bis zum Verbraucher l_2 und für die Zweigleitung mit A_3 entsprechend l_3. Alle Leitungen haben gleiches Material, und an den Stellen der Endbelastungen soll ein vorgegebener Spannungsfall nicht überschritten werden. **Bild 4.5** gibt das Symbolbild der Zweigleitung wieder.

Im allgemeinen sind die Leitungslängen bekannt, sie richten sich nach den geometrisch-räumlichen Verhältnissen, in denen sich das Netz befindet.

Für die Leitungen AB und AC muß eine *Ersatzleitung* gefunden werden, die den

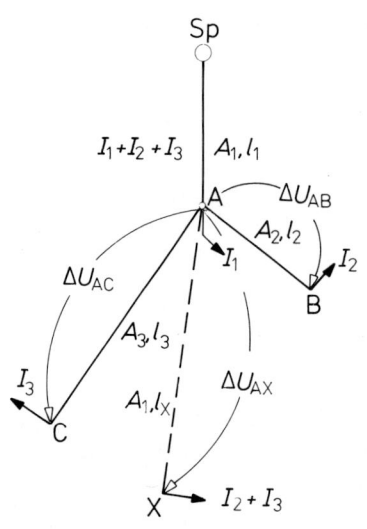

Bild 4.5 Symbolbild der Zweigleitung mit fiktiver Streckenlänge l_x

gleichen Spannungsverlust dieser beiden Leitungen aufweist. Wegen der Spannungsfallgleichheit der beiden Leitungen AB und AC ist demnach:

$$\Delta U_{AB} = \Delta U_{AC} = \Delta U_{AX}. \tag{4.15}$$

Die Ersatzleitung mit der noch unbekannten Länge l_x hat am Ende den Summenstrom der beiden Zweigleitungen zu führen. Nach Gl. (4.15) und bei angenommener Materialgleichheit gilt:

$$\frac{2}{\varkappa \cdot A} l_x \cdot (I_2 + I_3) = \frac{2}{\varkappa \cdot A} l_2 \cdot I_2 = \frac{2}{\varkappa \cdot A} l_3 \cdot I_3.$$

Für die beiden Querschnitte der Zweigleitungen folgt hieraus:

$$\begin{aligned} A_2 &= A_1 \cdot \frac{l_2}{l_x} \cdot \frac{I_2}{I_2 + I_3} \\ A_3 &= A_1 \cdot \frac{l_3}{l_x} \cdot \frac{I_3}{I_2 + I_3}. \end{aligned} \tag{4.16}$$

Das Leitervolumen der Ersatzleitung muß gleich dem Leitervolumen der beiden Zweigleitungen sein:

$$2 \cdot A_1 \cdot l_x = 2 \cdot (A_2 \cdot l_2 + A_3 \cdot l_3). \tag{4.17}$$

Werden die Werte aus der Spannungsfallbedingung entsprechend Gl. (4.16) in

Gl. (4.17) eingesetzt, dann entsteht eine Beziehung, aus der Querschnitt A_1 eliminiert werden kann:

$$A_1 \cdot l_x = \frac{A_1 \cdot l_2^2 \cdot I_2}{l_x \cdot (I_2 + I_3)} + \frac{A_1 \cdot l_3^2 \cdot I_3}{l_x \cdot (I_2 + I_3)}.$$

Nach l_x aufgelöst, entsteht:

$$l_x = \left[\frac{I_2 \cdot l_2^2 + I_3 \cdot l_3^2}{I_2 + I_3} \right]^{\frac{1}{2}}.$$

Ganz allgemein ist dann für Netze mit Zweigleitungen $v = 1 \ldots n$:

$$l_x = \left[\frac{\sum\limits_{v=1}^{n} I_v \cdot l_v^2}{\sum\limits_{v=1}^{n} I_v} \right]^{\frac{1}{2}}. \tag{4.18}$$

Der Spannungsverlust vom Speisepunkt bis zur Stelle X entspricht dem Gesamtspannungsfall $\Delta U_{SpX} = \Delta U_{ges}$. Für die Leitungsstrecke S_p nach A wird bereits ein Spannungsverlust ΔU_{SpA} entstehen, sofern der Querschnitt A_1 festliegt:

$$A_1 = \frac{2}{\varkappa \cdot \Delta U_{ges}} \cdot (I_1 + I_2 + I_3) \cdot l_1 + (I_2 + I_3) \cdot l_x.$$

Danach ist für:

$$\Delta U_{SpA} = \frac{2 \cdot l_1}{\varkappa \cdot A_1} \cdot (I_1 + I_2 + I_3). \tag{4.19}$$

Der Restspannungsfall für die beiden Zweigleitungen wird aus der Differenz von ΔU_{ges} und ΔU_{SpA} bestimmt:

$$\Delta U_{AB} = \Delta U_{AC} = \Delta U_{ges} - \Delta U_{SpA}. \tag{4.20}$$

Damit können die noch fehlenden Querschnitte der Zweigleitung A_2 und A_3 mit Hilfe der *Restspannungsfallwerte* ermittelt werden:

$$A_2 = \frac{2 \cdot l_2 \cdot I_2}{(\Delta U_{ges} - \Delta U_{SpA})},$$

$$A_3 = \frac{2 \cdot l_3 \cdot I_3}{(\Delta U_{ges} - \Delta U_{SpA})}. \tag{4.21}$$

Beispiel:
Eine an zwei Stellen A und B verzweigte Leitung führt zu drei Verbrauchern. Der Spannungsfall soll bei 220 V Nennspannung 3 % betragen. Die fünf Leiterquerschnitte $A_1 \ldots A_5$ sind so festzulegen, daß mit dem Netz wirtschaftlich gearbeitet werden kann. Gemeinsames Leitermaterial ist Kupfer mit $\varkappa_{Cu} = 53$ m/(Ω mm^2). **Bild 4.6** zeigt das Symbolbild der Leitung.

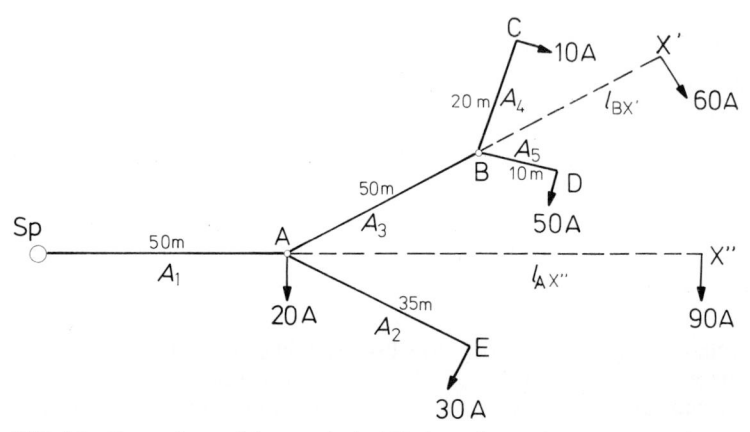

Bild 4.6 Verzweigungsleitung mit drei Verbrauchern

Die erste fiktive Länge zwischen B und X' wird $l_{BX'}$ mit einem Gesamtstrom von 60 A. Nach Gl. (4.18) ist:

$$l_{BX'} = \sqrt{\frac{10 \cdot 20^2 + 50 \cdot 10^2}{60}} \text{ m} = 12{,}25 \text{ m}.$$

Entsprechend kann die zweite fiktive Länge $l_{AX''}$ gefunden werden:

$$l_{AX''} = \sqrt{\frac{60 \cdot 62{,}25^2 + 30 \cdot 35^2}{60}} \text{ m} = 66{,}98 \text{ m}.$$

Nach Gl. (4.9) läßt sich A_1 berechnen:

$$A_1 = \frac{200 \cdot (50 \cdot 20 + 116{,}98 \cdot 90)}{53 \cdot 3 \cdot 220} \text{ mm}^2 = 65{,}91 \text{ mm}^2.$$

Der gewählte Normquerschnitt beträgt 70 mm^2. Für den ersten Leitungsabschnitt ist der Spannungsverlust durch den Leitungswiderstand und den Summenstrom von 110 A bestimmt:

$$\Delta U_{SpA} = \frac{2 \cdot 50 \cdot 110}{53 \cdot 70} \text{ V} = 2{,}96 \text{ V}.$$

Für die übrigen Leitungen verbleiben dann 6,6 V − 2,96 V = 3,64 V. Die Querschnitte A_2 und A_3 werden mit diesem Restspannungsfallwert berechnet:

$$A_2 = \frac{2 \cdot 35 \cdot 30}{53 \cdot 3{,}64} \text{ mm}^2 = 10{,}88 \text{ mm}^2 \rightarrow 16 \text{ mm}^2,$$

$$A_3 = \frac{2 \cdot 62{,}24 \cdot 60}{53 \cdot 3{,}64} \text{ mm}^2 = 38{,}71 \text{ mm}^2 \rightarrow 50 \text{ mm}^2.$$

Der Spannungsverlust auf der Strecke AB ist mit dem gewählten Querschnitt:

$$\Delta U_{AB} = \frac{2 \cdot 50 \cdot 60}{53 \cdot 50} \text{ V} = 2{,}26 \text{ V}.$$

Dann verbleiben für den restlichen Spannungsfall in Verbraucherrichtung C und D:

$$\Delta U_{BC} = \Delta U_{BD} = \Delta U_{AX'} - \Delta U_{AB} = 3{,}64 \text{ V} - 2{,}26 \text{ V} = 1{,}38 \text{ V}.$$

$$A_4 = \frac{2 \cdot 20 \cdot 10}{53 \cdot 1{,}38} \text{ mm}^2 = 5{,}47 \text{ mm}^2 \rightarrow 6 \text{ mm}^2$$

$$A_5 = \frac{2 \cdot 10 \cdot 50}{53 \cdot 1{,}38} \text{ mm}^2 = 13{,}67 \text{ mm}^2 \rightarrow 16 \text{ mm}^2$$

4.1.5 Ringleitungen und zweiseitig gespeiste Leitungen
In der elektrischen Energieverteilung werden auch Leitungen eingesetzt, die entweder von zwei separaten Kraftwerken beidseitig eingespeist werden, oder die zu einem Ring geschlossen von einem gemeinsamen Speisepunkt aus mit Strom versorgt werden. Eine derartig geschlossene Leitung zeigt **Bild 4.7** als Symbolbild.

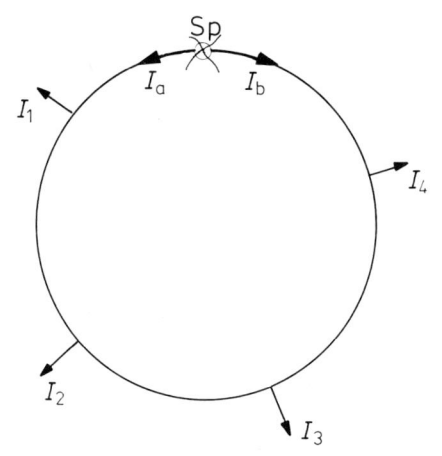

Bild 4.7 Ringleitung mit mehreren Belastungsstellen

Die nach zwei Seiten fließenden Stützströme I_a und I_b müssen alle an der Ringleitung liegende Verbraucher bedienen, es ist demnach:

$$I_a + I_b = \sum_{v=1}^{n} I_v.$$

Mindestens eine Abnahmestelle wird auf diese Weise von zwei Seiten Strom aufnehmen, d.h., hier befindet sich die Stelle mit dem größten Spannungsfallwert.

Die rechnerische Behandlung erfolgt durch *Auftrennen* der Speisestelle Sp, so daß zwei *Ersatzspeisestellen* Sp_1 und Sp_2 entstehen. Eine derartige Leitung ist der Einfachheit halber in **Bild 4.8** mit einer einzigen Verbraucherstelle wiedergegeben.

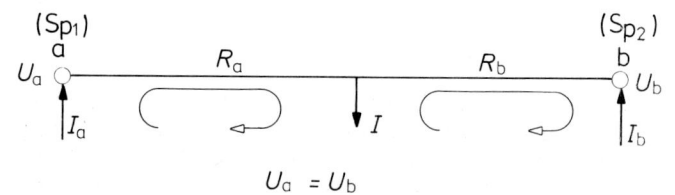

Bild 4.8 Aufgetrennte Ringleitung mit einer einzigen Belastung

Die beiden Stützströme I_a und I_b fließen zum Knoten K, an dem I entnommen wird. Es ist somit:

$$I_a + I_b = I. \tag{4.22}$$

Jeder Leitungsabschnitt hat einen Widerstand R_a und R_b. Nach der Maschenregel ist:

$$I_a \cdot R_a - I_b \cdot R_b = 0. \tag{4.23}$$

Wird Gl. (4.22) nach I_a oder I_b aufgelöst und in Gl. (4.23) eingesetzt, dann ist:

$$I_a \cdot R_a - (I - I_a) \cdot R_b = 0,$$

$$I_a = I \cdot \frac{R_b}{R_a + R_b}.$$

Wird beidseitig mit R_a multipliziert, dann erhält man den Spannungsfall:

$$\Delta U = I_a \cdot R_a = I \cdot \frac{R_a \cdot R_b}{R_a + R_b}.$$

Das ist eine Parallelschaltung von Widerständen entsprechend dem **Bild 4.9**; der gleiche Spannungsfall gilt auch für $I_b \cdot R_b$.

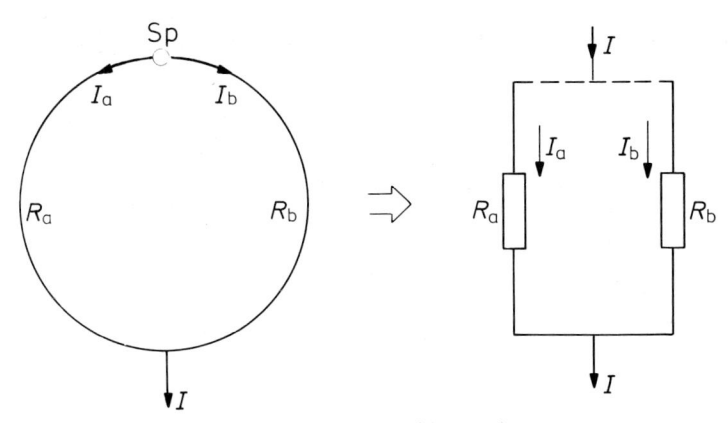

Bild 4.9 Parallelschaltung der Leitungswiderstände

Aus Bild 4.8 und den nachfolgenden Bildern ist bei der zweiseitig gespeisten Leitung bezüglich der Stützströme und der Stromabnehmer eine *Äquivalenz zur Mechanik* zu erkennen. Die Ströme I_a und I_b wirken wie die „Stützkräfte" und die Verbraucherströme wie die entsprechenden „Einzellasten" eines zweiseitig gestützten „Balkens". Es wird auch hier wieder von *„Strommomenten"* gesprochen, obwohl keine Richtungsabhängigkeit für die Stromentnahme vorliegt.

Bild 4.10 zeigt eine aufgetrennte Ringleitung mit zwei Belastungsstellen. Für die Stützströme ist $I_a + I_b = I_1 + I_2$.

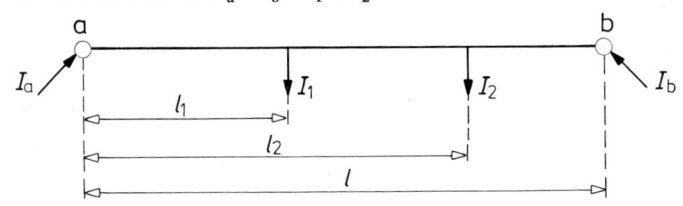

Bild 4.10 Aufgetrennte Ringleitung (zweiseitig gespeiste Leitung) mit zwei Belastungsstellen

Nach dem Vorangegangenen ist bezogen auf den Speisepunkt Sp_1:

$I_b \cdot l = I_1 \cdot l_1 + I_2 \cdot l_2.$

Wegen

$$I_a = I_1 + I_2 - I_b$$
$$= I_1 + I_2 - I_1 \cdot \frac{l_1}{l} - I_2 \cdot \frac{l_2}{l}$$
$$= I_1 \cdot \frac{l - l_1}{l} + I_2 \cdot \frac{l - l_2}{l}.$$

Entsprechend erhält man für:

$$I_b = I_1 \cdot \frac{l_1}{l} + I_2 \cdot \frac{l_2}{l}.$$

Wird von der Annahme ausgegangen, daß für die Ringleitung ein gleicher Leiterquerschnitt bei gleichem Material zugrundeliegt, dann können an Stelle der Widerstände die Längenabschnitte eingesetzt werden. Es ist zu beachten, daß die Summierung der Streckenlängen immer von der entgegengesetzten Seite des zu berechnenden Stützstromes aus erfolgt:

$$I_a = \frac{\sum_{v=1}^{n} I_v \cdot l_v}{l},$$

$$I_b = \frac{\sum_{v=1}^{n} I_v \cdot l_v}{l}.$$

(4.24)

Bei zweiseitig gespeisten Leitungen (Ringleitungen) wird einer einzigen Belastungsstelle von beiden Speiseströmen I_a und I_b gemeinsam Strom zugeführt, während die übrigen Verbraucher entweder von a oder nur von b aus bedient werden. An der Stelle der zweiseitigen Stromaufnahme entsteht der maximale Spannungsfall ΔU_{max}.

Ähnlich dem „Belastungsseileck" aus der Mechanik verhält sich der Spannungsverlauf.

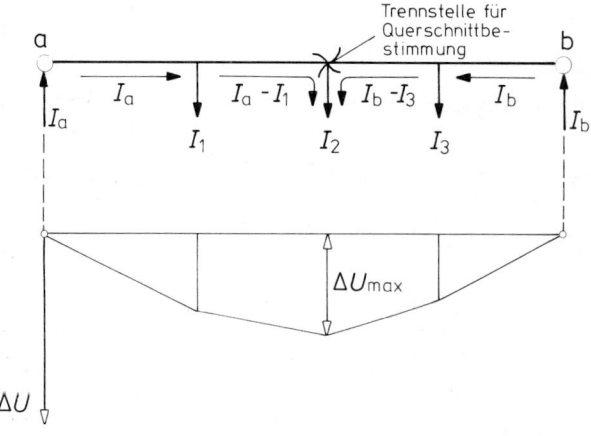

Bild 4.11 Spannungsverlauf bei einer zweiseitig gespeisten Leitung und Stelle von ΔU_{max}

Bild 4.11 zeigt die Stromverteilung und den Spannungsverlauf bei einer zweiseitig gespeisten Leitung unter der Bedingung $U_a = U_b$.
Sind die beiden Spannungen an den Speisestellen unterschiedlich, dann liefert die Differenzspannung einen Ausgleichstrom, der entweder von a nach b oder von b nach a fließt. In dem Beispiel mit *einer* Belastungsstelle wird angenommen, daß $U_a - U_b$ oder $U_b - U_a$ eine Spannung U verschieden von Null aufweist:

$$I_a + I_b = I, \tag{4.22}$$

$$I_a \cdot R_a - I_b \cdot R_b = U_a - U_b. \tag{4.25}$$

Die Aufstellung der Nenner- und Zählerdeterminante liefert zusammen mit der Cramerschen Regel die Lösung für die Stützströme:

I_a	I_b	rechte Seite
1	1	I
R_a	$-R_b$	$U_a - U_b$

Nennerdeterminante:

$$D = -(R_a + R_b).$$

Zählerdeterminante für I_a:

$$D_{Ia} = -I \cdot R_b - (U_a - U_b),$$

$$I_a = \frac{D_{Ia}}{D} = I \cdot \frac{R_b}{R_a + R_b} + \frac{U_a - U_b}{R_a + R_b} \tag{4.26}$$

Das Korrekturglied sagt aus, daß bei $U_a > U_b$ der Ausgleichstrom von a nach b gerichtet ist und für $U_a < U_b$ von b nach a.

$$I_{ab} \text{ bzw. } I_{ba} = \frac{U_a - U_b}{\sum\limits_{v=1}^{n} R_v} \tag{4.27}$$

Unter der Voraussetzung, daß die Leitung aus gleichem Material besteht und daß der Leiterquerschnitt überall gleich sein möge, läßt sich durch Auftrennen der Ringleitung – bzw. der zweiseitig gespeisten Leitung – an der Stelle des maximalen Spannungsfallwertes ΔU_{max} wieder die Querschnittberechnung durchführen.
Jede der beiden nunmehr „einseitig gespeisten Leitungen" kann unter Anwendung der Gln. (4.2) bis (4.5) und unter Beachtung der „Teileinspeisung" am Ende der Leitung zur Querschnittsbestimmung herangezogen werden. Bei den getroffenen Annahmen liefern beide „Einzelleitungen" den gleichen Querschnitt A.
Eine ausführliche Durchrechnung wird in dem Aufgabenbeispiel 4.3 gezeigt.

Aufgabe 4.1
Welche maximale GS-Leistung kann mit einer 1,2 km langen und 35 mm² starken Kupferleitung bei einer Nennspannung von 220 V übertragen werden, wenn der zulässige Spannungsfall 2,5 % nicht übersteigen soll?

Aufgabe 4.2
Eine einseitig gespeiste GS-Leitung ist an vier, um jeweils 150 m voneinander entfernten Stellen belastet. Die Verbraucherleistungen betragen – vom Speisepunkt ausgehend – 12,5 kW, 18 kW, 10 kW und 5,2 kW. Welchen Querschnitt benötigt die Leitung bei einer Nennspannung von 440 V und bei einem $\Delta U = 3\%$ wenn $\varkappa_{Al} = 33$ m/(Ω mm²) ist?

Aufgabe 4.3
Über eine GS-Al-Ringleitung werden acht Verbraucher bei 440 V Nennspannung mit elektrischer Energie versorgt. Vom Speisepunkt ausgehend (Uhrzeigersinn) betragen die Entfernungen und die Stromaufnahmen der Verbraucher: 120 m/12 A; 230 m/23 A; 80 m/50 A; 250 m/7,5 A; 100 m/32 A; 50 m/5 A; 50 m/10 A; 150 m/25 A und 100 m bis zum Speisepunkt zurück. Es ist der Leitungsquerschnitt bei einem Spannungsfallwert von $\Delta U = 3\%$ zu berechnen!

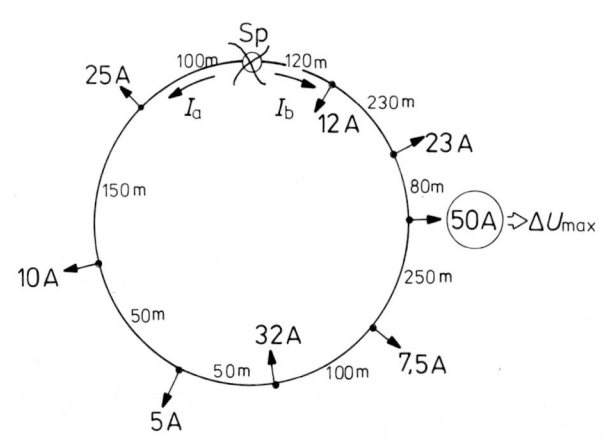

Bild A 4.30 Gleichstrom-Ringleitung mit verschiedenen Belastungsstellen

Aufgabe 4.4
Eine zweiseitig gespeiste GS-Leitung mit einer Gesamtlänge von 4 km und $A = 35$ mm² hat bei a eine Nennspannung von 440 V und bei b eine Nennspannung von 600 V. Wie groß ist der Ausgleichstrom, wenn in der Mitte der Leitung 120 A entnommen werden?

4.2 Mit Wechsel- oder Drehstrom betriebene Leitungen

4.2.1 Offene und am Ende belastete Wechsel- oder Drehstromleitung mit Längswiderstand R

Im Gegensatz zur Gleichstromübertragung muß bei der Berechnung mit alternierender Strombelastung der Einfluß komplexer Größen beachtet werden. Spannungen und Ströme sind Zeiger; die Leitungskonstanten werden durch die jeweiligen Leitungsimpedanzen gekennzeichnet. Im folgenden sollen nur solche Leitungen untersucht werden, die bei der elektrischen Energieübertragung durch ihren *ohmschen Widerstand* beitragen.

In der Praxis wird es sich um Leitungssysteme handeln, die vorzugsweise im gesamten Niederspannungsbereich und im unteren Mittelspannungsgebiet anzutreffen sind. Das Symbolbild einer derartigen Leitung ist in **Bild 4.12a** und das zugehörige Zeigerdiagramm in **Bild 4.12b** dargestellt.

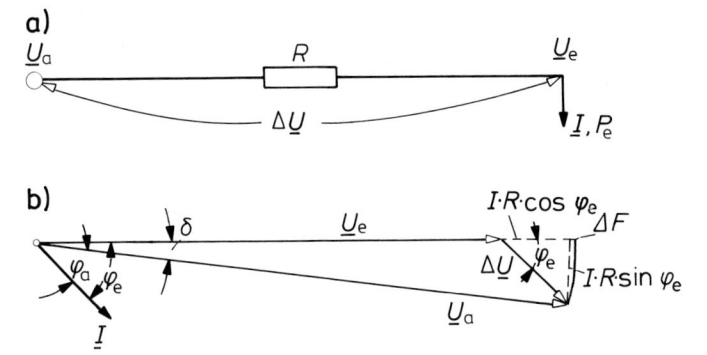

Bild 4.12 Einseitig gespeiste Wechselstrom- oder Drehstromleitung:
a) Symbolbild, b) Zeigerbild

Bei einem induktiven Verbraucher eilt der Strom I der Spannung U_e nach. Die Projektion von ΔU auf die Nennspannung ist $I \cdot R \cdot \cos \varphi_e$, sie stellt als „Wirkkomponente" den *Längsspannungsfall* und $I \cdot R \sin \varphi_e$ den *Querspannungsfall* dar.

Sieht man von einem in Bild 4.12b eingezeichneten geringfügigen Fehler ΔF ab, dann läßt sich mit Hilfe der Beziehungen an rechtwinkligen Dreiecken zwischen den Spannungen folgende Relation herstellen:

$$U_a = [(U_e + I \cdot R \cdot \cos \varphi_e)^2 + (I \cdot R \cdot \sin \varphi_e)^2]^{\frac{1}{2}}.$$

Wird U_e vor die eckige Klammer geschrieben, dann ist:

$$U_a = U_e \cdot \left[1 + \frac{2 \cdot I \cdot R \cdot \cos \varphi_e}{U_e} + \left(\frac{I \cdot R}{U_e}\right)^2\right]^{\frac{1}{2}}.$$

Um zum Spannungsfall ΔU zu kommen, wird beidseitig U_e von der Gleichung abgezogen:

$$U_a - U_e = \Delta U = U_e \cdot \left\{ \left[1 + \frac{2 \cdot I \cdot R \cdot \cos \varphi_e}{U_e} + \left(\frac{I \cdot R}{U_e} \right)^2 \right]^{\frac{1}{2}} - 1 \right\}. \quad (4.28)$$

Der Quotient $I \cdot R / U_e$ ist kleiner als 1, so daß die Quadrierung einen noch kleineren Wert ergibt. Seine Vernachlässigung führt zu einer *ersten Näherung*:

$$U_a - U_e \approx \Delta U = U_e \left\{ \left[1 + \frac{2 \cdot I \cdot R \cdot \cos \varphi_e}{U_e} \right]^{\frac{1}{2}} - 1 \right\}. \quad (4.29)$$

Wegen des oft auf die Gesamtspannung bezogenen, sehr geringen Querspannungsfallwertes, kann eine für die Leitungsberechnung noch „gröbere" Näherung akzeptiert werden, zumal bei der Querschnittfestlegung fast immer eine Erhöhung zum Normquerschnitt erfolgt. Bei Vernachlässigung des Querspannungsfalles bleibt allein die Wirkkomponente übrig, sie drückt als *zweite Näherung* den Spannungsfall allein aus:

$$U_a - U_e \approx \Delta U = I \cdot R \cdot \cos \varphi_e. \quad (4.30)$$

Mit Gl. (4.30) ergeben sich besonders einfache und vor allem nur skalare Glieder enthaltende Formeln für die Leitungsberechnung. Wird in Gl. (4.30) der Widerstandswert einer *Wechselstromleitung* eingesetzt – hier gilt die Hin- und Rückleitung wie bei Gleichstrom! – dann wird:

$$\Delta U \approx \frac{2 \cdot l}{\varkappa \cdot A} \cdot I \cdot \cos \varphi_e. \quad (4.31)$$

Unter Beachtung der Wechselstromleistung ist:

$$\Delta U \approx \frac{2 \cdot l \cdot P_e}{\varkappa \cdot A \cdot U_e}. \quad (4.32)$$

Der Spannungsfallwert in Prozenten ist dann wieder:

$$\Delta U_\% \approx \frac{200 \cdot l \cdot P_e}{\varkappa \cdot A \cdot U_e^2}. \quad (4.33)$$

Der Leistungsverlust einer Wechselstromleitung kann ohne Näherungswerte direkt angegeben werden. Mit Längswiderstand R ist:

$$\Delta P = I^2 \cdot R = \frac{2 \cdot l \cdot P_e^2}{\varkappa \cdot A \cdot U_e^2 \cdot \cos^2 \varphi_e} \quad (4.34)$$

$$\Delta P_\% = \frac{200 \cdot l \cdot P_e}{\varkappa \cdot A \cdot U_e^2 \cdot \cos^2 \varphi_e}. \qquad (4.35)$$

Wie aus dem Diagramm im Bild 4.12b ersichtlich, eilt bei induktiver Belastung die Spannung U_a der Spannung U_e, die hier mit der Nennspannung U_N identisch ist, um den Phasenverschiebungswinkel δ nach:

$$\delta = \arcsin \frac{I \cdot R \cdot \sin \varphi_e}{U_a},$$

$$\delta = \arcsin \frac{I \cdot R \cdot \cos \varphi_e}{U_a} \cdot \tan \varphi_e,$$

$$\delta = \arcsin \frac{\Delta U}{U_e + \Delta U} \cdot \tan \varphi_e. \qquad (4.36)$$

Drehstromleitungen haben keine Hin- und Rückleitung. Für den Widerstandswert gilt daher $R = l/(\varkappa \cdot A)$. Die Berechnung des Spannungsfallwertes wird nur für *eine* Leitung durchgeführt. **Bild 4.13** zeigt die *einphasige Ersatzschaltung* einer Drehstromleitung.

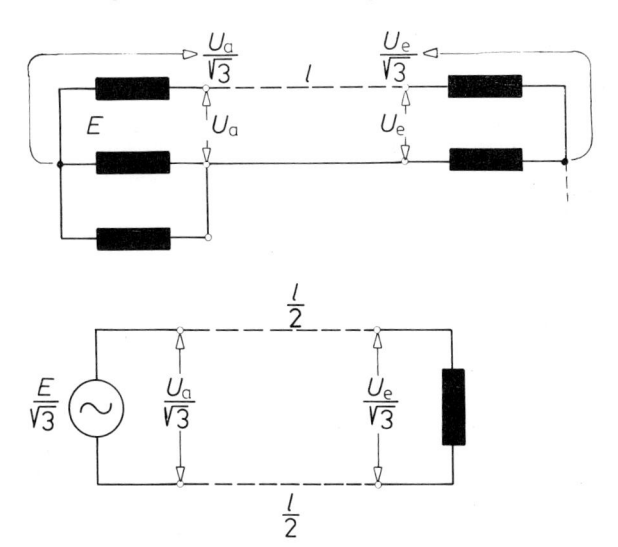

Bild 4.13 Einphasige Ersatzschaltung einer Drehstromleitung

Eine Quellenspannung ist hier die *Sternspannung* $E/\sqrt{3}$. Die Anfangsspannung wird also $U_a/\sqrt{3}$ und die Spannung am Verbraucher (Nennspannung) $U_e/\sqrt{3}$. Die im Ersatzbild symbolisch eingetragene „Hin- und Rückleitung" entspricht einer einzigen Leitung des Drehstromsystems. Für die Berechnung des Spannungsfalles ist dann mit folgendem Näherungsansatz zu arbeiten:

$$\Delta U / \sqrt{3} \approx I \cdot R \cdot \cos \varphi_e. \tag{4.37}$$

Setzt man die Widerstandsgröße für eine Leitung hier ein, dann ist:

$$\Delta U / \sqrt{3} \approx \frac{l}{\varkappa \cdot A} \cdot I \cdot \cos \varphi_e,$$

oder in Prozenten ausgedrückt:

$$\Delta U_\% \approx \frac{\sqrt{3} \cdot 100 \cdot l \cdot I \cdot \cos \varphi_e}{\varkappa \cdot A \cdot U_e}. \tag{4.38}$$

Unter Beachtung der Leistungsformel für den Drehstrom – symmetrische Belastung vorausgesetzt! – $P_e = \sqrt{3} \cdot U_e \cdot I_e \cdot \cos \varphi_e$ wird Gl. (4.38):

$$\Delta U_\% \approx \frac{100 \cdot l \cdot P_e}{\varkappa \cdot A \cdot U_e^2}. \tag{4.39}$$

Bei einem Vergleich mit dem prozentualen Spannungsverlust auf einer Wechselstromleitung fällt auf, daß sich hier nur die Längen der Leitung bemerkbar machen.
Auch für Drehstromleitungen läßt sich der Leistungsverlust angeben:

$$\Delta P = 3 \cdot I^2 \cdot R = \frac{l \cdot P_e^2}{\varkappa \cdot A \cdot U_e^2 \cdot \cos \varphi_e},$$

$$\Delta P_\% = \frac{100 \cdot l \cdot P_e}{\varkappa \cdot A \cdot U_e^2 \cdot \cos^2 \varphi_e}. \tag{4.40}$$

4.2.2 Offene und an mehreren Stellen belastete Wechsel- oder Drehstromleitung

Da auch hier nur der Längswiderstandswert R der Leitung berücksichtigt werden soll, wird bei der Spannungsfallfestlegung wieder eine Summe von Abschnittswiderständen entscheiden. Es soll bei der Leitung ein einheitlicher Querschnitt und gleiches Material bis zum letzten Verbraucher zugrundegelegt werden. **Bild 4.14a** und **Bild 4.14b** zeigen das Symbolbild der Leitung und das zugehörige Zeigerdiagramm.
ΔU_{ges} setzt sich geometrisch aus den Spannungsverlusten der Teilstrecken zusammen:

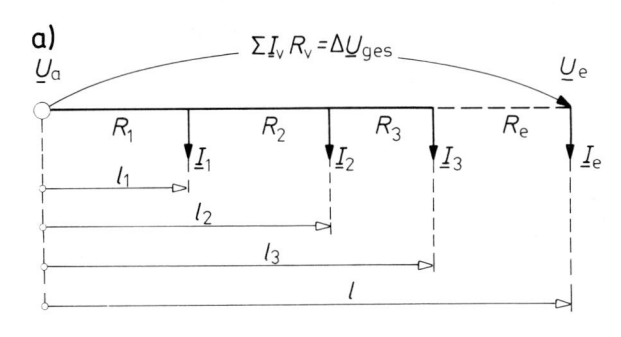

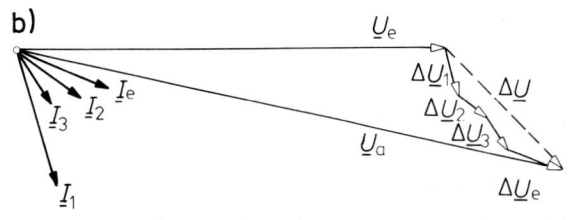

Bild 4.14 Mehrfach belastete Wechsel- oder Drehstromleitung:
a) Symbolbild, b) Zeigerbild

$$\Delta \underline{U}_{ges} = \Delta \underline{U}_1 + \Delta \underline{U}_2 + \Delta \underline{U}_3 + \cdots + \Delta \underline{U}_e \qquad (4.41)$$
$$= (\underline{I}_1 + \underline{I}_2 + \underline{I}_3 + \cdots + \underline{I}_e) \cdot R_1$$
$$+ (\underline{I}_2 + \underline{I}_3 + \cdots + \underline{I}_e) \cdot R_2$$
$$+ (\underline{I}_3 + \cdots + \underline{I}_e) \cdot R_3$$
$$+ \underline{I}_e \cdot R_e.$$

Auch bei dieser Leitung kann wegen der geringen Querspannungsfallwerte in Näherung allein mit der Wirkkomponente gearbeitet werden. Schließlich liefert eine Umformung der Ströme und Widerstandswerte in Gl. (4.41) die Beziehung:

$$\Delta \underline{U}_{ges} = \underline{I}_1 \cdot R_1 + \underline{I}_2 \cdot (R_1 + R_2) + \underline{I}_3 \cdot (R_1 + R_2 + R_3) +$$
$$+ \cdots + \underline{I}_e \cdot (R_1 + R_2 + \cdots + R_e).$$

Werden an Stelle der Widerstandswerte die Längen der Leitungsabschnitte eingesetzt, dann ist:

$$\Delta U_{ges} \approx \frac{2}{\varkappa \cdot A} \cdot (I_1 \cdot l_1 \cdot \cos \varphi_1 + I_2 \cdot l_2 \cdot \cos \varphi_2 + \cdots + I_e \cdot l \cdot \cos \varphi_e),$$

$$\Delta U_{ges} \approx \frac{2}{\varkappa \cdot A} \sum_{v=1}^{n} I_v \cdot l_v \cdot \cos \varphi_v. \qquad (4.42)$$

Bei der Berechnung muß darauf geachtet werden, daß die Leitungslängen immer vom Speisepunkt ausgehen. Eine Erweiterung auf den prozentualen Spannungsfallwert und der Übertrag des Ansatzes auf die Drehstromleitung liefert:

Wechselstromleitung

$$\Delta U_\% \approx \frac{200}{\varkappa \cdot A \cdot U_e} \cdot \sum_{v=1}^{n} I_v \cdot l_v \cdot \cos \varphi_v,$$

$$\approx \frac{200}{\varkappa \cdot A \cdot U_e^2} \cdot \sum_{v=1}^{n} P_v \cdot l_v.$$

(4.43)

$U_e \equiv U_N$ ist immer die Spannung, die der letzte Verbraucher zugeführt bekommt. Bei der Drehstromleitung muß wieder auf die fehlende Hin- und Rückleitung geachtet werden.

Drehstromleitung

$$\Delta U_\% \approx \frac{100 \cdot \sqrt{3}}{\varkappa \cdot A \cdot U_e} \cdot \sum_{v=1}^{n} I_v \cdot l_v \cdot \cos \varphi_v,$$

$$\approx \frac{100}{\varkappa \cdot A \cdot U_e^2} \sum_{v=1}^{n} P_v \cdot l_v.$$

(4.44)

Die folgenden Beispiele zeigen eine Wechselstrom- und eine Drehstromübertragung, für die entsprechende Querschnitte gefunden werden sollen.

Beispiel 1:
Ein von 6 auf 0,4 kV übersetzender Transformator liefert über eine 400 m lange Niederspannungsleitung elektrische Energie. Die angeschlossenen Verbraucher

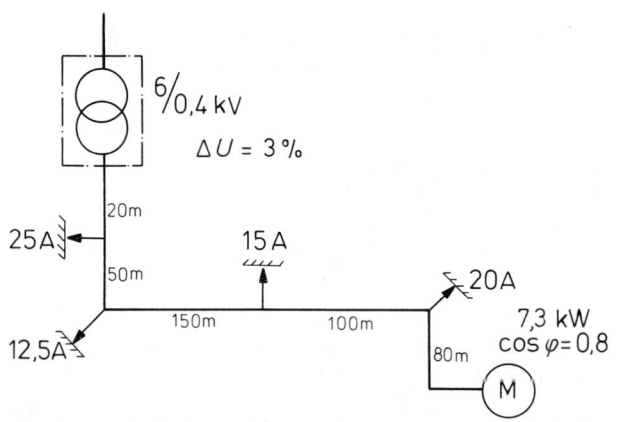

Bild 4.15 Wechselstromleitung mit mehreren Belastungsstellen

werden mit der Wechselspannung 220 V betrieben. Der Spannungsverlust soll 3 % nicht überschreiten **(Bild 4.15)**. Der am Ende der Leitung angeschlossene Motor hat eine Stromaufnahme von 41,47 A. Für die Lösung wird Gl. (4.43) benötigt. Unter der Annahme, daß es sich wegen des zu erwartenden Querschnitts um ein Kabel aus Kupfer handeln möge mit $\varkappa_{Cu} = 53$ m/(Ω mm^2) wird:

$$A = \frac{200}{53 \cdot 3 \cdot 220} (20 \cdot 25 + 70 \cdot 12,5 + 220 \cdot 15 + 320 \cdot 20 + 400 \cdot 41,47 \cdot 0,8) \text{ mm}^2,$$

$A = 138,76$ mm^2.

Der nächsthöhere Normwert liegt bei 150 mm^2.

Beispiel 2:
Ein Transformator in einem Industriebetrieb liefert sekundär eine Nennspannung von 660 V. Ein weiterer Transformator bedient in der gleichen Fabrikhalle Verbraucher, die 380 V benötigen. **Bild 4.16** demonstriert die elektrische Versorgung der Halle.

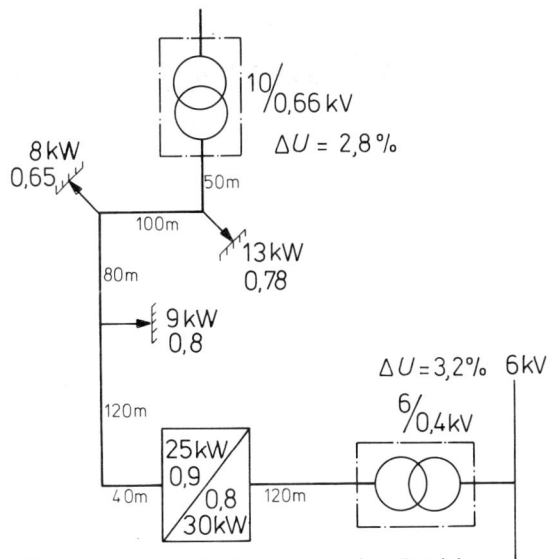

Bild 4.16 Elektrische Versorgung eines Betriebes

Im vorliegenden Beispiel handelt es sich einmal um ein mehrfach belastetes Kabel (660 V) und einmal um eine nur am Ende belastete Leitung (380 V). In beiden Fällen soll die Leitfähigkeit $\varkappa_{Cu} = 53$ m/(Ω mm^2) betragen. Für die Lösung werden die Gln. (4.39) und (4.44) benötigt. Beim Einsetzen der Zahlenwerte ist immer darauf zu achten, daß es sich um zugeschnittene

Größengleichungen handelt und daß die Leitungslängen $l_v (v=1\ldots n)$ vom Speisepunkt aus gemessen werden. Die eingesetzte Spannung $U_e \equiv U_N$ ist immer die Nennspannung des letzten Verbrauchers! Für das mehrfach belastete Kabel ist dann:

$$A = \frac{100}{53 \cdot 2{,}8 \cdot 660^2} (50 \cdot 13 + 150 \cdot 8 + 230 \cdot 9 + 390 \cdot 20) \cdot 10^3 \text{ mm}^2$$

$$= 17{,}58 \text{ mm}^2, \text{ gewählt 25 mm}^2.$$

Für die am Ende belastete 380-V-Drehstromleitung gilt:

$$A = \frac{100 \cdot 30 \cdot 10^3 \cdot 120}{53 \cdot 3{,}2 \cdot 380^2} \text{ mm}^2 = 14{,}69 \text{ mm}^2.$$

Der gewählte Normquerschnitt beträgt hier 16 mm².

4.2.3 Ringleitungen, zweiseitig gespeiste Wechselstrom- oder Drehstromleitungen
Drehstromringleitungen sind vor allem im Kommunalbereich auf der Mittelspannungsebene zur Versorgung von Land- und Stadtgemeinden eingesetzt. Ihre Berechnung erfolgt in Anlehnung an die bereits im Abschnitt 4.1.5 behandelte Gleichstrom-Ringleitung. Das Auftrennen der gemeinsamen Speisestelle liefert wieder zwei separate „Stützpunkte" a und b, von denen aus die elektrische Energieversorgung der Verbraucher erfolgt. Das Ergebnis einer äquivalenten Betrachtung der Leitungsverhältnisse wie in 4.1.5 ist dann wieder:

$$\underline{I}_a = \frac{\sum_{v=1}^{n} \underline{I}_v \cdot l_v}{l}, \text{ summiert vom „Stützpunkt" b aus,}$$

$$\underline{I}_b = \frac{\sum_{v=1}^{n} \underline{I}_v \cdot l_v}{l}, \text{ summiert vom „Stützpunkt" a aus,} \quad (4.45)$$

oder in der vollständig komplexen Schreibweise, bezogen auf Stützpunkt a:

$$I_{aw} - jI_{ab} = \frac{\sum_{v=1}^{n} I_{wv} \cdot \cos \varphi_v \cdot l_v}{l} - j\frac{\sum_{v=1}^{n} I_{bv} \cdot \sin \varphi_v \cdot l_v}{l}, \quad (4.46)$$

und entsprechend für die andere Seite, bezogen auf Stützpunkt b:

$$I_{bw} - jI_{bb} = \frac{\sum_{v=1}^{n} I_{wv} \cdot \cos \varphi_v \cdot l_v}{l} - j\frac{\sum_{v=1}^{n} I_{bv} \cdot \sin \varphi_v \cdot l_v}{l}. \quad (4.47)$$

Bild 4.17 zeigt die aufgetrennte Ringleitung mit den eingetragenen Zeigerwerten.

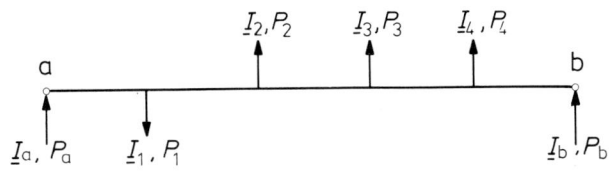

Bild 4.17 Aufgetrennte Drehstrom-Ringleitung mit Stützwerten in a und b

Bei Ringleitungen mit vielen Belastungsstellen empfiehlt es sich, die bestimmenden Größen in eine tabellarische Übersicht zu bringen.
Die Querschnittermittlung erfolgt dann wieder wie bei der Gleichstrom-Ringleitung durch Auftrennen an der Stelle des maximalen Spannungsfallwertes. Für die Stützscheinleistungen S ergeben sich sinngemäß die Beziehungen:

$$\underline{S}_a = \frac{\sum_{v=1}^{n} \underline{S}_v \cdot l_v}{l},$$

$$\underline{S}_b = \frac{\sum_{v=1}^{n} \underline{S}_v \cdot l_v}{l}.$$
(4.48)

Die Längen l_v sind hier immer von der Gegenseite aus gemessen einzutragen: Bei $\underline{S}_a$ also von b aus und bei $\underline{S}_b$ entsprechend von a aus!

Beispiel:
Eine Transformatorstation beliefert drei Fabrikationshallen eines Industriebetriebes mit 500 V Drehstrom. Eine in der Planung befindliche vierte Halle benötigt zusätzlich 42 kW bei einem Gesamt-cos φ von 0,82. Wie ändert sich der Spannungsfallwert, wenn von H$_3$ aus mit dem gleichen Leitungsquerschnitt weiterverlegt wird, der für die ersten drei Hallen vorzusehen ist? Wie groß wird ΔU, wenn die Leitung schließlich zu einem Ring geschlossen wird, und welche Folgerungen ergeben sich für die Netzplanung **(Bild 4.18a und Bild 4.18b)**?
Der Querschnitt der Leitung für die drei Hallen H$_1$, H$_2$ und H$_3$ ist mit $\varkappa_{Cu} = 53$ m/(Ω mm^2) und bei einem zulässigen Spannungsfallwert von 3 %:

$$A = \frac{100}{53 \cdot 3 \cdot 500^2} (25 \cdot 100 + 38 \cdot 300 + 54 \cdot 550) \cdot 10^3 \text{ mm}^2$$

$$= 109,4 \text{ mm}^2.$$

Für die vorgesehene Spannung und die angenommene Leitfähigkeit würde sich ein Kabel mit dem Normquerschnitt von 120 mm^2 eignen. Würde mit diesem Querschnitt bis H$_4$ weiterverlegt werden, dann ist:

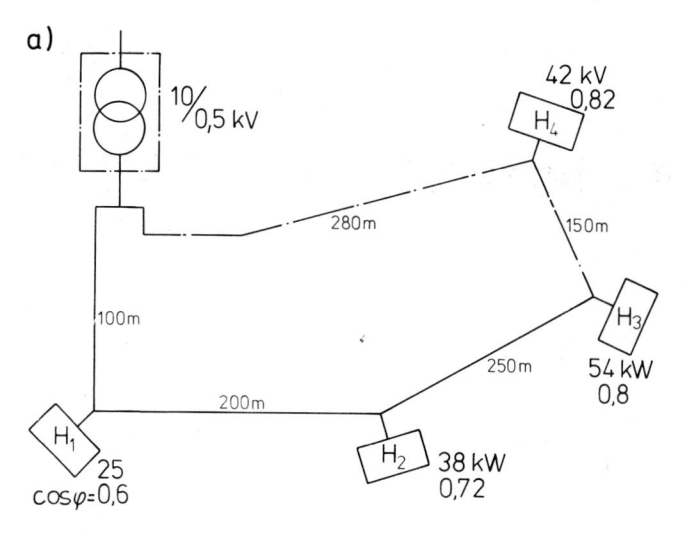

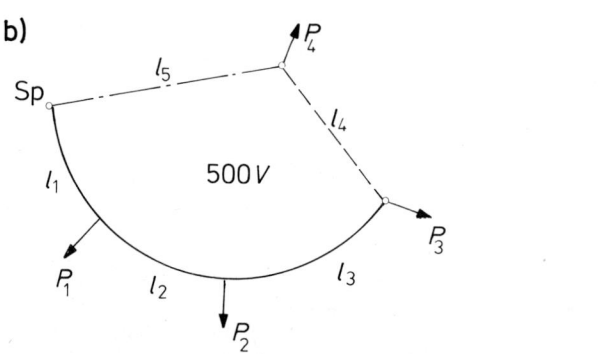

Bild 4.18 Energieversorgung mit 500-V-Drehstrom-Ringleitung in einem Industriebetrieb:
a) Lage der Fertigungshallen, b) Symbolbild des Ringes

$$\Delta U = \frac{100}{53 \cdot 120 \cdot 500^2} (43 \cdot 600 + 29 \cdot 400) \cdot 10^3 = 4{,}6\,\%.$$

Der Spannungsverlust ist also höher als zugelassen. Wird der Ring geschlossen, dann kann das System wie eine zweiseitig gespeiste Leitung nach Gl. (4.48) behandelt werden. Die Leistung für die „Stützstelle" a kann in komplexer Schreibweise dargestellt werden:

$$\underline{S}_a = P_a + jQ_a = \frac{\sum_{v=1}^{n} P_{av} \cdot l_v}{l} + j\frac{\sum_{v=1}^{n} Q_{av} \cdot l_v}{l}.$$

Die P_{av} sind hierin Anteile der Wirkleistungen und die Q_{av} entsprechend die Blindleistungen, die jeweils an dem von der entgegengesetzten Seite – also von b aus – gemessenen Streckenlängen stehen. Ebenso lassen sich die Gleichungen für die Leistungsanteile der Stützstelle b aufstellen.

Wirkleistung an der Speisestelle a:

$$P_a = \frac{42 \cdot 280 + 54 \cdot 430 + 38 \cdot 680 + 25 \cdot 880}{980} \text{ kW}$$

$$= 84{,}51 \text{ kW}$$

Blindleistung an der Speisestelle a:

$$Q_a = \frac{29{,}19 \cdot 280 + 40{,}5 \cdot 430 + 36{,}4 \cdot 680 + 33{,}3 \cdot 880}{980} \text{ kW}$$

$$= 81{,}28 \text{ kW (BkW)}$$

Wirkleistung an der Speisestelle b:

$$P_b = \frac{25 \cdot 100 + 38 \cdot 300 + 54 \cdot 550 + 42 \cdot 700}{980} \text{ kW}$$

$$= 74{,}48 \text{ kW}$$

Blindleistung an der Speisestelle b:

$$Q_b = \frac{33{,}3 \cdot 100 + 36{,}4 \cdot 300 + 40{,}5 \cdot 550 + 29{,}2 \cdot 700}{980} \text{ kW}$$

$$= 58{,}12 \text{ kW (BkW)}.$$

Bild 4.19 zeigt die Verteilung der Wirk- und Blindleistung auf der Drehstromleitung und die Stelle, an der für den Verbraucher eine Einspeisung von zwei

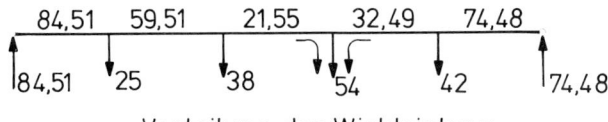

Verteilung der Wirkleistung

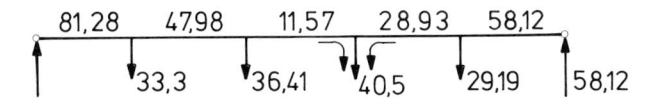

Verteilung der Blindleistung

Bild 4.19 Verteilung der Wirk- und Blindleistung im Ring nach Bild 4.18

Seiten erfolgt. Blindleistungen pendeln zwischen Erzeuger und Verbraucher, können also auch an einer anderen Abnahmestelle zusammentreffen.
Um ΔU_{max} in Prozenten ausrechnen zu können, muß die Leitung an der Stelle des Zusammentreffens der Wirkleistungen „aufgetrennt" werden. Die weitere Behandlung erfolgt dann wie bei einer einseitig gespeisten Leitung:

$$\Delta U_{\%} = \frac{100}{53 \cdot 120 \cdot 500^2} (42 \cdot 280 + 32,5 \cdot 430) \cdot 10^3$$

$$= 1,62\%.$$

Ergebnis: Eine Ringleitung bietet den Vorteil eines niederen Spannungsfallwertes, ist also damit wirtschaftlicher als eine einseitig gespeiste, an mehreren Stellen belastete offene Leitung, wenn die Belastungsvoraussetzungen gleich sind.

Aufgabe 4.5
Eine offene, am Ende belastete Drehstromleitung soll 35 kW bei einer Spannung von 1000 V auf 2,5 km übertragen. Wie groß muß der Querschnitt sein, damit 2,3 % Spannungsfall nicht überschritten werden und wenn wegen der im Freien liegenden Leitung die Leitfähigkeit $\varkappa_{Cu}$ = 50 m/(Ω mm^2) beträgt?

Aufgabe 4.6
Eine 6-kV-Mittelspannungs-Freileitung aus Al-St mit einem Querschnitt $A = 35/6$ mm^2 hat einen auf die Längeneinheit bezogenen Wirkwiderstand $R' = 0,824$ Ω/km und eine Dauerstrombelastbarkeit von 145 A. Wie hoch kann die Belastung an fünf voneinander gleichweit entfernten Stellen einer 2,5 km langen Leitung sein (Wirkleistung) wenn 5 % Spannungsverlust zugelassen werden?

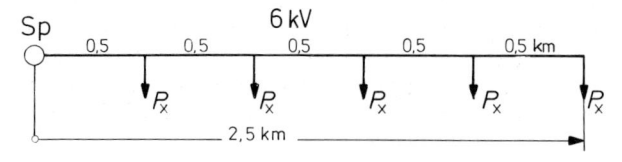

Bild A 4.60 6-kV-Freileitung mit fünf Belastungen

Aufgabe 4.7
Von einer Unterstation aus führen zwei Kupfer-Kabel I und II in einem Industriegelände zu verschiedenen Werkhallen mit den in **Bild A 4.70** angegebenen Gesamtleistungen.

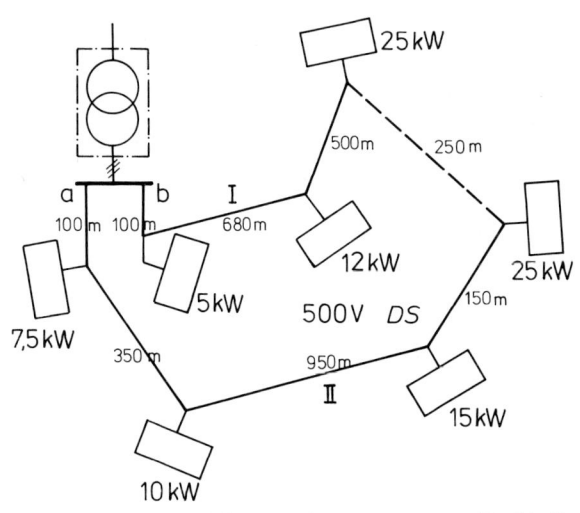

Bild A 4.70 Elektrische Energieversorgung von Werkhallen

Die Nennspannung der Verbraucher soll 500 V, der zulässige Spannungsfall 3,5 % sein.
Welche Querschnitte müssen K_1 und K_2 haben, und wie ändern sich die Verhältnisse für den Spannungsverlust, wenn beide Kabel miteinander, unter Verwendung des größten errechneten Querschnitts zu einer Ringleitung verbunden werden?
Welcher A_{max} könnte verlegt werden, wenn der Spannungsfall im Ring 3,5 % beträgt?

4.3 Mit Wechsel- oder Drehstrom betriebene Leitungen unter Berücksichtigung der Längswiderstände R und X

4.3.1 Offene und am Ende belastete Leitung mit R und X

In den mit Hoch- und Mittelspannung betriebenen Netzen kann die Leitungsinduktivität nicht mehr vernachlässigt werden. Bei Kabeln bis 10 kV und bei Freileitungen bis einschließlich 30 kV treten die Längswiderstände R und X gemeinsam in Erscheinung und prägen das elektrische Verhalten der Leitung entscheidend.
Der Spannungsverlust setzt sich aus dem ohmschen und dem induktiven Anteil zusammen, wobei wieder wegen der Zeigergrößen auf geometrische Addition geachtet werden muß:

$$\Delta \underline{U} = \underline{I} \cdot R + j \cdot \underline{I} \cdot X,$$
$$\Delta \underline{U} = \underline{U}_a - \underline{U}_e.$$
(4.50)

Bild 4.20 zeigt unter a das Symbolbild der Leitung und unter b das zugehörige Zeigerdiagramm.

a)

b)

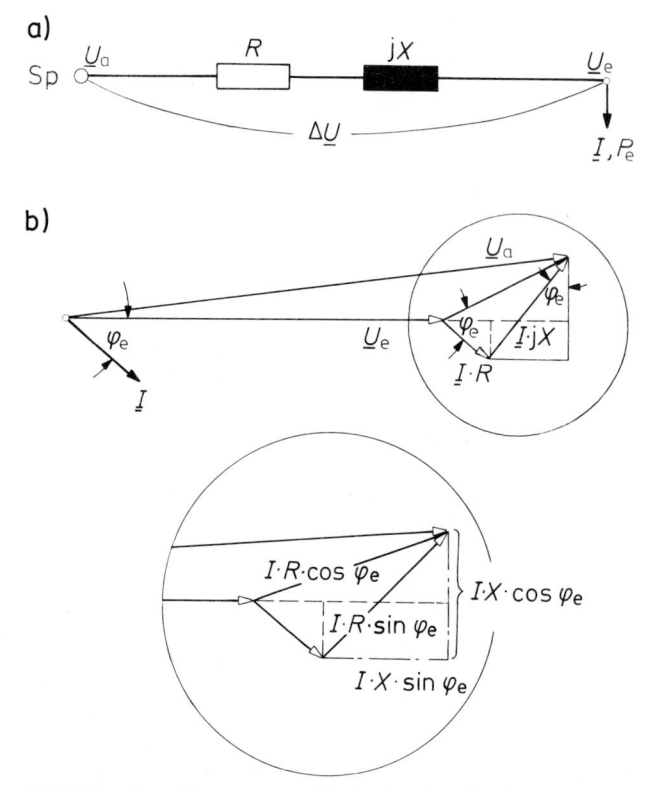

Bild 4.20 Einseitig gespeiste Wechsel- oder Drehstromleitung mit Widerständen R und X:
a) Symbolbild, b) Zeigerdiagramm der Leitung

$\underline{U}_a$ und $\underline{U}_e$ sind betragsmäßig verschieden und haben zueinander eine Phasenverschiebung δ. Die Maßstabsverhältnisse der Zeiger entsprechen in Bild 4.20b nicht der Wirklichkeit; die Netzspannung ist oft sehr viel größer als die Werte im „Spannungsfalldreieck", so daß der Winkel zwischen $\underline{U}_a$ und $\underline{U}_e$ klein ist.

Aus den Beziehungen zwischen rechtwinkligen Dreiecken ist – wie in Gl. (4.28) – eine exakte Spannungsfallangabe möglich. Für die Anfangsspannung ist:

$$U_a = [(U_e + I \cdot R \cdot \cos \varphi_e + I \cdot X \cdot \sin \varphi_e)^2 + (I \cdot X \cdot \cos \varphi_e - I \cdot R \cdot \sin \varphi_e)^2]^{\frac{1}{2}}.$$

(4.51)

Eine *erste Näherung* läßt sich angeben, wenn die Differenz des letzten Klammerausdruckes wegen der kleinen Werte vernachlässigt wird:

$$U_a \approx U_e + I \cdot R \cdot \cos \varphi_e + I \cdot X \cdot \sin \varphi_e. \qquad (4.52)$$

Die Auflösung nach U und eine leichte Umformung ergibt:

$$\Delta U = U_a - U_e \approx I \cdot R \cdot \cos \varphi_e \left(1 + \frac{X}{R} \cdot \tan \varphi_e\right). \qquad (4.53)$$

Der Quotient X/R ist in der Praxis oft unbekannt. Die Berechnung erfolgt dann mit einem angenommenen Querschnitt und den X-Werten aus den Diagrammen.
Mit dem Näherungsansatz läßt sich der prozentuale Spannungsfall sowohl für die Wechselstrom- als auch für die Drehstromleitung angeben.

Spannungsfall für eine Wechselstromleitung mit R und X:

$$\Delta U_\% \approx \frac{200 \cdot l \cdot P_e}{\varkappa \cdot A \cdot U_e^2} \left(1 + \frac{X}{R} \cdot \tan \varphi_e\right). \qquad (4.54)$$

Spannungsfall für eine Drehstromleitung mit R und X:

$$\Delta U_\% \approx \frac{100 \cdot l \cdot P_e}{\varkappa \cdot A \cdot U_e^2} \left(1 + \frac{X}{R} \cdot \tan \varphi_e\right). \qquad (4.55)$$

Für den Winkel zwischen der Anfangsspannung U_a und der Spannung am Ende der Leitung U_e ist dann:

$$\delta = \arcsin \frac{I \cdot X \cdot \cos \varphi_e - I \cdot R \cdot \sin \varphi_e}{U_a}. \qquad (4.56)$$

In den Gln. (4.54) und (4.55) ist der Klammerausdruck offensichtlich größer als 1 und stellt gegenüber den bisherigen Beziehungen für den Spannungsfall bei Wechsel- und Drehstromleitungen einen „Vergrößerungsfaktor" dar, der vom Verhältnis X/R und vom Phasenverschiebungswinkel abhängt. Nur für den Leistungsverlust auf der Leitung mit den Widerständen R und X ist allein der Wirkwiderstand maßgebend, so daß wieder Identität mit der Gl. (4.40) besteht:

$$\Delta P_\% = \frac{100 \cdot l \cdot P_e}{\varkappa \cdot A \cdot U_e^2 \cdot \cos^2 \varphi_e}. \qquad (4.57)$$

4.3.2 Wirtschaftlichkeit von Freileitungen und Kabel

Bei der Planung elektrischer Energieübertragungssysteme müssen auch die Anlagen-Kosten gebührend berücksichtigt werden. Bezogen auf eine Freileitung oder ein Kabel bedeutet dies die Auswahl eines günstigen Querschnittes, bei dem die Gesamtzeitkosten – das sind meistens die Jahreskosten – ein Minimum werden.

Unter Beachtung aller für den Kostenfaktor maßgeblichen Anteile – Errichtungskosten, Betriebskosten, Wartungskosten – ließen sich für die Erstellung von Neuanlagen *wirtschaftliche Stromdichten* als Richtwerte ermitteln. Sie liegen für Freileitungen aus Kupfer zwischen 1,5 und 1,7 A/mm², für Freileitungen aus Aluminium bei 1 A/mm² und für Kabel bis zu 3 A/mm². **Bild 4.21** und **Bild 4.22** zeigen Diagramme für eine wirtschaftliche Belastung von Mittelspannungsleitungen und -Kabel, für Aluminium-Stahlseile bzw. für Kupfer- und Aluminiumleiter, bei einer mittleren Betriebszeitdauer von 4000 Stunden.

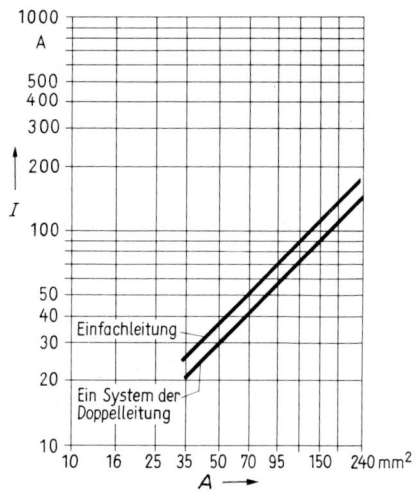

Bild 4.21 Wirtschaftliche Belastung bei Al-St-Seilen

Bild 4.22 Wirtschaftliche Belastung bei Cu- und Al-Leiter

Beispiel 1:

Zu einem 1,2 km entfernten Industriegelände soll eine Drehstromfreileitung aus Aluminium-Stahl für eine Nennspannung von 1000 V verlegt werden, die bei einem Gesamt-cos φ von 0,82 eine Leistung von 85 kW überträgt. Wie groß ist der Spannungsfall und welchen Wert muß die Anfangsspannung haben, wenn die Leitung mit einem wirtschaftlichen Querschnitt ausgeführt werden soll? Die Leitung führt bei der Belastung den Scheinstrom

$$I = P/(\sqrt{3} \cdot U_e \cdot \cos \varphi_e) = 85 \cdot 10^3 \text{ W}/(\sqrt{3} \cdot 10^3 \cdot 0{,}82 \text{ V}) = 59{,}85 \text{ A}.$$

Nach Bild 4.21 liegen die wirtschaftlichen Querschnitte zwischen 70 und 95 mm². Bei einem gewählten Querschnitt von 70 mm² liegt die Stromdichte noch unter 1 A/mm². Nach DIN 48204 steht ein Al-St-Seil mit 70/12 mm² zur Verfügung. Die zweite Zahl bedeutet den Querschnitt der „Stahlseele". Nach DIN beträgt der Wirkwiderstand, bezogen auf die Längeneinheit: $R' = 0{,}404\ \Omega/\text{km}$. Bei einem Seildurchmesser von 11,7 mm und einem angenommenen Leiterabstand von 1 m kann die Leitungskonstante X' errechnet werden:

$$X' = \omega \cdot L' = 314 \cdot \left(0{,}2 \cdot \ln \frac{1000}{5{,}9} + 0{,}05\right) \cdot 10^{-3}\ \Omega/\text{km}$$
$$= 0{,}338\ \Omega/\text{km}.$$

Der Quotient X/R ist demnach $X'/R' = 0{,}836$.
Werden die Werte in Gl. (4.55) eingesetzt, dann wird der prozentuale Spannungsfall:

$$\Delta U_\% \approx \frac{100 \cdot 1{,}2 \cdot 10^3 \cdot 85 \cdot 10^3}{36 \cdot 70 \cdot (10^3)^2} \cdot (1 + 0{,}584)$$
$$= 6{,}41\ \%.$$

Für die Anfangsspannung, die hier als Sternspannung anzugeben ist, wird:

$$U_a/\sqrt{3} \approx 1000/\sqrt{3}\ \text{V} + (59{,}85 \cdot 1{,}2 \cdot 0{,}404 \cdot 0{,}82)\ \text{V} + (59{,}85 \cdot 1{,}2 \cdot 0{,}338 \cdot 0{,}572)\ \text{V}$$
$$= 615\ \text{V}.$$

Der Winkel zwischen der Anfangsspannung und der Spannung am Ende der Leitung ist dann mit Gl. (4.56):

$\delta = \arcsin 0{,}0052 = 0{,}30°$.

Beispiel 2:
Vergleich der elektrischen Daten zwischen einer *Mittelspannungs-Freileitung* für 30 kV und eines *Dreimantelkabels*, ebenfalls für 30 kV.

Freileitungsdaten:
$3 \times 95/15$ mm² Al-St. Mittlerer Leiterabstand $a = 1{,}75$ m. Seildurchmesser 13,6 mm. Übertragbare Scheinleistung bei wirtschaftlicher Strombelastung
$S = \sqrt{3} \cdot U \cdot I = \sqrt{3} \cdot 30 \cdot 10^3 \cdot 70\ \text{W} = 3{,}64\ \text{MW}.$
Wirkwiderstand $\quad R' = 0{,}3\ \Omega/\text{km}$.
Blindwiderstand $\quad X' = 0{,}364\ \Omega/\text{km}$ (Tabellenwert).

Mit den angegebenen Werten ist auch

$$X' = \omega \cdot L' = 314 \cdot \left(0{,}2 \ln \frac{1750}{6{,}8} + 0{,}05\right) \cdot 10^{-3}\ \Omega/\text{km} = 0{,}364\ \Omega/\text{km}.$$

Der Quotient im Vergrößerungsfaktor ist dann X/R bzw.
$X'/R' = 0,364/0,3 = 1,213$.
Leitungskapazität $C' = [0,0556/\ln (1750/6,8)] \cdot 10^{-6}$ F/km $= 0,01 \cdot 10^{-6}$ F/km
Der dielektrische Ladestrom der Freileitung, bezogen auf 1 km Leitungslänge, beträgt:

$I'_c = U_e \cdot C' \cdot \omega/\sqrt{3} = 30 \cdot 10^3 \cdot 314 \cdot 0,01 \cdot 10^{-6}/\sqrt{3}$ A/km
$= 0,0544$ A/km.

Kabeldaten:
3×95 mm^2 Cu. Wirtschaftliche Strombelastung bei 120 A. Übertragbare Scheinleistung $S = \sqrt{3} \cdot 30 \cdot 10^3 \cdot 120$ W $= 6,24$ MW.
Wirkwiderstand $R' = 0,157$ Ω/km.

Blindwiderstand $X' = 0,138$ Ω/km (Diagrammwert).

Gl. (3.3) besitzt hier keine Gültigkeit mehr. Der Quotient
$X'/R' = 0,138/0,157 = 0,88$.

Ebenfalls aus einem Diagramm entnommen ist der Kapazitätsbelag des Kabels $C' = 0,30 \cdot 10^{-6}$ F/km. Wie zu erwarten, ist die Kabelkapazität größer als bei der Freileitung. Sie hat hier den 30fachen Wert! Mit der Gleichung für den Ladestrom wird $I'_c = 30 \cdot 0,0544$ A/km $= 1,63$ A/km. Bei Beachtung eines tan $\delta = 0,005$ können die dielektrischen Verluste des Kabels berechnet werden:

$P'_{Di} = U_e^2 \cdot \omega \cdot C' \cdot \tan \delta$
$= 30^2 \cdot 10^6 \cdot 314 \cdot 0,3 \cdot 10^{-6} \cdot 0,005$ W/km $= 423,9$ W/km.

4.3.3 Offene und an mehreren Stellen belastete Leitung mit R und X
Wie aus dem **Bild 4.23** ersichtlich, enthalten alle Teilabschnitte der Leitung mit mehreren Belastungsstellen ohmsche und induktive Widerstandsanteile.

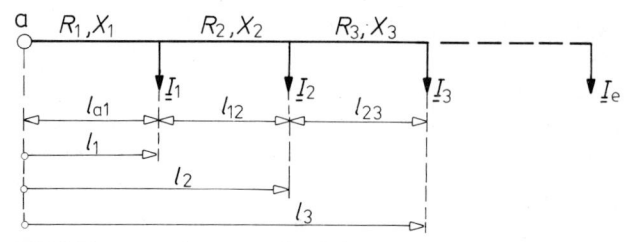

Bild 4.23 An mehreren Stellen belastete Leitung mit R und X

Der Spannungsfall setzt sich zusammen aus der Summe aller Teilspannungswerte:

$$\Delta U = \underline{I}_1 \cdot R_1 + \underline{I}_2 \cdot (R_1 + R_2) + \underline{I}_3 \cdot (R_1 + R_2 + R_3) + \ldots$$
$$+ j\underline{I}_1 \cdot X_1 + j\underline{I}_2 \cdot (X_1 + X_2) + \ldots \ldots$$
(4.58)

Unter der Annahme eines für die Leitung einheitlichen Materials und eines durchgehend einheitlichen Querschnitts läßt sich schreiben:

$\tan \varphi_L = X_1/R_1 = X_2/R_2 = X_3/R_3 = \cdots = X_e/R_e$.

Für die ohmschen Abschnittswiderstände gilt entsprechend

$R_1 = 2l_{a1}/(\varkappa \cdot A); \quad R_2 = 2l_{12}/(\varkappa \cdot A); \quad$ usw.

Wird der imaginäre Teil der Gl. (4.58) mit den Wirkwiderständen erweitert – Multiplikation und Division –, dann kann der Faktor $2/(\varkappa \cdot A)$ wegen der gemachten Voraussetzungen vor die gesamte Gleichung geschrieben werden:

$$\Delta U = \frac{2}{\varkappa \cdot A} \left[\sum_{v=1}^{n} I_v \cdot l_v \cdot \cos \varphi_v - j \sum_{v=1}^{n} I_v \cdot l_v \cdot \sin \varphi_v \right.$$
$$\left. + j \cdot \tan \varphi_L \cdot \sum_{v=1}^{n} I_v \cdot l_v \cdot \cos \varphi_v - j \sum_{v=1}^{n} I_v \cdot l_v \cdot \sin \varphi_v \right].$$
(4.59)

Soll der Spannungsverlust wieder in Näherung dem Realanteil von ΔU entsprechen, dann ist

$$\Delta U \approx \frac{2}{\varkappa \cdot A} \left[\sum_{v=1}^{n} I_v \cdot l_v \cdot \cos \varphi_v + \tan \varphi_L \cdot \sum_{v=1}^{n} I_v \cdot l_v \cdot \sin \varphi_v \right]$$
(4.60)

$$\Delta U \approx \frac{2}{\varkappa \cdot A \cdot U_e} \left[\sum_{v=1}^{n} P_v \cdot l_v + \tan \varphi_L \cdot \sum_{v=1}^{n} Q_v \cdot l_v \right]$$
(4.61)

$$\Delta U_\% \approx \frac{200}{\varkappa \cdot A \cdot U_e^2} \cdot \left[\sum_{v=1}^{n} P_v \cdot l_v + \tan \varphi_L \cdot \sum_{v=1}^{n} Q_v \cdot l_v \right]$$
(4.62)

4.3.4 Zweiseitig gespeiste Leitung mit R und X

Die mit Impedanzen in den Leitungsabschnitten belegten, zweiseitig gespeisten Leitungen oder Ringleitungen für Wechsel- bzw. Drehstrom werden ganz ähnlich wie Gleichstromleitungen behandelt. Die Stützströme oder Stützleistungen lassen sich aus den Gln. (4.63) ermitteln. Die Summierung der Produkte aus den Strömen und Impedanzen erfolgt wieder jeweils von der zur Bestimmungsgröße entgegengesetzt liegenden Seite aus:

$$\underline{I}_a = \frac{\sum_{v=1}^{n} \underline{I}_v \cdot \underline{Z}_v}{\underline{Z}_{ges}}, \quad \text{summiert von b aus,}$$
(4.63)

$$\underline{I}_b = \frac{\sum\limits_{v=1}^{n} \underline{I}_v \cdot \underline{Z}_v}{\underline{Z}_{ges}}, \text{ summiert von a aus.} \tag{4.63}$$

oder in Widerstandskomponenten zerlegt:

$$\underline{I}_a = \frac{\sum\limits_{v=1}^{n} \underline{I}_v \cdot R_v + j \sum\limits_{v=1}^{n} \underline{I}_v \cdot X_v}{R + jX}, \text{ summiert von b aus,}$$

$$\underline{I}_b = \frac{\sum\limits_{v=1}^{n} \underline{I}_v \cdot R_v + j \sum\limits_{v=1}^{n} \underline{I}_v \cdot X_v}{R + jX}, \text{ summiert von a aus.} \tag{4.64}$$

Wenn an den beiden Leitungsenden a und b gleiche Spannungsverhältnisse herrschen und Homogenität des Leitermaterials bei durchgehend gleichem Querschnitt vorliegt, dann können an Stelle der Impedanzen $\underline{Z}$ auch wieder die Längen l gesetzt werden, so daß sich Gl. (4.63) und Gl. (4.64) auf Gl. (4.45) reduzieren.

Bei unterschiedlich hohen Spannungen in a und b überlagert sich der Leitung ein Ausgleichstrom. Ist $U_a > U_b$, so wird:

$$\underline{I}_{ab} = \frac{\underline{U}_a - \underline{U}_b}{\sqrt{3} \cdot \underline{Z}_{ges}}. \tag{4.65}$$

Beispiel:
Eine Mittelspannungs-Drehstromleitung für 45 kV Nennspannung hat zwei Abnahmestellen mit den Strömen $\underline{I}_1$ und $\underline{I}_2$ (**Bild 4.24**). Gesucht sind die Stützströme $\underline{I}_a$ und $\underline{I}_b$.

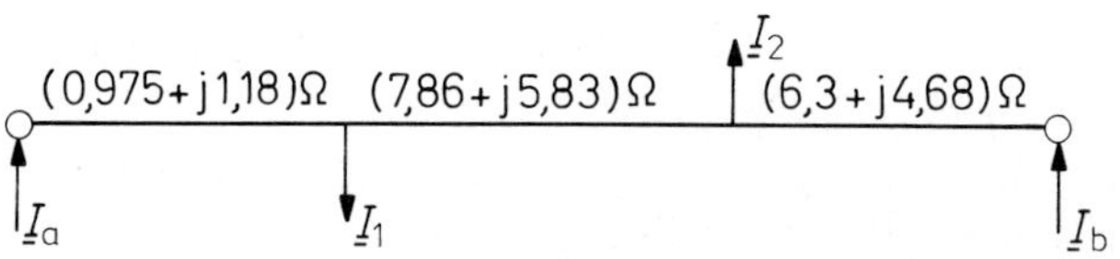

Bild 4.24 Zweiseitig gespeiste Leitung mit R und X und zwei Belastungsstellen

Die Stromkomponenten für I_1 und I_2 sind:

$\underline{I}_1 = (128 - j113)$ A,

$\underline{I}_2 = (103 - j\ 85)$ A.

Zusammen mit den Widerstandswerten eingesetzt in Gl. (4.64) ergibt:

$$\underline{I}_a = \frac{(4046,8 - j308,2) \text{ V}}{(15,14 + j11,69) \,\Omega} = 212,43 \text{ A} \cdot \exp(-j42°),$$

$$\underline{I}_b = 92 \text{ A} \cdot \exp(-j37,5°).$$

Bei $\underline{I}_2$ liegt offensichtlich wieder die Stelle mit dem maximalen Spannungsfallwert, da von beiden Seiten eingespeist wird.

4.4 Leitungen für Wechsel- oder Drehstrom mit Längswiderständen R und X sowie Querkapazität C und Ableitung G

4.4.1 Offene und am Ende belastete Leitung mit R, X und C

Bei Leitungen, die nicht als Fernleitungen gelten, kann der kapazitive Anteil auf den Anfang und das Ende der Leitung verlegt werden. **Bild 4.25** zeigt das Ersatzbild mit den Längswiderständen R, X und den Querwiderständen C/2.

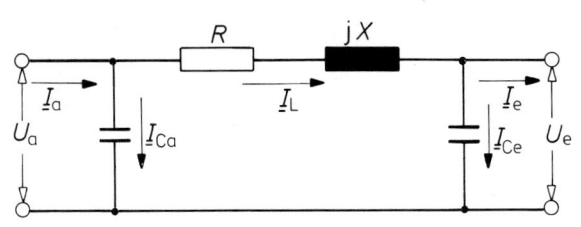

Bild 4.25 Offene und am Ende belastete Leitung mit R, X und C

Bereits im Leerlauf der Leitung können bei Schaltvorgängen – Spannungszuschaltung und Abschaltung – kapazitive Ladeströme entstehen. Bei einer Leitungsbelastung durch einen Verbraucher entsteht das in **Bild 4.26** dargestellte Zeigerdiagramm. Hieraus ist ablesbar, daß sich die Ströme am Anfang der Leitung und am Leitungsende aus dem Leitungsstrom I_L und den kapazitiven Stromanteilen zusammensetzen.

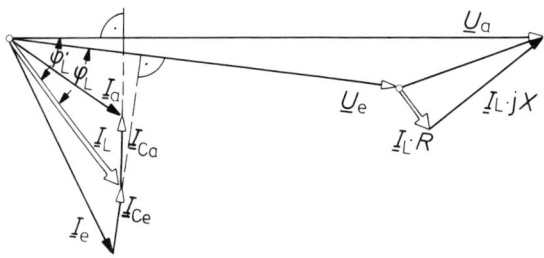

Bild 4.26 Zeigerdiagramm der Leitung von Bild 4.25

$\underline{I}_a = \underline{I}_L + \underline{I}_{Ca}$, $\underline{I}_e = \underline{I}_L + \underline{I}_{Ce}$, $\underline{I}_{Ca}$ und $\underline{I}_{Ce}$ sind hierin die durch die Leitungskapazität hervorgerufenen Ladeströme. $\underline{I}_{Ce}$ eilt der Spannung $\underline{U}_e$ und $\underline{I}_{Ca}$ der Spannung $\underline{U}_a$ um jeweils 90° vor. Der Ladestrom setzt sich wieder aus der Kreisfrequenz, der Kapazität und der Spannung zusammen: $\underline{I}_e = C \cdot U_e \cdot \omega/2$ bzw. $\underline{I}_a = C \cdot U_a \cdot \omega/2$. Der ohmsche Spannungsverlust der Leitung ist $\underline{I}_L \cdot R$, er liegt in Phase mit dem Strom $\underline{I}_L$.

In Näherung wird der Spannungsverlust der Leitung:

$$\Delta U \approx I_L \cdot R \cdot \cos \varphi_L \left(1 + \frac{X}{R} \cdot \tan \varphi_L \right), \qquad (4.66)$$

mit dem Leitungsstrom

$$I_L = \left[(I_e \cdot \cos \varphi_e)^2 + \left(I_e \cdot \sin \varphi_e - \frac{\omega \cdot C \cdot U_e}{2} \right)^2 \right]^{\frac{1}{2}}. \qquad (4.67)$$

Der Winkel zwischen dem Leiterstrom und der Verbraucherspannung wird $\cos \varphi_L = I_e \cdot \cos \varphi_e / I_L$. **Bild 4.27** zeigt die eingetragenen Komponenten für die untersuchte Leitung.

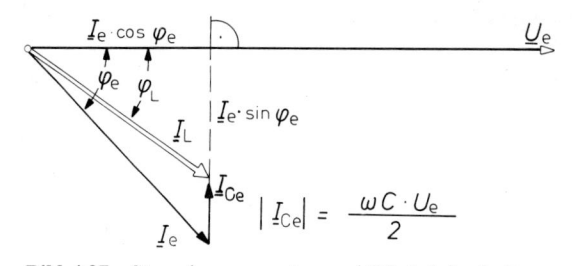

Bild 4.27 Stromkomponenten und Winkel der Leitung von Bild 4.25

Für den aufgenommenen Leitungsstrom ist dann nach dem Vorangegangenen:

$$I_a \approx \left[(I_L \cdot \cos \varphi_L)^2 + \left(I_L \cdot \sin \varphi_L - \frac{\omega \cdot C \cdot U_a}{2} \right)^2 \right]^{\frac{1}{2}}. \qquad (4.68)$$

4.4.2 Offene und am Ende belastete Leitung mit R, X, C und G.

Für Freileitungen in höheren Spannungsebenen (> 60 kV) müssen die unter Abschnitt 4.4.1 angestellten Überlegungen unter Hinzunahme der durch die Koronaerscheinung verursachten Ableitung G erweitert und ergänzt werden. In dem folgenden Ersatzbild der Freileitung ist die Ableitung G wie die Kapazität jeweils zur Hälfte auf Anfang und Ende der Leitung verlegt. **Bild 4.28** zeigt das Ersatzbild und **Bild 4.29** das Diagramm der Leitung.

Die entsprechenden Zeigergleichungen lauten.

$\underline{I}_L = \underline{I}_e + \underline{I}_{Ce} + \underline{I}_{Ge}$ bzw. $\underline{I}_a = \underline{I}_L + \underline{I}_{Ca} + \underline{I}_{Ga}$.

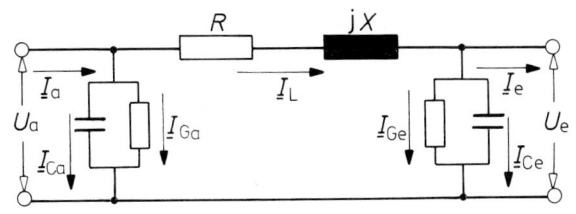

Bild 4.28 Ersatzbild einer Leitung mit R, X, C und Ableitung G

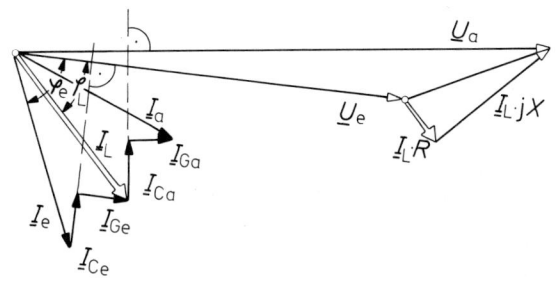

Bild 4.29 Zeigerdiagramm der Leitung von Bild 4.28

Da die Ableitung G einen „Ohmschen Widerstand" darstellt, liegen die Ableitungsströme mit den beiden Spannungen $\underline{U}_a$ und $\underline{U}_e$ in Phase.

$$\Delta U \approx I_L \cdot R \cdot \cos \varphi_L \cdot \left(1 + \frac{X}{R} \tan \varphi_L\right). \tag{4.66}$$

D.h. für den mittleren Leitungsabschnitt gilt wieder Gl. (4.66), wobei der Strom I_L noch zu bestimmen ist:

$$I_L = \left[\left(I_e \cdot \cos \varphi_e + \frac{G U_e}{2}\right)^2 + \left(I_e \cdot \sin \varphi_e - \frac{\omega C}{2} U_e\right)^2\right]^{\frac{1}{2}}. \tag{4.67*}$$

Für den Strom am Leitungsanfang ist dann nach Bild 4.29:

$$I_a = \left[\left(I_L \cdot \cos \varphi_L + \frac{G U_a}{2}\right)^2 + \left(I_L \cdot \sin \varphi_L - \frac{\omega C}{2} U_a\right)^2\right]^{\frac{1}{2}}. \tag{4.68*}$$

Aus dem Diagramm von Bild 4.29 lassen sich noch unschwer die folgenden Winkel ablesen:

$$\cos \varphi_a = \frac{I_L \cdot \cos \varphi_L + (G/2) \cdot U_a}{I_a},$$

$$\cos \varphi_L' = \frac{U_e \cdot \cos \varphi_e + I_L \cdot R}{U_a}. \tag{4.69}$$

Der Leistungsverlust auf der Leitung setzt sich wieder nur aus den Wirkanteilen zusammen, so daß gilt:

$$\Delta P = P_a - P_e = I_L^2 \cdot R + (G/2) \cdot U_a^2 + (G/2) \cdot U_e^2. \qquad (4.70)$$

4.5 Beliebig lange Fernleitung für Wechsel- und Drehstromübertragung mit R, X, C und G

Freileitungen, die elektrische Energie über sehr große Entfernungen transportieren – einige hundert Kilometer – können nicht mehr mit den bisher bekannten Methoden rechnerisch behandelt werden. Die folgenden Betrachtungen gelten vor allem für Leitungssysteme, die eine Drehstromübertragung mit Hoch- und Höchstspannung vornehmen – etwa ab 110 kV aufwärts – und für die eine vereinfachte Verlegung der Querwiderstände auf Anfang und Ende der Leitung zu fehlerhaften Ergebnissen führen würde.

Im rechnerischen Ansatz sind nunmehr infinitesimale Größen zu erwarten, so daß alle Leitungskonstanten in einem differentiellen Bereich auftreten. Das Längenelement dl mit dem Spannungsfall dU hat R und X als Längswiderstände, C und G als Querwiderstände entsprechend **Bild 4.30**.

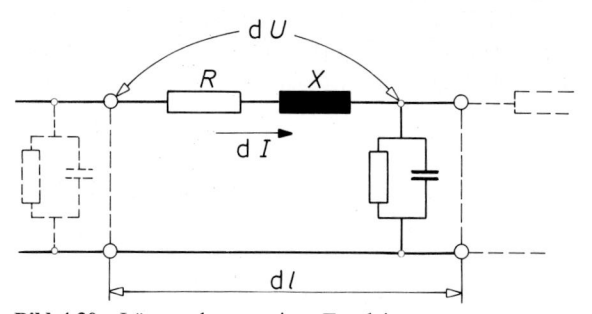

Bild 4.30 Längenelement einer Fernleitung

Die auf der Fernleitung als gleichmäßig verteilt angenommenen „Widerstandsbeläge" können wieder auf eine Längeneinheit – diesmal eine differentielle Länge – bezogen werden. Es ist dann L' der Induktivitätsbelag, R' der Wirkwiderstandsbelag, C' der Kapazitätsbelag und G' der Ableitungsbelag. Für das differentielle Leiterstück sind $R' \cdot dl$ und $X' \cdot dl$ die Längswiderstände, aus denen die Längsimpedanz gebildet wird:

$\underline{Z}' \cdot dl = (R' + jX') \cdot dl.$

Der Ableitungsbelag kann als Leitwert geschrieben werden:

$\underline{G}' \cdot dl = (G' + jY') \cdot dl.$

An beliebiger Stelle der Leitungslänge l ist für den differentiellen Spannungsfall d$\underline{U}$:

$$d\underline{U} = \underline{I} \cdot \underline{Z}' \cdot dl \qquad (4.71)$$

Ebenso erhält man für den differentielllen Stromanteil $d\underline{I}$:

$$d\underline{I} = \underline{U} \cdot \underline{G}' \cdot dl. \qquad (4.72)$$

Bildet man in Gl. (4.71) den Differentialquotienten $d\underline{U}/dl$, dann ist:

$$\frac{d\underline{U}}{dl} = \underline{I} \cdot \underline{Z}'.$$

Nochmals differenziert nach dl liefert unter Beachtung von Gl. (4.72):

$$\frac{d^2\underline{U}}{dl^2} = \frac{d\underline{I}}{dl}\underline{Z}' = \underline{U} \cdot \underline{Z}' \cdot \underline{G}'. \qquad (4.73)$$

Das ist eine homogene Differentialgleichung 2. Ordnung des Typs:

$$\frac{d^2 y}{dx^2} - a \cdot y = 0.$$

Die Lösungen, d.h. die die Differentialgleichung erfüllenden allgemeinen Integrale, sind bekannt, so daß sich eine Lösungsvorführung an dieser Stelle crübrigt. Das allgemeine Integral der Spannungsdifferentialgleichung lautet:

$$\underline{U} = C_1 \cdot \exp(\gamma \cdot l) + C_2 \cdot \exp(-\gamma \cdot l). \qquad (4.74)$$

Wegen Gl. (4.71) ist $\underline{I} = (1/\underline{Z}') \, d\underline{U}/dl$, und nach Differentiation von Gl. (4.74) ist:

$$\underline{I} = \frac{\gamma}{\underline{Z}'}(C_1 \cdot \exp(\gamma \cdot l) - C_2 \cdot \exp(-\gamma \cdot l),$$

$$\gamma = \pm (\underline{Z}' \cdot \underline{G}')^{\frac{1}{2}} \text{ und } \frac{\gamma}{\underline{Z}'} = \pm \left(\frac{\underline{G}'}{\underline{Z}'}\right)^{\frac{1}{2}}. \qquad (4.75)$$

Der Kehrwert unter der Wurzel wird als Wellenwiderstand bezeichnet, er ist – wie der Widerstandsoperator im Wechselstromkreis – als Zeiger mit zugehörigem Winkel definiert:

$$\underline{Z}^* = \left(\frac{\underline{Z}'}{\underline{G}'}\right) = \frac{R' + j \cdot X'}{G' + j \cdot Y'} = \underline{Z}^* \cdot \exp(j\psi). \qquad (4.76)$$

Hierin ist ψ der Winkel des Wellenwiderstandes. Die Bestimmung der Konstanten C_1 und C_2 erfolgt aus den Randwertbedingungen. Legt man das Ende der Leitung in den Koordinatenursprung, dann ist für $l = 0$, $U = U_e$ und $I = I_e$:

$$\underline{U}_e = C_1 + C_2,$$

$$\underline{I}_e = \frac{1}{\underline{Z}^*} \cdot (C_1 - C_2).$$

Aufgelöst nach C_1 und C_2 liefert die Beziehungen:

$$C_1 = \frac{\underline{U}_e + \underline{I}_e \cdot \underline{Z}^*}{2} \quad \text{und} \quad C_2 = \frac{\underline{U}_e - \underline{I}_e \cdot \underline{Z}^*}{2}. \tag{4.77}$$

Werden die Ergebnisse nach Gl. (4.77) für C_1 und C_2 in Gl. (4.74) und Gl. (4.75) eingesetzt, dann erhält man nach einigen Umformungen schließlich:

$$\underline{U} = \underline{U}_e \cdot \cosh(\gamma \cdot l) + \underline{I}_e \cdot \underline{Z}^* \sinh(\gamma \cdot l),$$
$$\underline{I} = \underline{I}_e \cdot \cosh(\gamma \cdot l) + \underline{U}_e / \underline{Z}^* \sinh(\gamma \cdot l). \tag{4.78}$$

Die beiden Gln. (4.78) werden als Leitungsgleichungen für Fernleitungen bezeichnet. Mit ihrer Hilfe können die elektrischen Verhältnisse in Hoch- und Höchstspannungsleitungen exakt berechnet werden.

Aufgabe 4.8:
Für die 30-kV-Al-St-Freileitung 95/15 mm² von Beispiel 2 in Abschnitt 4.3 sollen die elektrischen Verhältnisse – Längsspannungsfall, Querspannungsfall, Anfangsspannung, Winkellage zwischen U_a und U_e – ermittelt werden, wenn die Übertragungsstrecke 15 km beträgt und eine wirtschaftliche Strombelastung von 70 A bei $\cos \varphi = 0{,}8$ nicht überschritten wird.

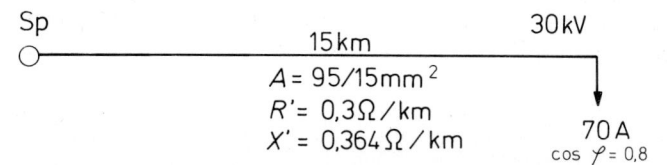

```
Sp                                    30 kV
o─────────── 15 km ───────────┐
         A = 95/15 mm²        │
         R' = 0,3 Ω/km        │
         X' = 0,364 Ω/km      70 A
                              cos φ = 0,8
```

Bild A 4.80 30-kV-Freileitung mit Belastung am Ende

Aufgabe 4.9:
Eine 10-kV-Drehstrom-Ringleitung versorgt ein Gebiet im kommunalen Bereich mit elektrischer Energie entsprechend dem **Bild A 4.90.**

Gesucht sind die Stützströme $\underline{I}_a$ und $\underline{I}_b$ sowie der Querschnitt der Leitung, wenn der Spannungsverlust unter 5 % bleiben soll. Für das Leitungsmaterial ist wieder Al-St vorzusehen.

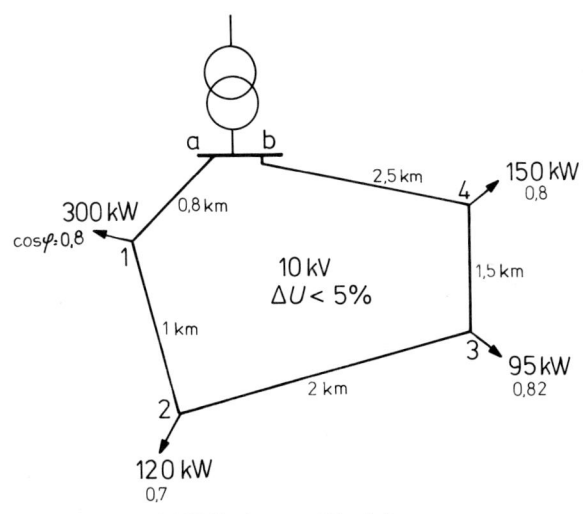

Bild A 4.90 10-kV-Drehstrom-Ringleitung

5 Elektrische Energieübertragung mit hochgespanntem Gleichstrom

Auch früher hat es nicht an Versuchen gefehlt, den Gleichstrom für die Übertragung elektrischer Energie heranzuziehen, vor allem, wenn es um die Überbrückung großer Entfernungen ging. Solange jedoch die Umwandlung von Wechsel- in Gleichstrom und umgekehrt mit Hilfe umlaufender Maschinen erfolgen mußte, scheiterten diese Bestrebungen zumeist aus wirtschaftlichen und technischen Gründen. Erst die Entwicklung der Quecksilberdampfgleichrichter mit Gittersteuerung schuf eine brauchbare Grundlage zum Übergang auf hohe Spannungen und Ströme, deren Beherrschung dann vor allem durch die nachfolgende Halbleiter-Gleichrichtertechnik gesichert werden konnte.

Die schnellen Fortschritte im Hinblick auf die Verwendbarkeit der Thyristoren im Bereich der hochgespannten Gleichstromübertragung (HGÜ) führte in den letzten Jahrzehnten zur Ausführung zahlreicher Übertragungsstrecken, wobei jedoch die jeweilige Aufgabenstellung immer sehr speziell blieb. Es ist bei der elektrischen Energieübertragung mit Gleichstrom bemerkenswert, daß viele Probleme entfallen, die grundsätzlich bei der Drehstromübertragung auf große Entfernungen erhebliche Schwierigkeiten bereiten.

Bevor jedoch über Vor- und Nachteile der HGÜ gesprochen werden soll, sei die prinzipielle Wirkungsweise dieser Technik kurz erklärt:
In **Bild 5.1** wird in einem schematischen Bild der Aufbau einer HGÜ gezeigt.

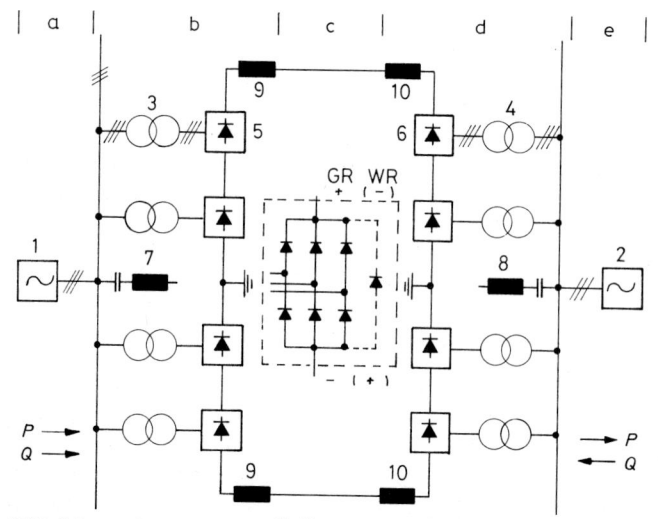

Bild 5.1 Aufbau einer HGÜ-Übertragungsstation

Gleichrichter – heute Thyristoren – wandeln den Drehstrom, der von einem Kraftwerk kommt und über eine große Entfernung dem Verbraucher zugeführt werden soll, in Gleichstrom um. Danach erfolgt die Übertragung des hochgespannten Gleichstromes über ein Leitungssystem, bis seine Rückverwandlung in Drehstrom mit Hilfe eines Wechselrichters erfolgt. Zu beiden Seiten der Übertragungsstrecke liegen die recht kostenintensiven *Kopfstationen*. Die Spannungen der beiden Stromnetze 1 und 2 werden von den Stromrichtertransformatoren 3 und 4 auf eine Übertragungsgleichspannung gewünschter Größe umgespannt und den in Drehstrombrückenschaltung angeordneten Stromrichterventilen 5 und 6 zugeführt. Aufgrund ihrer Ventileigenschaften wandeln die Stromrichter die Wechselspannung in eine Gleichspannung um. Mehrere solcher Brücken sind gleichstromseitig in Reihe geschaltet, um die Übertragungsspannung und Leistung auf die gewünschte Höhe zu bringen. Gleichzeitig wird durch eine sekundäre Stern- und Dreieckschaltung der Transformatoren der Oberschwingungsanteil auf der Drehstrom- und Gleichstromseite infolge der zwölfpulsigen Anordnung verringert.
Die Drosseln 9 und 10 halten die Oberschwingungen von der Leitung fern, wozu unter Umständen auch noch zusätzliche Filterkreise 7 und 8 erforderlich sind, um eine Beeinflussung der Nachrichtenanlage in Grenzen zu halten. Soll elektrische Energie vom Netz 1 zum Netz 2 übertragen werden, so arbeitet die Stromrichterstation auf der Erzeugerseite als Gleichrichter, der der Drehstromseite eine Wirkleistung P entnimmt und diese an die Gleichstromseite abgibt. Der Stromrichter auf der Verbraucherseite arbeitet dagegen als Wechselrichter, übernimmt die von der Gleichstromseite übertragene Leistung P und gibt diese als Wirkleistung an das Drehstromnetz 2 ab.

Durch die Kommutierungsvorgänge im Stromrichter werden die beiden Drehstromnetze mit relativ hoher Blindleistung belastet, die etwa 50 bis 60% der Wirkleistung entspricht. Daher ist der Einsatz von Kondensatoren bzw. zusätzlichen Blindleistungsmaschinen erforderlich.

Beherrschende Bauteile bei der HGÜ sind die Stromrichterventile als eigentliche Elemente für die Energieumwandlung. Nach dem heutigen technischen Stand wird die Halbleiterventiltechnik auch in der Zukunft für die Gleichstromübertragung von erheblicher Bedeutung sein und bleiben. Die früher bei Quecksilberdampfgleichrichtern gefürchteten Rückzündungsprobleme treten bei Thyristoren nicht auf. Im Störungsfall übernimmt ein Nebenwegventil bis zur Störungsbeseitigung die weitere Funktion. Daher können auch komplizierte Schutzeinrichtungen entfallen, die früher beispielsweise ein Gleichrichtergefäß vor der Zerstörung schützen mußten.

Die Vorzüge einer HGÜ gegenüber einer Drehstromübertragung lassen sich zusammenfassen: Billigere Leitungsführung, da nur zwei Leiter benötigt werden, weshalb die Mastkonstruktion günstig und die Anzahl der Isolatoren geringer ist. Der induktive Spannungsfall auf der Leitung entfällt. Ladeleistung muß nicht kompensiert werden. Bei Kabelübertragung keine dielektrischen Verluste, daher keine Begrenzung der Übertragungsstrecken. Besondere Eignung für Seekabel. Frequenzunabhängigkeit vom speisenden und gespeisten Netz, daher einfache Kupplung.

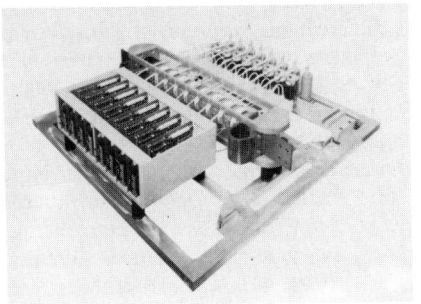

Bild 5.2
a) Thyristorventileinheit 100 kV und 800 A
b) Moduleinheit

Die Nachteile der HGÜ: Relativ teure Kopfstationen. Hoher Blindleistungsbedarf macht Kompensationsmittel notwendig. Ventilstörungen können zum Teilausfall führen, Schaltvorgänge sind auf der Gleichstromseite nicht möglich, da geeignete Leistungsschalter fehlen. Mögliche Oberwellenerzeugung und damit Hochfrequenzstörungen.
Bild 5.2a zeigt eine Thyristorventileinheit mit forcierter Luftkühlung für eine Nennspannung von 100 kV bei einem Nenngleichstrom von 800 A, eine Moduleinheit ist in **Bild 5.2b** dargestellt.

6 Berechnung von Maschennetzen

6.1 Allgemeines über vermaschte Netze

Die Verknüpfung von Leitungsstrecken liefert sogenannte *Vermaschungen*, durch die für die Verbraucher eine maximale Versorgungssicherheit bei entsprechender Verlustminderung hergestellt wird.
Besondere Vorteile bieten Maschennetze bei Lasterweiterungen, die gewöhnlich von der vorhandenen Netzstruktur aufgefangen werden können und die bei Hinzunahme weiterer Speisepunkte in den Knoten – Transformatorstationen – kaum eine Leitungsverstärkung erfordern. Man unterscheidet *vollvermaschte Netze* (das sind Netze, die auf der Unterspannungsseite von Speisepunkten versorgt werden, die selbst eine unabhängige Versorgung haben) und *teilvermaschte Netze* (die oberspannungsseitig nur eine einzige Energiebelieferung haben und die im Störungsfall vollständig ausfallen). Maschennetze sind sowohl im industriellen Bereich als auch im Versorgungsgebiet der Städte anzutreffen. Ihre Dichte ist bei *Industrienetzen* durch den Maschinenaufstellungsplan und im Stadtgebiet weitgehend durch das Straßenbild geprägt.
Die Bemessung der Leitungen hängt von der Zahl und Größe der Umspannstellen ab: Viele Speisepunkte bedingen kleine Querschnitte, jedoch teure Transformatorstationen; wenig Speisepunkte haben große Querschnitte und auch größere Leitungsverluste zur Folge. Bei der Planung von Maschennetzen wird von der *Flächenbelastung* in kW/km^2 ausgegangen, um unter der Berücksichtigung aller einflußnehmenden Faktoren auf optimal verträgliche Gesamtkosten zu kommen. In den städtischen Versorgungsgebieten sind es in der Mehrzahl Kabel, die den elektrischen Energietransport übernehmen. Ihre Querschnitte werden im allgemeinen so bemessen, daß spätere Lasterweiterungen möglich sind.
Die in der Praxis verlegten Kabelquerschnitte in kleinen und mittleren Städten mit Lastdichten bis 5000 kW/km^2 liegen bei 50–70 mm^2, für größere Lastdichten werden 95 bis 120 mm^2 verwendet. Der mittlere Spannungsfall liegt dann bei einem Leitermaterial aus Kupfer noch unter 2%.
Laststeigerungen bzw. spätere Erweiterungen der Netze führen zu einer Umverteilung der Nennstrombelastung in den Zweigen, aber auch im

Störungsfall zu einem anderen Kurzschlußverhalten. Mit Hilfe von Netzmodellen läßt sich heute, vor allem bei komplizierteren Systemen, ein genügend genauer Überblick bezüglich des elektrischen Verhaltens der Netze geben. **Bild 6.1** zeigt schematisch das Maschennetz einer Niederspannungsverteilung im kommunalen Bereich.

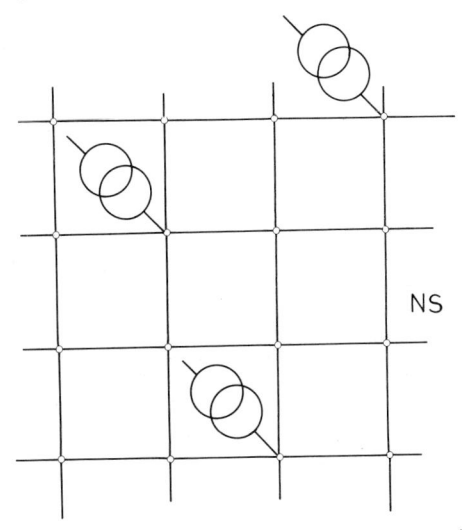

Bild 6.1 Schema eines Niederspannungsmaschennetzes

6.2 Methoden zur Berechnung einfacher Maschen: Gleichsetzungsmethode

In vermaschten Netzen interessiert vor allem die *Stromverteilung in den Zweigen*. Befinden sich auf einem Zweig der Masche nur wenige Belastungsstellen und ist außerdem die Stelle mit dem maximalen Spannungsverlust bekannt, dann genügt es, die Zweige an den *Knotenpunkten* aufzutrennen und den jeweiligen Zweig in zwei Teilleitungen zu zerlegen, die dann wie einseitig gespeiste und am Ende offene Leitungen behandelt werden. Die Knotenpunkte sind dann Speisepunkte, die den angeschlossenen Verbrauchern elektrische Energie zuführen **(Bild 6.2)**.

Oft laufen in einem Knoten drei oder vier Zweigleitungen zusammen, von denen dann mehrere – jedoch immer nur $(n-1)$ – Leitungen einen ΔU_{max}-Wert aufweisen können. Das jeweilige Heraustrennen der Einzelleitungen an den Knotenpunkten würde hier zu rechnerischen Ungenauigkeiten führen, so daß es vorteilhaft ist, mehrere Zweige mit einem gemeinsamen Knoten k gleichzeitig zu untersuchen. Vereinfachende Annahmen führen zur Aufstellung von Bedingungsgleichungen.

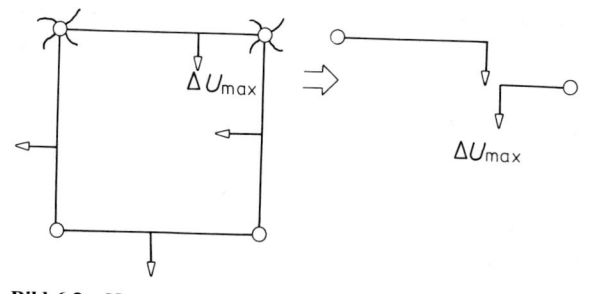

Bild 6.2 Herausgetrennter Maschenzweig

Annahme 1: Die aus einer Masche herauszutrennenden Zweige haben noch einen gemeinsamen Knotenpunkt k. Ihre Spannungsfallwerte sind von der Trennstelle bis zum Knoten k gleich oder annähernd gleich.

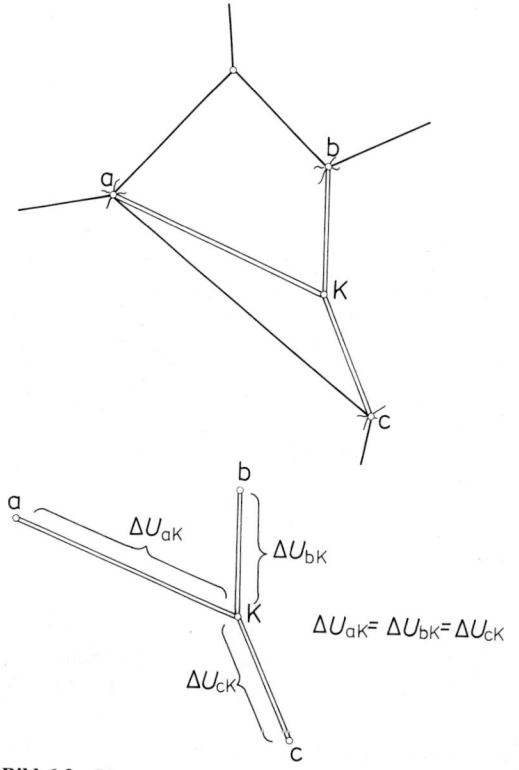

$$\Delta U_{aK} = \Delta U_{bK} = \Delta U_{cK}$$

Bild 6.3 Herausgetrennte Zweige mit annähernd gleichem Spannungsfall

Annahme 2: Alle auf den Leitungen liegenden Verbraucher werden allein von den „Speisepunkten" aus bedient, die nach dem Auftrennen entstanden sind.

Annahme 3: Die Zweigleitungen haben bei gleichem Leitermaterial gleichen Querschnitt, so daß anstelle der Widerstandswerte R_v mit den Längen l_v gerechnet werden kann.

Bild 6.3 zeigt drei aus einer Masche herausgetrennte Zweige mit den Speisepunkten a, b und c.

Es ist das rechnerische Ziel, die unbekannten Stützwerte (Leistungen, Ströme) zu bestimmen und die elektrische Energieverteilung auf den Zweigen zu ermitteln. Nach dem Festlegen der Stellen mit maximalem Spannungsverlust, kann dann wieder durch ein erneutes Aufschneiden bei ΔU_{max} der Leitungsquerschnitt berechnet werden.

Nach dem Vorangegangenen lassen sich nunmehr die *Bedingungs-Gleichungen* aufstellen. Nach den Annahmen 2 und 1 gilt:

$$\sum_{v=1}^{k} I_v = I_a + I_b + I_c, \tag{6.1}$$

$$\sum_{a \ldots k} \Delta U_v = \sum_{b \ldots k} \Delta U_v = \sum_{c \ldots k} \Delta U_v. \tag{6.2}$$

Anstelle der Bedingung (6.1) können auch die Leistungen des Systems stehen. Grundsätzlich können die Gleichungen sowohl für Gleichstrom als auch für Wechsel- bzw. Drehstrom verwendet werden. Ströme und Spannungen in Gl. (6.1) und Gl. (6.2) sind dann wieder Zeigerwerte. Das Gleichsetzen der Spannungsverluste in den Zweigen der Masche hat der Berechnung den Namen „*Gleichsetzungsmethode*" gegeben.

Werden die beiden Bedingungsgleichungen auf das herausgetrennte „T-Stück" einer Masche entsprechend **Bild 6.4** angewandt, dann ist mit Annahme 3:

$$I_a + I_b + I_c = I_1 + I_2 + I_3 + I_4$$
$$l_1 \cdot I_a + l_2 \cdot (I_a - I_1) = l_3 \cdot I_b + l_4 \cdot (I_b - I_2) + l_5 \cdot (I_b - I_2 - I_3)$$
$$= l_6 \cdot I_c + l_7 \cdot (I_c - I_4).$$

Hierin entsprechen die Produkte aus Abschnittslängen und Strombelag den Spannungsverlusten in den Zweigabschnitten, wenn von der Leitung nur der Wirkwiderstand beiträgt:

$$l_1 \cdot I_a \triangleq \Delta U_{a1}; \ l_2 \cdot (I_a - I_1) \triangleq \Delta U_{1k}; \ l_3 \cdot I_b \triangleq \Delta U_{b2} \text{ usw.}$$

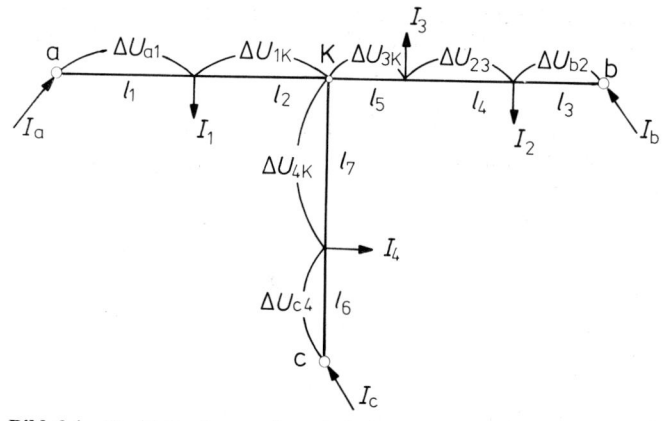

Bild 6.4 Drei Maschenzweige mit Belastungs- und Stützströmen

Beispiel 1:
Die in **Bild 6.5** gezeigten Maschenzweige sind jeweils nur mit einer Belastung versehen. Der Einfachheit halber möge es sich um eine Gleichstrommasche handeln, die mit einer Nennspannung von 220 V betrieben wird, wobei der maximale Spannungsfall 3 % nicht übersteigen soll. Das Material soll aus Aluminium mit $\varkappa = 33$ m/(Ω mm^2) bestehen.

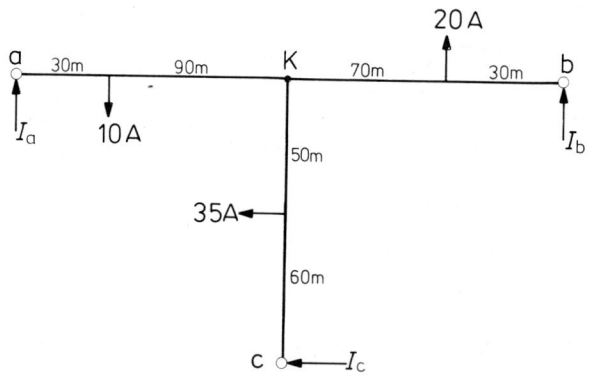

Bild 6.5 Zweige einer Gleichstrom-Masche

Die Bedingungsgleichungen lauten:

$$I_a + I_b + I_c = 10\,\text{A} + 35\,\text{A} + 20\,\text{A} = 65\,\text{A}$$

$$30\,\text{m} \cdot I_a + 90\,\text{m} \cdot (I_a - 10\,\text{A}) = 30\,\text{m} \cdot I_b + 70\,\text{m} \cdot (I_b - 20\,\text{A})$$
$$= 60\,\text{m} \cdot I_c + 50\,\text{m} \cdot (I_c - 35\,\text{A}).$$

Aus der Spannungsabfallbedingung erhält man nach dem Auflösen der Klammerausdrücke:

$120\,\text{m} \cdot I_a - 900\,\text{Am} = 100\,\text{m} \cdot I_b - 1400\,\text{Am} = 110\,\text{m} \cdot I_c - 1750\,\text{Am}.$

Durch Elimination in der Bedingungsgleichung (6.1) kann nach den gewünschten Strömen aufgelöst werden. Wird mit Hilfe von Gl. (6.2) I_b und I_c allein durch I_a ausgedrückt, dann ist:

$$I_b = \frac{120\,\text{m} \cdot I_a + 500\,\text{Am}}{100\,\text{m}} = 1,2 \cdot I_a + 5\,\text{A},$$

$$I_c = \frac{120\,\text{m} \cdot I_a + 850\,\text{Am}}{110\,\text{m}} = 1,09 \cdot I_a + 7,73\,\text{A}.$$

Beide Werte in Gl. (6.1) eingesetzt, ermöglicht die Berechnung des Stützstromes I_a:

$$I_a + 1,2 \cdot I_a + 5\,\text{A} + 1,09 \cdot I_a + 7,73\,\text{A} = 65\,\text{A},$$

$$I_a = 15,89\,\text{A}.$$

Entsprechend findet man aus den Gleichungen für I_b und I_c: $I_b = 24,07\,\text{A}$ und $I_c = 25,05\,\text{A}$. Eine Kontrolle zeigt, daß die errechneten Stützströme zusammen die Summe der Belastungsströme ergeben. In Bild 6.5 kann die Stromverteilung eingetragen werden. Es ist ersichtlich, daß der Zweig c...k an der Verbraucherstelle 35 A einen maximalen Spannungsfall besitzt. Hier erfolgt die Einspeisung von allen drei Stützströmen. Um den Querschnitt der Zweige berechnen zu können, wird an der Stelle des ΔU_{max} wieder aufgetrennt. Die übrigbleibende „einseitig gespeiste Leitung" liefert dann unter Berücksichtigung des einzuhaltenden Spannungsverlustes den gesuchten Leiterquerschnitt.

Das 60 m lange Leitungsteilstück hat eine Belastung von 24.07 A am Ende, so daß:

$$A = \frac{200 \cdot 24,07 \cdot 60}{33 \cdot 3 \cdot 220}\,\text{mm}^2 = 13,26\,\text{mm}^2$$

der errechnete Querschnitt ist. Nach DIN wird zweckmäßigerweise für alle drei Zweige eine 16 mm² Aluminium-Leitung gewählt.

Beispiel 2:
Die drei aus einer Gleichstrom-Masche herausgetrennten Leitungen haben eine Stromverteilung, wie in **Bild 6.6** dargestellt. Auf den Leitungsabschnitten a...k und c...k liegt je eine Stelle mit ΔU_{max}. Für die Querschnittermittlung wird vorteilhafterweise mit dem größten „Strommoment" gerechnet. Bei der Verbraucherstelle für 50 A beträgt es $I \cdot l = 39\,\text{A} \cdot 125\,\text{m} = 4875\,\text{Am}$; bei der Stelle für 40 A entsprechend $I \cdot l = 36,7\,\text{A} \cdot 105\,\text{m} = 3853,5\,\text{A m}$.

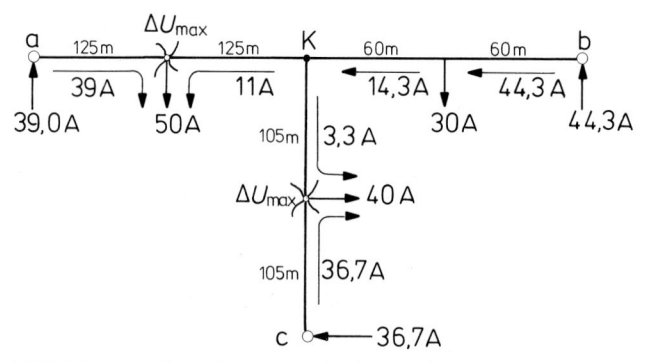

Bild 6.6 Verteilung der Ströme in den Zweigen nach Bild 6.5

Mit Gl. (4.4) wird dann:

$$A = \frac{200 \cdot I \cdot l}{\Delta U_\% \cdot U_e} = \frac{200 \cdot 4875}{33 \cdot 3 \cdot 220} \text{ mm}^2 = 44{,}77 \text{ mm}^2.$$

Der gewählte Querschnitt für alle drei Zweige liegt demnach bei dem Normwert 50 mm².

6.3 Verlegungs- oder Verwerfungsmethode

Das „Verwerfen" der Belastungen der einzelnen Zweige auf die angrenzenden Speise- oder Knotenpunkte einer Zweigleitung befreit diese symbolisch von ihrer Last. Die Strom- und Spannungsverhältnisse in den übrigen Netzteilen bleiben hierdurch unberührt. Da es bei der Berechnung der Stützwerte darauf ankommt, daß die Summe der Gesamtbelastung gedeckt ist, genügt es, wenn diese an den Speise- bzw. Knotenpunkten erscheinen. Die Verlegung der Belastung ist auch gleichzeitig Voraussetzung für eine zur Durchführung der Berechnung möglicherweise notwendig werdende Netzumbildung.

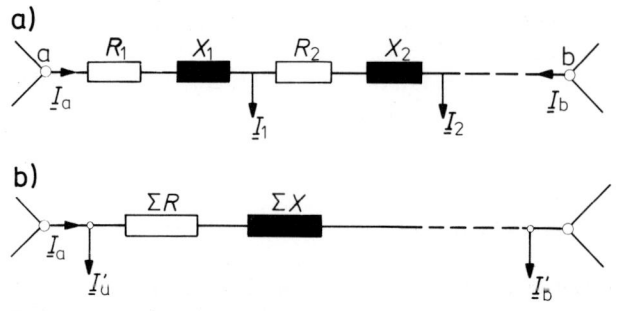

Bild 6.7 Verlegen der Zweiglasten:
a) Zweig mit mehreren Belastungen.   b) Ersatzbelastung a' und b' mit I_a' und I_b'

Im folgenden soll die Verlegungsmethode ganz allgemein an einer Zweigleitung mit ohmschen und induktiven Widerständen untersucht werden. In **Bild 6.7a** ist die Verteilung der Widerstände zwischen den Knoten (Speisestellen) bei zwei angenommenen Verbrauchern mit den alternierenden Strömen $\underline{I}_1$ und $\underline{I}_2$ gezeigt. Die Stützströme müssen den Bedarf der Verbraucher voll decken. Nach der Verlegung von $\underline{I}_1$ und $\underline{I}_2$ auf die beiden Knoten a und b, erscheinen dort die neuen *Ersatzbelastungen* $\underline{I}'_a$ und $\underline{I}'_b$.

Es ist nunmehr $\underline{I}_a + \underline{I}_b = \underline{I}'_a + \underline{I}'_b$.

Zwischen den Knoten a und b liegt der Gesamtspannungsfall ΔU:

$$\Delta \underline{U} = \underline{U}_a - \underline{U}_b = \underline{I}_a (\sum_v R_v + j \sum_v X_v) - \sum_v \underline{I}_v \cdot (R_v + jX_v). \tag{6.3}$$

Die Stromdifferenz $\underline{I}_a - \underline{I}'_a$ muß auf der Leitung von a nach b den gleichen Spannungsfall verursachen wie in Gl. (6.3):

$$\Delta \underline{U} = \underline{U}_a - \underline{U}_b = (\underline{I}_a - \underline{I}'_a)(\sum_v R_v + j \sum_v X_v). \tag{6.4}$$

Setzt man Gl. (6.3) und Gl. (6.4) gleich, dann bleibt für den „Ersatzstrom" $\underline{I}'_a$:

$$\underline{I}'_a = \frac{\sum_v \underline{I}_v \cdot (R_v + jX_v)}{\sum_v R_v + j\sum_v X_v}, \text{ summiert von b aus,}$$

und entsprechend für den „Ersatzstrom" $\underline{I}'_b$: $\qquad (6,5)$

$$\underline{I}'_b = \frac{\sum_v \underline{I}_v \cdot (R_v + jX_v)}{\sum_v R_v + j\sum_v X_v}, \text{ summiert von a aus.}$$

Werden wieder gleiche Leitungsquerschnitte vorausgesetzt und wird nur mit dem Wirkwiderstand der Leitung gerechnet, dann vereinfachen sich die Gln. (6.5) auf die bekannten Gleichungen für die zweiseitig gespeiste Leitung, wo an Stelle der eigentlichen Stützwerte der Ersatzstrom tritt:

$$\underline{I}'_a = \frac{\sum_v \underline{I}_v \cdot l_v}{l}, \text{ summiert von b aus,}$$

$$\underline{I}'_b = \frac{\sum_v \underline{I}_v \cdot l_v}{l}, \text{ summiert von a aus.} \tag{6.6}$$

Für das Gleichstromnetz gehen die Stromzeiger schließlich wieder in skalare Werte über. Das Verlegungsverfahren soll am Beispiel einer Gleichstrommasche kurz erläutert werden.

Beispiel 3:
Der Zweig einer Masche möge mit zwei Belastungen versehen sein, $I_1 = 100$ A und $I_2 = 50$ A. Zwischen den Abgängen werden die Entfernungen 100 m, 50 m und 80 m gemessen. Die beiden Ströme sollen auf die Knoten a und b verlegt werden **(Bild 6.8)**.

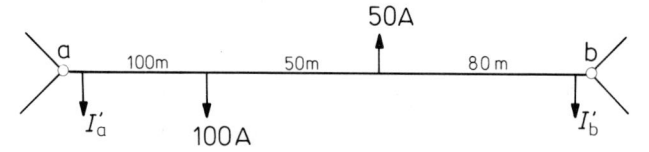

Bild 6.8 Stromverlegung nach a und b

Auf den Knoten a entfallen nach Gl. (6.6):

$$\underline{I}'_a = \frac{(100 \cdot 130 + 50 \cdot 80)}{230} \text{ A} = 73{,}91 \text{ A},$$

auf den Knoten b:

$$\underline{I}'_b = \frac{(100 \cdot 100 + 150 \cdot 50)}{230} \text{ A} = 76{,}09 \text{ A}.$$

Die Summe der beiden Ersatzströme muß wieder der Gesamtbelastung auf der Leitung entsprechen.

Bei Zweigen mit besonders vielen Einzelbelastungen ist das Verlegungsverfahren der Gleichsetzungsmethode sicher überlegen. Das nächste Beispiel zeigt den rechnerischen Ablauf bei einer Drehstrommasche mit drei herausgetrennten Zweigen.

Beispiel 4:
Die in **Bild 6.9** dargestellte Teilmasche gehört zu einem Drehstromnetz für

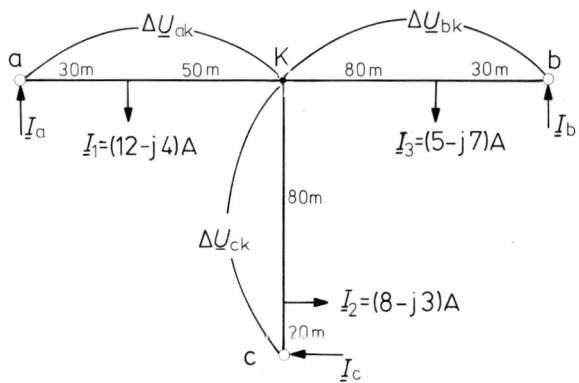

Bild 6.9 Mit Drehstrom betriebene Maschenzweige, komplexe Strombelastung

500 V. Um den rechnerischen Aufwand in Grenzen zu halten, möge jeder Zweig nur eine Belastungsstelle haben.
Da es sich um komplexe Stromwerte handelt, müssen auch die verlegten Ströme und die Stützströme als Zeigergrößen erscheinen.
Am Ende der Berechnung muß die Bedingungsgleichung nach Gl. (6.1) wieder erfüllt sein:

$\underline{I}_a + \underline{I}_b + \underline{I}_c = (25 - j14)$ A.

Mit Hilfe von Gl. (6.6) lassen sich die verlegten Ströme berechnen:

$$\underline{I}'_a = \frac{\sum_v \underline{I}_v \cdot l_v}{l} = \frac{(12-j4)\,50}{80}\,A = (7,5 - j2,5)\,A,$$

$$\underline{I}'_{ak} = \frac{\sum_v \underline{I}_v \cdot l_v}{l} = \frac{(12-j4)\,30}{80}\,A = (4,5 - j1,5)\,A.$$

Entsprechend erhält man die übrigen Ströme $\underline{I}'_b = (3{,}63 - j5{,}09)$ A;

$\underline{I}'_{bk} = (1{,}37 - j1{,}9)$ A; $\underline{I}'_c = (6{,}4 - j2{,}4)$ A; $\underline{I}'_{ck} = (1{,}6 - j0{,}6)$ A.

Wegen der Bedingungsgleichung (6.2) lassen sich die Zweige der Masche zu einem „gemeinsamen Speisepunkt" Sp_{ers} zusammenfassen **(Bild 6.10)**.

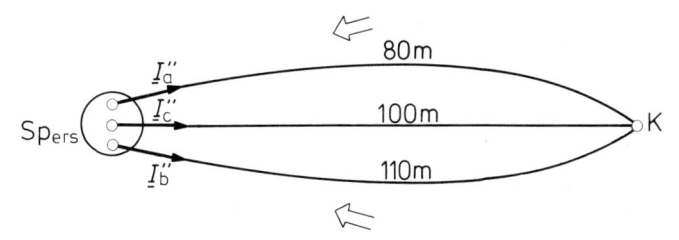

Bild 6.10 Ersatzspeisepunkt der Zweige

Die auf den Zweigen eingetragenen Ströme $\underline{I}''_a$, $\underline{I}''_b$ und $\underline{I}''_c$ müssen die auf k verlegten Ströme decken. Es ist demnach:

$$\underline{I}'_{ak} + \underline{I}'_{bk} + \underline{I}'_{ck} = (7{,}47 - j4{,}0)\,A,$$
$$\underline{I}''_a + \underline{I}''_b + \underline{I}''_c = (7{,}47 - j4{,}0)\,A. \tag{6.7}$$

Unter der Voraussetzung eines gleichen Leitermaterials und bei der angenommenen Spannungsfallgleichheit gilt ferner:

$80 \cdot \underline{I}''_a = 110 \cdot \underline{I}''_b = 100 \cdot \underline{I}''_c$.

Hieraus lassen sich jeweils wieder zwei Ströme durch den dritten ausdrücken, so daß $\underline{I}_b'' = 0{,}73 \cdot \underline{I}_a''$ und $\underline{I}_c'' = 0{,}8 \cdot \underline{I}_a''$ wird. Werden diese Werte in die Gl. (6.7) eingesetzt, dann ist:

$\underline{I}_a'' + 0{,}73 \cdot \underline{I}_a'' + 0{,}8 \cdot \underline{I}_a'' = (7{,}47 - j4{,}0)$ A,

$\underline{I}_a'' = (2{,}95 - j1{,}58)$ A,

$\underline{I}_b'' = (2{,}15 - j1{,}15)$ A,

$\underline{I}_c'' = (2{,}36 - j1{,}26)$ A.

Die eigentlichen Stützströme bei a, b und c setzen sich zusammen aus den auf den gemeinsamen Speisepunkt verlegten Strömen $\underline{I}_a'$, $\underline{I}_b'$ und $\underline{I}_c'$ sowie den „Deckungsströmen" für die in den Knoten k verlegten Ströme $\underline{I}_a''$, $\underline{I}_b''$ und $\underline{I}_c''$:

$$\underline{I}_a = \underline{I}_a' + \underline{I}_a'',$$
$$\underline{I}_b = \underline{I}_b' + \underline{I}_b'', \qquad (6.8)$$
$$\underline{I}_c = \underline{I}_c' + \underline{I}_c''.$$

Werden die errechneten komplexen Zahlenwerte für die Ströme in Gl. (6.8) eingesetzt, dann erhält man die komplexen Stromwerte für die Stützströme:

$\underline{I}_a = (10{,}45 - j4{,}08)$ A, $\underline{I}_b = (5{,}78 - j6{,}24)$ A und $\underline{I}_c = (8{,}78 - j3{,}66)$ A.

Die Summe der Ströme ist dann $\sum_v \underline{I}_v = (25{,}01 - j13{,}98)$ A, was der Gesamtbelastung auf dem herausgetrennten Maschenteil entspricht. **Bild 6.11** zeigt die Strombelegung der Zweigleitungen mit den errechneten Werten und die Stelle des maximalen Spannungsverlustes.

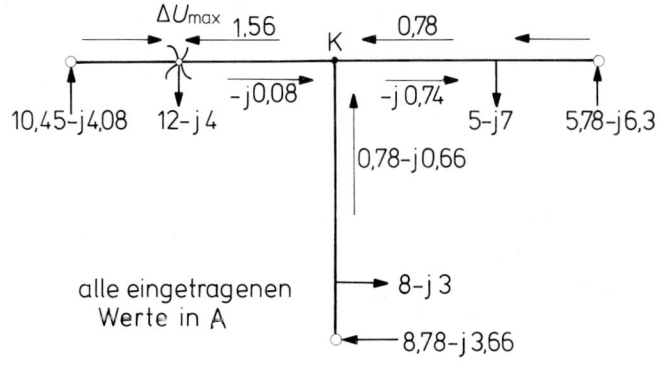

Bild 6.11 Verteilung der Ströme in den Zweigen von Bild 6.9 und Stelle von U_{max}

Die Querschnittbestimmung erfolgt mit Hilfe der Gl. (4.38). Bei einer angenommenen Aluminium-Leitung mit $\varkappa = 33$ m/(Ω mm^2) und bei einem zugelassenen Spannungsverlust von 2% ist dann:

$$A = \frac{\sqrt{3} \cdot 100 \cdot 10{,}45 \cdot 30}{33 \cdot 2 \cdot 500} \text{mm}^2 = 1{,}64 \text{ mm}^2.$$

Der zugehörige Normquerschnitt von 2,5 mm^2 würde also hier ausreichend sein.

6.4 Netzumwandlung, Netzabbau und Netzaufbau

In vielen Fällen müssen bestehende oder zu planende Netze für die „rechnerische Behandlung" durch geeignete Auftrennungen zugänglich gemacht werden. Die so entstehenden Netzteile werden dann voneinander als „elektrisch unabhängig" angesehen und separat berechnet.

Hat ein Maschennetz mehrere Speisepunkte, kann an diesen Stellen beispielsweise aufgetrennt und durch entsprechende Zusammenlegung von Speisepunkten ein *Netzabbau* bewirkt werden. Nach der Berechnung des „vereinfachten" Netzes muß dann wieder eine Rückführung in den alten Zustand vorgenommen werden, d. h., das Netz wird aufgebaut. Eine mögliche Methode stellt die Umwandlung von Dreieckmaschen in äquivalente Sterne dar. Von den hierfür geltenden Beziehungen wird Gebrauch gemacht.

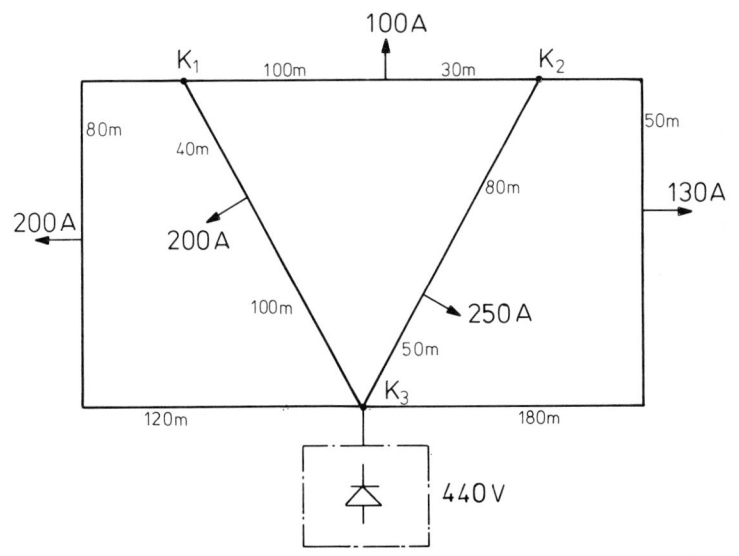

Bild 6.12 Viereck- und Dreieckmasche einer Gleichstrom-Galvanikanlage

Das folgende Beispiel zeigt einen Netzabbau und Netzaufbau an einem Gleichstromnetz für eine mit 440 V betriebene Galvanikanlage.

Beispiel:
In **Bild 6.12** ist das Maschennetz einer Galvanikanlage in einem Industriebetrieb schematisch dargestellt. Die Einspeisung erfolgt von einer Gleichrichterstation, die eine Nennspannung von 440 V zur Verfügung stellt. Gesucht ist die vollständige Stromverteilung in den Zweigleitungen.

Die Berechnung soll schrittweise erfolgen, wobei als erste Maßnahme das Verlegen der Ströme in der Dreieckmasche auf die zugehörigen Knoten vorgesehen ist.

1. Schritt:
Stromverlegung im Dreieck auf die Knoten k_1, k_2 und k_3. Die Ersatzströme sind dann für:

$k_1 \ldots k_2$:

$$I'_{k1} = \frac{100 \cdot 30}{130} \text{ A} = 23{,}08 \text{ A,}$$

$$I'_{k2} = \frac{100 \cdot 100}{130} \text{ A} = 76{,}92 \text{ A,}$$

$k_1 \ldots k_3$:

$$I'_{k1} = \frac{200 \cdot 100}{140} \text{ A} = 142{,}85 \text{ A,}$$

$$I'_{k3} = \frac{200 \cdot 40}{140} \text{ A} = 57{,}15 \text{ A,}$$

$k_2 \ldots k_3$:

$$I'_{k2} = \frac{250 \cdot 50}{130} \text{ A} = 96{,}15 \text{ A,}$$

$$I'_{k3} = \frac{250 \cdot 80}{130} \text{ A} = 153{,}85 \text{ A.}$$

In **Bild 6.13** sind die in den Knoten liegenden Ersatzströme zusammengefaßt dargestellt.

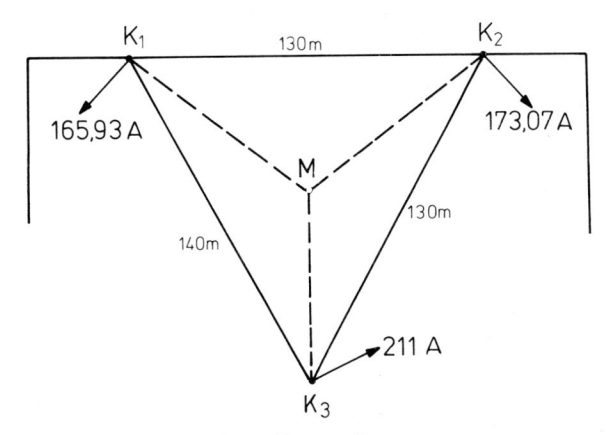

Bild 6.13 Dreieck-Stern-Umwandlung

Die Summe der auf die drei Knoten verlegten Ströme muß wieder der Gesamtbelastung im Dreieck entsprechen, im vorliegenden Fall also 550 A.

2. Schritt:
Unter der Voraussetzung, daß die Zweigquerschnitte und das Leitermaterial einheitlich sind, erfolgt nunmehr die Dreieck-Stern-Umformung:

$$l_{k1M} = \frac{130 \cdot 140}{130 + 140 + 130} \text{ m} = 45,5 \text{ m},$$

$$l_{k2M} = \frac{130 \cdot 130}{130 + 140 + 130} \text{ m} = 42,25 \text{ m},$$

$$l_{k3M} = \frac{140 \cdot 130}{130 + 140 + 130} \text{ m} = 45,5 \text{ m}.$$

3. Schritt:
Verlegen der Knotenpunktströme und der übrigen Leiterströme auf den Speisepunkt und auf den „Ersatzmittelpunkt" M. Verlegung auf den Speisepunkt Sp liefert:

$$I'_a = \frac{165,93 \cdot 45,5 + 200 \cdot 125,5}{200 + 45,5} \text{A} = 132,99 \text{A}.$$

Ebenso findet man unter Beachtung der Gl. (6.6) für die beiden übrigen Ersatzströme $I'_b = 70,91$ A bzw. $I'_c = 65,98$ A.
Die Verlegung auf M liefert:

$$I'_{aM} = \frac{120 \cdot 200 + 200 \cdot 165{,}93}{245{,}5} \text{ A} = 232{,}94 \text{ A},$$

$I'_{bM} = 232{,}16$ A,

$I'_{cM} = 145{,}01$ A.

Die Summe der auf den Ersatzmittelpunkt M verlegten Ströme ist dann 610,11 A. Die Gesamtsumme der verlegten Ströme ist nach der Berechnung 879,99 A, entsprechend einer Gesamtbelastung von 880 A.

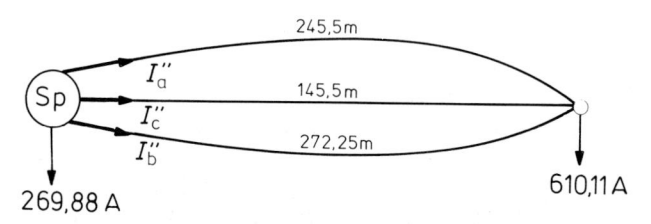

Bild 6.14 Ersatzspeisepunkt für die drei Zweige

4. Schritt:
Nach erfolgter Netzumwandlung kann unter der Voraussetzung eines gleichen Spannungsfallwertes bis zum Ersatzmittelpunkt M wieder wie in Beispiel 4 von Abschnitt 6.3 verfahren werden. **Bild 6.14** zeigt die eingetragenen und bisher ermittelten Stromwerte und Leitungslängen. Zu bestimmen sind die Deckungsströme I''_a, I''_b und I''_c. Nach dem Vorangegangenen gilt wieder:

$I''_a + I''_b + I''_c = 610{,}11$ A,

$245{,}5 \cdot I''_a = 145{,}5 \cdot I''_c = 272{,}25 \cdot I''_b$.

Aus beiden Bedingungsgleichungen errechnet sich für $I''_a = 169{,}57$ A, für $I''_b = 153{,}97$ A und für $I''_c = 286{,}57$ A. Hieraus lassen sich die eigentlichen Stützströme in den Speisepunkten a, b und c bestimmen:

$I_a = I''_a + 132{,}99$ A $= 302{,}56$ A,

$I_b = I''_b + 70{,}91$ A $= 224{,}88$ A,

$I_c = I''_c + 65{,}98$ A $= 352{,}56$ A.

Die drei Stützströme zusammen müssen wieder die Gesamtbelastung des Systems ergeben $I_a + I_b + I_c = 880$ A.

5. Schritt:
Netzaufbau, d.h., die Zurückführung der durch Netzumwandlung erreichten vereinfachten Netzform auf den ursprünglichen Zustand. **Bild 6.15** zeigt die

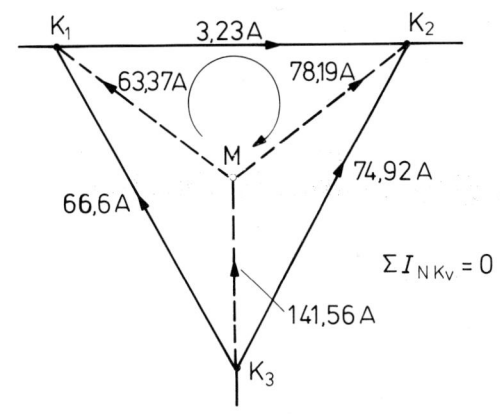

Bild 6.15 Rückverwandlung vom Stern zum Dreieck, Stromverteilung

Festlegung der im „Stern" vorhandenen Ströme, wobei die Differenz zwischen den auf M verlegten und den Deckungsströmen für M gebildet wird.
Bei dieser Festlegung ergeben sich gleichzeitig die „Stromrichtungen" im Stern:

$I_{Mk1} = 232{,}94\ A - 169{,}57\ A = 63{,}37\ A$,

$I_{Mk2} = 232{,}16\ A - 153{,}97\ A = 78{,}19\ A$,

$I_{Mk3} = 145{,}01\ A - 286{,}57\ A = -141{,}56\ A$.

Anschließend erfolgt die Rückverwandlung der Sternströme in Dreieckströme. Nach dem zweiten Kirchhoffschen Gesetz werden die Maschengleichungen erstellt:
Für die Masche $M - k_1 - k_2 - M$ gilt entsprechend Bild 6.15:

$I_{Mk1} \cdot l_{Mk1} + I_{k1k2} \cdot l_{k1k2} - I_{Mk2} \cdot l_{Mk2} = 0$.

Aufgelöst nach dem Strom I_{k1k2} ist:

$$I_{k1k2} = \frac{I_{Mk2} \cdot l_{k2M} - I_{Mk1} \cdot l_{k1M}}{l_{k1k2}}$$

$$= \frac{78{,}19 \cdot 42{,}25 - 63{,}37 \cdot 45{,}5}{130}$$

$$= 3{,}23\ A.$$

Entsprechend findet man für die übrigen Maschenströme $I_{k2k3} = -74{,}96\ A$ und $I_{k3k1} = 66{,}60\ A$.

6. Schritt:
Festlegen der gesamten Stromverteilung in den Dreieck- und Viereckmaschen der Galvanikanlage entsprechend der ursprünglichen Netzform. **Bild 6.16** zeigt die eingetragenen Ströme und Stromrichtungen, so wie sie sich aus der Berechnung ergeben haben.

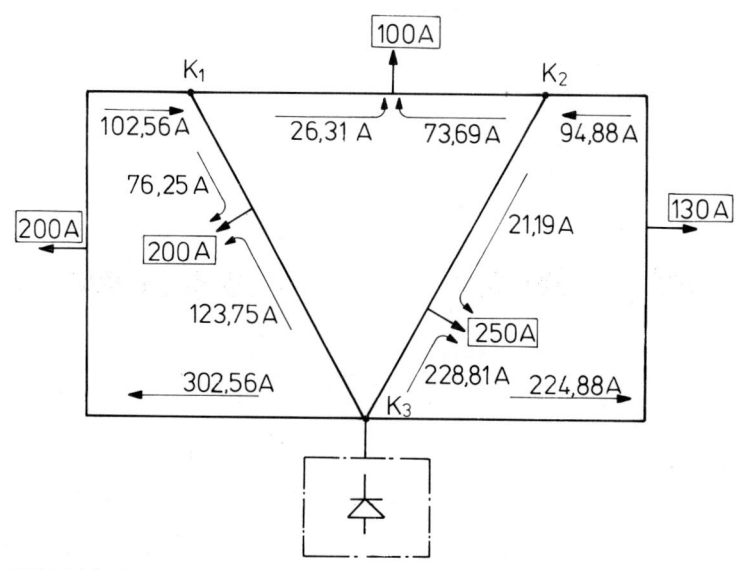

Bild 6.16 Endgültige Stromverteilung in der Anlage

Im einzelnen sind die Zweigströme zwischen den Knoten und den Belastungsstellen:

$I_{k1\,100} = 23{,}08\,\text{A} + 3{,}23\,\text{A} = 26{,}31\,\text{A},$

$I_{k2\,100} = 76{,}92\,\text{A} - 3{,}23\,\text{A} = 73{,}69\,\text{A},$

$I_{k2\,250} = 96{,}15\,\text{A} - 74{,}96\,\text{A} = 21{,}19\,\text{A},$

$I_{k3\,250} = 153{,}85\,\text{A} + 74{,}96\,\text{A} = 228{,}81\,\text{A},$

$I_{k1\,200} = 142{,}85\,\text{A} - 66{,}60\,\text{A} = 76{,}25\,\text{A},$

$I_{k3\,200} = 57{,}15\,\text{A} + 66{,}60\,\text{A} = 123{,}75\,\text{A}.$

Aufgabe 6.1
Bei den mit 440 V betriebenen Maschennetz in A 6.10 sind vier in einem Knoten k zusammentreffende Zweige mit annähernd gleichem Spannungsfall herausgetrennt worden. Bei der gegebenen Zweigbelastung sollen die Stütz-

ströme I_a, I_b, I_c und I_d nach dem Verwerfungsverfahren bestimmt werden. Gesucht ist außerdem die Stromverteilung in den Maschenzweigen und der zu wählende Querschnitt bei $\Delta U = 3\%$ mit $\varkappa_{Cu} = 53 \text{ m}/(\Omega \text{ mm}^2)$.

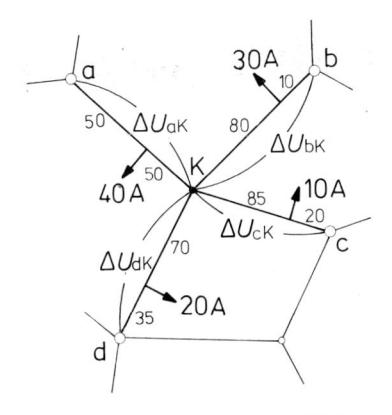

$\Delta U_{aK} = \Delta U_{bK} = \Delta U_{cK} = \Delta U_{dK}$

Bild A 6.10 Vier Zweige eines aufgetrennten Gleichstrom-Maschennetzes

Aufgabe 6.2
Eine Dreieckmasche in einem Drehstromsystem ist an den Eckpunkten a, b und c mit gleich langen Zweigen aa', bb' und cc' verbunden. Bei der vorliegenden Belastung in der Masche sind die Stützströme I_a, I_b und I_c gesucht. Nach Zurückverwandlung von Stern → Dreieck soll die Stromaufteilung in der Masche ermittelt werden. (Verfahren: Verlegung der Ströme und Dreieck-Stern-Umwandlung.)

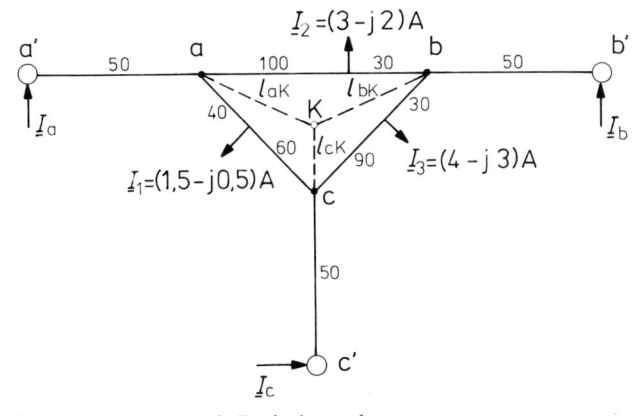

Bild A 6.20 Netz mit Dreieckmasche

7 Netzberechnung mit Hilfe von Matrizen

7.1 Orientiertes Gerüst und Hilfskoeffizientenmatrix

Bei der Berechnung linearer Netzwerke wird vorteilhafterweise die Matrizenrechnung angewandt, die bereits bei der Problemstellung durch übersichtliche Schemata aller relevanten physikalischen Größen einen guten Überblick gestattet. (Siehe hierzu Teil IV, Kapitel 2, Determinanten und Matrizenrechnung.)

Werden aus einem *Netzwerk* die Schaltelemente entfernt, dann bleibt nur noch das *Gerüst* der Schaltung übrig, bestehend aus *Knotenpunkten* und *Zweigen*. **Bild 7.1** zeigt ein derartiges Gerüst mit den beiden Knoten k_1 und k_2 und den Zweigen l_1, l_2 und l_3. Manchmal wird auch aus der Topologie der Begriff des „Baumes" für die Zweige verwendet. Vorausgesetzt sei hierbei, daß jeder Zweig immer nur mit zwei Knoten verbunden ist. Ist l die Anzahl der Zweige und k die Anzahl der Knoten, dann gilt allgemein für die größte Zahl der Zweige:

$$l_{max} = \binom{k}{2}. \tag{7.1}$$

Die Anzahl der unabhängigen Maschen läßt sich nach der Beziehung (7.2) festlegen:

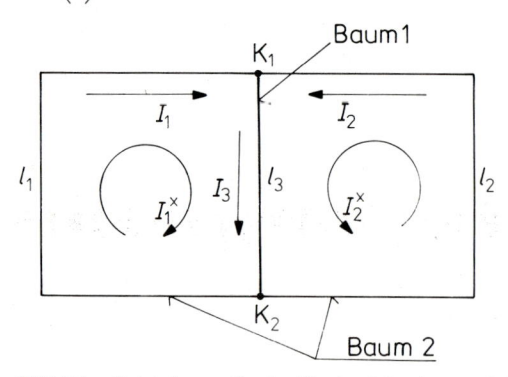

$$\begin{aligned} n &= l_{max} - k + 1 \\ &= \binom{k}{2} - k + 1. \end{aligned} \tag{7.2}$$

Bild 7.1 Orientiertes Gerüst für das Matrizenverfahren

Für das Beispiel in Bild 7.1 ergeben sich mit $l = 3$ Zweigen und $k = 2$ Knoten $n = 3 - 2 + 1 = 2$ unabhängige Maschen. Das Gerüst im Beispiel besteht topologisch gesehen aus zwei Bäumen, die die Gesamtzahl der Knoten enthalten. Baum 1 mit Knoten k_1 und k_2 und Baum 2 mit den Zweigen l_1 oder l_2, ebenfalls mit Knoten k_1 und k_2. Durch willkürliches Festlegen der Stromrichtungen in den Zweigen kann ein *orientiertes Gerüst* geschaffen werden. Ein orientiertes Gerüst kann durch eine Matrix M mit k-Zeilen und l-Spalten festgelegt werden, in der die Elemente $m_{\nu\mu}$ positiv oder negativ geschrieben werden, je nachdem ob der Strom im Zweig auf den Knotenpunkt hin- oder weggerichtet ist. Die $m_{\nu\mu}$ sind gleich Null, wenn sie vom Zweig gar nicht getroffen werden:

$$M = \begin{bmatrix} m_{11} & m_{12} & \cdots\cdots & m_{1l} \\ \vdots & & & \vdots \\ \cdots\cdots & m_{\nu\mu} & \cdots\cdots & \\ \vdots & & & \vdots \\ m_{k1} & \cdots\cdots\cdots & m_{kl} \end{bmatrix}. \qquad (7.3)$$

Für das orientierte Gerüst im Bild 7.1 würde demnach die M-Matrix lauten:

$$M = \begin{bmatrix} 1 & 1 & -1 \\ -1 & -1 & 1 \end{bmatrix}.$$

Da jeder Knotenpunkt von drei Zweigen getroffen wird, können auch nur in jeder Zeile drei von Null verschiedene Elemente auftreten. In M sind die in die Knoten einfließenden Ströme positiv und die ausfließenden negativ eingetragen. Bild 7.1 enthält außer den Zweigströmen auch noch die Maschenströme (Kreisströme) I_1^* und I_2^*. Die Wahl der Umlaufrichtung ist beliebig. Zwischen den Zweig- und Maschenströmen bestehen Zusammenhänge, die durch eine *Hilfskoeffizientenmatrix* N festgelegt sind. Mit den positiv oder negativ 1 geschriebenen Elementen wird die gleiche oder entgegengesetzte Richtung beider Maschenströme angegeben. Die n_{ik} werden Null, wenn der Zweigstrom nicht zur betreffenden Masche gehört.

$$N = \begin{bmatrix} n_{11} & n_{12} & \cdots\cdots & n_{1n} \\ \vdots & & & \vdots \\ \cdots\cdots & n_{ik} & \cdots & \\ \vdots & & & \vdots \\ n_{l1} & & \cdots\cdots & n_{ln} \end{bmatrix}. \qquad (7.4)$$

Bei dem orientierten Gerüst in Bild 7.1 wird mit der eingezeichneten Richtung der Maschenströme die Hilfskoeffizientenmatrix:

$$N = \begin{bmatrix} 1 & 0 \\ 0 & 1 \\ 1 & 1 \end{bmatrix}.$$

Hierin bedeutet: Erstes Element in erster Spalte $\rightarrow I_1$ und I_1^* gleichgerichtet. Zweites Element in erster Spalte $\rightarrow I_2$ und I_1^* keine Verbindung. Drittes

Element in erster Spalte $\to I_1^*$ und I_3 wieder gleichgerichtet. Zwischen den Zweigströmen und den Maschenströmen gilt demnach die Beziehung:

$$I = N \cdot I^*. \tag{7.5}$$

Da die Elemente der **M**-Matrix m_{ik} die Vorzeichen der gerichteten Zweigströme enthalten, läßt sich das erste Kirchhoffsche Gesetz wie Gl. (7.6) schreiben:

$$\begin{aligned}
m_{11} \cdot I_1 + m_{12} \cdot I_2 + \cdots\cdots\cdots + m_{11} \cdot I_1 &= 0 \\
m_{21} \cdot I_1 + m_{22} \cdot I_2 + \cdots\cdots\cdots + m_{21} \cdot I_1 &= 0 \\
\vdots \quad\quad \vdots \quad\quad\quad\quad\quad \vdots \quad\quad \vdots & \\
m_{k1} \cdot I_1 + \cdots\cdots\cdots\cdots\cdots + m_{kl} \cdot I_l &= 0.
\end{aligned} \tag{7.6}$$

In Matrizen-Schreibweise (siehe hierzu Teil IV, Abschnitt 2) ist Gl. (7.6):

$$\begin{bmatrix} m_{11} & m_{12} & \cdots\cdots & m_{11} \\ \vdots & \vdots & & \vdots \\ m_{k1} & m_{k2} & \cdots\cdots & m_{kl} \end{bmatrix} \cdot \begin{bmatrix} I_1 \\ I_2 \\ \vdots \\ I_l \end{bmatrix} = \mathbf{0}. \tag{7.7}$$

Die Zweigströme treten als Spaltenvektor auf. Gl. (7.7) lautet dann in der abgekürzten Form:

$$\mathbf{M} \cdot \mathbf{I} = \mathbf{0}. \tag{7.8}$$

Für das Beispiel in Bild 7.1 gilt demnach:

$$\begin{bmatrix} 1 & 1 & -1 \\ -1 & -1 & 1 \end{bmatrix} \cdot \begin{bmatrix} I_2 \\ I_2 \\ I_3 \end{bmatrix} = \mathbf{0},$$

oder mit Gl. (7.6):

$$I_1 + I_2 - I_3 = 0 \to \text{Knoten 1},$$
$$-I_1 - I_2 + I_3 = 0 \to \text{Knoten 2}.$$

Wird Gl. (7.5) in Gl. (7.8) eingesetzt, dann entsteht das Matrizenprodukt:

$$\mathbf{M} \cdot \mathbf{N} \cdot \mathbf{I}^* = \mathbf{0}. \tag{7.9}$$

Wegen der beliebigen Wahl von $\mathbf{I}^*$ ist:

$$\mathbf{M} \cdot \mathbf{N} = \mathbf{0} \tag{7.10}$$

das *allgemeine erste Kirchhoffsche Gesetz*.

Auch das *zweite Kirchhoffsche Gesetz* läßt sich in der gewählten Matrizen-Schreibweise angeben. Werden die Schaltelemente dem Gerüst des Beispiels Bild 7.1 wieder zugefügt, dann entsteht **Bild 7.2**.

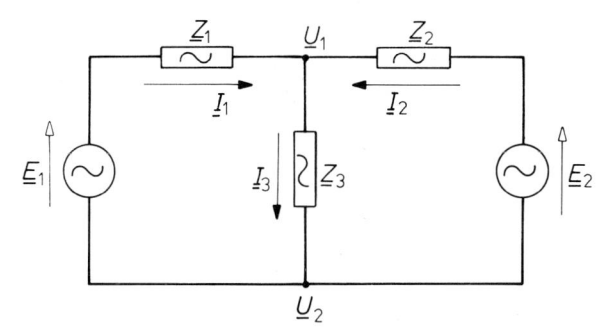

Bild 7.2 Schaltungsanordnung mit Impedanzen und zwei Speisestellen

Für die Maschen lassen sich die folgenden Gleichungen aufstellen:

$$Z_1 \cdot I_1 \qquad\qquad + U_1 - U_2 = E_1$$
$$\qquad Z_2 \cdot I_2 \qquad + U_1 - U_2 = E_2$$
$$\qquad\qquad Z_3 \cdot I_3 \qquad\qquad = 0$$

Hierin stellen die U_1- und U_2-Werte die *Knotenpunktpotentiale* dar. In Matrizenform wird dann:

$$\begin{bmatrix} Z_1 & 0 & 0 \\ 0 & Z_2 & 0 \\ 0 & 0 & Z_3 \end{bmatrix} \cdot \begin{bmatrix} I_1 \\ I_2 \\ I_3 \end{bmatrix} + \begin{bmatrix} 1 & -1 & 0 \\ 1 & -1 & 0 \\ 0 & 0 & 0 \end{bmatrix} \cdot \begin{bmatrix} U_1 \\ U_2 \\ 0 \end{bmatrix} = \begin{bmatrix} E_1 \\ E_2 \\ 0 \end{bmatrix}.$$

An Stelle der *M*-Matrix ist die transponierte Matrix M^T getreten:

$$Z \cdot I + M^T \cdot U = E. \qquad (7.11)$$

Hierin sind:

- Z Impedanzmatrix,
- I Spaltenmatrix der Zweigströme,
- M^T Transponierte *M*-Matrix,
- U Spaltenmatrix der Knotenpotentiale,
- E Spaltenmatrix der Zweig-Quellenspannungen.

Wenn keine induktiven Verbindungen zwischen den Zweigen bestehen, ist Z eine sogenannte Diagonalmatrix. Wird Gl. (7.11) beidseitig mit der transponierten *N*-Matrix erweitert, dann ist:

$N^T \cdot Z \cdot I + N^T \cdot M^T \cdot U = N^T \cdot E.$

Wegen Gl. (7.10): $M \cdot N = 0 = M^T \cdot N^T$

wird: $\quad N^T \cdot Z \cdot I = N^T \cdot E = E^*.$

E^* kann als eine resultierende Spannung der Masche aufgefaßt werden. Sind die Zweigströme bekannt, dann läßt sich E^* bestimmen. Wegen Gl. (7.5) ist:

$N^T \cdot N \cdot Z \cdot I^* = E^*$ (7.12)

$A \cdot I^* = E^*.$ (7.13)

Nach Gl. (7.13) ist das Netzwerk symbolisch wieder als das „Ohmsche Gesetz" aufzufassen, mit A als „Widerstand", E^* als Quellenspannung und I^* als Maschenstrom. Matrizen gehorchen nicht der aus der skalaren Algebra bekannten kommutativen Multiplikation und Division. Um in Gl. (7.13) nach I^* auflösen zu können, muß beidseitig mit der zu A *inversen Matrix* multipliziert werden (siehe hierzu Teil IV, Kapitel 2):

$A^{-1} \cdot A \cdot I^* = A^{-1} \cdot E^*$

$I^* = A^{-1} \cdot E^*.$ (7.14)

Beispiel:
In der Schaltung entsprechend Bild 7.2 befinden sich die Widerstandswerte $jX_1 = j2\,\Omega;\ jX_2 = j1\,\Omega;\ jX_3 = j1{,}5\,\Omega$. Die beiden Quellenspannungen mögen $E_1 = 1000\,\text{V}$ und $E_2 = 1500\,\text{V}$ sein. Für die einzelnen, zur Lösung notwendigen Matrizen folgt dann:

$$I = \begin{bmatrix} I_1 \\ I_2 \\ I_3 \end{bmatrix} \text{A}; \qquad E = \begin{bmatrix} 1000 \\ 1500 \\ 0 \end{bmatrix} \text{V}; \qquad N = \begin{bmatrix} 1 & 0 \\ 0 & 1 \\ 1 & 1 \end{bmatrix}.$$

Die resultierende Quellenspannung in den beiden Maschen ist:

$$E^* = N^T \cdot E = \begin{bmatrix} 1 & 0 & 1 \\ 0 & 1 & 1 \end{bmatrix} \cdot \begin{bmatrix} 1000 \\ 1500 \\ 0 \end{bmatrix} \text{V} = \begin{bmatrix} 1000 \\ 1500 \end{bmatrix} \text{V}.$$

Die Widerstandsmatrix Z wird mit den angegebenen Werten:

$$Z = \begin{bmatrix} j2 & 0 & 0 \\ 0 & j1 & 0 \\ 0 & 0 & j1{,}5 \end{bmatrix} \Omega.$$

Dann ist:

$$Z \cdot N = \begin{bmatrix} j2 & 0 & 0 \\ 0 & j1 & 0 \\ 0 & 0 & j1,5 \end{bmatrix} \cdot \begin{bmatrix} 1 & 0 \\ 0 & 1 \\ 1 & 1 \end{bmatrix} \Omega = \begin{bmatrix} j2 & 0 \\ 0 & j1 \\ j1,5 & j1,5 \end{bmatrix} \Omega$$

$$N^T \cdot N \cdot Z = \begin{bmatrix} 1 & 0 & 1 \\ 0 & 1 & 1 \end{bmatrix} \cdot \begin{bmatrix} j2 & 0 \\ 0 & j1 \\ j1,5 & j1,5 \end{bmatrix} \Omega = \begin{bmatrix} j2+j1,5 & j1,5 \\ j1,5 & j1+j1,5 \end{bmatrix} \Omega = \begin{bmatrix} j3,5 & j1,5 \\ j1,5 & j2,5 \end{bmatrix} \Omega = A.$$

Bildung der inversen Matrix zu A:

$$A^{-1} = \frac{1}{\det A} \cdot \begin{bmatrix} a_{22} & -a_{12} \\ -a_{21} & a_{11} \end{bmatrix} = \frac{1}{j^2 6,5} \cdot \begin{bmatrix} j2,5 & -j1,5 \\ -j1,5 & j3,5 \end{bmatrix} \Omega^{-1}.$$

In Gl. (7.14) eingesetzt ergibt die Maschenströme der Schaltung:

$$I^* = A^{-1} \cdot E^* = \frac{1}{j^2 6,5} \cdot \begin{bmatrix} j2,5 & -j1,5 \\ -j1,5 & j3,5 \end{bmatrix} \cdot \begin{bmatrix} 1000 \\ 1500 \end{bmatrix} A = \begin{bmatrix} -j38,46 \\ -j576,9 \end{bmatrix} A.$$

Für die entsprechenden Zweigströme ist dann aus Gl. (7.5):

$$I = N \cdot I^* = \begin{bmatrix} 1 & 0 \\ 0 & 1 \\ 1 & 1 \end{bmatrix} \cdot \begin{bmatrix} -j38,46 \\ -j576,9 \end{bmatrix} A = \begin{bmatrix} -j38,46 \\ -j576,9 \\ -j615,36 \end{bmatrix} A.$$

Demnach betragen die Maschenströme $I_1^* = -j38,46 \text{A}$; $I_2^* = -j576,9 \text{A}$; und die Zweigströme $I_1 = -j38,46 \text{A}$; $I_2 = -j576,9 \text{A}$; $I_3 = -j615,36 \text{A}$. Natürlich kann das eben gewählte Beispiel auch ohne viel Mühe und Aufwand mit einem einfacheren Rechenkalkül (etwa mit Determinanten) gelöst werden. Der Einsatz von Matrizen empfiehlt sich vor allem immer dann, wenn die Netzwerke komplizierter und komplexer sind, als es hier angenommen wurde. Vielfach sind an den Knoten der aus Maschen herausgetrennten Netzteile noch einfließende oder ausfließende Ströme vorhanden, die bei der Ermittlung der Stromverteilung berücksichtigt werden müssen. Zu der eigentlichen Matrizenform des ersten Kirchhoffschen Gesetzes muß dann noch die Matrix der zu- und abfließenden Ströme addiert werden:

$$M \cdot I + I_{z,a} = 0. \tag{7.15}$$

7.2 Knotenpunktverfahren

Eine Möglichkeit, die Spannungsverhältnisse an den Knotenpunkten der Netzteile zu berücksichtigen, aber auch die Ströme in komplizierteren Netzen zu berechnen, bietet das sogenannte *Knotenpunktverfahren*. Hierbei ist die Summe aller in den Knoten des Netzes zu- oder abfließenden Ströme Null. Werden die zufließenden Ströme positiv und die abfließenden negativ gezählt, dann ist in dem Beispiel entsprechend **Bild 7.3** für die Knotenpunkte 1 und 2 in der Schaltung:

$$\underline{I}_1 + \underline{I}_{12} - \underline{I}_{v1} = 0,$$

$$\underline{I}_2 - \underline{I}_{12} - \underline{I}_{v2} = 0.$$

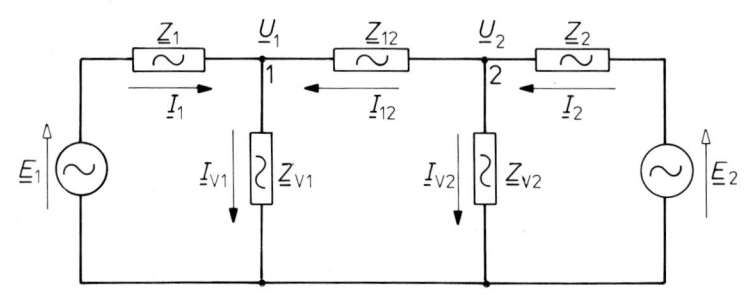

Bild 7.3 Schaltungsanordnung für das Knotenpunktverfahren

Die Ströme lassen sich durch Leitwerte und Spannungen ausdrücken:

$$\underline{I}_1 = \underline{Y}_1 \cdot (\underline{E}_1 - \underline{U}_1); \qquad \underline{I}_{v2} = \underline{Y}_{v1} \cdot (\underline{U}_1 - 0);$$

$$\underline{I}_2 = \underline{Y}_2 \cdot (\underline{E}_2 - \underline{U}_2); \qquad \underline{I}_{v2} = (\underline{U}_2 - 0);$$

$$\underline{I}_{12} = \underline{Y}_{12} \cdot (\underline{U}_2 - \underline{U}_1).$$

Damit wird für die Knotenpunkte 1 und 2:

$$\underline{Y}_1 \cdot (\underline{E}_1 - \underline{U}_1) + \underline{Y}_{12} \cdot (\underline{U}_2 - \underline{U}_1) - \underline{Y}_{v1} \cdot \underline{U}_1 = 0,$$

$$\underline{Y}_2 \cdot (\underline{E}_2 - \underline{U}_2) - \underline{Y}_{12} \cdot (\underline{U}_2 - \underline{U}_1) - \underline{Y}_{v2} \cdot \underline{U}_2 = 0,$$

oder ausmultipliziert:

$$\underline{Y}_1 \cdot \underline{E}_1 - \underline{Y}_1 \cdot \underline{U}_1 + \underline{Y}_{12} \cdot \underline{U}_2 - \underline{Y}_{12} \cdot \underline{U}_1 - \underline{Y}_{v1} \cdot \underline{U}_1 = 0,$$

$$\underline{Y}_2 \cdot \underline{E}_2 - \underline{Y}_2 \cdot \underline{U}_2 - \underline{Y}_{12} \cdot \underline{U}_2 + \underline{Y}_{12} \cdot \underline{U}_1 - \underline{Y}_{v2} \cdot \underline{U}_2 = 0.$$

In Matrizenform geschrieben:

$$\begin{bmatrix} -(\underline{Y}_1 + \underline{Y}_{12} + \underline{Y}_{v1}) & +\underline{Y}_{12} \\ \underline{Y}_{12} & -(\underline{Y}_2 + \underline{Y}_{12} + \underline{Y}_{v2}) \end{bmatrix} \cdot \begin{bmatrix} \underline{U}_1 \\ \underline{U}_2 \end{bmatrix} + \begin{bmatrix} \underline{Y}_1 \underline{E}_1 \\ \underline{Y}_2 \underline{E}_2 \end{bmatrix} = \mathbf{0},$$

entsprechend:

$$\underline{Y} \cdot \underline{U} + \underline{I}_{z,a} = 0. \tag{7.16}$$

Hieraus kann die Leitwertmatrix als *symmetrisches* Schema entnommen werden:

$$\underline{Y} = \begin{bmatrix} -\underline{Y}_{11} & \underline{Y}_{12} \\ \underline{Y}_{12} & -\underline{Y}_{22} \end{bmatrix}. \tag{7.17}$$

Die Y_{kk}-Elemente der Matrix sind die Summen aller Leitwerte, die mit dem Knoten k verbunden sind, die Y_{ik}-Elemente enthalten die Leitwerte, die zwischen Knoten i und k liegen. Die Auflösung nach den Knotenpunktspannungen kann auch hier wieder durch Multiplikation mit der *inversen Matrix* der Leitwertmatrix erfolgen:

$$\underline{Y}^{-1} \cdot \underline{Y} \cdot \underline{U} + \underline{Y}^{-1} \cdot \underline{I}_{z,a} = 0,$$

$$\underline{U} = -\underline{Y}^{-1} \cdot \underline{I}_{z,a}. \tag{7.18}$$

Die inverse Leitwertmatrix läßt sich nach Teil IV, Kapitel 2, Gl. (2.26) bilden:

$$\underline{Y}^{-1} = \frac{1}{\det \underline{Y}} \cdot \begin{bmatrix} -\underline{Y}_{22} & -\underline{Y}_{12} \\ -\underline{Y}_{12} & -\underline{Y}_{11} \end{bmatrix},$$

oder in Matrizen-Schreibweise:

$$\begin{bmatrix} \underline{U}_1 \\ \underline{U}_2 \end{bmatrix} = -\frac{1}{\det \underline{Y}} \cdot \begin{bmatrix} -(\underline{Y}_2 + \underline{Y}_{12} + \underline{Y}_{v2}) & -\underline{Y}_{12} \\ -\underline{Y}_{12} & -(\underline{Y}_1 + \underline{Y}_{12} + \underline{Y}_{v1}) \end{bmatrix} \cdot \begin{bmatrix} \underline{Y}_1 \cdot \underline{E}_1 \\ \underline{Y}_2 \cdot \underline{E}_2 \end{bmatrix}.$$

Beispiel:
In der Schaltung nach Bild 7.3 sollen die beiden Quellenspannungen wieder $E_1 = 1000\,\text{V}$ und $E_2 = 1500\,\text{V}$ betragen. Die Wechselstromwiderstände mögen nur aus Reaktanzen bestehen: $\underline{Z}_1 = jX_1 = j1\,\Omega$; $\underline{Z}_{12} = jX_{12} = j1{,}5\,\Omega$; $\underline{Z}_2 = jX_2 = j2\,\Omega$; $\underline{Z}_{v1} = jX_{v1} = j0{,}5\,\Omega$; $\underline{Z}_{v2} = jX_{v2} = j1\,\Omega$.
Entsprechend werden die Leitwerte:
$\underline{Y}_1 = -j1\,\text{S}$; $\underline{Y}_{12} = -j0{,}67\,\text{S}$; $\underline{Y}_2 = -j0{,}5\,\text{S}$; $\underline{Y}_{v1} = -j2\,\text{S}$; $\underline{Y}_{v2} = -j1\,\text{S}$.
Eintragen der Zahlenwerte in das Matrizenschema:

$$\begin{bmatrix} \underline{U}_1 \\ \underline{U}_2 \end{bmatrix} = -\frac{1}{j^2 7{,}51} \cdot \begin{bmatrix} j2{,}17 & j0{,}67 \\ j0{,}67 & j3{,}67 \end{bmatrix} \cdot \begin{bmatrix} -j1000 \\ -j\,750 \end{bmatrix} \text{V}$$

$$= -\frac{1}{j^2 7{,}51} \cdot \begin{bmatrix} -j^2 2170 & -j^2 502{,}5 \\ -j^2\,670 & -j^2 2752{,}5 \end{bmatrix} \text{V} = \begin{bmatrix} 355{,}86 \\ 455{,}72 \end{bmatrix} \text{V}.$$

Die Knotenpunktspannungen sind $U_1 = 355{,}86\,\text{V}$ und $U_2 = 455{,}72\,\text{V}$. Hieraus lassen sich die Zweigströme entsprechend bestimmen:

$\underline{I}_1 = -\text{j}1(1000 - 355{,}86)\,\text{A} = -\text{j}644{,}14\,\text{A},$

$\underline{I}_2 = -\text{j}0{,}5(1500 - 455{,}72)\,\text{A} = -\text{j}522{,}14\,\text{A},$

$\underline{I}_{12} = -\text{j}0{,}67(455{,}72 - 355{,}86)\,\text{A} = -\text{j}66{,}9\,\text{A},$

$\underline{I}_{v1} = -\text{j}2(355{,}86 - 0)\,\text{A} = -\text{j}711\,\text{A},$

$\underline{I}_{v2} = -\text{j}1(455{,}72 - 0)\,\text{A} = -\text{j}455{,}72\,\text{A}.$

Probe:

$\underline{I}_1 + \underline{I}_{12} = \underline{I}_{v1};\qquad -\text{j}644{,}1\,\text{A} - \text{j}66{,}9\,\text{A} = -\text{j}711\,\text{A};$

$\underline{I}_2 - \underline{I}_{12} = \underline{I}_{v2};\qquad -\text{j}522{,}14\,\text{A} + \text{j}66{,}9\,\text{A} = -\text{j}455{,}3\,\text{A}.$

Sind mehr als zwei Knoten in einem Netzteil gegeben und sollen mehrere Zweigströme ermittelt werden, dann empfiehlt es sich, zur Berechnung der unbekannten Knotenpunktspannungen ein Iterationsverfahren anzuwenden, das einen Rechnereinsatz gestattet. (Siehe hierzu Teil IV, Abschnitt 2.5.1; Verketteter Algorithmus).

II Kurzschlüsse in elektrischen Starkstromanlagen und ihre Berechnung

1 Kurzschlußvorgänge und Folgeerscheinungen in Starkstromanlagen

1.1 Allgemeine Probleme bei Kurzschlüssen in Netzen

Als eine europäische Firma im Jahre 1910 in den Kupferminen von Südafrika bei einer Betriebsspannung von 40 kV fünf Turbosätze zu je 18 MVA installiert hatte, wollte man das Schaltvermögen der dort eingesetzten Leistungsschalter erproben. Alle Generatoren wurden auf eine einzige Sammelschiene geschaltet, mit dem Ergebnis, das ein Telegramm an die Betreuungsfirma treffend ausdrückte:
„Schalter alle explodiert, dicke Betonmauern wurden verrückt...".
Die enorm hohe Kurzschlußleistung, die sich hier nur erahnen ließ, warf für die Zukunft neue Probleme im Bereich der Anlagentechnik auf. Vor allem wurden Fragen der elektrodynamischen und thermischen Festigkeit von Starkstromanlagen aktuell, die auch heute noch den eigentlichen praktischen Hintergrund für den gesamten Anlagenschutz bilden.
Nach dem zweiten Weltkrieg mußten mit dem wachsenden Bedarf an elektrischer Energie bestehende Anlagen erweitert werden, was nicht nur zu einer starken Energiekonzentration, sondern auch zu einer oft nur schwer beherrschbaren Kurzschlußleistung führte.
Kurzschlüsse in elektrischen Starkstromanlagen sind die unangenehmsten und schwersten Störungen; sie können zu Produktionsausfällen und damit zu erheblichen wirtschaftlichen Folgeschäden bei dem Verbraucher führen. In den elektrischen Anlagen selbst stellen sie nicht zuletzt für das Wartungs- und Bedienungspersonal eine mögliche Gefährdung dar.
Die besondere Wichtigkeit einer Kurzschlußstromauswirkung in elektrischen Starkstromanlagen hat bereits frühzeitig die Deutsche Elektrotechnische Kommission (DKE) zur *Erstellung von Leitsätzen für die Berechnung von Kurzschlußströmen"* veranlaßt. Die heute in zwei Teilen vorliegenden Leitsätze – VDE 0102 –, die im Sinne von VDE 0022/6.77 *VDE Bestimmungen* sind, trennen das Gebiet der Kurzschlußströme in Nennspannungsbereiche: Teil 1 für Drehstromanlagen mit Nennspannungen über 1 kV, und Teil 2 für Drehstromanlagen mit Nennspannungen bis 1 kV. Im Rahmen der CENELEC-Harmonisierungsbestrebungen und unter Berücksichtigung der entsprechenden IEC-Publikationen konnten diese Bestimmungen 1982 neu gefaßt werden und liegen derzeit im Entwurf vor.

Nach *VDE 0100* ist ein *Kurzschluß* die leitende Verbindung zwischen betriebsmäßig unter Spannung stehender und gegeneinander isolierter Leiter oder

sonstiger Betriebsmittel, ohne daß sich noch ein Nutzwiderstand im Fehlerstromkreis befindet.
Nach *VDE 0102 Teil 1 und 2* ist der *Kurzschlußstrom* der Strom, der während der Dauer des Kurzschlusses über die Fehlerstelle fließt.

Ein Kurzschluß kann entweder durch eine direkte *metallische Verbindung* hergestellt werden – man spricht dann von einem metallischen oder *satten Kurzschluß* – oder aber auch durch einen elektrischen Lichtbogen, der als *Lichtbogen-Kurzschluß* bezeichnet wird.
Ein Lichtbogen-Kurzschluß besitzt neben der elektrodynamischen und thermischen Einwirkgröße noch den besonderen Nachteil, in den Anlagenteilen erhebliche Zerstörungen und Isolationsschäden durch Verbrennungen hervorzurufen.
Die zu einem Kurzschluß führende Störung bedingt den Übergang aus dem stationären und normalen Betriebszustand in den Kurzschlußzustand. Eine derartige plötzliche Zustandsänderung des Stromkreises ist mit einem, von den Stromkreiskonstanten abhängigen Ausgleichsvorgang verbunden. In Wechsel- bzw. Drehstromanlagen verlaufen Kurzschlußströme ebenfalls sinusförmig und sind ggf. mit einem Gleichstromglied überlagert. Sie führen oft – je nach der Leistungsfähigkeit einer elektrischen Anlage – den vielfachen Wert des Nennstromes.

1.2 Kurzschluß in Mittel- und Hochspannungsanlagen

In Mittel- und Hochspannungsnetzen, bei denen die elektrische Energie mit Freileitungen übertragen wird, können atmosphärische Störungen, starker Wind, Vogelflug oder auch herabfallende Äste einen Kurzschluß hervorrufen. Oft sind diese Störungen nur vorübergehend, so daß sie nach einer kurzen Unterbrechung in verhältnismäßig geringer Zeit wieder behoben werden können, ohne daß der Verbraucher einen merklichen Einbruch in der Energieversorgung spürt.
Wegen der relativ großen Abstände zwischen den spannungsführenden Teilen werden in Mittel- und Hochspannungsnetzen sehr viel häufiger als in Niederspannungsnetzen Lichtbogen-Kurzschlüsse vorkommen, bei denen die Lichtbogen-Impedanz eine merkliche Größe besitzt. Die besonders bei Freileitungen und anderen Betriebsmitteln zu überbrückenden Entfernungen bedingen z.T. Lichtbögen von mehreren Metern Länge, die mit hoher Spannung betrieben werden.
Neben der zerstörerischen Wirkung des hochtemperierten Kurzschluß-Lichtbogens – die Temperatur im Bogenkern kann mehr als 15000 K betragen – ist besonders die hohe Beweglichkeit und die daraus resultierende große Wanderungsgeschwindigkeit von Bedeutung. Elektrische Lichtbögen können mehrere hundert Meter pro Sekunde zurücklegen. Die Wirkung eines Kurzschluß-Lichtbogens wird immer umso folgenschwerer sein, je länger die Kurzschlußdauer ist.

Für die Kurzschlußstromhöhen in Mittel- und Hochspannungsanlagen liegen Erfahrungswerte vor:

Maximale Werte in Deutschland:

12 kV .... 63 kA
24/36 kV .... 31 kA
123 kV .... 40–50 kA
245 kV .... 50–63 kA
420 kV .... 63–80 kA

Maximale Werte in den USA und Kanada:

245 kV .... 63–80 kA
550 kV .... bis 100 kA.

In den unterlagerten Netzen kann durch Netzauftrennung die Kurzschlußstromhöhe häufig begrenzt werden.

Unterstationen, Netze und andere Übertragungsmittel müssen für die zu erwartende ungünstigste Kurzschlußleistung und nicht für die Nennbetriebsleistung bemessen werden. Geeignete Schutzeinrichtungen (siehe Teil III, Kapitel 3–6) trennen die gestörten Anlagenteile selektiv aus dem Netzverbund heraus und verhindern so den Zusammenbruch der Energielieferung an die übrigen Verbraucher. Der Selektivschutz hat in der elektrischen Energieversorgung eine besondere Bedeutung und wird sowohl in Industriebetrieben als auch in Ortsnetzen mit Erfolg angewandt.

1.3 Kurzschluß in Niederspannungsanlagen

Ursachen und Wirkungen von Kurzschlüssen in Niederspannungsnetzen sind von den entsprechenden Vorgängen in Hochspannungsanlagen durchaus unterschiedlich. Der heute allgemeinste Fall ist die Speisung der Niederspannungsnetze über Transformatoren, die mit leistungsstarken Mittel- oder Hochspannungsnetzen gekoppelt sind, so daß das Verhalten der Kurzschlußströme nicht unmittelbar von den Generatoren der Kraftwerke abhängt. Am häufigsten werden die Störungen durch direkte metallische Überbrückungen eingeleitet, die nach der Schmelzung in einen stromstarken Lichtbogen übergehen. Der Lichtbogenwiderstand ist wegen der kleinen Leiterabstände wesentlich geringer als in Hochspannungsanlagen, d.h., die Intensität und damit die zerstörerische Wirkung des heißen Lichtbogenplasmas nehmen zu. Während eine Kurzschlußstörung in Hochspannungsnetzen oft zwischen einem Leiter und Erde oder zwischen zwei Leitern erfolgt, weisen Niederspannungsanlagen zumeist dreipolige Kurzschlüsse auf. Selbst eine Kurzschlußeinleitung zwischen Leiter und Erde führt hier nach einer Lichtbogenausbildung wegen der geringen Abstände zu einem alle Leiter erfassenden Kurzschluß.

Wegen der in Niederspannungsanlagen auftretenden hohen Kurzschlußströme – mehr als 50 kA Effektivwert gehören heute nicht mehr zu den Seltenheiten – werden die betroffenen Anlagenteile besonders elektrodynamisch, d. h. mechanisch belastet. Die Bemessung einer Niederspannungsanlage muß daher ebenfalls unter Beachtung des zu erwartenden Kurzschlußstromes erfolgen. Auch hier ist man bemüht, die durch derartige Störungen betroffenen Teile der Gesamtanlage so schnell wie möglich herauszutrennen. Hierzu dienen geeignete Schutzeinrichtungen mit sinnvoll arbeitenden Ansprech- und Auslöseeinheiten, die den selektiven Kurzschlußschutz übernehmen.

1.4 Arten der Kurzschlüsse

Kurzschlüsse, die in unmittelbarer Umgebung eines Verbrauchers oder in diesem selbst entstehen, unterscheiden sich von den Störungen, die in der Nähe der Energieerzeuger (Generator, Transformator) auftreten, oder an irgend

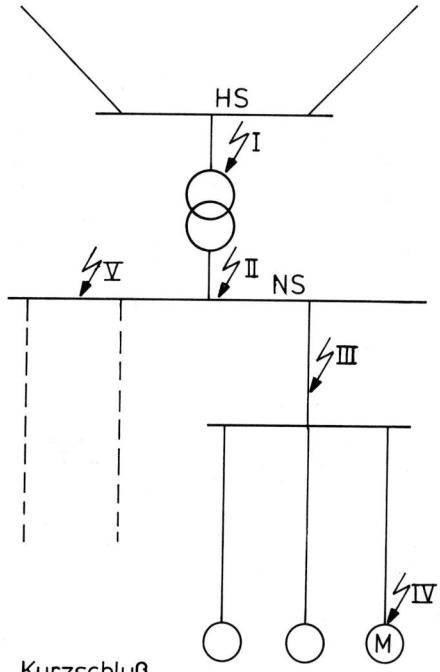

Kurzschluß
I auf der Hochspannungsseite
II in Nähe des Transformators, NS-Seite
III auf der Leitung
IV am Verbraucher
V auf der Sammelschiene

Bild 1.1 Verschiedene Kurzschlußstellen in einem Strahlennetz

einer Stelle des Netzes zum Ausfall ganzer Verbrauchereinheiten führen.
Bild 1.1 zeigt verschiedene Kurzschlußstellen in einem Strahlennetz.
Kurzschlüsse, die Nahe an einem Transformator liegen, können auf der Verbraucherseite wegen der fehlenden Dämpfung der Leitungskonstanten ganz besonders hohe Werte erreichen. Die hier eingesetzten Schutzeinrichtungen müssen nicht nur den Summenstrom für den Nennbetrieb führen, sie müssen auch für das maximale Ausschaltvermögen an dieser Stelle bemessen sein.

1.4.1 Fehlerarten im Netz
In einem elektrischen Energieverteilungsnetz werden grundsätzlich drei Arten der möglichen Kurzschlüsse unterschieden:
a) der dreipolige Kurzschluß,
b) der zweipolige Kurzschluß,
c) der einpolige Kurzschluß oder Erdkurzschluß.
Die vierte Fehlerart, die sehr häufig in ausgedehnten Freileitungsnetzen ohne geerdeten Sternpunkt auftritt und eine für den Störungsfall in Hochspannungsanlagen besondere Beachtung verdient, ist:
d) der Erdschluß.
Die Fehlerarten sind in den *„Leitsätzen für die Berechnung der Kurzschlußströme in Drehstromanlagen"* **VDE 0102 Teil 1 und Teil 2** ausdrücklich aufgeführt. Es ist erkennbar, daß Teil 2 (Spannungen bis 1 kV) nur die drei unter a···c genannten Störfälle behandelt.
Niederspannungsnetze sind in den meisten Fällen wirksam geerdet, so daß Erdschlüsse im Sinne von d nur selten auftreten.

a) Dreipoliger Kurzschluß:
Er entsteht bei der Überbrückung aller drei Außenleiter des betreffenden Netzes. Entsprechend **Bild 1.2a** treibt die Sternspannung den Kurzschlußstrom durch die verbliebenen Widerstände des Außenleiters, so daß in jedem der drei betroffenen Leiter ein gleich großer Kurzschlußstrom fließt.
Bei einem dreipoligen Kurzschluß sind die Spannungen an der Fehlerstelle zwischen den Leitern gleich Null, d.h., die treibende Spannung wird bis zur Störungsstelle gleichmäßig verringert. Bei gleichen Leitungskonstanten wird das Netz durch den dreipoligen Kurzschluß symmetrisch belastet.

b) Zweipoliger Kurzschluß:
Von den drei Außenleitern L1, L2 und L3 werden nur zwei Leiter überbrückt, so daß der Kurzschlußstrom von der zwischen den beiden Leitern liegenden Außenleiterspannung durch die in **Bild 1.2b** gezeigte Schleife getrieben wird. Die Kurzschlußstromhöhe wird durch die beiden in Reihe liegenden, verbliebenen Widerstände der betroffenen Außenleiter bestimmt. Das Netz wird unsymmetrisch belastet.

c) Einpoliger Kurzschluß oder Erdkurzschluß:

Der auch als *einpoliger Erdkurzschluß* bezeichnete Fehler bewirkt, daß der Kurzschlußstrom von der Sternspannung entsprechend dem **Bild 1.2c** über den betroffenen Leiter und die Erde geführt wird. Ein derartiger Kurzschluß kann nur dann entstehen, wenn der Sternpunkt des Netzes starr geerdet ist. Von einem einpoligen Kurzschluß wird auch dann gesprochen, wenn trotz des isolierten Sternpunktes bei den üblichen Betriebsmitteln (Generator, Transformator) eine Verbindung Klemme–Sternpunkt entsteht und das Netz an einigen diskreten Punkten geerdet ist. Auch hier ist das Netz durch den Kurzschlußstrom unsymmetrisch belastet.

E = Erzeuger
(E) = 2.Erzeuger oder Motorengruppe
V = Verbraucher
⟶ Teilkurzschlußströme
⟶ Kurzschlußstrom

a) dreipoliger Kurzschluß
b) zweipoliger "
c) einpoliger "
b') zweipoliger " mit Erdberührung

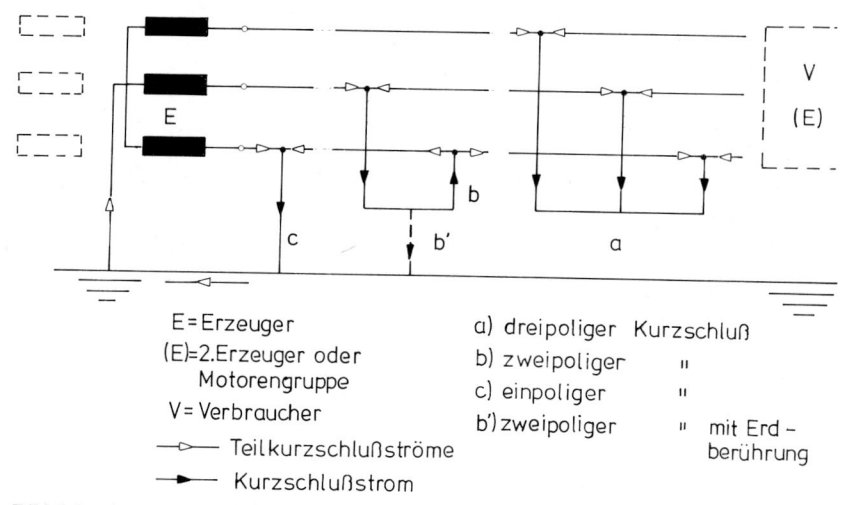

Bild 1.2 Arten von Kurzschlüssen

d) Erdschluß:

In Freileitungsnetzen ohne geerdeten Sternpunkt, das sind im wesentlichen die Mittelspannungsnetze bis 36 kV, gelegentlich bis 145 kV, ist der Erdschluß eine der häufigsten Störungsursachen, für den eine Reihe von Schutzeinrichtungen entwickelt wurden, die auch heute noch wirksam eingesetzt werden.

Ein Erdschluß ist die Verbindung zwischen betriebsmäßig unter Spannung stehenden Anlagenteilen und der Erde oder den mit der Erde in Verbindung stehenden Teilen – etwa Freileitungsmaste, Erdseile u. dgl. Bei einem Erdschluß, so wie er in **Bild 1.3a** dargestellt ist, entsteht kein unmittelbarer Kurzschlußkreis. Der Erdschlußstrom wird allein von den Kapazitäten zwischen Außenleiter und Erde bestimmt. Neben den *metallischen* oder *direkten Erdschlußverbindungen* (satter Erdschluß) gibt es den *Lichtbogen-Erdschluß*, der bei erlöschendem und dann wiederzündendem Lichtbogen – aussetzender Erdschluß – zu gefährlichen Überspannungen in der Anlage führen kann.

In Hochspannungsanlagen werden zur *Löschung* von Erdschluß-Lichtbögen „Erdschlußspulen" eingesetzt, nach ihrem Erfinder auch „Petersenspulen" genannt. Mit Hilfe der Spuleninduktivität wird der über den Lichtbogenwiderstand geführte kapazitive Strom kompensiert.

Weitere, vor allem in Mittel- und Hochspannungsanlagen vorkommende Fehlerarten sind der *zweipolige Kurzschluß mit Erdberührung* entsprechend Bild 1.2b und der *Doppelerdschluß*, der in **Bild 1.3b** symbolisch dargestellt ist. Während der zweipolige Kurzschluß mit Erdberührung einen Kurzschlußstrom in den betroffenen Leitern und einen Kurzschlußstrom über Erde und geerdetem Leiter zur Folge hat, ist der Doppelerdschluß in einer Anlage – gleichzeitige Verbindung zweier Außenleiter zur Erde – im Gegensatz zum einpoligen Erdschluß geprägt durch seine ebenfalls kurzschlußartige Wirkung.

Sind die Erdschlußwiderstände zwischen den beiden Erdschlußstellen nicht zu groß, so entsteht ein Strom in der Größenordnung eines zweipoligen Kurzschlusses, der nur von einem Leistungsschalter erfaßt und ausgeschaltet werden kann. Zu beachten ist hierbei, daß an dem beaufschlagten Schalterpol nicht mehr die Sternspannung, sondern die Außenleiterspannung $\sqrt{3} \cdot U_{\text{Stern}}$ anliegt.

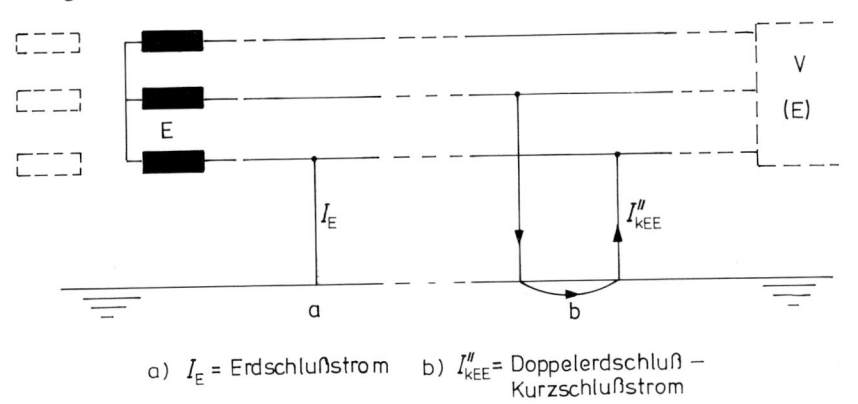

a) I_E = Erdschlußstrom   b) I''_{kEE} = Doppelerdschluß – Kurzschlußstrom

Bild 1.3 Erdschluß in einem Netz ohne Sternpunkterdung

Mit Ausnahme der dreipoligen Kurzschlüsse ohne Erdberührung führen alle übrigen Fehler zur unsymmetrischen Netzbelastung. Bei einem dreipoligen Kurzschluß werden die drei Außenleiter wegen der gleich großen Widerstände gleich stark belastet, so daß für eine Berechnung ersatzweise ein Einphasennetz zugrunde gelegt werden kann.

Für alle anderen Fehlerarten muß die Berechnung mit dem Verfahren der „symmetrischen Komponenten" erfolgen, wobei davon ausgegangen wird, daß sich unsymmetrisch belastete Drehstromsysteme aus mehreren symmetrischen Systemen (Komponenten) zusammensetzen lassen. Spannungen, Ströme und Impedanzen werden bezüglich der entsprechenden Aufgabenstellung in ein Mit-, Gegen- und Nullsystem zerlegt, deren Zusammensetzung die gesuchte Lösung liefert. (Siehe hierzu Funk, G.: Symmetrische Komponenten. Elitera-Vlg., AEG-Telefunken.) Im folgenden sollen wegen der Zielrichtung dieses Lehrbuches und wegen der didaktischen Aufbereitung grundsätzlicher Begriffe bei Kurzschlußfehlern nur symmetrische Fehler, d.h. dreipolige Kurzschlüsse sowohl in den Beispielen als auch in den Aufgaben, behandelt werden.

1.5 Kurzschluß im Einphasen-Wechselstromnetz

Zur Untersuchung und Bestimmung der Einwirkgrößen im Kurzschlußfall soll das Verhalten von Strom und Spannung an einem einfachen Grundstromkreis, der mit Wechselspannung betrieben wird, geprüft werden.
In **Bild 1.4** ist der einphasige Wechselstromkreis dargestellt, bestehend aus dem Generator G, den Außenleitern L_1 und L_2 und dem Verbraucher R_v. Die Generator-Quellenspannung E treibt im ungestörten Fall den Nennstrom I_N über die Widerstände X_{Gen} und X_{Netz} zum Verbraucher R_v. Der Verbraucher R_v bestimmt allein die Nennstromhöhe; die Reaktanzen des Generators und der Außenleiter liefern den bei der Belastung hervorgerufenen Spannungsfall ΔU. Der Reaktanzanteil des Generators X_{Gen} beeinflußt die Generatorklemmenspannung U_a wie die Netzreaktanz X_{Netz} die Nennspannung an den Klemmen des Verbrauchers. Im vorliegenden Beispiel mögen die Wirkanteile des Generators und des Netzes vernachlässigt werden, eine übliche Vereinfachung bei Hochspannungsanlagen, in denen der Wirkanteil nur gering ist.

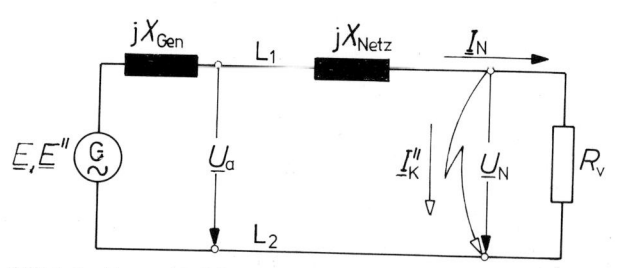

Bild 1.4 Kurzschluß im Einphasen-Wechselstrom-Netz

Für den Normalbetrieb gilt das ohmsche Gesetz für den Wechselstromkreis:

$$\underline{I}_N = \frac{\underline{E}}{R_v + j(X_{Gen} + X_{Netz})}. \tag{1.1}$$

Hierin bedeuten:
R_v Widerstand des Verbrauchers,
E Generator-Quellenspannung (EMK),
I_N Nennstrom,
X_{Gen} Generatorreaktanz im ungestörten Betrieb,
X_{Netz} Netzreaktanz.

Im Kurzschlußfall, etwa bei Überbrückung des Verbraucherwiderstandes R_v, bricht die Spannung U_N zusammen, da bei angenommenem satten Kurzschluß jeder merkliche Widerstand fehlt und somit $U_N = 0$ ist. Der bisherige Nennstrom geht in den Kurzschlußstrom I_k'' über, der als *Anfangs-Kurzschlußwechselstrom* bezeichnet wird. Im allgemeinen sind die Leitungswiderstände klein gegenüber dem Verbraucherwiderstand, so daß $I_k'' \gg I_N$ werden kann.

Bei dem in Bild 1.4 eingetragenen Kurzschluß werden nicht nur Spannungs- und Stromwerte verändert, sondern auch der ursprüngliche Phasenwinkel φ, den der Nennstrom I_N gegenüber der Quellenspannung E hatte, nimmt einen anderen Wert an.

Bild 1.5 stellt die beiden Betriebsfälle, den Normalbetrieb und den Kurzschlußbetrieb, als Zeigerdarstellung gegenüber.

Normalbetrieb   Kurzschluß

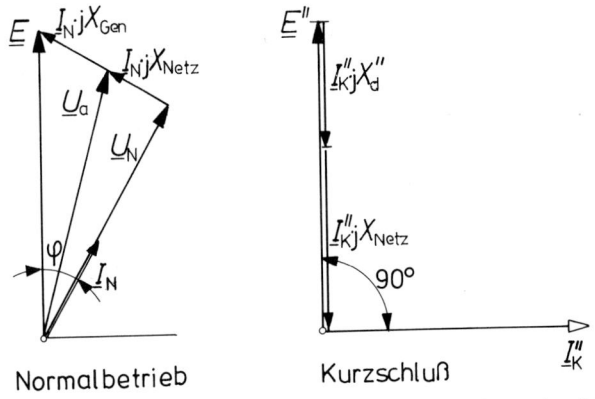

Bild 1.5 Zeigerlage bei Normal- und Kurzschlußstrombetrieb

Wegen des angenommenen, rein ohmschen Verbrauchers R_v existiert bei Normalbetrieb kein Phasenwinkel zwischen $\underline{U}_N$ und $\underline{I}_N$. Die Spannungsfallwerte $\underline{I}_N \cdot jX_{Gen}$ und $\underline{I}_N \cdot jX_{Netz}$ haben die gleiche Richtung und stehen senkrecht auf $\underline{U}_N$. Aus dem Zeigerbild in Bild 1.5 lassen sich die Gln. (1.2) direkt ablesen:

$$\underline{U}_a = \underline{E} - \underline{I}_N \cdot jX_{Gen},$$
$$\underline{U}_a = \underline{U}_N + \underline{I}_N \cdot jX_{Netz}. \tag{1.2}$$

Im Kurzschlußbetrieb wird $\underline{U}_N = 0$ und der Nennstrom $\underline{I}_N$ geht in $\underline{I}_k''$ über:

$$\underline{U}_a = \underline{E}'' - \underline{I}''_k \cdot jX''_d,$$
$$\underline{U}_a = 0 + \underline{I}''_k \cdot jX_{\text{Netz}}. \tag{1.3}$$

Die am Anfang eines Kurzschlusses wirksame Reaktanz X''_d, die sogenannte *subtransiente Längsreaktanz* einer Synchronmaschine, ist hierbei für die Höhe des Anfangs-Kurzschlußwechselstromes $\underline{I}''_k$ maßgebend.

Für den Normalbetrieb ist der Phasenverschiebungswinkel $\varphi < 90$ Grad, im Kurzschlußfall mit $R_v = 0$ wird $\varphi = 90$ Grad. Der Kurzschlußstrom $\underline{I}''_k$ bildet mit der Quellenspannung $\underline{E}''$ einen rechten Winkel; Gl. (1.1) erhält die Form nach Gl. (1.5):

$$\varphi = \arctan \frac{X_{\text{Gen}} + X_{\text{Netz}}}{R_v} < 90°,$$
$$\varphi = \arctan \frac{X''_d + X_{\text{Netz}}}{0\,\Omega} = 90°, \tag{1.4}$$

$$\underline{I}''_k = \frac{\underline{E}''}{j(X''_d + X_{\text{Netz}})}. \tag{1.5}$$

Je geringer die Spannung ist, mit der ein Netz betrieben wird, um so stärker treten die Wirkwiderstände der Leitungen und anderer Betriebsmittel in Erscheinung. In Niederspannungsanlagen tragen auch die zahlreichen und nicht genau erfaßbaren Übergangswiderstände an den Anschlußstellen der Geräte und innerhalb der Schutzeinrichtungen (Stromübergangsstellen der Schaltstücke von Leistungsschaltern) zur Kurzschlußstromhöhe bei. Reaktanzen können wegen ihrer geringen Größe in Niederspannungsanlagen vernachlässigt werden. Unter Beachtung der möglichen, den Kurzschluß im Nieder-, Mittel- und Hochspannungsbereich beeinflussenden Größen kann Gl. (1.5) wie folgt geschrieben werden:

$$\underline{I}''_k = \frac{\underline{E}''}{\underbrace{(R''_d + R_{\text{Netz}} + R_{\ddot{u}} + R_L)}_{\text{NS-Anlagen}} + \underbrace{j(X''_d + X_{\text{Netz}})}_{\text{HS-Anlagen}}}$$

$$\underbrace{\hspace{6cm}}_{\text{MS-Anlagen}}$$

Es bedeuten hierin:
E'' Anfangs-Generator-Quellenspannung (EMK),
I''_k Anfangs-Kurzschlußwechselstrom,
R''_d Ohmscher Anteil der Generatorwicklung im Kurzschlußaugenblick,
R_u Übergangswiderstand,
R_L Widerstand des möglichen Kurzschlußlichtbogens,
X''_d Subtransiente Reaktanz der Generatorwicklung im Kurzschlußaugenblick.

2 Kurzschlußstromverlauf und Grundlagen seiner Berechnung

2.1 Einschaltvorgänge im Gleichstrom- und Wechselstromkreis als Äquivalenz zum Kurzschlußstromverlauf

2.1.1 Kurzschluß im Gleichstromkreis

Wird ein Gleichstromkreis eingeschaltet, dann steigt der Strom nach einer Exponentialfunktion an, bis der durch die Widerstände im Stromkreis bedingte Nennstromwert erreicht ist.
Die Spannungsverhältnisse im Grundstromkreis lassen sich durch die Differentialgleichung (2.1) wiedergeben:

$$L \cdot \frac{di}{dt} + R \cdot i = E. \tag{2.1}$$

Die Gleichung wird erfüllt durch die allgemeine Lösung:

$$i = I_N \cdot \left[1 - \exp\left(-\frac{t}{T}\right)\right]. \tag{2.2}$$

In **Bild 2.1** ist links der Gleichstrom-Grundstromkreis dargestellt, rechts die äquivalente Schaltung bei einem durch Kurzschluß überbrückten Verbraucher

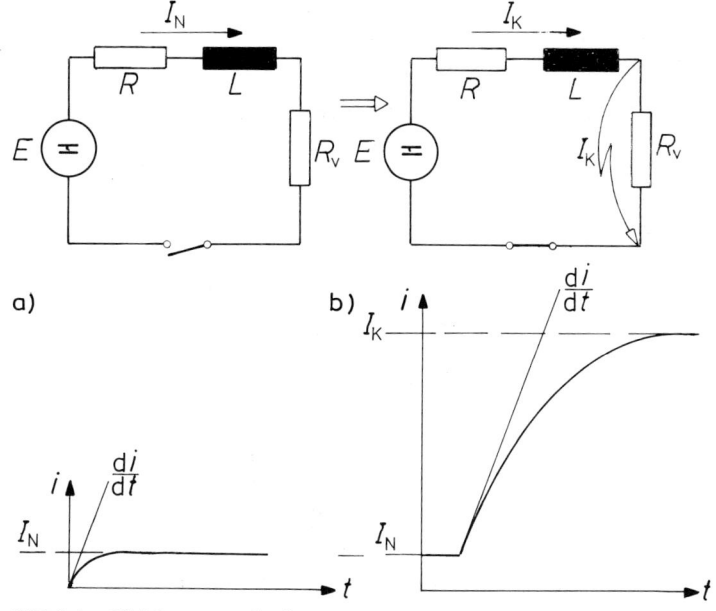

Bild 2.1 Gleichstromverlauf:
a) beim Einschalten eines Gleichstromkreises, b) bei einem Kurzschluß

R_v. Die beiden darunter liegenden Strom-Zeit-Diagramme zeigen das Stromverhalten für beide Betriebszustände.
Im Kurzschlußfall wird der Stromanstieg di/dt steiler, wenn die Fehlerstelle in der Nähe des Erzeugers liegt, d. h. wenn die Induktivitäten der Strombahn unwirksam werden. Schließlich wird der Endstrom I_k wegen der verbliebenen geringeren Widerstände höher. Für die Lösung der Differentialgleichung (2.1) gilt jetzt die allgemeine Lösung:

$$i_k = I_k \cdot \left[1 - \exp\left(-\frac{t}{T_k}\right) \right]. \tag{2.3}$$

Da der Kurzschluß häufig in Anlagen entsteht, die bereits Nennstrom führen, erhöht sich die Gesamtstrombelastung des Netzes um diesen Betrag: $I_k + I_N$. In Gleichstromanlagen ist vor allem die „Geschwindigkeit", mit der ein Kurzschlußstrom auf seinen Endwert ansteigt, von großem Interesse, da hiervon der Einsatz der benötigten Schutzeinrichtungen abhängt.

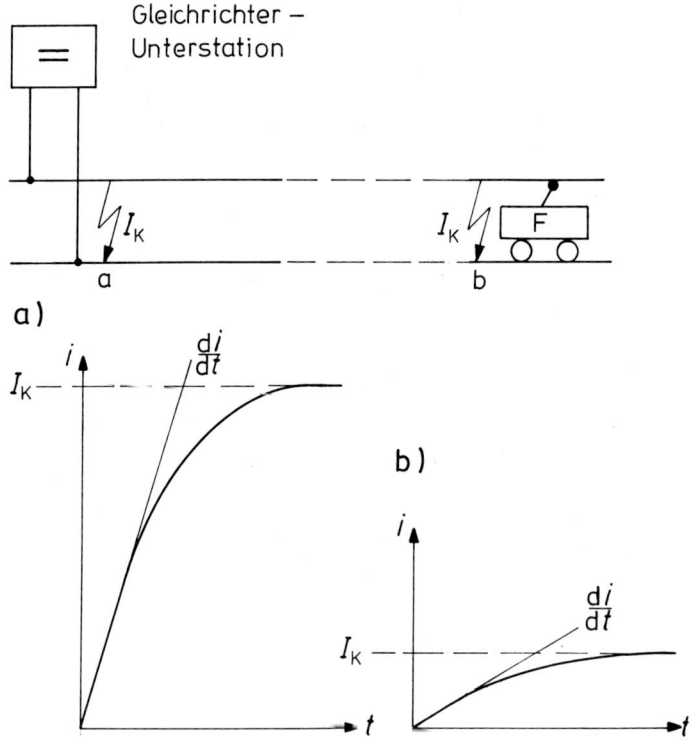

Bild 2.2 Kurzschluß in einer Gleichstrom-Bahnanlage:
a) in Unterwerksnähe, b) auf entfernter Strecke

Beispiel:
Die schematisiert dargestellte Bahnanlage zeigt in **Bild 2.2** einen Kurzschluß in unmittelbarer Nähe eines Gleichrichter-Unterwerkes und eine weitere Störung auf einer von dem Unterwerk weit entfernt liegenden Strecke, etwa in der Nähe des Fahrzeuges F. An einem Unterwerk – heute im Gleichstrombetrieb der Nahverkehrsmittel durch das Zusammenschalten einer großen Zahl von Thyristoren gekennzeichnet – betragen die Erfahrungswerte der Stromanstiegsgeschwindigkeit zwischen 1,5 und 2,5 kA/ms, d.h., der Kurzschlußstrom hat in wenigen Millisekunden seinen Endwert erreicht.
Werte für I_k zwischen 30 und 40 kA sind keine Seltenheit. Entsteht die Kurzschlußstörung dagegen in größerer Entfernung vom Unterwerk, dann haben die Streckenwiderstände einen dämpfenden Einfluß auf den Kurzschlußverlauf. Der Endkurzschlußstrom wird geringer, die Stromanstiegsgeschwindigkeit nimmt oft um eine ganze Größenordnung ab. Probleme ergeben sich hier vor allem bei Selektivitätsfragen, wenn messende Relais zwischen den Stromanstiegswerten anfahrender Züge und den Werten der auf den Streckenabschnitten möglichen Kurzschlüsse unterscheiden sollen.

2.1.2 Kurzschluß im Wechselstromkreis
Wie im Gleichstromkreis verhält sich der bei normalen Einschaltvorgängen entstehende Wechselstrom in seinem Verlauf äquivalent zu den Vorgängen im Kurzschlußfall. **Bild 2.3** zeigt den Wechselstrom-Grundstromkreis im Augenblick des Einschaltens und bei einem Kurzschluß am Verbraucher $\underline{Z}_v$. Die Differentialgleichung der Spannungen, Gl. (2.4), wird wieder durch die allgemeine Lösung Gl. (2.5) erfüllt:

$$L \cdot \frac{di}{dt} + R \cdot i = E \cdot \cos(\omega t + \psi), \qquad (2.4)$$

$$i = I_N \cdot \left[\cos(\omega t + \varphi) - \cos\varphi \cdot \exp\left(-\frac{t}{T}\right) \right]. \qquad (2.5)$$

Aus der Lösung ist sichtbar, daß sich dem stationären Wechselstrom noch ein Ausgleichstrom überlagert, der zwar exponentiell abklingt, der aber für

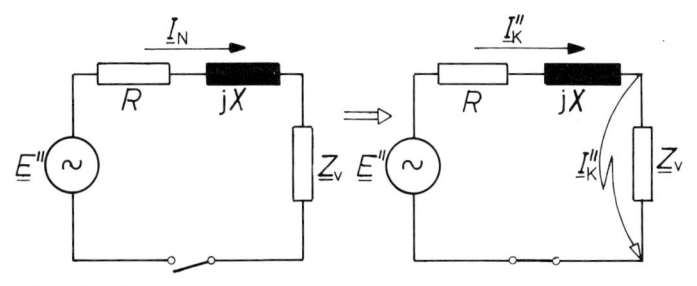

Bild 2.3 Wechselstromkreis beim Einschalten und bei einem Kurzschluß am Verbraucher

entsprechende Zuschaltaugenblicke eine „Verzerrung" des stationären Wechselstromes bewirkt.

Wenn der Winkel φ im Einschaltaugenblick 0° oder 180° beträgt, kommt das volle sogenannte *Gleichstromglied* zum Tragen. Der Wechselstrom verläuft zur Zeitachse unsymmetrisch, solange der Anteil $I_N \cdot \exp\left(-\dfrac{t}{T}\right)$ vorhanden ist. Beträgt der Winkel $\varphi = \pm 90°$, dann verschwindet das Ausgleichsglied, der Strom geht sofort in den stationären Wechselstrom über.

Auch im Kurzschlußfall – rechte Seite von Bild 2.3 – liegen ganz ähnliche Verhältnisse vor, nur daß auch hier in den meisten Fällen bereits eine Nennstrom-Vorbelastung vorhanden ist. Die Überbrückung der Verbraucherimpedanz $\underline{Z}_v$ hat zur Folge, daß die Kurzschlußströme wegen der verbleibenden geringen Widerstandswerte in der betroffenen Anlage erheblich anwachsen können: $I_k'' \gg I_N$.

Vor allem kann die erste Stromhalbwelle bei vollem Ausgleichstrom besonders hohe Werte annehmen, die zu einer erheblichen elektrodynamischen Netzbeanspruchung führt. Die allgemeine Lösung für den Kurzschlußfall ist dann:

$$i_k = \hat{I}_k'' \left[\cos(\omega + \varphi) - \cos\varphi \cdot \exp\left(-\frac{t}{T_k}\right) \right]. \tag{2.6}$$

2.2 Ausgleichsvorgang im Wechselstromnetz bei plötzlichen Stromänderungen

Jede Zustandsänderung in einem elektrischen Stromkreis kann nicht plötzlich erfolgen, sie geht vielmehr stetig in einem bestimmten Zeitraum vor sich.

Beim Einschalten eines einfachen Wechselstromkreises setzen sich die zeitlichen Stromwerte aus Wechselstrom- und Gleichstromanteil additiv zusammen:

$$i(t) = i_1(t) + i_g(t). \tag{2.7}$$

Die beiden Liniendiagramme entsprechend **Bild 2.4** und **Bild 2.5** zeigen den Stromverlauf bei verschiedenen Zuschaltaugenblicken. Der Gleichstrom $i_g(t)$ übernimmt zum Zeitpunkt $i(t) = 0$ den vollen Ausgleich für $i_1(t)$; es ist:

$$-i_1(t) = i_g(t). \tag{2.8}$$

Während der Dauer des Abklingens der Exponentialfunktion ist $i(t)$ jeweils zusammengesetzt aus $i_1(t)$ und $i_g(t)$. Es entsteht der neue Stromverlauf $i(t)$, der bei $i_g(t) = 0$ wieder in $i_1(t)$ übergeht.

In Bild 2.4 wurde ein beliebiger Schaltaugenblick gewählt; in Bild 2.5 erfolgte das Zuschalten im Strommaximum von $i_1(t)$. Der sich hieraus ergebende Stromverlauf $i(t)$ zeigt für den Beginn des Ausgleichsvorganges eine kurze „Stufe", die zur ersten Halbwelle gehört, und deren Zeitdauer etwas über 10 ms hinaus verlängert ist. Für diesen Schaltaugenblick weist die erste Halbwelle einen Maximalwert auf.

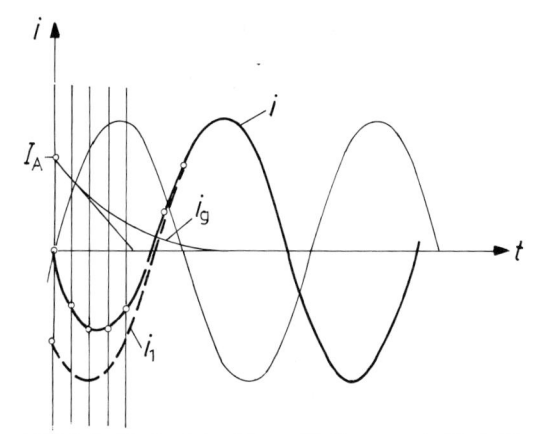

Bild 2.4 Verlauf des Kurzschlußstromes bei beliebigem Schaltaugenblick

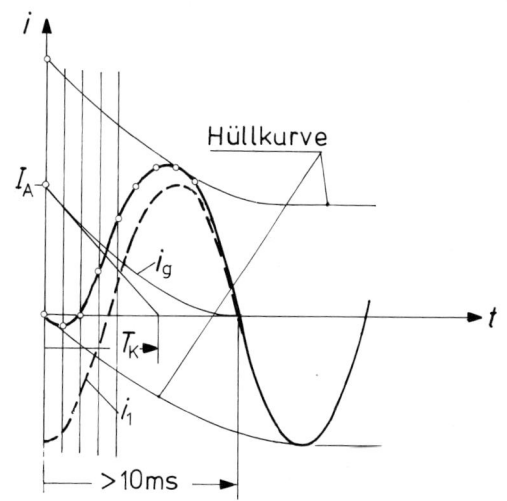

Bild 2.5 Verlauf des Kurzschlußstromes bei Kurzschlußeintritt im Strommaximum

Ein Zuschalten bei $i_1(t) = 0$, das ist der Nulldurchgang des Wechselstromes, hätte zur Folge, daß auch $i_g(t) = 0$ und somit auch $i(t) = 0$ wird. Der weitere Stromverlauf entspricht dann $i(t) = i_1(t)$.

Eine Prüfung des Verhaltens im Kurzschlußfall zeigt, daß die den Kurzschlußstromverlauf bestimmenden Konstanten des Wechselstrom-Grundstromkreises ganz äquivalente Verhältnisse hervorrufen. Bei direkter Überbrückung der Verbraucherimpedanz beeinflußt nur noch die verbleibende Impedanz der Kurzschlußbahn den Stromverlauf. Im allgemeinen ist:

$|R_k + j\omega L_k| \ll Z_v$,

d.h., der ursprüngliche Nennstrom I_N wird um ein Vielfaches angehoben, es entsteht der Kurzschlußstrom I_k''. Verlauf und Abklingdauer des Gleichstromgliedes sind ebenfalls durch Konstanten der Kurzschlußbahn gegeben:

$$i_{gk} = I_A \cdot \exp\left(-\frac{t}{T_k}\right),$$

$$T_k = \frac{L_k}{R_k}, \qquad (2.9)$$

$$R_k = R_d'' + R_{Netz} + R_L.$$

Hierin bedeuten:
I_A Anfangswert des Gleichstromgliedes,
i_{gk} Verlauf des Gleichstromgliedes im Kurzschlußfall,
T_k Zeitkonstante des Gleichstromgliedes im Kurzschlußfall,
L_k Induktivität im Kurzschlußkreis,
R_k Widerstand im Kurzschlußkreis,
R_L Widerstand im möglichen Lichtbogen,
R_d'' Widerstand des Generators.

Der Kurzschlußwechselstrom wird während des Ausgleichsvorganges ebenfalls vom Gleichstromglied überlagert, so daß sich der Kurzschlußstrom wieder additiv aus dem stationären Kurzschluß-Wechselstrom und dem Gleichstromglied zusammensetzt:

$$i_k(t) = i_{1k}(t) + i_{gk}(t). \qquad (2.10)$$

Nach den *Leitsätzen für die Berechnung der Kurzschlußströme in Drehstromanlagen* (VDE 0102 Teil 1/11.71 und Teil 2/11.75) wird dieser zusammengesetzte Kurzschlußstrom bis zum Abklingen des Gleichstromgliedes als *Anfangs-Kurzschlußwechselstrom I_k''* bezeichnet. Die früher durch den Effektivwert ausgedrückte Größe wird heute in Anlehnung an IEC als *symmetrische Komponente des Kurzschlußwechselstroms plus Gleichstromglied in Prozent des Scheitelwertes des Wechselstromes* bezeichnet. Für Hoch- und Mittelspannungsanlagen wird eine Gleichstromzeitkonstante von 45 ms vorgegeben.

Während in Hoch- und Mittelspannungsanlagen die induktiven Widerstände im Kurzschlußkreis überwiegen und den Kurzschlußstrom als reinen induktiven Blindstrom ausweisen, der der Betriebsspannung um 90° nacheilt, sind die induktiven Widerstände in Niederspannungsanlagen klein und oft vernachlässigbar. Selbst der Einfluß der entfernt liegenden Generatoren ist so gering, daß der Anfangs-Kurzschlußwechselstrom I_k'' während der Kurzschlußdauer nahezu konstant bleibt.

2.2.1 Symmetrischer Kurzschlußstromverlauf

Ein Ausgleichsvorgang findet nicht statt, wenn der Kurzschlußaugenblick im Stromnulldurchgang einsetzt. Bei einer Kurzschlußbahn mit vorwiegend induktiven Widerständen ist das gleichbedeutend mit dem Kurzschlußeintritt im Spannungsmaximum. Die plötzliche Stromänderung entsteht dann ohne das für den Ausgleichsvorgang charakteristische Gleichstromglied, d. h., der Kurzschlußstrom geht sofort in den stationären Kurzschlußwechselstrom über, der sich als Anfangs-Kurzschlußwechselstrom aus der Betriebsspannung und den Widerständen der Kurzschlußbahn ergibt. Entsprechend einem Schaltwinkel von:

$$\varphi = \pm 90° = \pm \pi/2$$

reduziert sich Gl. (2.6) auf:

$$i_k = \hat{I}''_k \cos(\omega t \pm 90°). \tag{2.11}$$

Bild 2.6 zeigt den Kurzschlußstromverlauf im *symmetrischen Kurzschlußfall*. Hierin sind $2 \cdot \sqrt{2} \cdot I_N$ der Scheitelwert des Nennstromes bei Normalbetrieb und $2 \cdot \sqrt{2} \cdot I''_k$ der Scheitelwert des Anfangs-Kurzschlußwechselstromes nach Kurzschlußeintritt.

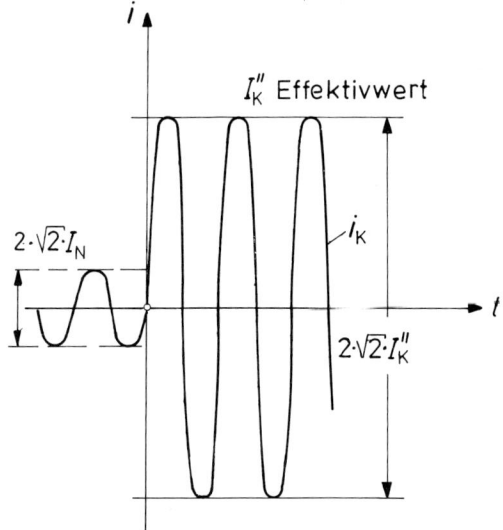

Bild 2.6 Symmetrischer Kurzschlußfall, kein Gleichstromglied

2.2.2 Vollständig asymmetrischer Kurzschlußstromverlauf

Tritt die Kurzschlußstörung im Strommaximum oder im induktiven Netz im Spannungsnulldurchgang auf, dann ist die entsprechende Winkellage:

$$\varphi = 0° \quad \text{oder} \quad \varphi = 180° = \pi.$$

In diesem Fall wird der volle Wert des Gleichstromgliedes wirksam, die erste Halbwelle erreicht einen maximalen Scheitelwert, der je nach der Kurzschlußlage im Netz ein Mehrfaches des Anfangs-Kurzschlußwechselstromes betragen kann. Nach VDE 0102 wird der größte Augenblickswert des Stromes nach Kurzschlußeintritt als *Stoßkurzschlußstrom* I_s bezeichnet.

Der Stoßkurzschlußstrom belastet die Kurzschlußbahn wegen seiner Höhe vor allem elektrodynamisch. In der Bundesrepublik Deutschland werden RWE-Anlagen heute bis 200 kA bemessen; andere EVUs legen bereits für 125–160 kA aus. Im europäischen Netzbetrieb werden – von den Prüffeldern abgesehen – Stoßkurzschlußströme von mehr als 100 kA erreicht. In Ballungsgebieten der Vereinigten Staaten von Amerika sind bereits bis zu 200 kA gemessen worden.

Das Liniendiagramm **Bild 2.7** stellt den Kurzschlußstromverlauf bei einem Kurzschlußeintritt im Strommaximum dar.

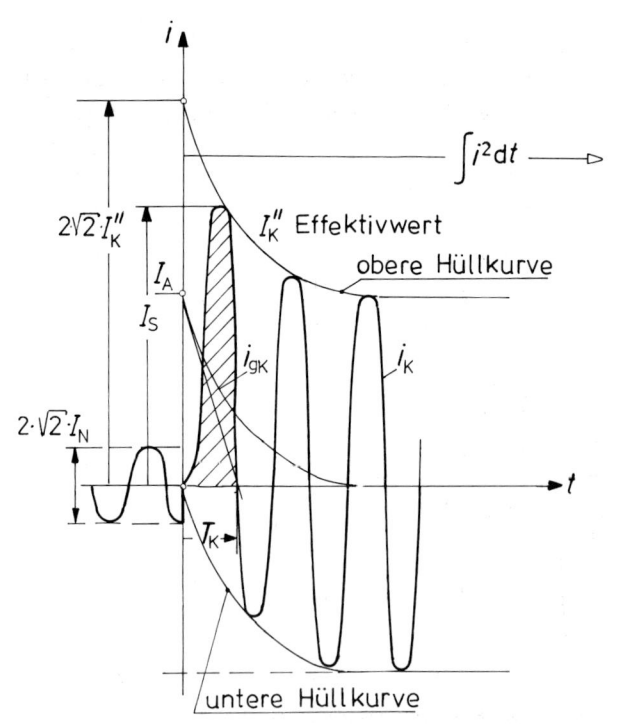

Bild 2.7 Asymmetrischer Kurzschlußfall, mit Gleichstromglied

Hierbei wird davon ausgegangen, daß es sich um einen *generatorfernen Kurzschluß* handelt, bei dem eine unmittelbare *Ankerrückwirkung* nicht spürbar ist. Die Gl. (2.6) geht dann über in Gl. (2.12):

$$i_k = \hat{I}_k'' \cdot \left[\cos(\omega t + \varphi) - \cos \varphi \cdot \exp\left(-\frac{t}{T_k}\right) \right]. \tag{2.12}$$

Die Symbole in Bild 2.7 bedeuten:
I_s Stoßkurzschlußstrom, als maximaler Stromwert im Kurzschlußkreis,
I_k Anfangs-Kurzschlußwechselstrom,
$\int i^2 \, dt$ Thermische Belastung der Anlage während der Kurzschlußdauer,
T_k Zeitkonstante des Gleichstromgliedes im Kurzschlußfall,
i_{gk} Gleichstromglied im Kurzschlußfall,
$\hat{I}_k'' = \sqrt{2} \cdot I_k''$ Scheitelwert des Anfangskurzschlußwechselstromes.

In den Abschnitten 2.3 und 2.4 konnten ausschließlich Extremlagen des Kurzschlußzeitpunktes erörtert werden. Alle übrigen Kurzschlußzeitpunkte liegen – das ist die Mehrzahl der möglichen Kurzschlüsse – zwischen der eigentlichen Symmetrie und der vollständigen Asymmetrie. Demgemäß sind die meisten auftretenden Kurzschlüsse asymmetrisch. Den Verlauf eines Kurzschlußstromes beeinflußt nicht nur der Zeitpunkt des Kurzschlußeintritts, sondern auch der Leistungsfaktor der betreffenden Anlage. Die Zeitkonstante T_k des Gleichstromgliedes bestimmt wegen ihres unmittelbaren Zusammenhanges mit dem Leistungsfaktor den Kurzschlußstromverlauf ebenfalls:

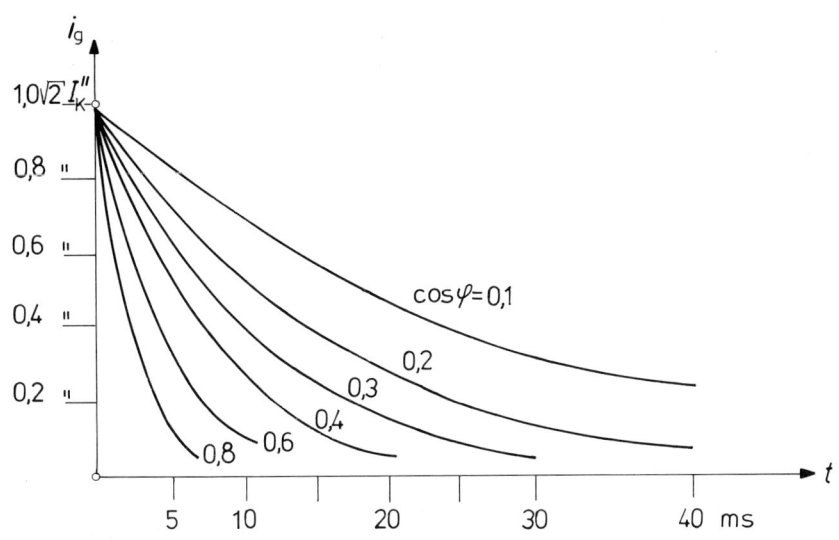

Bild 2.8 Zeitlicher Verlauf der Gleichstromkomponente in Abhängigkeit vom $\cos \varphi$

$T_k = L_k/R_k = \tan(\varphi/\omega)$,

$R_k/X_k = 1/\tan\varphi$.

Während in Mittel- und Hochspannungsanlagen bei einem Leistungsfaktor $\cos\varphi = 0{,}1$ der Gleichstromanteil relativ langsam abklingt, wird in Niederspannungsanlagen mit einem $\cos\varphi = 0{,}3\ldots 0{,}4$ der Ausgleichsvorgang schneller beendet sein. Das Diagramm in **Bild 2.8** zeigt den zeitlichen Verlauf der Gleichstromkomponente in Abhängigkeit vom $\cos\varphi$.

2.3 Kurzschlußstromverlauf im Drehstrom-Dreileitersystem

Bei dreipoligen Kurzschlüssen wird jedem der drei Außenleiter L1, L2 und L3 wegen der unterschiedlichen Phasenlage im zeitgleichen Augenblick des Kurzschlußeintritts ein anderer Stoßkurzschlußstrom zugeordnet.
Untersuchungen haben gezeigt, daß der maximal auftretende Stoßkurzschlußstrom I_s bei Schaltaugenblicken im Bereich 70 und 150° lediglich um etwa 5 % abnimmt, d. h. in diesem Intervall noch recht wirksam ist.
Wird dieser Bereich in ein Drehstrom-Dreileitersystem übertragen, dann ist erkennbar, daß mindestens immer ein Außenleiter bei einem dreipoligen Kurzschluß den nahezu vollen Stoßkurzschlußstrom führen muß **(Bild 2.9)**.

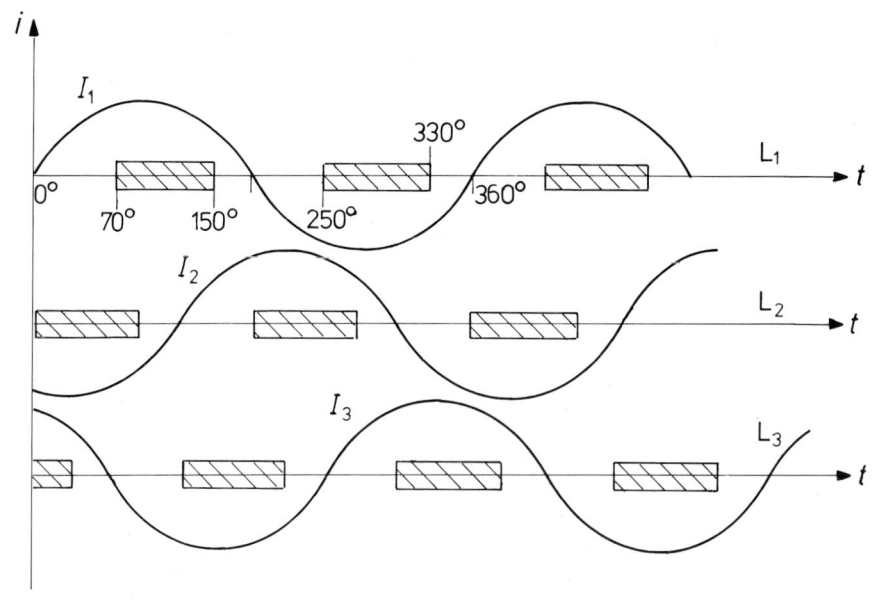

Bild 2.9 Lage der Maximalwerte bei verschiedenen Schaltaugenblicken im Drehstromsystem

Den Verlauf eines dreipoligen Kurzschlusses in einer Niederspannungsanlage zeigt das folgende Prüfoszillogramm in **Bild 2.10,** das in einem Prüfstromkreis anläßlich einer Leistungsschalterprüfung aufgenommen wurde. Der durch eine dreipolige Überbrückung der Außenleiter eingeleitete Kurzschluß zeigt bei Außenleiter S (L2) einen Stoßkurzschlußstrom von 159 kA. Der Anfangs-Kurzschlußwechselstrom hatte bei einem $\cos \varphi = 0$ den Effektivwert $I_k'' = 80$ kA.

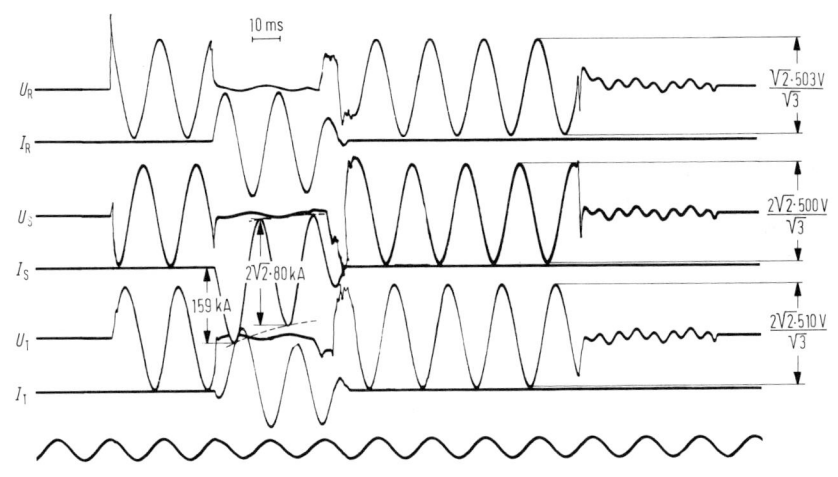

Bild 2.10 Oszillogramm eines Kurzschlußstromverlaufes

Es ist erkennbar, daß die Maximalwerte der ersten voll ausgebildeten Stromhalbwelle in den übrigen Leitern niedriger liegen. Die einer bestehenden Anlage nachgebildete Kurzschlußversuchsschaltung wurde nach 50 ms durch einen dreipoligen Leistungsschalter ausgeschaltet.

2.4 Interpretation der Begriffe nach VDE 0102 Teil 1 und 2

2.4.1 Generatornahe und generatorferne Kurzschlüsse
Die Leitsätze für die Berechnung der Kurzschlußströme nach VDE 0102 enthalten für den Kurzschlußstrom feste Begriffe, die im folgenden verwendet werden.
Die Begriffserklärungen der Leitsätze sind mit zwei voneinander grundsätzlich unterschiedlichen Kurzschlußfällen gekoppelt: Dem *generatornahen Kurzschluß* und dem *generatorfernen Kurzschluß*.
Bild 2.11a und **Bild 2.11b** zeigen den jeweils zugehörigen Kurzschlußstromverlauf und lassen erkennen, daß sich bei dem generatorfernen Kurzschluß der Anfangs-Kurzschlußwechselstrom wegen der fehlenden Ankerrückwirkung zeitlich kaum ändert, wobei hingegen der generatornahe Kurzschluß alle Merkmale eines abklingenden Wechselstromverlaufs zeigt.

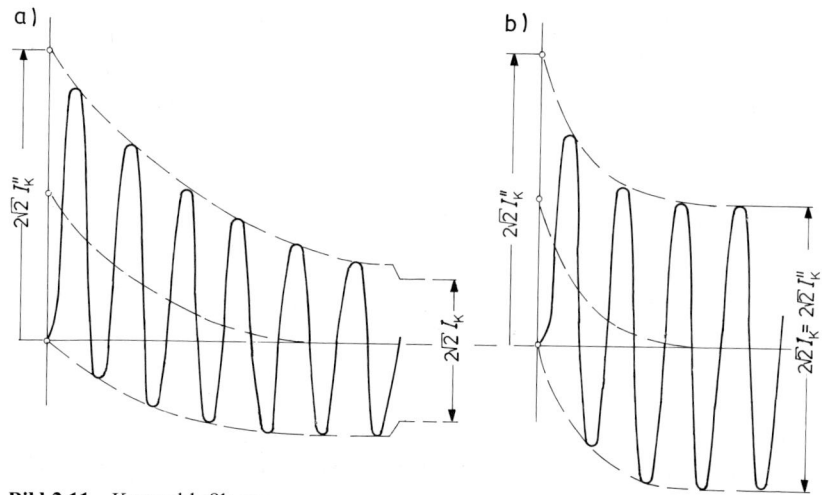

Bild 2.11 Kurzschlußlagen:
a) generatornaher Kurzschluß, b) generatorferner Kurzschluß

Ein *generatornaher Kurzschluß* liegt dann vor, wenn bei dreipoligem Kurzschluß der Anteil des Anfangskurzschlußwechselstromes mindestens bei *einer* Synchronmaschine das Zweifache ihres Nennstromes überschreitet. Ein generatorferner Kurzschluß ist dann gegeben, wenn dieser Wert bei keiner Synchronmaschine überschritten wird.

Bei einem generatornahen Kurzschluß wirkt demgemäß, wegen des überhöhten Wechselstromes im Kurzschlußkreis, der Kurzschlußstrom auf die Ständerwicklung des Generators ein, so daß sich ein von dieser Wicklung gebildetes Magnetfeld dem Erregerfeld des Läufers der Maschine überlagert. Der Vorgang wird als *Ankerrückwirkung* bezeichnet.

Die Ankerrückwirkung hat bei den zumeist induktiven Kurzschlußströmen eine Verminderung der Generator-Quellenspannung zur Folge, so daß der eigentliche Kurzschlußwechselstrom nach einer gewissen Zeit kleiner ist als der Anfangs-Kurzschlußwechselstrom.

In Mittel- und Hochspannungsanlagen öffnen Schaltgeräte wegen ihres relativ hohen Schaltverzuges häufig erst in einem Bereich, wo der Kurzschlußwechselstrom erheblich kleiner ist als am Kurzschlußanfang. In Niederspannungsanlagen kann dagegen kurz nach dem Kurzschlußeintritt kaum mit einer Strombeeinflussung gerechnet werden. Vor allem bei kleinen Transformatoren ist die Einwirkung des Hochspannungsnetzes zu vernachlässigen.

In einer Kurzschlußbahn, die von den Netzimpedanzen und den Impedanzen des Generators allein bestimmt wird, kann die Quellenspannung des Generators als starr angenommen werden, solange der Kurzschlußwechselstrom unter dem Nennstrom der speisenden Maschine liegt. Auch hier ist der Anfangs-Kurzschlußwechselstrom gleich dem Dauerkurzschlußstrom.

2.4.2 Kurzschlußstromgrößen nach VDE 0102 Teil 1 und 2

In § 3 der VDE 0102 sind die Begriffserklärungen für die zeitlichen Abschnitte der Kurzschlußströme in Drehstromanlagen enthalten. Der *Kurzschlußstrom* als Oberbegriff umfaßt alle übrigen Anteile und ist wie folgt erklärt:

a) Kurzschlußstrom ist der Strom, der während der Dauer des Kurzschlusses über die Fehlerstelle fließt.
In der Erklärung wird auf den zunächst asymmetrischen Verlauf und auf die beiden Anteile *Kurzschlußwechselstrom* und *Gleichstrom* hingewiesen. Der Verlauf des Gleichstromes entspricht der Mittellinie zwischen der oberen und unteren Hüllkurve des Oszillogramms (Bild 2.11a und Bild 2.11b).

b) Kurzschlußwechselstrom ist der betriebsfrequente Anteil des Kurzschlußstromes.
Der Effektivwert des Kurzschlußwechselstromes wird für einen bestimmten Zeitpunkt aus dem Oszillogramm ermittelt, indem der für diesen Zeitpunkt gemessene Abstand der oberen und unteren Hüllkurve des Stromverlaufes durch $2\sqrt{2}$ dividiert und mit dem Strommaßstab multipliziert wird.

c) Teilkurzschlußströme sind Anteile des Kurzschlußstromes in den verschiedenen Netzwegen.
Teilkurzschlußströme treten vor allem in Ring- und Maschennetzen auf, sind aber auch in Strahlennetzen vorhanden, wenn etwa Motorengruppen generatorisch ebenfalls auf die Kurzschlußstelle speisen.

d) Anfangs-Kurzschlußwechselstrom I_k'' ist der Effektivwert des Kurzschlußwechselstromes im Augenblick des Kurzschlußeintritts.
Für seine Größe sind außer den wirksamen Netzimpedanzen die Anfangsreaktanzen X_d'' der Synchronmaschinen maßgebend.
Der Anfangs-Kurzschlußwechselstrom wird von der oberen und unteren Hüllkurve umschlossen und ist solange existent, bis der Gleichstrom abgeklungen ist. Entsprechend dem doppelten Scheitelwert hat die an der Strom-Ordinate einmündende Hüllkurve den Maximalbetrag $2 \cdot \sqrt{2} \cdot I_k''$.

e) Stoßkurzschlußstrom I_s ist der größte Augenblickswert des Stromes nach Eintritt des Kurzschlusses; er wird als Scheitelwert angegeben. Je nach dem Zeitpunkt, in dem der Kurzschluß auftritt, ist er verschieden.
Bei der Berechnung des Stoßkurzschlußstromes wird von dem größtmöglichen Wert ausgegangen, so wie er bei dem Kurzschlußeintritt im Strommaximum entsteht. Dreipolige Kurzschlüsse werden so behandelt, als ob der Kurzschluß in allen Leitern gleichzeitig auftritt.
Bei einem nicht gleichzeitigen dreipoligen Kurzschluß können die aufeinander wirkenden Stoßkurzschlußströme und damit auch die elektrodynamischen Kräfte größer als bei einem gleichzeitig eintretenden Kurzschluß werden.

Das Maximum wird erreicht, wenn beispielsweise ein zweipoliger Kurzschluß in dem Augenblick eintritt, in dem die Außenleiterspannung der beiden vom Kurzschluß betroffenen Leiter Null ist und wenn dieser Kurzschluß 90 Grad elektrisch später, also beim Nulldurchgang der Leiter-Erd-Spannung des dritten Leiters, in einen dreipoligen Kurzschluß übergeht.

f) Dauerkurzschlußstrom I_k ist der Effektivwert des Kurzschlußwechselstromes, der nach dem Abklingen aller Ausgleichsvorgänge bestehen bleibt. Er ist unter anderem abhängig von der Erregung der Generatoren.

g) Ausschaltwechselstrom I_a beim Ausschalten eines Schalters im Kurzschlußfall ist der Effektivwert des im Zeitpunkt der ersten Kontakttrennung über den Schalter fließenden Kurzschlußwechselstromes.

Bei generatornahen Kurzschlüssen kann je nach dem Zeitverzug des verwendeten Leistungsschalters der Ausschaltwechselstrom $I_a < I_k''$ sein. Er entspricht dem im Augenblick der Kontakttrennung gerade existierenden Dauerkurzschlußstrom.
Der Ausschaltwechselstrom ist durch den Faktor $\mu = f(I_k''/I_N)$ mit dem Anfangs-Kurzschlußwechselstrom verbunden. Der Mindestschaltverzug der Schaltgeräte wirkt als Parameter.
Durch Kurzschlußstrombegrenzung ausgewiesene Kurzschlußausschaltungen, bei denen der Kurzschlußwechselstrom nicht mehr voll ausgebildet ist, entstehen Durchlaßstromwerte in der ersten Halbwelle des Anfangs-Kurzschlußwechselstromes, die allein von den zugehörigen Schutzeinrichtungen abhängig sind.

h) Durchlaßstrom I_D von Sicherungen und anderen schnell arbeitenden Schalteinrichtungen ist der größte Augenblickswert des Stromes während der Ausschaltzeit. Die Ausschaltzeit von Sicherungen ist die Summe von Schmelzzeit und Löschzeit.

2.4.3 Der Stoßfaktor $\varkappa$ und seine Wirkung auf I_s
Die während eines Kurzschlusses im Stromkreis einsetzende plötzliche Zustandsänderung hat die Überlagerung des betriebsfrequenten Anteiles des Kurzschlußstromes I_k'' und des abklingenden Gleichstromgliedes zur Folge. Der höchste hierbei entstehende Scheitelwert wird als Stoßkurzschlußstrom I_s bezeichnet. Zwischen dem Scheitelwert I_s und dem Effektivwert I_k'' des Anfangskurzschluß-Wechselstromes besteht der Zusammenhang:

$$I_s = \varkappa \sqrt{2} \cdot I_k''. \tag{2.13}$$

In Gl. (2.13) ist $\varkappa$ ein vom $\cos \varphi$ des betreffenden Netzteiles abhängiger Faktor, für den aus Netzen in verschiedenen Spannungsebenen Erfahrungswerte vorliegen.

Wird das allgemeine Lösungsintegral (2.12) der Spannungs-Differentialgleichung (2.4) für den Schaltaugenblick $\varphi_0 = \pi$ und für den Zeitpunkt $\omega t = \pi$ untersucht, in dem gemäß Bild 2.5 ungefähr der Maximalwert des Kurzschlußstromes liegt, dann ist mit:

$$i_{max} = i_s = I_k'' \cdot [\cos(\pi + \pi) - \cos \pi \cdot \exp(-t/T_k)]$$
$$= I_k'' \cdot [1 + \exp((-R_k/X_k) \cdot \pi)]. \qquad (2.14)$$

Hierin sind:

$T_k = L_k/R_k = X_k/(R_k \cdot \omega)$

$R_k/X_k = 1/\tan \varphi$.

Der Ausdruck in der eckigen Klammer hängt vom Verhältnis R_k/X_k der Kurzschlußbahn ab und entspricht dem $\varkappa$-Faktor, der wegen der praktischen Nichtexistenz von R_k/X_k den Wert 2 bei gleichzeitigen dreipoligen Kurzschlüssen nicht erreicht. Unter gleicher Voraussetzung könnten bei nicht gleichzeitigen Kurzschlüssen $\varkappa$-Werte von 2,17 theoretisch erreicht werden. Da $\varkappa = f(R_k/X_k)$ ist, liegt es nahe, die für eine Kurzschlußbahn relevanten ohmschen und induktiven Widerstände zu addieren und daraus den Quotienten R_k/X_k zu bilden.
Kurzschlüsse, die in unmittelbarer Generatornähe entstehen und daher nur durch die Generatorreaktanz X_d'' und den geringen ohmschen Widerstand R_G begrenzt werden, haben wegen der Näherung $R_G \approx 0{,}07 \cdot X_d''$ den Wert $\varkappa = 1{,}8$. Nach Gl. (2.13) erhält der Stoßkurzschlußstrom I_s dann den 2,54-fachen Betrag des Anfangskurzschluß-Wechselstromes. **Bild 2.12** zeigt den Verlauf der $\varkappa$-Werte in Abhängigkeit von R/X.
Mit einem steigenden $\cos \varphi$ in der betroffenen Anlage nimmt der Stoßkurzschlußstrom wegen der geringer werdenden $\varkappa$-Faktoren ab.
In Niederspannungsanlagen gilt $\varkappa = 1{,}75$ – entsprechend einem $\cos \varphi = 0{,}1$ –

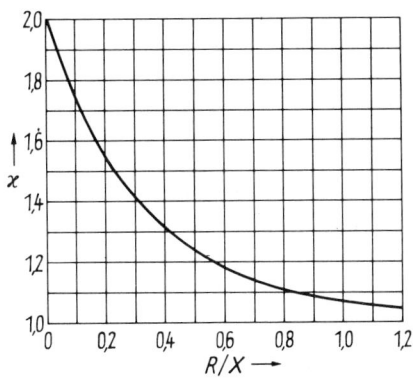

Bild 2.12 Verlauf des $\varkappa$-Wertes in Abhängigkeit von R und X

als äußerster Wert. Hier werden Schaltgeräte im Zusammenhang mit dem Nennkurzschluß-Ausschaltstrom I_{cn}, dem Leistungsfaktor $\cos \varphi$ und dem Nennkurzschluß-Einschaltstrom $n \cdot I_{cn}$ so bemessen, daß das Ausschaltvermögen der Leistungsschalter – entsprechend dem zu erwartenden Einsatzort – mit fallenden $\cos \varphi$-Werten ansteigt. (Siehe hierzu DIN 57660 Teil 101/ VDE 0660 Teil 101 und Teil III des Buches.)

Tabelle 2.1 II zeigt, daß Leistungsschaltern mit einem relativ hohen Ausschaltstrom – etwa Einsatz in Transformatornähe – große $\varkappa$-Faktoren zugeordnet sind. Für einen Nennkurzschluß-Ausschaltstrom von ≈ 50 kA muß bei $\cos \varphi = 0{,}2$ und $\varkappa = 1{,}54$ mit einem Mindestwert des Nennkurzschluß-Einschaltstromes von $2{,}2 \cdot I_{cn}$ geprüft werden, wobei das Gerät unbeschädigt den Stoßkurzschlußstrom $I_s = 1{,}54 \cdot \sqrt{2} \cdot I_k'' \approx 2{,}2 \cdot 50$ kA $= 110$ kA zu führen hat.

Tabelle 2.1 II
Zusammenhang zwischen Nennkurzschluß-Ausschaltvermögen, Leistungsfaktor und Mindestwert des Nennkurzschluß-Einschaltvermögens bei Niederspannungs-Leistungsschaltern.

Nennkurzschluß-Ausschaltvermögen I_{cn} A	Leistungsfaktor $\cos \varphi$	Mindestwert des Nennkurzschluß-Einschaltvermögens (n-mal Nennkurzschluß-Ausschaltvermögen) $n \times I_{cn}$
$I_{cn} \leq 1\,500$	0,95	$1{,}41 \times I_{cn}$
$1\,500 < I_{cn} \leq 3\,000$	0,9	$1{,}42 \times I_{cn}$
$3\,000 < I_{cn} \leq 4\,500$	0,8	$1{,}47 \times I_{cn}$
$4\,500 < I_{cn} \leq 6\,000$	0,7	$1{,}53 \times I_{cn}$
$6\,000 < I_{cn} \leq 10\,000$	0,5	$1{,}7 \times I_{cn}$
$10\,000 < I_{cn} \leq 20\,000$	0,3	$2{,}0 \times I_{cn}$
$20\,000 < I_{cn} \leq 50\,000$	0,25	$2{,}1 \times I_{cn}$
$50\,000 < I_{cn}$	0,2	$2{,}2 \times I_{cn}$

Leistungsschalter, die in Verbrauchernähe eingesetzt werden, haben dagegen ein geringeres Ausschaltvermögen bei gleichzeitig höherem Leistungsfaktor. Der Stoßkurzschlußstrom I_s belastet die elektrische Anlage vor allem *elektrodynamisch*, so daß hiervon wesentlich die Wirtschaftlichkeit der konstruktiven Ausführung bestimmt wird. Hohe Stoßkurzschlußströme erfordern in Starkstromanlagen mechanisch fest verlegte Leitungen (Sammelschienen), da die auftretenden Kräfte mehrere tausend Newton pro Meter betragen können.

2.5 Stromkräfte und ihre Wirkung in elektrischen Starkstromanlagen

2.5.1 Kurzschlußkräfte zwischen Leitern

Die mechanische Kurzschlußfestigkeit einer elektrischen Energieverteilungsanlage ist durch die Kräfte geprägt, die infolge des Kurzschlußstromes durch die begleitenden magnetischen Felder zwischen den Leitern erzeugt werden. Leiter stoßen sich gegenseitig ab, wenn sie gleichzeitig von antiparallelen Strömen durchflossen werden, sie ziehen sich an, wenn die Stromrichtung in beiden Leitern gleich ist. Für parallel liegende linienförmige Leiter ist die bekannte, von der Induktion B und der Leiterlänge l abhängige Kraft $F_1 = B_1 \cdot l \cdot i_2$, und mit $B_1 = [\mu_0/(2 \cdot \pi \cdot a)] \, i_1$:

$$F_1 = \frac{\mu_0 i_1}{2 \cdot \pi \cdot a} \cdot l \cdot i_2. \tag{2.15}$$

Entsprechend gilt für $F_2 = B_2 \cdot l \cdot i_1$:

$$F_2 = \frac{\mu_0 i_2}{2 \cdot \pi \cdot a} \cdot l \cdot i_1. \tag{2.16}$$

Da beide Kräfte gleich groß sind, gilt demnach für die Kraft auf zwei Leiter, wie sie Bild 2.13 zeigt:

$$F = \frac{\mu_0 \cdot l}{2 \cdot \pi \cdot a} \cdot i_1 \cdot i_2, \tag{2.17}$$

oder mit $\mu_0 = 4 \cdot \pi \cdot 10^{-7} \, \text{Vs}/(\text{Am})$:

$$F = 2{,}04 \cdot \frac{l}{a} \, i_1 \cdot i_2 \cdot 10^{-7} \, \text{N}. \tag{2.18}$$

Hierin bedeuten:
i_1, i_2 Ströme in den Leitern 1 und 2 in A,
l Abstand der Leitungsbefestigung in cm (Stützer bei Sammelschienen),
a Abstand zwischen den Leitern in cm.

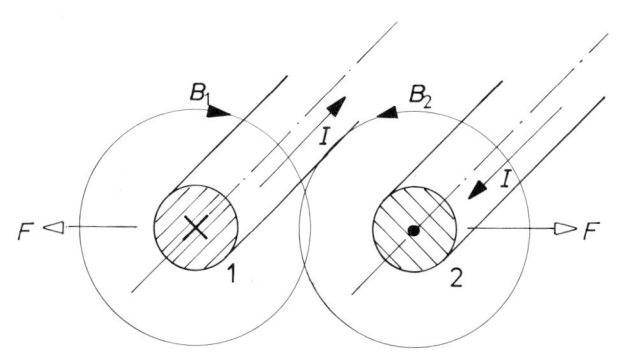

Bild 2.13 Elektrodynamische Kraft auf zwei Leiter

Beispiel:
Zwischen zwei für den Hin- und Rücktransport elektrischer Energie eingesetzten Einleiterkabeln im Wechselstrombereich entsteht bei einem Stoßkurzschlußstrom $I_s = 50$ kA (siehe hierzu Teil II, Abschnitt 2.4) mit $a = 20$ cm und $l = 100$ cm eine Kraft:

$$F = 2{,}04 \cdot \frac{100}{20} \cdot 50^2 \cdot 10^6 \cdot 10^{-7} \text{ N} = 2550 \text{ N}.$$

Nach VDE 0103 muß auch für die Berechnung der mechanischen Kurzschlußfestigkeit in Schaltanlagen bei dreipoligen Kurzschlüssen der Stoßkurzschlußstrom I_s eingesetzt werden, so daß Gl. (2.18) übergeht in:

$$F = 2{,}04 \cdot I_s^2 \cdot \frac{l}{a} \cdot 10^{-7} \text{ N}. \tag{2.19}$$

Hierbei wird aus Sicherheitsgründen so verfahren, als würde der Stoßkurzschlußstrom in mindestens zwei der drei Leiter gemeinsam auftreten.
Bei Sammelschienen wirken die elektrodynamischen Kräfte als *Umbruchkräfte* auf die tragenden Isolationsstützer. Gleichzeitig werden die Rechteckleiter auf Biegung beansprucht **(Bild 2.14)**.

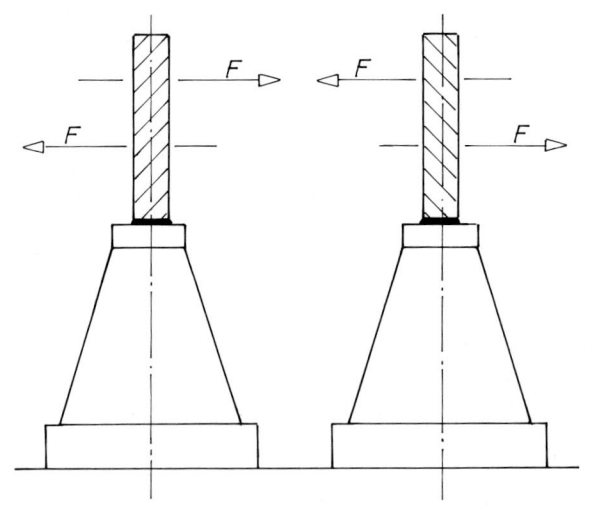

Bild 2.14 Kraftwirkung auf Rechteckleiter und Isolationsstützer

Jeder Schienenabschnitt zwischen zwei Abstützungen kann mechanisch als ein an zwei Stellen aufliegender „Balken" betrachtet werden, der auf seiner ganzen Länge l gleichmäßig durch F beansprucht wird. Biegemoment, Widerstandsmoment, Trägheitsmoment und die Biegebeanspruchung für rechteckige Balkenprofile sind aus der Mechanik bekannte Größen, die für eine Berechnung zur Verfügung stehen.

Für Kupfer- und Aluminium-Leiter ist nach VDE 0103 der doppelte Wert der um 0,2 Prozent überschrittenen Streckgrenze einzusetzen, so daß bei Elektro-Kupfer mit einem zulässigen Wert $R_{p0,2} \equiv \sigma_{0,2} = 15000$ N/cm² und bei Aluminium mit $R_{p0,2} = 5000$ N/cm² gerechnet werden kann.

Beispiel:
Eine einfache, hochkant stehende Drehstromsammelschiene aus Cu, mit $l = 1$ m und $a = 15$ cm soll auf mechanische Kurzschlußfestigkeit untersucht werden, wenn der Stoßkurzschlußstrom $I_s = 50$ kA beträgt und das Schienenprofil die Abmessung $12 \cdot 1$ cm² besitzt.

$$F = 2{,}04 \cdot \frac{100}{15} \cdot 50^2 \cdot 10^6 \cdot 10^{-7} \text{ N} = 3400 \text{ N};$$

$$M_b = \frac{F \cdot l}{8} = \frac{3400 \cdot 100}{8} \text{ Ncm} = 42500 \text{ Ncm}.$$

Das Widerstandsmoment ist dann für Rechteckprofile:

$$W = \frac{b^2 \cdot h}{6} = \frac{1^2 \cdot 12}{6} \text{ cm}^3 = 2 \text{ cm}^3,$$

und:

$$R_p = \frac{M_b}{W} = \frac{42500}{2} \text{ N/cm}^2 = 21250 \text{ N/cm}^2.$$

Wie das Ergebnis zeigt, wird $R_p > R_{pzul}$ für Kupfer entsprechend der 0,2-Prozent-Streckgrenze, d.h., die angenommene Sammelschiene könnte den

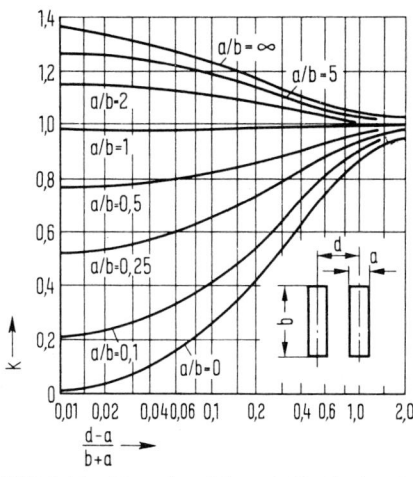

Bild 2.15 Korrekturfaktor k für Rechteckschienen nach *Lehmann*

Kurzschlußstrom nicht ohne Verformung und mögliche Zerstörungen führen. Nach Voraussetzung gilt Gl. (2.19) nur für linienhafte Leiter, eine Annahme, die in der Praxis keineswegs zutrifft. Nach den Untersuchungen von *Lehmann* kann der Gl. (2.19) ein sogenannter Korrekturfaktor zugeordnet werden, der die geometrische Form des Leiters und die Lage zweier Leiter zueinander berücksichtigt. Der Faktor kann aus der parametrischen Kurvenschar in **Bild 2.15** entnommen werden. Für das gewählte Beispiel ist $k = 0{,}95$.

Zwar verringert sich dann der Wert des Biegemomentes, erreicht aber den zulässigen Wert für die Biegebeanspruchung nicht. Um den angenommenen Stoßkurzschlußstrom ohne Zerstörung führen zu können, muß entweder der Schienenabstand vergrößert, oder die Stützerentfernung verkleinert werden. Müssen für besonders hohe Betriebsstromstärken Sammelschienen gebündelt werden, so besteht zusätzlich die Gefahr des Zusammenschlagens der von parallelen Teilkurzschlußströmen durchflossenen Leiter.

Aufgabe 2.1:
Wie hoch kann eine aus Aluminium-Sammelschienen bestehende Verteileranlage elektrodynamisch belastet werden, wenn die Abmessungen der Schienen 10×1 cm^2 sind und die Stützerentfernung 0,75 m beträgt? Der Schienenabstand soll untereinander 12 cm betragen.

2.5.2 Umbruchfestigkeit der Stützer
In Drehstromanlagen wird die dynamische Isolator-Beanspruchung F_d durch die Gl. (2.20) ausgedrückt:

$$F_d = \frac{0{,}8 \cdot R_{p0,2}}{R_{ph}} \cdot F_h. \qquad (2.20)$$

Hierin bedeuten:
F_h Die Kraft F entsprechend Gl. (2.19), bezogen auf eine Hauptschiene,
$R_{p0,2}$ Höchstwert der Streckgrenze, bei der eine merkliche plastische Verformung – 0,2% bleibende Dehnung – erreicht wird.
($R_{p0,2}$ für Kupfer ECu F 20 $\approx 15 \cdot 10^3$ N/cm^2)
R_{ph} Die Hauptbeanspruchung auf eine Schiene gemäß
$R_{ph} = F_h \cdot l/(12 \cdot W)$ N/cm^2,
mit l als Leiterlänge und W als Hauptleiterwiderstandsmoment.

Die dynamische Isolatorbeanspruchung darf die zulässigen Umbruchkräfte des Stützers nicht überschreiten. Werte hierfür sind in DIN 48100–DIN 48200 enthalten.

Bei Freileitungsseilen werden durch den Stoßkurzschlußstrom keine Biegebeanspruchungen hervorgerufen, sondern Zugspannungen, die unmittelbar auf die Stützpunktisolatoren der Freileitungsmaste einwirken und unter Umständen zu noch höheren Beanspruchungen führen können als bei den starren Leitern.

2.6 Thermische Belastung von Starkstromanlagen

Sind die elektrischen Netze, Verteilungs- und Schaltanlagen nicht durch kurzschlußstrombegrenzende Schaltgeräte geschützt, dann wird während der gesamten Kurzschlußdauer das $\int i^2 \cdot dt$ wirksam und die betroffene Anlage thermisch belastet. In **Bild 2.16** sind die wirkenden Größen nach dem Übergang eines Netzes aus dem stationären und normalen Betriebszustand in den Kurzschlußzustand nochmals dargestellt.

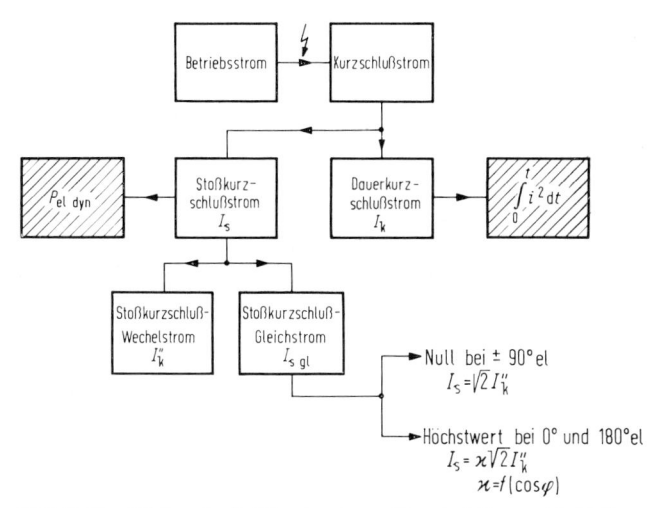

Bild 2.16 Wirkende Größen in einem Netz bei Kurzschlußfall

Auf der linken Seite der Grafik die elektrodynamische Kraft F_{eldyn} und auf der rechten Seite das $\int i^2 \, dt$ als Folge eines länger anhaltenden Kurzschlußstromes. Nach VDE 0103 wird als thermisch wirksamer Mittelwert der Kurzschlußstrom I_m angegeben. Es ist der Stromwert, der in einer Sekunde die gleiche Wärmemenge erzeugt, wie der während der Kurzschlußdauer sich ändernde Kurzschlußstrom:

$$I_m = I_k'' \cdot [(m+n) \cdot t/1 \text{ s}]^{\frac{1}{2}}. \tag{2.21}$$

Der Mittelwert muß stets kleiner sein, als der von den Herstellern für den jeweiligen Anlagenteil angegebene „Einsekundenstrom" (Nenn-Kurzzeitstrom) I_{th}, d. h. $I_m < I_{th}$.

In Gl. (2.21) sind m und n Größen, die den Einfluß der Gleich- und Wechselstromanteile berücksichtigen; sie können aus hierfür geltenden Diagrammen entnommen werden **(Bild 2.17a** und **Bild 2.17b)**. Werden wie bei der Kurzschlußfortschaltung (Teil III, Abschnitt 6.1.2) mehrere aufeinanderfolgende Schaltvorgänge erwartet, die die Anlagen mit kurzen zeitlichen Abständen wiederholt belasten, ohne daß in den Pausen eine merkliche Abkühlung stattfindet, dann wird für den thermisch wirksamen Mittelwert I_m der arithmetische Mittelwert aus den einzelnen Folgebelastungen gebildet:

$$I_m = \sqrt{I_{m1}^2 + I_{m2}^2 + \ldots}. \tag{2.22}$$

Der Nenn-Kurzzeitstrom I_{th} läßt sich aus der Nennkurzzeit-Stromdichte S_{th} und dem Leiterquerschnitt A entsprechend Gl. (2.23) ermitteln:

$$I_{th} = S_{th} \cdot A \cdot 10^{-3} \text{ in kA}. \tag{2.23}$$

Hierin ist S_{th} die Nenn-Kurzzeit-Stromdichte in A/mm² – in Bild 2.18 als Ordinate aufgetragen – und A der Querschnitt in mm².
Die zulässigen Endtemperaturen können wieder parametrisch in Kurvenform für die entsprechenden Leiterwerkstoffe angegeben werden. **Bild 2.18** zeigt ein derartiges Diagramm für die Leiterwerkstoffe Aluminium, Aldrey und Stahl-Aluminium.

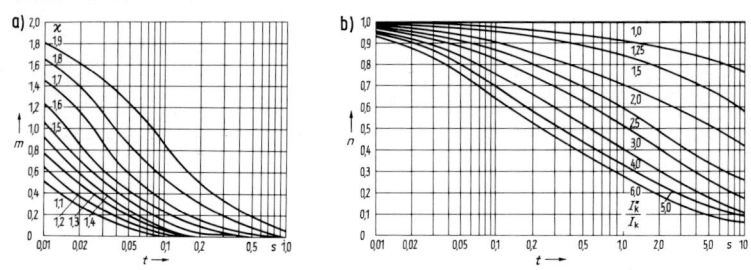

Bild 2.17 Diagramm für (m, n)-Werte

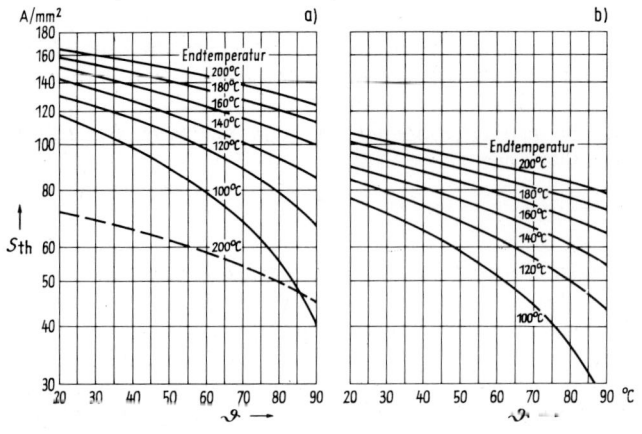

Bild 2.18 Nennkurzzeitstromdichte für
a) Al und Aldrey, b) Al-St

Beispiel:
Wird in einem 10-kV-Mittelspannungs-Kabelnetz ein Kurzschlußstrom mit $I_k'' = 30$ kA nach $t = 200$ ms ausgeschaltet, dann ist mit großer Wahrscheinlichkeit der Dauerkurzschlußstrom I_k bereits erreicht worden. Bei starrem Netz ist $I_k'' = I_k$, so daß $I_k''/I_k = 1$ wird. Für die Einwirkgrößen m und n ist aus Bild 2.17a und b bei $\varkappa = 1{,}8$: $m = 0{,}32$ und $n = 1$. Nach Gl. (2.21) ist der thermisch wirksame Mittelwert:

$$I_m = 30 \text{ kA} \cdot [(0{,}32 + 1{,}0) \cdot 0{,}2]^{\frac{1}{2}} = 15{,}4 \text{ kA}.$$

Wird kurz nach der Ausschaltung erneut auf den Kurzschluß geschaltet, dann ist der Mittelwert unter gleichen Verhältnissen genau so groß wie bei der ersten Schaltung. Nach Gl. (2.22) ist:

$$I_m = [15{,}4^2 + 15{,}4^2]^{\frac{1}{2}} \text{ kA} = 21{,}78 \text{ kA}.$$

Für 10-kV-Kabel mit Aluminium-Leitern gilt als höchstzulässige Temperatur bei einem Kurzschluß 130–140 °C. Die Nenn-Kurzzeit-Stromdichte ist nach Bild 2.18:

$S_{th} = 60$ A/mm².

Aus Gl. (2.23) kann damit der für die Belastung ausreichende Querschnitt des Leiters bestimmt werden:

$$A = \frac{I_m \cdot 10^3}{S_{th}} = \frac{21{,}78 \cdot 10^3 \text{ A}}{60 \text{ A/mm}^2} = 363 \text{ mm}^2.$$

Das entspricht einem gewählten Querschnitt von $A = 400$ mm².

Aufgabe 2.2
In einem 60-kV-Freileitungsnetz wurde ein Kurzschlußstrom $I_k'' = 8{,}5$ kA gemessen. Der ausschaltende Leistungsschalter arbeitet mit einem Zeitverzug von mehr als 150 ms, so daß I_k'' wieder dem Dauerkurzschlußstrom gleichgesetzt werden kann. Der Stoßfaktor beträgt $\varkappa = 1{,}7$. Welchen Querschnitt muß das Leitungsseil haben, wenn mit dreimaliger Wiederzuschaltung (KU) gerechnet und als Material St/Al verwendet wird?

3 Berechnung dreipoliger Kurzschlüsse in Drehstromanlagen

3.1 Berechnung bei Einspeisung ohne Netzverzweigung

Ein einfach und einseitig gespeistes Netz ohne Verzweigung und ohne Transformator in der Kurzschlußbahn besteht aus dem Generator G, der zum Generator gehörenden Reaktanz, der sogenannten *subtransienten Längsreaktanz* X_d'', die als Anfangsreaktanz im Augenblick des Kurzschlußeintritts vorhanden ist, und den Netzimpedanzen Z_k der übrigen Kurzschlußbahn entsprechend **Bild 3.1**.

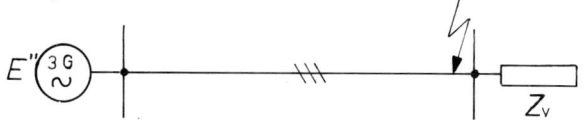

Bild 3.1 Kurzschluß in einem einseitig gespeisten Netz ohne Transformator

Die Anfangsreaktanz X_d'' einer Synchronmaschine wird nach VDE 0530 Teil 1/11.72 aus der Nennspannung und dem Anfangs-Kurzschlußwechselstrom bei Nenndrehzahl und Nennleerlauferregung ermittelt. X_d'' wird im allgemeinen in Prozenten angegeben.

Der Anfangs-Kurzschlußwechselstrom I_k'' errechnet sich aus der für den Kurzschluß wirksamen Spannung des Generators

$$E'' = \frac{c \cdot U_h}{\sqrt{3}} \tag{3.1}$$

und aus der Kurzschlußbahnimpedanz

$$Z_k = [R_k^2 + X_k^2]^{\frac{1}{2}}. \tag{3.2}$$

Entsprechend dem Ohmschen Gesetz für den Wechselstromkreis gilt auch hier:

$$\underline{I}_k'' = \frac{E''}{\underline{Z}_k}. \tag{3.3}$$

In Gl. (3.1) bis Gl. (3.3) bedeuten:

E'' Anfangsspannung einer Synchronmaschine als Effektivwert (Sternspannung),
$U_h \equiv U_N$ Netzbetriebsspannung, in den meisten Fällen identisch der Nennspannung,
R_k Wirkwiderstand im einzelnen Leiter während des Kurzschlusses,
X_k Reaktanz im einzelnen Leiter während des Kurzschlusses,
c Faktor, der den Unterschied zwischen der wirksamen Spannung und der Netzbetriebsspannung berücksichtigt.

Je nach Art und Lage der Kurzschlußstörung nimmt der Faktor c Werte zwischen 0,8 und 1,1 an. In Kurzschlußbahnen ohne Transformator kann c sowohl für generatornahe als auch für generatorferne Kurzschlüsse mit 1,1 eingesetzt werden. Da $c \cdot U_N$ im Augenblick des Kurzschlusses eine Funktion der Quellenspannung E'' des Generators ist, die sich aber nur näherungsweise bestimmen läßt, kann für den Anfangs-Kurzschlußwechselstrom die Gl. (3.4) geschrieben werden:

$$I_k'' = \frac{1{,}1 \cdot U_N}{\sqrt{3} \cdot Z_k} = \frac{1{,}1 \cdot U_N}{\sqrt{3}\sqrt{R_k^2 + X_k^2}}. \qquad (3.4)$$

Der Faktor 1,1 enthält dann in Näherung die gegenüber der Generatorklemmenspannung und gegenüber der Netznennspannung auftretende Erhöhung der Quellenspannung des Generators.

3.1.1 Berechnungsverfahren bei dreipoligen Kurzschlüssen

Die dreipoligen Kurzschlüsse in einem Drehstromnetz können wie Kurzschlüsse in einem einphasigen Wechselstromkreis betrachtet werden. Wird davon ausgegangen, daß als treibende Spannung je Netzleiter die Sternspannung des Systems wirkt, dann lassen sich die Wicklungen des Generators jeweils als *Einzel-Generatoren* auffassen. Jeder Einzel-Generator liefert für den Verbraucher die Sternspannung $U_e/\sqrt{3}$. In der einphasigen Ersatzschaltung erscheinen daher die übrigen Spannungen des Systems ebenfalls als Sternspannungen. **Bild 3.2** zeigt eine *einphasige Ersatzschaltung* mit zugehörigen Netzimpedanzen bei *dreipoligem Kurzschluß*.

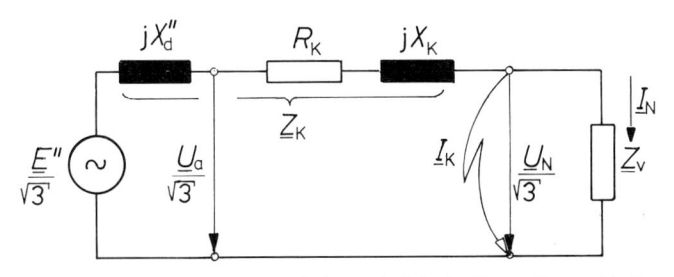

Bild 3.2 Einphasige Ersatzschaltung bei dreipoligem Kurzschluß

Die Anfangsspannung E'' einer Synchronmaschine im vorliegenden Kurzschlußkreis ist der Effektivwert der im Augenblick des Kurzschlußeintritts wirksamen Spannung. Sie ist von der Belastung durch den jeweiligen Verbraucher abhängig und in den meisten Fällen unbekannt.
In Mittel- und Hochspannungsanlagen ist der durch die Stromkreiskonstanten hervorgerufene Winkel zwischen der Anfangsspannung und der Spannung am Verbraucher klein, oft liegt er unter 1°. Es ist daher möglich, die Anfangsspannung E'' für eine unverzweigte Kurzschlußbahn entsprechend Bild 3.1 grafisch und rechnerisch mit Hilfe eines *Kopfzeigerdiagramms* aus der Situation des Normalbetriebes heraus näherungsweise zu bestimmen.
In dem Diagramm, das nur die Spannungsfallgrößen und einen Teil der wegen des kleinen Winkels „parallel gelegten Netzspannungen" enthält und damit lediglich den „*Kopf*" aller Spannungszeiger abbildet, lassen sich anhand der Spannungsfallzeiger-Komponenten die Beziehungen direkt ablesen. In **Bild 3.3** wird das *Kopfzeigerdiagramm* für einen beliebigen unverzweigten

Stromkreis gezeigt. Die Anfangsspannung der Synchronmaschine $E''/\sqrt{3}$ (Sternspannung) wird durch Komponentenaddition:

$$\frac{E''}{\sqrt{3}} \approx \frac{U_N}{\sqrt{3}} + I_N \cdot R \cdot \cos \varphi + I_N \cdot X \cdot \sin \varphi. \tag{3.5}$$

Hierin ist $X = (X_d'' + X_{Netz})$ die Reaktanz im Netz je Leiter. Der Phasenverschiebungswinkel φ gibt die Lage des vom Verbraucher bestimmten Stromzeigers $\underline{I}_N$ zur Nennspannung $\underline{U}_N$ an. Der Leistungsfaktor $\cos \varphi$ während des Kurzschlußeintritts ist demnach mitbestimmend für die Kurzschlußstromhöhe.

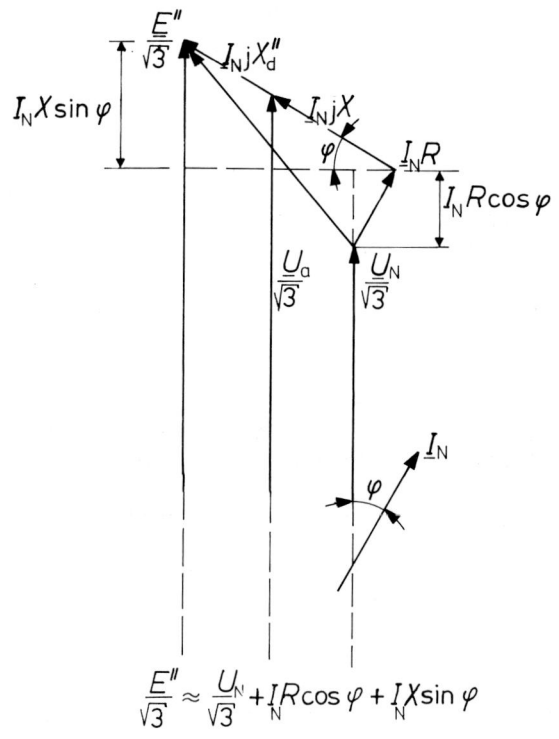

Bild 3.3 Kopfzeigerdiagramm für die Ermittlung von E''

Im folgenden Beispiel soll in einem unverzweigten Stromkreis die Kurzschlußstromhöhe bei vorgegebenen Spannungs- und Impedanzwerten nach dem *Berechnungsverfahren mit der wirksamen Generatorspannung E''* bestimmt werden.

Beispiel:
Eine Verbraucher-Sternschaltung mit je 150 Ω wird von einer Netzbetriebsspannung (Nennspannung) von 10 kV gespeist. Die Anfangsreaktanz des Generators soll $jX_d'' = j8\,\Omega$ und die Leitungsimpedanz $R_{Netz} + jX_{Netz} = (4 + j3)\,\Omega$ betragen. Es wird der Anfangs-Kurzschlußwechselstrom I_k'' bei den möglichen Leistungsfaktoren $\cos\varphi = 1{,}0$; 0,8 und 0,6 gesucht. Der Nennstrom in der Anlage beträgt:

$$I_N = \frac{10000\text{ V}}{\sqrt{3}\cdot 150\,\Omega} = 38{,}5\text{ A}.$$

Die Sternspannung am Verbraucher ist $10000\text{ V}/\sqrt{3} = 5773{,}67$ V. Die Anfangsspannung des Generators wird dann nach Gl. (3.5) für $\cos\varphi = 1$:

$$\frac{E''}{\sqrt{3}} \approx (5773{,}67 + 38{,}5\cdot 4)\text{ V} = 5927{,}67\text{ V}.$$

Entsprechend ergeben sich für $\cos\varphi = 0{,}8$:

$$\frac{E''}{\sqrt{3}} \approx (5773{,}67 + 38{,}5\cdot 4\cdot 0{,}8 + 38{,}5\cdot 11\cdot 0{,}6)\text{ V} = 6150{,}97\text{ V}$$

und für $\cos\varphi = 0{,}6$:

$$\frac{E''}{\sqrt{3}} \approx (5773{,}67 + 38{,}5\cdot 4\cdot 0{,}6 + 38{,}5\cdot 11\cdot 0{,}8)\text{ V} = 6204{,}87\text{ V}.$$

Mit abnehmendem Leistungsfaktor steigt die Generatorspannung im Netz, so daß auch der Anfangs-Kurzschlußwechselstrom höhere Werte annehmen muß.

Nach Gl. (3.2) und Gl. (3.3) können die Kurzschlußströme errechnet werden:

$$Z_k = [4^2 + 11^2]^{\frac{1}{2}}\,\Omega = 11{,}70\,\Omega,$$

$$I_{k1{,}0}'' \approx \frac{5927{,}67\text{ V}}{11{,}70\,\Omega} = 506{,}64\text{ A},$$

$$I_{k0{,}8}'' \approx \frac{6150{,}97\text{ V}}{11{,}70\,\Omega} = 525{,}72\text{ A},$$

$$I_{k0{,}6}'' \approx \frac{6204{,}87\text{ V}}{11{,}70\,\Omega} = 530{,}33\text{ A}.$$

Eine Prüfung mit der Gl. (3.4) – in der vom Faktor $c = 1{,}1$ die Spannungserhöhung der Quellenspannung des Generators zusammengefaßt ist – ergibt, daß der errechnete Kurzschlußstrom für die angenommenen Daten des Kurzschlußkreises etwa einem $\cos \varphi = 0,4$ entspricht:

$$I_k'' = \frac{1,1 \cdot 10 \text{ kV}}{\sqrt{3} \cdot 11,70 \text{ }\Omega} = 542,86 \text{ A}.$$

Das *Berechnungsverfahren mit der Ersatzquellenspannung* geht davon aus, daß die Fehlerstelle ersatzweise mit einer Quellenspannung versehen wird, wobei die übrigen wirksamen Spannungen verschwinden. Der Generator wirkt in diesem Fall in der Kurzschlußbahn nur durch seinen Reaktanzbeitrag.

Bild 3.4 zeigt die Kurzschlußbahn des unverzweigten Netzes mit der *Ersatzquellenspannung* an der Kurzschlußstelle als einzige wirksame Spannung im Netz. Im unverzweigten Stromkreis ist es für die Berechnung beliebig, ob die Spannung am Generator oder an der Fehlerstelle angesetzt wird.

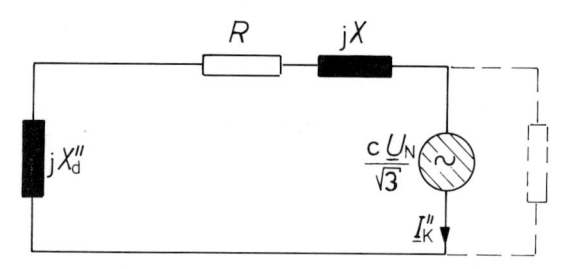

Bild 3.4 Kurzschlußbahn mit Ersatzquellenspannung

Aufgabe 3.1
Die im Beispiel errechneten Werte der Generator-Quellenspannung sollen durch einen selbstgewählten Maßstab aus dem Diagramm grafisch ermittelt werden.

3.2 Transformator in der Kurzschlußbahn – mehrere Spannungsebenen und Bezugsspannung U_B

Die dem Verbraucher zur Verfügung gestellte elektrische Energie wird im allgemeinen über mehrere Spannungsebenen geführt, die durch Transformatoren miteinander gekoppelt sind. Je nach Lage der Erzeuger (Kraftwerke) können neben den Mittel- und Niederspannungen auch Hoch- und Höchstspannungen zum Netzbereich gehören, deren Wirksamkeit bei Kurzschlußstörungen in anderen Spannungsebenen zu prüfen ist.
Während im Kommunalbereich die elektrische Energieverteilung oft von Mittelspannungsringnetzen aus erfolgt, findet man in Industrieanlagen häufig eine einseitige und direkte Einspeisung aller Unterverteilungen. Netze, die die

elektrische Energie einseitig gerichtet und strahlenförmig dem Verbraucher zuführen, heißen *Strahlennetze*.
Bei Kurzschlußstörungen in Strahlennetzen können mehrere Transformatoren in der Kurzschlußbahn liegen, die mittelbar auf die Kurzschlußströme durch ihre Wirk- und Streuwiderstände Einfluß nehmen. **Bild 3.5** zeigt die schematische Darstellung eines Strahlennetzes mit mehreren Spannungsebenen und Transformatoren.

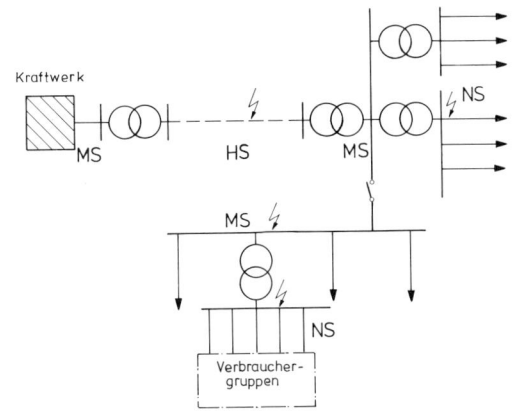

Bild 3.5 Netz mit mehreren Spannungsebenen und verschiedenen Kurzschlußlagen

Bei der angenommenen und eingezeichneten Kurzschlußstörung in der Nähe der Verbrauchergruppen tragen alle in der Kurzschlußbahn liegenden Widerstandswerte zur Kurzschlußstromausbildung bei, auch dann, wenn sie verschiedenen Spannungsebenen angehören.
Nach VDE 0102 sind bei einem zwischen Kurzschlußstelle und speisendem Generator liegenden Transformator die Impedanzen der Betriebsmittel in den über- oder unterlagerten Netzen mit dem Quadrat der Transformator-Nennübersetzung umzurechnen. Das heißt, die in einem anderen Spannungsbereich liegenden Widerstände der Kurzschlußbahn müssen so errechnet werden, daß sie für die von dem Kurzschluß betroffene Ebene gültig sind. Hierbei ist davon auszugehen, daß sich die Impedanzwerte der Transformatorenseiten selbst wie das Quadrat der übersetzten Spannungen verhalten, wie in jedem Kurzschlußversuch am Transformator nachgewiesen werden kann. Sind U_I und U_{II} die jeweiligen Spannungen der Primär- bzw. der Sekundärseite eines Transformators entsprechend dem **Bild 3.6**, dann ist:

$$\frac{Z_I}{Z_{II}} = \left(\frac{U_I}{U_{II}}\right)^2. \tag{3.6}$$

Damit bei diesem Kurzschlußversuch der Nennstrom in den Transformatorwicklungen fließen kann, muß eine Spannung angelegt werden, die mit

Kurzschlußspannung bezeichnet wird. Die Kurzschlußspannung u_k wird prozentual auf die Transformatornennspannung bezogen, so daß $u_{k\%}$ als *prozentuale Kurzschlußspannung* entsteht. Sie ist für die in elektrischen Starkstromanlagen installierten Transformatoren eine charakteristische Größe und wird auf dem Leistungsschild verzeichnet.

Für die Umrechnung der Kurzschlußströme in den verschiedenen Spannungsebenen kann davon ausgegangen werden, daß die Leistungen auf der Primär- und Sekundärseite eines Transformators wegen des annähernd gleichen cos φ beider Seiten gleich ist:

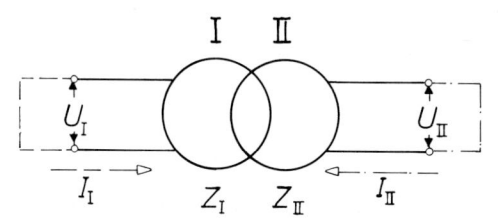

Bild 3.6 Transformator im Kurzschlußfall

$$I_I \cdot U_I \cdot \cos \varphi_I = I_{II} \cdot U_{II} \cdot \cos \varphi_{II}, \tag{3.7}$$

$\cos \varphi_I \approx \cos \varphi_{II}$,

$$I_I = I_{II} \cdot \frac{U_{II}}{U_I}. \tag{3.8}$$

Zur Berechnung der Kurzschlußstromhöhe an der eigentlichen Fehlerstelle müssen alle Widerstandswerte der Kurzschlußbahn erfaßt und auf eine einzige Spannung bezogen werden. Die gewählte Spannung wird als *Bezugsspannung* U_R bezeichnet. Da es oft von unmittelbarem Interesse ist, die Kurzschlußstromhöhe an der Stelle zu ermitteln, wo der Fehler aufgetreten ist, wählt man die dort liegende Spannug als Bezugsspannung. Grundsätzlich kann jede im betroffenen Netz vorhandene Spannung als Bezugsspannung erklärt werden. In Mittel- oder Hochspannungsanlagen wird häufig der Bezug auf eine neutrale 10-kV-Basis genommen.

3.3 Widerstandsgrößen der Betriebsmittel in der Kurzschlußbahn

3.3.1 Beitrag des Generators

Der Wirkwiderstand der Wicklungen eines Generators ist sehr klein; in Näherung kann der fiktive Wert bei Generatoren kleinerer Nennleistungen mit $R_G = 0{,}07 \cdot X_d''$ angenommen werden. Bei Kurzschlußbeginn wird vor allem der durch die Maschinenbauart bedingte Ständerstreuwiderstand X_{Str} auf den Kurzschlußstrom einwirken.

Die *Ständerstreuspannung* U_{Str} ist für jede Maschine – ähnlich wie bei einem Transformator – durch Kurzschlußversuch mit Nennstrombelastung zu ermitteln:

$$U_{Str} = X_{Str} \cdot I_N. \tag{3.9}$$

Die Ständerstreuspannung wird als prozentualer Wert der Generatorspannung U_G angegeben:

$$\frac{U_{Str}}{U_G/\sqrt{3}} \cdot 100 = u_{Str\%}. \tag{3.10}$$

Auflösung nach U_{Str} und Einsetzen in Gl. (3.9) liefert die Beziehung:

$$X_{Str} \cdot I_N = \frac{u_{Str\%} \cdot U_G}{\sqrt{3} \cdot 100}. \tag{3.11}$$

Der Streuwiderstand ist mit der subtransienten Längsreaktanz identisch, so daß unter Beachtung der Generatorleistung $S_G = \sqrt{3} \cdot U_G \cdot I_N$ Gl. (3.12) entsteht:

$$X_{Str} \equiv X_d'' = \frac{u_{Str\%} \cdot U_G^2}{100 \cdot S_G}. \tag{3.12}$$

Nach der Wahl einer Bezugsspannung in der Kurzschlußbahn wird der Widerstandswert der Anfangsreaktanz eines Generators auf U_B bezogen. In Gl. (3.12) ist dann $U_G \rightarrow U_B$. Die Generatornennspannung U_G läßt sich auch durch die Netzbetriebsspannung (Nennspannung) ersetzen. Hierbei wird wegen der Spannungsfallwerte der übliche Zuschlag von 5% berücksichtigt:

$$(1{,}05 \cdot U_N)^2 = 1{,}1 \cdot U_N^2,$$

$$X_d'' = \frac{u_{Str\%} \cdot 1{,}1 \cdot U_N^2}{100 \cdot S_G}. \tag{3.13}$$

Es ist vorteilhaft, die Gleichungen wieder als zugeschnittene Größengleichungen zu schreiben:

$$X_d''/\Omega = \frac{u_{Str\%} \cdot 1{,}1 \cdot U_N^2/\text{kV}^2}{100 \cdot S_G/\text{MVA}}. \tag{3.14}$$

Daß neben der subtransienten Längsreaktanz X_d'' auch noch andere Generatorreaktanzen – vor allem bei generatornahen Kurzschlüssen – an dem Kurzschlußstromverlauf beteiligt sind, wird in Abschnitt 3.5.1 gezeigt. Arbeiten mehrere Generatoren parallel, so kann bei gleicher Ständerstreuspannung ein *Ersatzgenerator* G_{ers} ermittelt werden, indem die Generatorleistungen summiert und an Stelle von S_G in Gl. (3.13) bzw. Gl. (3.14) eingesetzt werden. Bei ungleichen Streuwiderständen läßt sich der mittlere Wert aus Gl. (3.15) bestimmen:

$$\frac{1}{u_{Str}} = \frac{1}{u_{Str1}} \cdot \frac{S_{G1}}{S_G} + \frac{1}{u_{Str2}} \cdot \frac{S_{G2}}{S_G} + \ldots \qquad (3.15)$$

Hierin sind die u_{Str} die prozentualen Streuspannungen, S_{G1}, S_{G2} usw. die Einzelleistungen der Generatoren und S_G die Summe aller an der Energielieferung beteiligten Maschinen. Die prozentualen Streuspannungen der Synchronmaschinen sollten für die Kurzschlußstromberechnung den Angaben auf den Generatorprüfscheinen entnommen werden. Als grobe Mittelwerte nennt *Reck* für Turbo- bzw. Schenkelpolmaschinen u_{Str} = 12 bis 17%.

3.3.2 Beitrag des Transformators

Auch bei Transformatoren ist die Wirkwiderstandsgröße gegenüber dem Streublindwiderstand klein. Eine Betrachtung am „Kappschen Dreieck" zeigt, daß sich für viele Transformatoren im Kurzschlußaugenblick die induktive Streuspannung durch die Kurzschlußspannung $u_{k\%}$ ersetzen läßt:

$u_{x\%} \approx u_{k\%}$.

Wie bei einem Generator ist dann unter Beachtung der Transformatorscheinleistung $S_{Tr} = \sqrt{3} \cdot U \cdot I_N$ und der übrigen Gln. (3.9) bis (3.11):

$$X_{Tr} = \frac{u_{k\%} \cdot U^2}{100 \cdot S_{Tr}}. \qquad (3.16)$$

Wird wegen der Berechnungsgenauigkeit eine Trennung von induktivem und ohmschem Spannungsverlust notwendig, dann lassen sich X_{Tr} und R_{Tr} wie folgt schreiben:

$$X_{Tr} = \frac{u_{x\%} \cdot U^2}{100 \cdot S_{Tr}}; \qquad R_{Tr} = \frac{u_{r\%} \cdot U^2}{100 \cdot S_{Tr}}. \qquad (3.17)$$

Die ohmschen Verluste können aus dem Verhältnis der Wicklungsverluste zur Nennleistung des Transformators bestimmt werden, wobei etwa 10 bis 15% Zusatzverluste durch die Wirbelströme im aktiven Eisen zu berücksichtigen sind.

Beispiel:
Ein 2500-kVA-Transformator mit u_k = 6% hat P_{Tr} = 27 kW Wicklungsverluste. Einschließlich 10% Zusatzverluste wird dann: P_{Tr} = 29,7 kW;
$u_r = (29{,}7/2500) \cdot 100 = 1{,}18\%$; $u_x = (6^2 - 1{,}18^2)^{\frac{1}{2}} = 5{,}88\%$.

Bei einer gewählten Bezugsspannung wird die Spannung des Transformators wieder durch U_B ersetzt.
Bei einer Anlagenplanung sind die Kurzschlußspannungen der Transformatoren oft noch nicht bekannt, so daß auch hier mit mittleren Werten gerechnet werden muß. Die prozentualen Kurzschlußspannungen liegen bis 60 kV etwa zwischen 3...8 %, bei 110 kV um 10 % und bei 220 kV um 12 %. Sind in einer Kurzschlußbahn mehrere Transformatoren parallel geschaltet, dann ist die gleiche Kurzschlußspannung für alle beteiligten Transformatoren Vorbedingung. Nach der Summierung der Leistungen kann in den Gln. (3.13) und (3.14) wieder ein Ersatztransformator eingesetzt werden.

3.3.3 Beitrag der Freileitungen und Kabel
In den Spannungsebenen, in denen die Wirkwiderstände der Leitungen oder Kabel berücksichtigt werden – d. i. der Mittel und Niederspannungsbereich – kann R_k aus den Querschnitten, den Längen und der spezifischen Leitfähigkeit berechnet werden. Bei Freileitungen ist es jedoch ratsam – besonders bei den häufig verwendeten Al-St-Seilen – den Wirkwiderstand aus den Tabellen oder aus den Angaben der Hersteller zu entnehmen (Tabelle 2.1 I). Auch die Reaktanzen sind vorteilhafterweise aus den Diagrammen für Kabel und Freileitungen abzulesen, da die verschiedenen Parameter (Leiterabstand, Leiterradius, Isolations- und Bewehrungsformen bei Kabel usw.) rechnerisch nicht immer genügend genau erfaßt werden können.
Als Richtwerte gelten für Mittelspannungsfreileitungen bis 30 kV: 0,3...0,35 Ω/km und für Spannungen über 30 kV 0,4 Ω/km je Leiter.
Kabel haben einen geringeren induktiven Widerstand, er liegt im Durchschnitt bei 30 bis 60 kV je nach Querschnitt zwischen 0,1 und 0,15 Ω/km. Im Hoch- und Höchstspannungsbereich können Wirkwiderstände der Größe $R_k \approx 0,3 \cdot X_k$ grundsätzlich vernachlässigt werden, so daß bei diesen Netzen im Kurzschlußfall ausschließlich Induktivitäten und Kapazitäten wirken.

3.3.4 Beitrag einer Kurzschlußstrom-Begrenzungsdrossel
Bereits bei der Neuplanung größerer Starkstrom-Anlagen kann durch Aufteilung der Netze und durch Konzentrationsverhinderung hoher elektrischer Energien die Kurzschlußstromhöhe so beeinflußt werden, daß die dem Stand der Technik entsprechenden Schutzeinrichtungen in der Lage sind, die Kurzschlußstörung auszuschalten.
So ist man in industriellen Niederspannungsanlagen dazu übergegangen, durch eine Erhöhung der Nennbetriebsspannung von 500 V auf 660 V die Kurzschlußstromhöhe ebenfalls herabzusetzen.
Zu den Einrichtungen, die in Starkstromanlagen kurzschlußstrombegrenzend wirken, gehören die *Kurzschlußstrom-Begrenzungsdrosseln.* Sie sind als Luftdrosseln ausgelegt, damit im Kurzschlußfall keine Sättigungseffekte durch Eisen auftreten. Im Normalbetrieb bleiben die Leistungsverluste gering; bei einer Kurzschlußstörung werden durch die hohe Induktivität der Stoßkurzschlußstrom und der Anfangs-Kurzschlußwechselstrom erheblich beeinflußt.

Die nach VDE 0532 genormten Drosseln werden bis zu 2500 A Nennstrom gebaut und haben „Kurzschlußspannungen" von 3...10%. Der induktive Drosselwiderstand X_D errechnet sich nach einer, zu den für Generatoren und Transformatoren gültigen Widerstandsgleichungen äquivalenten Beziehung:

$$X_D = \frac{u_{D\%} \cdot U^2}{100 \cdot S_D}. \tag{3.18}$$

Bild 3.7 zeigt die Symbole von *Abzweigdrosseln* D_a, die auf einer relativ niedrigen Mittelspannungsebene mit hoher Kurzschlußleistung eingesetzt sind, sowie einer *Längs-* oder *Sammelschienendrossel* D_L, die parallel arbeitende Generatoren miteinander verbindet.

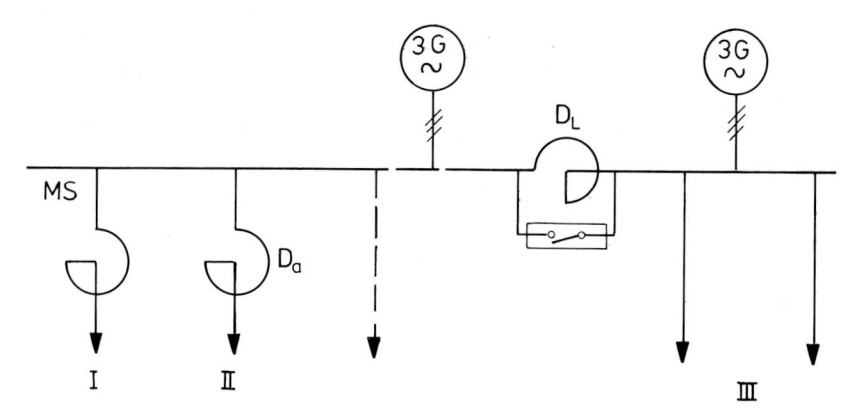

Bild 3.7 Kurzschlußstrom-Begrenzungsdrosseln in der Abzweigung und in der Sammelschiene

Die Sammelschienendrossel hat geringe Verluste im Nennbetrieb, da sie nur Ausgleichströme zu führen hat. Im Kurzschlußfall, etwa in den Zweigen I oder II der Abgänge, setzt die volle Wirkung der Drosselinduktivität ein, so daß bis zur Ausschaltung der Störung die Abgänge III ungehindert mit elektrischer Energie beliefert werden können.

Kurzschlußstrom-Begrenzungsdrosseln werden üblicherweise in Mittel- und Hochspannungsanlagen eingesetzt, in Niederspannungsanlagen würden wegen der hohen Betriebsströme zu hohe Kupferverluste entstehen.

3.4 Beispiele für die Berechnung dreipoliger Kurzschlüsse in Strahlennetzen mit Transformatoren

3.4.1 Netz mit Transformatoren und starrer Einspeisung
In Kabel- und Freileitungsnetzen, die über einen ausgedehnten Verbund-

betrieb eingespeist werden, können bei einer Kurzschlußstörung die Netzkonstanten der oft weiträumigen Verbundanlage einschließlich der Generatorwiderstände in den Kraftwerken vernachlässigt werden. Bei der Berechnung finden dann nur die in Transformatornähe liegenden Blindwiderstände der Leitungen Berücksichtigung.

Wegen der dämpfenden Wirkung der hohen Netzwiderstände im Verbund wird eine Ankerrückwirkung der Maschinen auf den Kurzschlußstrom an der Fehlerstelle keinen Einfluß haben, so daß der Anfangs-Kurzschlußwechselstrom ohne Verringerung in den Dauerkurzschlußstrom übergeht.

Beispiel:
Die induktiven Widerstände einer mit einem größeren Verbundnetz zusammenhängenden 110-kV-Freileitung und eines 10-kV-Kabels sind mit je 0,35 Ω/km und 0,14 Ω/km bekannt. Der übersetzende Transformator hat eine Nennleistung von $S_{Tr} = 10$ MVA und eine Kurzschlußspannung von $u_k = 7\%$. Die Bezugsspannung soll entsprechend der im **Bild 3.8 a, b, c** eingezeichneten Kurzschlußlage $U_B = 10$ kV betragen. Gesucht ist die Höhe des Anfangs-Kurzschlußwechselstromes I_k''.

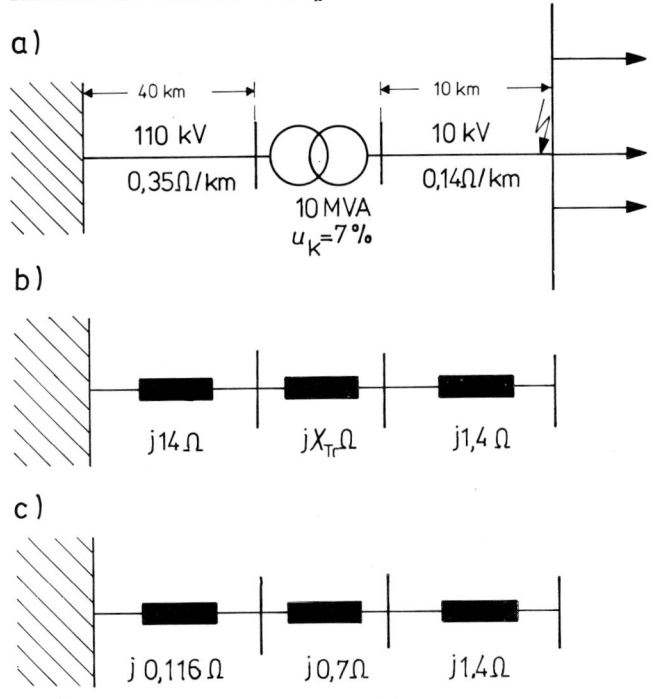

Bild 3.8 Widerstandsumrechnung auf die Bezugsspannungen:
a) die Spannungsebenen, b) Reaktanzen der 10- und 110-kV-Seite,
c) Reaktanzen bei $U_B = 10$ kV

Die angegebenen Längen für die Freileitung und das Kabel legen die im Ersatzschaltbild 3.8b eingetragenen Reaktanzen j14 Ω und j1,4 Ω fest. Die Umrechnung der 110-kV-Leitungsreaktanz auf die gewählte Bezugsspannung 10 kV erfolgt mit Gl. (3.6):

$$\frac{X_{10}}{X_{110}} = \left(\frac{U_{10}}{U_{110}}\right)^2.$$

Hierin ist X_{10} die Leitungsreaktanz der 110-kV-Leitung, bezogen auf 10 kV. Nach den angegebenen Werten wird:

$$jX_{10} = j14 \cdot \left(\frac{10}{110}\right)^2 \Omega = j0,116 \, \Omega.$$

Der Beitrag des Transformators ist nach Gl. (3.16) mit $u_{k\%} \approx u_{x\%}$:

$$jX_{Tr} = j\frac{7 \cdot 10^2}{100 \cdot 10} \, \Omega = j0,7 \, \Omega.$$

Die errechneten und auf 10 kV bezogenen Widerstände sind in der *Ersatzschaltung der Bezugswiderstände* – Bild 3.8c – eingetragen.
Die Summe der Widerstandswerte aus Bild 3.8c erscheint im Nenner der Gl. (3.4), aus der sich der Anfangs-Kurzschlußwechselstrom I_k'' errechnen läßt:

$$I_{k\,10}'' = \frac{U_B}{\sqrt{3} \cdot jX_v} = \frac{10 \, \text{kV}}{\sqrt{3} \cdot j(0,116 + 0,7 + 1,4) \, \Omega} = -j2605 \, \text{A}.$$

Wegen der starren Speisespannung auf der 110-kV-Anschlußseite, könnte der Kurzschlußfall nach Wahl der Bezugsspannung und nach Umrechnung der Widerstände wieder als einphasige Ersatzschaltung aufgefaßt werden **(Bild 3.9)**, in der die Spannung $10 \, \text{kV}/\sqrt{3}$ von einem *Ersatzgenerator* geliefert wird, die über die Widerstände der Kurzschlußbahn den Kurzschlußstrom I_k'' betreibt.
Es ist oft von Interesse, neben der Kurzschlußstromhöhe auf der vom Fehler betroffenen Seite auch die Kurzschlußstromwerte der übrigen Spannungs-

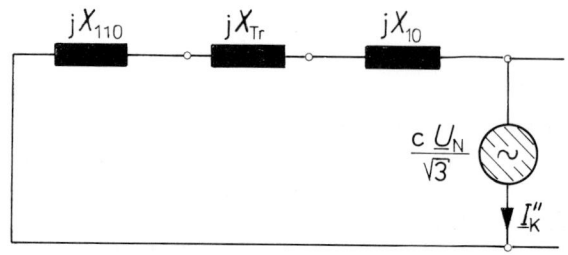

Bild 3.9 Ersatzgenerator in der Kurzschlußbahn

ebenen zu ermitteln. Hierzu bestehen zwei Möglichkeiten: Entweder wird im vorliegenden Beispiel die Spannung 110 kV als Bezugsspannung gewählt, dann müssen alle Widerstandswerte auf diese Spannung umgerechnet werden, und der Kurzschlußstrom I''_{k110} entspricht dem Stromwert bei der Störung im 10-kV-Bereich. Andererseits kann mit dem Übersetzungsverhältnis der Ströme und Spannungen direkt gerechnet werden:

$$\frac{I''_{k110}}{I''_{k10}} = \frac{U_{10}}{U_{110}}.$$

$$I''_{k110} = -j2605\,\text{A} \cdot \frac{10}{110} = -j236{,}82\,\text{A}.$$

Aufgabe 3.2
Es ist die Kurzschlußstromhöhe der 110-kV-Seite im Beispiel nach der Umrechnung der Widerstände auf 110 kV als Bezugsspannung zu bestimmen und mit dem Ergebnis im Beispiel zu vergleichen!

Von einer *starren Speisespannung* kann immer dann ausgegangen werden, wenn die Gesamtleistung der speisenden Kraftwerke gegenüber der Nennleistung der betroffenen Netzstelle groß ist. In allen anderen Fällen kann bei nicht zugänglichen Werten der Betriebsmittel im Hochspannungs- und Kraftwerksbereich mit Ersatzwiderstandsgrößen gearbeitet werden, die sich im allgemeinen aus der *Ausschaltleistung des Leistungsschalters* ergeben, der vor dem zu untersuchenden Netzteil installiert ist. **Bild 3.10** zeigt die Lage eines derartigen Schaltgerätes zwischen Transformator und dem Netz mit unbekannten Widerständen, das als *Ersatzgenerator* über den Leistungsschalter und Transformator die Kurzschlußstelle speist.

3.4.2 Ersatzreaktanz bei starrer Einspeisung
Ein Kurzschlußstrom I''_{kQ} an der Stelle Q zwischen dem „Ersatzgenerator" und Transformator wäre dann nur noch von der unbekannten „Ersatz-Netzreaktanz" bestimmt:

$$I''_{kQ} = \frac{c \cdot U_{NQ}}{\sqrt{3} \cdot X_{Qers}}, \tag{3.19}$$

$$X_{Qers} = \frac{u_{kers\%} \cdot c \cdot U_{NQ}}{100 \cdot \sqrt{3} \cdot I_{NQ}}. \tag{3.20}$$

Da in bereits bestehenden Starkstrom-Anlagen davon ausgegangen werden kann, daß die Ausschaltleistung des Leistungsschalters LS ohnehin höher ist, als die an dieser Stelle zugeführte Kurzschlußleistung
$(S''_{kQ} < S''_{kSch} \rightarrow I''_{kQ} < I''_{kSch})$,

läßt sich die unbekannte Netzreaktanz X_{Qers} nach Gl. (3.17) durch eine prozentuale *Ersatzkurzschlußspannung* $u_{\text{kers}\%}$ ausdrücken.
Aus Gl. (3.19) und Gl. (3.20) entsteht durch Elimination von X_{Qers} die Beziehung:

$$\frac{I''_{\text{kQ}}}{I_{\text{NQ}}} = \frac{100}{u_{\text{kers}\%}}. \tag{3.21}$$

Gl. (3.21) ist auch noch gültig, wenn I''_{kQ} durch den höheren Wert des Ausschaltkurzschlußstromes I''_{kSch} ersetzt wird:

$$\frac{I''_{\text{kSch}}}{I_{\text{NQ}}} = \frac{100}{u^*_{\text{kers}\%}}. \tag{3.22}$$

Werden an Stelle der Stromwerte die zugehörigen Leistungen gesetzt, dann ist mit:

$$I_{\text{NQ}} = I_{\text{NTr}} = \frac{S_{\text{Tr}}}{\sqrt{3} \cdot U_{\text{NQ}}} \quad \text{und} \quad I''_{\text{kSch}} = \frac{S''_{\text{kSch}}}{\sqrt{3} \cdot U_{\text{NQ}}},$$

$$\frac{S''_{\text{kSch}}}{S_{\text{Tr}}} = \frac{100}{u^*_{\text{kers}}}. \tag{3.23}$$

Da die Werte der linken Seite von Gl. (3.23) bekannt sind, ist $u^*_{\text{kers}\%}$ und damit auch $X_{\text{Qers}} = X_{\text{Ners}}$ berechenbar:

$$X_{\text{Ners}} = \frac{u^*_{\text{kers}\%} \cdot U^2_{\text{NQ}}}{100 \cdot S_{\text{Tr}}}. \tag{3.24}$$

Liegt die Kurzschlußstörung, wie im Bild 3.9 gezeigt, in einer anderen Spannungsebene, dann muß die Netzersatzreaktanz wieder auf die Bezugsspannung U_{B} umgerechnet werden:

$$X_{\text{Ners(B)}} = \frac{u^*_{\text{kers}\%} \cdot U^2_{\text{B}}}{100 \cdot S_{\text{Tr}}}. \tag{3.25}$$

Für den Anfangs-Kurzschlußwechselstrom an der Fehlerstelle ist dann unter Beachtung der übrigen Reaktanzen der Kurzschlußbahn:

$$I''_{\text{k}} = \frac{U_{\text{B}}}{\sqrt{3} \cdot [X_{\text{v}} + X_{\text{Ners(B)}}]}. \tag{3.26}$$

Die direkte Bestimmung der Ersatzreaktanz aus Gl. (3.19) mit Berücksichtigung des Faktors $c = 1{,}1$ liefert:

$$X_{\text{Ners}} = \frac{1{,}1 \cdot U_{\text{NQ}}}{\sqrt{3} \cdot I''_{\text{kQ}}}. \tag{3.27}$$

Für die bei der Kurzschlußstromberechnung wirksame Reaktanz an der Fehlerstelle muß dann noch die Umrechnung auf $X_{\text{Ners(B)}}$ erfolgen, was durch Multiplikation mit dem reziproken Wert des Transformatorübersetzungsverhältnisses $1/ü^2$ gelingt:

$$X_{\text{Ners(B)}} = \frac{1{,}1 \cdot U_{\text{NQ}}}{\sqrt{3} \cdot I''_{\text{kQ}}} \cdot \frac{1}{ü^2}. \tag{3.28}$$

Hierin sind:

U_{NQ} Nennspannung des Netzes,
I''_{kQ} Anfangskurzschlußwechselstrom an der Stelle Q, etwa der Ausschaltkurzschlußstrom eines Leistungsschalters,
$ü$ Transformatorübersetzungsverhältnis.

Werden Wirkwiderstandsgrößen auf der Ersatzgeneratorseite mitberücksichtigt, dann kann $R_{\text{Ners}} \approx 0{,}01 \cdot X_{\text{Ners}}$ gesetzt werden.
Grundsätzlich läßt sich die Berechnung des Anfangs-Kurzschlußwechselstromes auch wieder mit Hilfe einer *Ersatzspannungsquelle* durchführen, wie in Bild 3.10b dargestellt.

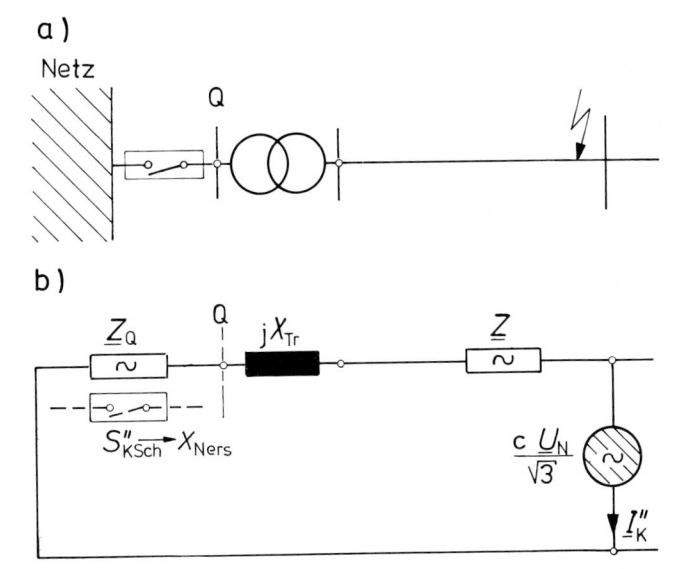

Bild 3.10 Ersatznetzreaktanz durch zugeführte Kurzschlußleistung bei Q:
a) X_{Ners} durch Schalterleistung, b) Berechnung mit Ersatzquellenspannung

Beispiel:
Über eine 110-kV-Hochspannungsleitung und eine 30-kV-Mittelspannungsleitung wird unter Zwischenschaltung zweier Transformatoren eine 0,4-kV-Niederspannungsanlage mit elektrischer Energie versorgt.
Da die Hochspannungsleitung Teil eines umfangreichen Verbundnetzes ist, können die zur Kurzschlußstromhöhe beitragenden Leitungs- und Generatorkonstanten des Verbundnetzes nicht ermittelt werden. Die Berechnung soll daher mit der Ersatz-Netzreaktanz durchgeführt werden. **Bild 3.11** zeigt die Netzanordnung schematisch, die Daten der Leitungen und Transformatoren sind eingetragen, der 110-kV-Hochspannungsleistungsschalter soll ein Ausschaltvermögen von $S''_{kSch} = 1000$ MVA haben.

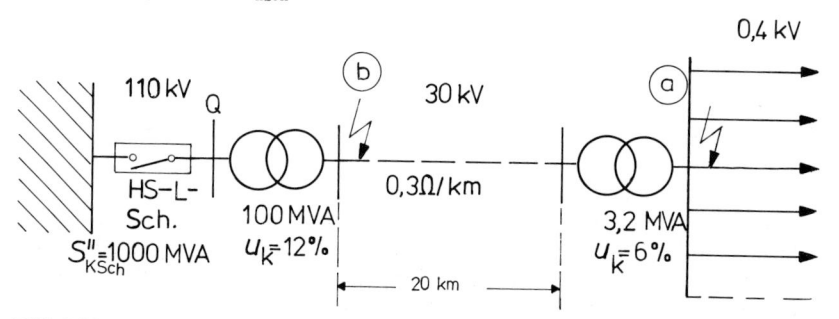

Bild 3.11 Netz mit drei Spannungsebenen und bekannter Schalterleistung bei Q

Untersucht werden die beiden Fehlerstellen a und b, die jeweils unabhängig voneinander einen dreipoligen Kurzschluß aufweisen.

Fehlerstelle a:
Der Kurzschluß liegt auf der Niederspannungsseite in der Nähe des zweiten Transformators. Die Ersatzkurzschlußspannung $u^*_{kers\%}$ kann nach Gl. (3.23) bestimmt werden:

$$u^*_{kers\%} = \frac{100}{1000} \cdot 100 = 10\,\%.$$

Die Ersatz-Netzreaktanz ist nach Gl. (3.25):

$$X_{Ners(0,4)} = \frac{10 \cdot 0{,}4^2}{100 \cdot 100}\, 10^3\ \mathrm{m\Omega} = 0{,}16\ \mathrm{m\Omega}.$$

Die übrigen Widerstandswerte der Kurzschlußbahn errechnen sich entsprechend:

$$X_{Tr1} = \frac{12 \cdot 0{,}4^2}{100 \cdot 100}\, 10^3\ \mathrm{m\Omega} = 0{,}192\ \mathrm{m\Omega},$$

$$X_{30/0,4} = 0{,}3 \cdot 20 \left(\frac{0{,}4}{30}\right)^2 \cdot 10^3 \text{ m}\Omega = 1{,}06 \text{ m}\Omega,$$

$$X_{Tr2} = \frac{6 \cdot 0{,}4^2}{100 \cdot 3{,}2} \cdot 10^3 \text{ m}\Omega = 3 \text{ m}\Omega.$$

Es ist für die weiteren Berechnungen günstig, wenn die ermittelten Werte in einer Tabelle übersichtlich zusammengefaßt werden.

Ort	$R/\text{m}\Omega$	$X/\text{m}\Omega$
Unbekanntes Netz	0	0,16
Transformator 1	0	0,192
Leitung	0	1,06
Transformator 2	0	3
		4,412 mΩ

Der Summenwert der Widerstände in der Kurzschlußbahn beträgt 4,412 mΩ. Die Widerstandssumme wird in Gl. (3.26) eingesetzt, wobei wegen der unberücksichtigten Wirkwiderstände und der Kurzschlußlage auf der Niederspannungsseite der Faktor c = 0,8 betragen soll:

$$I''_{ka} = \frac{0{,}8 \cdot 0{,}4 \cdot 10^3 \text{ V}}{\sqrt{3} \cdot 4{,}412 \cdot 10^{-3} \, \Omega} = 41\,876 \text{ A}.$$

Fehlerstelle b
Der Kurzschluß liegt auf der 30-kV-Ebene dicht hinter dem ersten Transformator. Die Ersatz-Netzreaktanz wird hier nach Gl. (3.22) unter Beachtung der neuen Bezugsspannung $U_B = 30$ kV:

$$X_{Ners(30)} = \frac{10 \cdot 30^2}{100 \cdot 100} \, \Omega = 0{,}9 \, \Omega.$$

Für den ersten Transformator ist:

$$X_{Tr1(30)} = \frac{12 \cdot 30^2}{100 \cdot 100} \, \Omega = 1{,}08 \, \Omega.$$

Danach ist der Anfangs-Kurzschlußwechselstrom mit Gl. (3.23):

$$I''_{kb} = \frac{30 \cdot 10^3 \text{ V}}{\sqrt{3} \cdot 1{,}98 \, \Omega} = 8\,748 \text{ A}.$$

Die Berechnung des Kurzschlußstromes an der Stelle b nach Gl. (3.28) bzw. nach Bild 3.10 führt zum gleichen Ergebnis:

$$X_{\text{Ners}(30)} = \frac{1{,}1 \cdot 110^2 \cdot 30^2}{1000 \cdot 110^2}\,\Omega = 1{,}1 \cdot 0{,}9\,\Omega = 0{,}99\,\Omega.$$

Entsprechend wird:

$$1{,}1 \cdot X_{\text{Tr}1} = 1{,}1 \cdot 1{,}08\,\Omega = 1{,}188\,\Omega,$$

$$I''_{k(30)} = \frac{1{,}1 \cdot 30 \cdot 10^3\,\text{V}}{\sqrt{3} \cdot 2{,}178\,\Omega} = 8748\,\text{A}.$$

3.4.3 Netz mit Generatoren, Transformatoren und Kurzschlußstrom-Begrenzungsdrosseln bei nichtstarrer Einspeisung

Bei der nichtstarren Einspeisung von Strahlennetzen werden alle Netzkonstanten, einschließlich der Generatorwiderstände, als Einflußgrößen auf den Kurzschlußstrom der Fehlerstelle mitberücksichtigt.

Arbeiten in einem Kraftwerk mehrere Generatoren parallel auf eine gemeinsame Sammelschiene, dann ist ein *Ersatzgenerator* zu bestimmen, der die Summe der Leistungen enthält und der bei ungleichen Ständerstreuspannungen einen mittleren Wert aufweist (siehe hierzu Abschnitt 3.3.1, Gl. (3.15)). Der Ersatzgenerator muß die Eigenschaften der einzelnen Generatoren übernehmen, d.h., auch die Kurzschlußleistung muß so groß sein, wie die der parallelgeschalteten Generatoren.

Wird für alle Generatoren eine gleiche Quellenspannung angenommen, und wirken für den Kurzschlußfall ausschließlich die subtransienten Längsreaktanzen, dann gilt:

$$I''_{k\,\text{Gen}} = \frac{E''}{X''_{\text{ders}}} = \frac{E''_1}{X''_{d1}} + \frac{E''_2}{X''_{d2}} + \frac{E''_3}{X''_{d3}} + \ldots$$

Wenn wie vorausgesetzt $E'' = E''_1 = E''_2 = E''_3 = \ldots$, dann ist

$$1/X''_{\text{ders}} = 1/X''_{d1} + 1/X''_{d2} + 1/X''_{d3} + \ldots$$

Wird für die subtransiente Längsreaktanz nach Gl. (3.12) die prozentuale Streuspannung $u_{\text{Str}\%}$ eingesetzt, dann entsteht für den reziproken Wert der Streuersatzspannung des Ersatzgenerators die in Abschnitt 3.3.1 unter Gl. (3.15) bereits erwähnte Beziehung.

1. Beispiel:

Ein mit drei Generatoren ausgerüstetes Kraftwerk speist über zwei Transformatoren und eine Mittelspannungsleitung die von einer Unterstation belieferte 0,4-kV-Verbraucherseite, **Bild 3.12**. Es sollen an zwei Fehlerstellen a

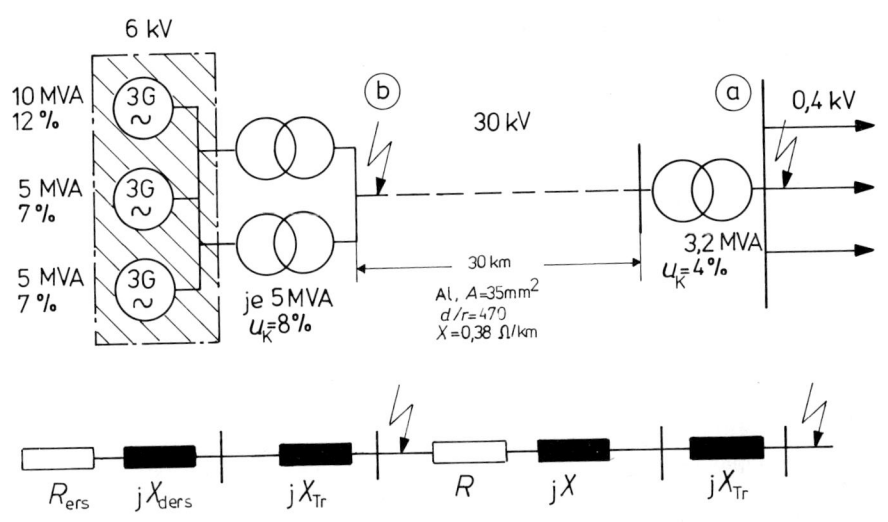

Bild 3.12 Nichtstarres Netz mit bekannten Generator- und Transformatorwerten

und b dreipolige Kurzschlüsse unabhängig voneinander angenommen werden. Wie groß sind die Anfangs-Kurzschlußwechselströme, und welchen Wert hat der Stoßkurzschlußstrom mit $\varkappa = 1{,}38$ bei der Stelle a?

Fehlerstelle a:
Bezugsspannung $U_B = 0{,}4$ kV
Subtransiente Reaktanz des Ersatzgenerators nach Gl. (3.15) und (3.12):

$$\frac{1}{u_{\text{Strers}\%}} = \frac{1 \cdot 10}{12 \cdot 20} + \frac{2 \cdot 5}{7 \cdot 20} = 0{,}113,$$

$u_{\text{Strers}\%} = 8{,}8\ \%,$

$$X''_{\text{ders}} = \frac{8{,}8 \cdot 0{,}4^2}{100 \cdot 20} \cdot 10^3\ \text{m}\Omega = 0{,}7\ \text{m}\Omega.$$

Eine Berücksichtigung des Generator-Wirkwiderstandes mit

$R = 0{,}07 \cdot X''_{\text{ders}} = 0{,}049\ \text{m}\Omega$

liefert nur geringen Beitrag. Zwei Transformatoren mit je 5 MVA können zu einem Ersatztransformator zusammengefaßt werden. Die Berechnung der Reaktanz erfolgt nach Gl. (3.13):

$$X_{\text{Tr}} = \frac{8 \cdot 0{,}4^2}{100 \cdot 10} \cdot 10^3\ \text{m}\Omega = 1{,}28\ \text{m}\Omega.$$

Der Beitrag der Leitung ist für die Reaktanz:

$$X_{0,4} = 30 \cdot 0{,}38 \cdot (0{,}4/30)^2 \, 10^3 \, \text{m}\Omega = 2{,}02 \, \text{m}\Omega$$

und für den Wirkwiderstand:

$$R_{0,4} = \frac{30 \cdot 10^3}{31 \cdot 35} \cdot \left(\frac{0{,}4}{30}\right)^2 \cdot 10^3 \, \text{m}\Omega = 4{,}9 \, \text{m}\Omega.$$

Der Transformator 30/0,4 liefert die Reaktanz unter Vernachlässigung des Wirkwiderstandes mit $u_k = 4\%$:

$$X_{Tr} = \frac{4 \cdot 0{,}4^2}{100 \cdot 3{,}2} \cdot 10^3 \, \text{m}\Omega = 2 \, \text{m}\Omega$$

Tabellarischer Überblick:

Ort	$R/\text{m}\Omega$	$X/\text{m}\Omega$
Ersatz-Generator	0,049	0,7
2 Transformatoren	0	1,28
Leitung	4,9	2,02
Transformator 30/0,4	0	2,0
	4,949	6,0

$$Z = (4{,}949^2 + 6{,}0^2)^{\frac{1}{2}} \, \text{m}\Omega = 7{,}8 \, \text{m}\Omega.$$

Für den Anfangs-Kurzschlußwechselstrom, unter der Berücksichtigung eines für die Niederspannungsseite üblichen Faktors $c = 0{,}8$, wird dann:

$$I_k'' = \frac{0{,}8 \cdot 0{,}4 \cdot 10^3}{\sqrt{3} \cdot 7{,}8 \cdot 10^{-3}} \, \text{A} = 23{,}69 \, \text{kA}.$$

Fehlerstelle b:
Bezugsspannung $U_B = 30 \, \text{kV}$
Subtransiente Reaktanz des Ersatzgenerators:

$$X_{ders}''' = \frac{8{,}8 \cdot 30^2}{100 \cdot 20} \, \Omega = 3{,}96 \, \Omega.$$

In der Kurzschlußbahn befinden sich hier nur noch die beiden Transformatoren mit einer Reaktanz:

$$X_{Tr} = \frac{8 \cdot 30^2}{100 \cdot 10} \, \Omega = 7{,}2 \, \Omega.$$

Tabellarischer Überblick:

Ort	R/Ω	X/Ω
Ersatz-Generator	0,277	3,96
2 Transformatoren	0	7,2
	0,277 Ω	11,16 Ω

$Z = (0,277^2 + 11,16^2)^{\frac{1}{2}} \Omega = 11,16\ \Omega.$

Der Wirkwiderstandsbeitrag des Generators ist also sehr gering und in der Kurzschlußberechnung nicht mehr spürbar:

$$I_k'' = \frac{1,1 \cdot 30 \cdot 10^3}{\sqrt{3} \cdot 11,16}\ \text{A} = 1707\ \text{A}.$$

In den Gleichungen sind entsprechend Gl. (3.14) die eingetragenen Größen wieder zugeschnitten, U_B in kV, X in Ω, I_k'' in A oder kA.

2. Beispiel:
Das in **Bild 3.13** gezeigte Strahlennetz ist auf der 3-kV-Seite mit einer Abzweigdrossel ausgerüstet, die zur Begrenzung eines auf der gleichen Spannungsebene angenommenen dreipoligen Kurzschlusses dienen soll. Gesucht ist der Anfangs-Kurzschlußwechselstrom mit und ohne Einwirkung der Kurzschlußstrom-Begrenzungsdrossel.

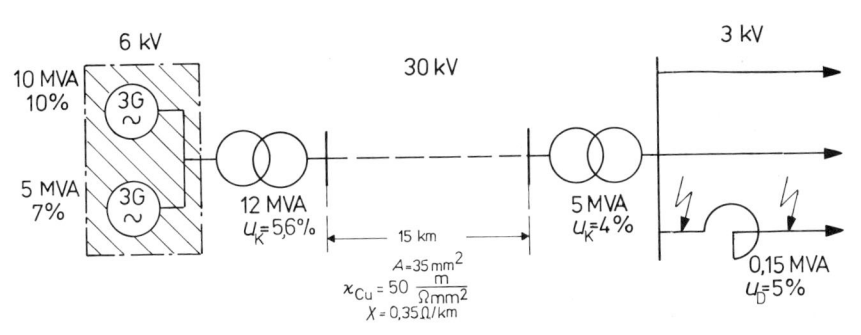

Bild 3.13 Nichtstarres Netz mit Abzweigdrosseln

Kurzschlußstromhöhe ohne Begrenzungsdrossel:
Bezugsspannung $U_B = 3$ kV
Subtransiente Reaktanz des Ersatzgenerators nach Gln. (3.15) und (3.12):

$$X_{\text{ders}} = \frac{8,47 \cdot 3^2}{100 \cdot 15}\ \Omega = 0,051\ \Omega.$$

Transformator 6/30 kV:

$$X_{Tr} = \frac{5{,}6 \cdot 3^2}{100 \cdot 12} \, \Omega = 0{,}042 \, \Omega.$$

Beitrag der Leitung für die Reaktanz:

$$X_{30} = 15 \cdot 0{,}35 \cdot (3/30)^2 \, \Omega = 0{,}052 \, \Omega$$

und für den Wirkwiderstand:

$$R_{30} = \frac{15 \cdot 10^3}{50 \cdot 35} \cdot \left(\frac{3}{30}\right)^2 \, \Omega = 0{,}086 \, \Omega.$$

Transformator 30/3 kV:

$$X_{Tr} = \frac{4 \cdot 3^2}{100 \cdot 5} \, \Omega = 0{,}072 \, \Omega.$$

Tabellarischer Überblick:

Ort	R/Ω	X/Ω
Ersatz-Generator	0,004	0,051
Transformator 6/30	0	0,042
Leitung	0,086	0,052
Transformator 30/3	0	0,072
	0,090	0,217

$$Z = (0{,}090^2 + 0{,}217^2)^{\frac{1}{2}} \, \Omega = 0{,}235 \, \Omega.$$

Wird für die 3-kV-Mittelspannungsebene der Faktor $c = 1{,}0$ gesetzt, dann errechnet sich der Anfangs-Kurzschlußwechselstrom:

$$I_k'' = \frac{1{,}0 \cdot 3 \cdot 10^3}{\sqrt{3} \cdot 0{,}235} \, A = 7370 \, A.$$

Kurzschlußstromhöhe mit Begrenzungsdrossel:
Die Kurzschlußstrom-Begrenzungsdrossel mit einer Durchgangsleistung von 0,15 MVA liefert den Beitrag nach Gl. (3.15):

$$X_D = \frac{5 \cdot 3^2}{100 \cdot 0{,}15} \, \Omega = 3 \, \Omega.$$

Die Gesamtimpedanz der Kurzschlußbahn wird dann:

$$Z = (0{,}090^2 + 3{,}235^2)^{\frac{1}{2}} \, \Omega = 3{,}236 \, m\Omega.$$

Die Kurzschlußstromhöhe ist dann an der angenommenen Fehlerstelle:

$$I_k'' = \frac{1,1 \cdot 3 \cdot 10^3}{\sqrt{3} \cdot 3{,}236} \, A = 589 \, A.$$

3.5 Dreipolige Kurzschlüsse in der Nähe eines Generators oder einer Generatorgruppe

3.5.1 Kurzschlußstromverlauf

Kurzschlußstörungen in unmittelbarer Nähe der Synchronmaschinen haben als sogenannte *generatornahe Kurzschlüsse* eine merkliche Rückwirkung auf das Ankerfeld, was zu einer Abnahme der Quellenspannung E'' führt.

Der Anfangs-Kurzschlußwechselstrom geht in eine Zeitfunktion über, die exponentiell verläuft. Nach den „Bestimmungen für elektrische Maschinen" VDE 0530 werden für die Kurzschlußstromberechnung neben der *subtransienten Längsreaktanz (Anfangsreaktanz)* X_d'' auch die *transiente Reaktanz (Übergangsreaktanz)* X_d' und die *synchrone Reaktanz* X_d beachtet.

Zu Beginn des Kurzschlußstromverlaufes lassen sich die folgenden, in **Bild 3.14** eingezeichneten Zeitkonstanten ermitteln:
T_d'' Anfangszeitkonstante,
T_d' Übergangszeitkonstante,
T_g Zeitkonstante des Gleichstromgliedes.
Die Zeitkonstanten können aus dem Verhältnis der wirksamen Blindwiderstände

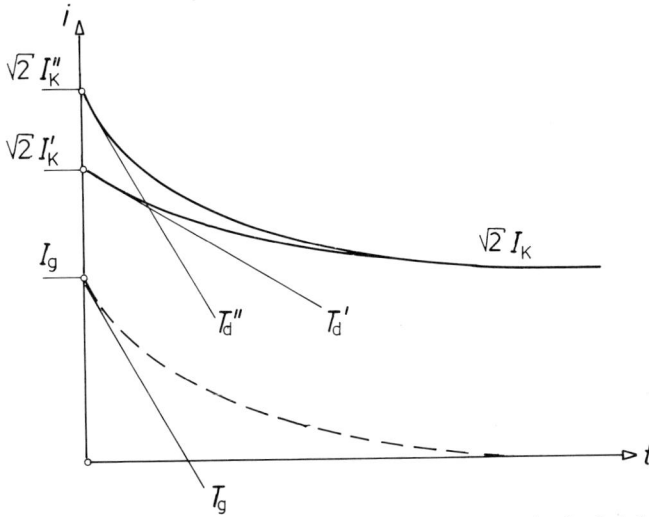

Bild 3.14 Zusammensetzung des Kurzschlußstromverlaufes bei der Störung in Generatornähe

zu den Wirkwiderständen errechnet werden. Vorteilhafter ist es jedoch, die von den Maschinenherstellern gemessenen Werte einzusetzen.
Für den gesamten zeitlichen Kurzschlußstromverlauf – etwa bei einem dreipoligen Klemmenkurzschluß am Generator – erhält man die Zeitfunktion $i_k(t)$. In Bild 3.14 ist der Hüllkurvenverlauf des Anfangs-Kurzschlußwechselstromes, des Übergangs-Kurzschlußwechselstromes und des Dauerkurzschlußstromes eingezeichnet.
Die vollständige Gleichung für den Kurzschlußstromverlauf ist dann entsprechend:

$$i_k(t) = \sqrt{2} \left\{ \left[(I_k'' - I_k') \cdot \exp\left(-\frac{t}{T_d''}\right) + (I_k' - I_k) \cdot \exp\left(-\frac{t}{T_d'}\right) + I_k \right] \right. \\ \left. \cdot \cos(\omega t + \varphi) - I_k'' \cdot \exp\left(-\frac{t}{T_g}\right) \cdot \cos \varphi \right\}.$$

(3.29)

Die den abklingenden Kurzschlußstrom beschreibende Gleichung geht für den Fall einer starren Einspeisung – also bei *generatorfernen Kurzschlüssen* – miz $I_k'' = I_k' = I_k$ wieder in das bekannte allgemeine Integral Gl. (2.12) der auch bei Kurzschluß geltenden Differentialgleichung Gl. (2.4) über.
Wird die Kurzschlußbahn im Generator als überwiegend induktiv angenommen, dann folgt für den asymmetrischen Kurzschluß mit $\varphi = 0°$ oder $\varphi = 180°$ und bei $\omega t = \pi \triangleq \cos \omega t = -1$:

$$i_k(t) = (I_k'' - I_k') \cdot \exp\left(-\frac{t}{T_d''}\right) + (I_k' - I_k) \cdot \exp\left(-\frac{t}{T_d'}\right) + I_k + I_k'' \cdot \exp\left(-\frac{t}{T_g}\right)$$

als Zeitfunktion von Effektivwerten. (3.30)

Bei Generatoren werden durch Kurzschlußversuche die Ströme I_k'', I_k' und I_k einschließlich der Zeitkonstanten aus den durch Messung gewonnenen Oszillogrammen ermittelt. Wenn, wie üblich, der Kurzschlußversuch mit Nennspannung durchgeführt wird, sind die Reaktanzen X_d'' und X_d' gesättigte Werte. Nur X_d bleibt als ungesättigter Reaktanzbeitrag bestehen, weil der Dauerkurzschlußstrom bei Leerlauferregung der Maschine, kaum oder nur wenig, größer als der Nennstrom ist.

3.5.2 Beeinflussung der Kurzschlußstromauswirkung durch gekapselte Generatorableitungen

In den vergangenen Jahrzehnten haben sich die Leistungen der Kraftwerksblöcke stark erhöht, so daß neben der Strombelastung im Dauerbetrieb, die „Generatorableitung" – Verbindung zwischen Generatoren und Umspanner – auch durch besonders hohe Stoßkurzschlußstrombeanspruchung belastet wird. Eine kurzschlußsichere Verbindung zwischen Generator und Maschinenumspanner soll vor allem mögliche kostspielige Ausfallzeiten geschädigter Generatoren verhindern.

Eine dem heutigen Stand der Technik zuzuordnende Lösung ist die *Kapselung* der Schienen zwischen den Generatoren und den Umspannern, die neben einer besseren Sicherung von äußeren Einflüssen gleichzeitig eine dämpfende und kompensierende Wirkung auf die im Kurzschlußfall entstehenden elektrodynamischen Kräfte ausübt.

Eine um den Leiter liegende Hülle aus einem gut leitfähigen Material – etwa Reinaluminium – erzeugt durch „Foucault-Ströme" (Wirbelströme) magnetische Felder, die außerhalb der Kapselung eine kompensierende Wirkung auf das vom eigentlichen Leiter erzeugte Magnetfeld haben. Die Umhüllungen haben entweder ringförmigen oder quadratischen Querschnitt und sind häufig aus Gründen der symmetrischen Feldverteilung untereinander verbunden.

Das von den in der Hülle durch die induzierten Ströme aufgebaute Sekundär-Magnetfeld wirkt selbstzentrierend auf den Leiter, da sich die Sekundär- und Primärmagnetfelder im Inneren der Kapselung konzentrisch verstärken. **Bild 3.15** zeigt die prinzipielle Anordnung einer gekapselten Generatorableitung.

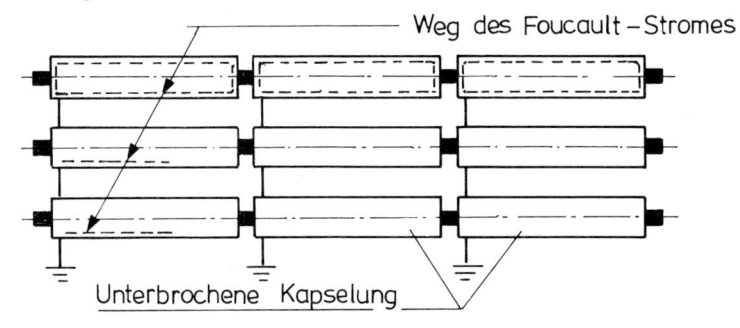

Bild 3.15 Gekapselte Generatorableitung zum Aufheben der elektrodynamischen Kräfte

Die Hüllenströme der Kapselung bedingen aber auch im Normalbetrieb Wärmeverluste, die durch die oft nicht unerhebliche Nennstrombelastung des Leiters entstehen. Ab 20 bis 25 kA Dauerstrom wird eine Zwangskühlung durch Wasser oder Luft mit Rückkühlmöglichkeit notwendig. Für jeden einzelnen Anwendungsfall muß eine Wirtschaftlichkeitsberechnung vorausgehen.

4 Berechnung dreipoliger Kurzschlüsse in Ringnetzen und in Netzen mit mehrfacher Einspeisung

4.1 *Kurzschluß im Ringnetz*

Bei einem von mehreren Stellen eingespeisten Fehler kann der entstehende Gesamtkurzschlußstrom additiv aus den Einzelkurzschlußströmen zusam-

mengesetzt werden. Die Kurzschlußstörung in einem Ringnetz, das von einer einzigen Speisestelle mit elektrischer Energie versorgt wird, weist demnach einen Gesamtkurzschlußstrom auf, der aus zwei Teilströmen besteht, von denen jeder für sich die Leitungsabschnitte unterschiedlich hoch belastet.
In **Bild 4.1** ist ein Mittelspannungsringnetz mit mehreren Abgängen und einer angenommenen Fehlerstelle dargestellt.

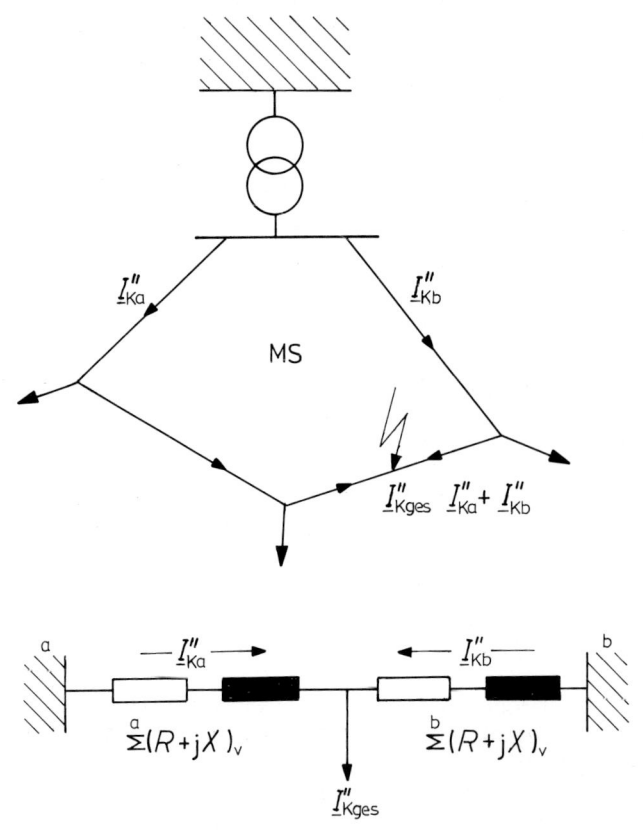

Bild 4.1 Kurzschluß in einem Mittelspannungs-Ringnetz

Die beiden Teilkurzschlußströme $\underline{I}''_{ka}$ und $\underline{I}''_{kb}$ können wieder als Stützwerte aufgefaßt werden, die an den Leitungseingängen zur Aufrechterhaltung des entstandenen Kurzschlußstromes benötigt werden. Ihre Intensität ist durch den davor liegenden Transformator und durch das Hochspannungsnetz gegeben.

Da viele Ringnetze des kommunalen Bereiches aus einem weitverzweigten Verbundnetz elektrische Energie beziehen, kann in den meisten Fällen von

einer *starren Speisespannung* ausgegangen werden; Voraussetzung ist immer, daß die Gesamtleistung der speisenden Kraftwerke im Verbundsystem gegenüber der Nennleistung des Transformators am Ring groß ist.
Bei nicht zugänglichen Daten des vor dem Transformator liegenden Hochspannungsleistungsschalters, kann auch auf den Netzersatzwiderstand verzichtet werden.
Der Anfangs-Kurzschlußwechselstrom geht dann unmittelbar in den Dauerkurzschlußstrom über, d.h., es ist $I_k'' = I_k$. Wie aus **Bild 4.2** ersichtlich, wirken die auf der a-Seite und die auf der b-Seite liegenden Impedanzen der Kurzschlußbahn wie bei einer Parallelschaltung.

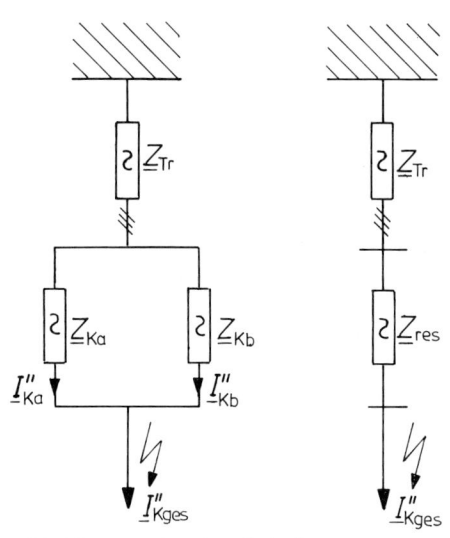

Bild 4.2 Impedanzlage bei Ringnetzen

Bei der Berechnung des Gesamtkurzschlußstromes wird unter der Voraussetzung des Vollastbetriebes auf der Hochspannungsseite eine um 5% höhere Netzbetriebsspannung eingesetzt:

$$I''_{kges} = \frac{1{,}05 \cdot U}{\sqrt{3}(X_{Tr} + X_{res})}, \tag{4.1}$$

$$I''_{ka} = I''_{kges} \cdot \frac{X_{kb}}{X_{kb} + X_{ka}}, \tag{4.2}$$

$$I''_{kb} = I''_{kges} \cdot \frac{X_{ka}}{X_{kb} + X_{ka}}.$$

Besteht die Kurzschlußbahn einschließlich des Transformators aus Impedanzen $\underline{Z}$, dann werden die Reaktanzwerte in Gl. (4.1) und Gl. (4.2) durch $\underline{Z}$ ersetzt.
Reichen die Bedingungen für die vorliegenden Annahmen nicht aus, muß – wie bei Strahlennetzen – mit Ersatz-Widerstandsgrößen auf der Hochspannungsseite gerechnet werden.

Beispiel:
In einer Mittelspannungsringleitung mit einfacher Einspeisung wird eine Fehlerstelle – dreipoliger Kurzschluß – auf dem 13 km langen Streckenabschnitt unterhalb der Umspannstation angenommen. Die Gesamtanordnung ist in **Bild 4.3** dargestellt. Die Daten des Hochspannungsleistungsschalters sind mit $S''_{k\,Sch} = 1{,}5$ GVA bei 110 kV bekannt, so daß mit Ersatz-Netzraktanz gerechnet werden kann.
Die folgende Tabelle enthält die berechneten Werte, die Bezugsspannung U_B beträgt 20 kV.

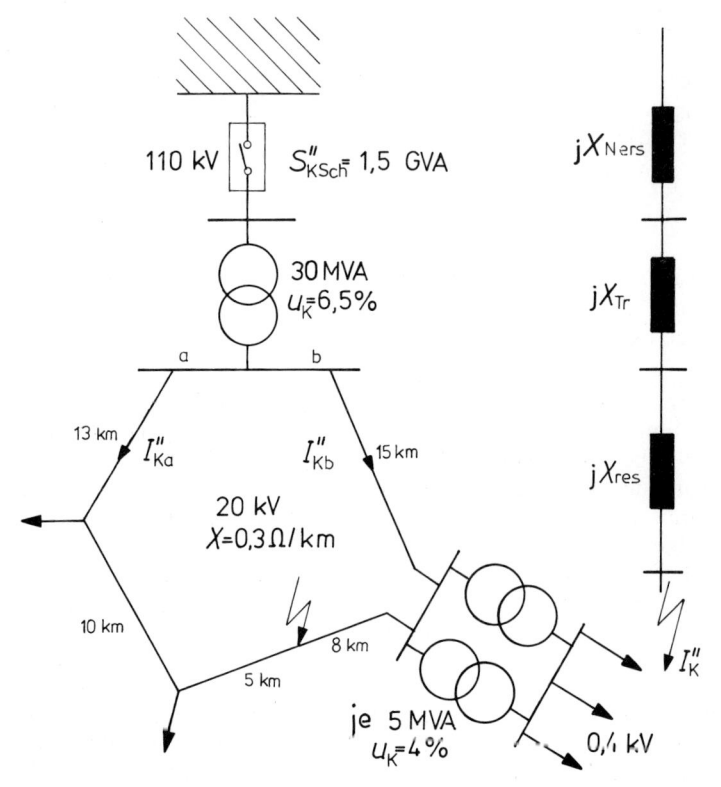

Bild 4.3 20-kV-Ringnetz mit angenommener Kurzschlußstelle

Ort	R/Ω	X/Ω
Ersatz-Netzreaktanz	0	0,27 bei $u_{Strers} = 2\%$
Transformator 110/20	0	0,87
Leitungen X_{ka}	0	8,4
Leitungen X_{kb}	0	6,9

$X_{ges} = X_{Ners} + X_{Tr} + X_{res} = 0,27\ \Omega + 0,87\ \Omega + 3,79\ \Omega = 4,93\ \Omega$.

Für die Gesamtkurzschlußstromhöhe des Anfangs-Kurzschlußwechselstromes ist nach Gl. (4.1):

$$I''_{kges} = \frac{1,05 \cdot 20 \cdot 10^3\ \text{V}}{\sqrt{3} \cdot 4,93\ \Omega} = 2459\ \text{A}.$$

Entsprechend für die Teilkurzschlußströme nach Gl. (4.2):

$I''_{ka} = 2459\ (6,9/15,3)\ \text{A} = 1109\ \text{A}$,

$I''_{kb} = 2459\ (8,4/15,3)\ \text{A} = 1350\ \text{A}$.

Wird wie in der nachfolgenden Aufgabe der dreipolige Kurzschluß auf der Niederspannungsseite in der Nähe der beiden 5-MVA-Transformatoren angenommen, müssen alle Widerstandswerte wieder auf die neue Bezugsspannung 0,4 kV umgerechnet werden. Die Reaktanz der beiden Abzweigtransformatoren wird der Gesamtreaktanz hinzugefügt.

Aufgabe 4.1
Es ist die Höhe des Anfangs-Kurzschlußwechselstromes zu bestimmen, der bei einem dreipoligen Kurzschluß auf der 0,4-kV-Seite entsteht. Welche Ströme übernimmt der Mittelspannungsring?

4.2 Kurzschlüsse in Ringnetzen mit mehreren Speisestellen

4.2.1 Dreieck-Stern-Umwandlung: Netzverwandlung
Ringleitungen, die von mehreren Speisestellen aus elektrische Energie beziehen, lassen sich durch eine Dreieck-Stern-Umwandlung mit anschließender Verlegung der Speisestellen in eine Ersatzspeisestelle berechnen.
Das folgende Beispiel zeigt ein Mittelspannungsringnetz, das an zwei Stellen über Transformatoren eingespeist wird. Die Ringleitung ist wieder einem umfangreichen Verbundnetz auf der Hochspannungsseite zugeordnet, so daß die Einspeisung des Ringes als starr angenommen werden kann. **Bild 4.4** zeigt die Netzanordnung schematisch.
Für die Kurzschlußberechnung ist eine Netzumwandlung erforderlich, bei der das Ringnetz auf ein einseitig gespeistes „Ersatznetz" zurückgeführt wird. Die Lösung soll schrittweise erfolgen, wobei der erste Schritt durch Dreieck-Stern-Umwandlung getrennte „Speisewege" bis zum „Sternpunkt" liefert, die,

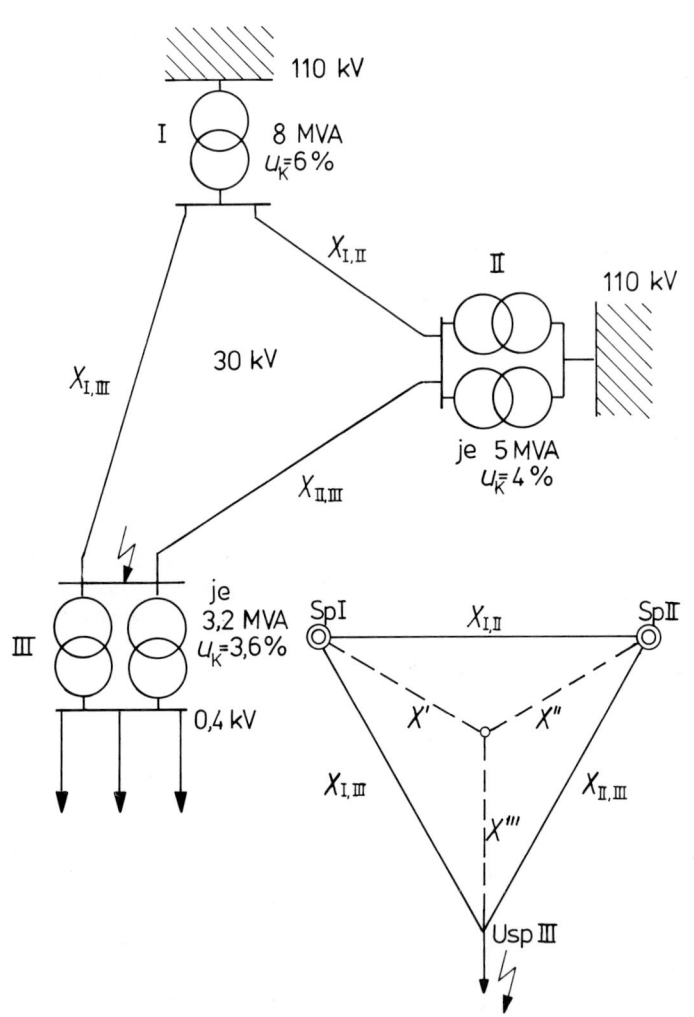

Bild 4.4 Starr eingespeistes Netz mit Dreieck-Umwandlung bei Kurzschlußberechnung

wegen ihrer Parallellage zwischen den beiden Speisepunkten, zu einem resultierenden Widerstand zusammengefaßt werden können.
Bild 4.5 zeigt die schrittweise Umwandlung des Netzes, ein Zahlenbeispiel soll den Vorgang erläutern.

Beispiel:
Zwischen den Speisepunkten und der Umspannstation und zwischen den Speisepunkten selbst mögen die folgenden Entfernungen liegen:

$l_{I,II} = 15$ km; $l_{I,III} = 10$ km; $l_{II,III} = 18$ km.

Bei einer für alle drei Leitungen gemeinsamen Reaktanz $X = 0{,}32\,\Omega/\text{km}$ werden die wirksamen Blindwiderstände $X_{I,II} = 4{,}8\,\Omega$; $X_{I,III} = 3{,}2\,\Omega$; $X_{II,III} = 5{,}76\,\Omega$.

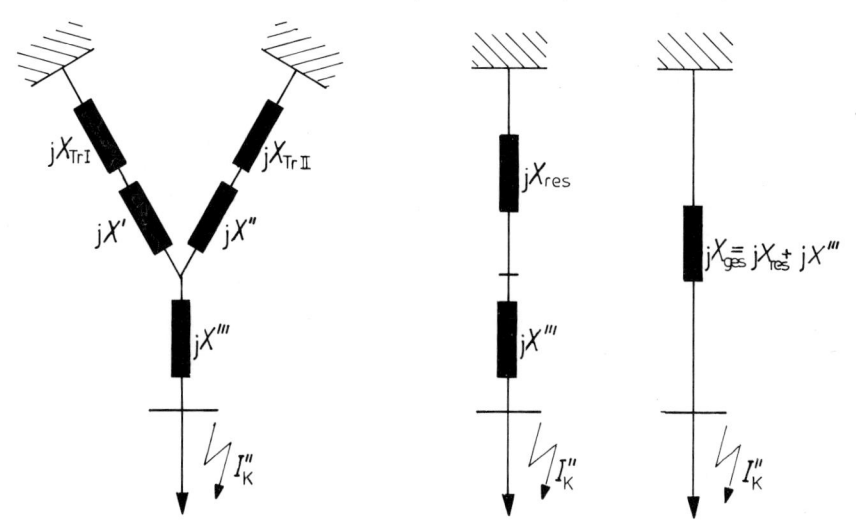

Bild 4.5 Netzumwandlung in einzelnen Schritten

1. Schritt:
Dreieck-Stern-Umwandlung

$$X' = \frac{X_{I,II} \cdot X_{I,III}}{X_{I,II} + X_{I,III} + X_{II,III}}$$

$$X' = \frac{4{,}8 \cdot 3{,}2}{4{,}8 + 3{,}2 + 5{,}76}\,\Omega = 1{,}12\,\Omega$$

$X'' = 2\,\Omega$

$X''' = 1{,}34\,\Omega$

2. Schritt:
Bilden des resultierenden Widerstandes und Zusammenlegen der beiden Speisestellen zu einer *Ersatzspeisestelle*:

$$X_{\text{res}} = \frac{(X_{\text{Tr1}} + X') \cdot (X_{\text{Tr2}} + X'')}{X_{\text{Tr1}} + X_{\text{Tr2}} + X' + X''}$$

$$X_{Tr1} = \frac{6 \cdot 30^2}{100 \cdot 8} \Omega = 5{,}4\,\Omega$$

$$X_{Tr2} = \frac{4 \cdot 30^2}{100 \cdot 10} \Omega = 3{,}6\,\Omega$$

$$X_{res} = \frac{(5{,}4 + 1{,}12)\,(3{,}6 + 2)}{5{,}4 + 3{,}6 + 1{,}12 + 2} \Omega = 3{,}01\,\Omega$$

3. Schritt:
Zusammenfassen der Widerstände zu einem Gesamtwiderstand:
$X_{ges} = X_{res} + X''' = 3{,}01\,\Omega + 1{,}34\,\Omega = 4{,}35\,\Omega.$
Für den Kurzschlußstrom wird dann:

$$I_k'' = \frac{1{,}1 \cdot 30 \cdot 10^3\,V}{\sqrt{3} \cdot 4{,}35\,\Omega} = 4380\,A.$$

Aufgabe 4.2:
Es ist die Kurzschlußstromhöhe mit den gleichen Daten des Beispiels auf der Niederspannungsseite der Umspannstation III zu bestimmen. Für den Stoßkurzschlußstrom I_s ist ein Stoßfaktor $\varkappa = 1{,}7$ zugrunde zu legen.

Aufgabe 4.3:
Zwei im Verbund arbeitende Kraftwerke speisen über eine Umformstation III einen Mittelspannungsring. Gesucht werden die Kurzschlußströme an den Stellen a und b, wenn die Generatoren und Transformatoren der Kraftwerke bei der Berechnung mit einbezogen werden (Nichtstarre Einspeisung)!

Daten der Kraftwerke:

I mit zwei Generatoren und zwei Transformatoren:

Generator 1	10 MVA; $X_d'' = 7{,}5\%$.
Generator 2	15 MVA; $X_d'' = 9\%$.
Transformator 1	8 MVA; $u_k = 6\%$.
Transformator 2	12 MVA; $u_k = 6\%$.

II mit drei Generatoren und drei Transformatoren:

Generator 1	12 MVA; $X_d'' = 10\%$.
Generator 2	8 MVA; $X_d'' = 8\%$.
Generator 3	5 MVA; $X_d'' = 7\%$.

Transformator 1　　5 MVA; $u_k = 6{,}5\%$.
Transformator 2　　8 MVA; $u_k = 6{,}5\%$.
Transformator 3　　8 MVA; $u_k = 6{,}5\%$.

III Umspannwerk mit zwei Transformatoren:
Transformator 1　　5 MVA; $u_k = 5\%$.
Transformator 2　　3,2 MVA; $u_k = 5\%$.

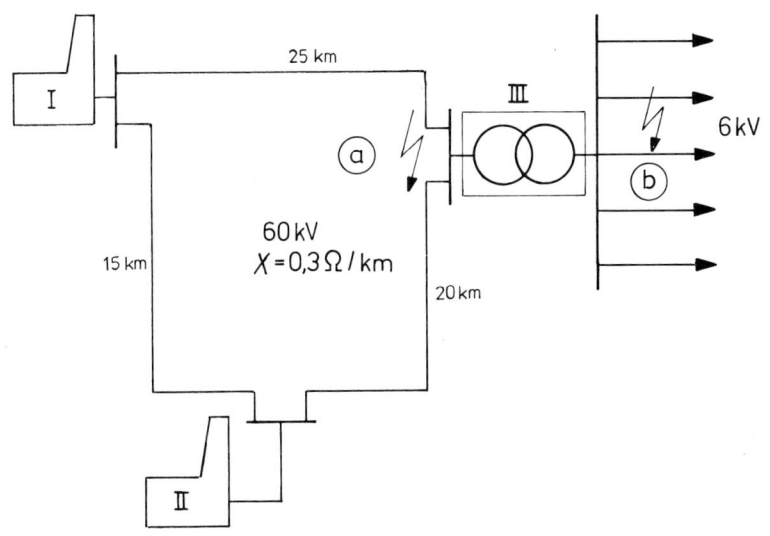

Bild A 4.30　　Kraftwerk-Verbundsystem mit Umspannwerk

4.3 Methode der fiktiven Quellenspannung

Hierbei wird die Kurzschlußstelle in einem Ringnetz als *fiktiver Speisepunkt* eingeführt. Die scheinbare Quellenspannung wird gleich groß, aber mit entgegengesetztem Vorzeichen zur Netzbetriebsspannung gesetzt:

$$U_N = -E_{\text{fiktiv}}. \tag{4.3}$$

Generatoren und Transformatoren, aber auch Leitungen und Kabel, werden bei der angenommenen „reziproken Betriebssituation" zu scheinbaren Verbrauchern, die von der Kurzschlußstelle aus mit negativ angesetzten Kurzschlußströmen „gespeist" werden.

Auf diese Weise lassen sich vor allem in Ringnetzen mit mehreren Speisestellen die Kurzschlußströme leicht ermitteln. Die Berechnung erfolgt mit den Verfahren, die auch bei der Leitungsberechnung üblich sind (siehe hierzu Teil I).

Beispiel:
In dem Beispiel von Abschnitt 4.1 wurde ein Ringnetz mit Ersatzwiderstand gezeigt. Die Berechnung erfolgte durch Parallelschalten der entsprechenden Leitungsanteile unter Berücksichtigung einer Transformatorreaktanz und einer Netzersatzreaktanz, die sich aus den Daten eines auf der Hochspannungsseite befindlichen Leistungsschalters ergaben. Im folgenden wird die Kurzschlußstelle als *fiktiver Speisepunkt* aufgefaßt, Leitungswiderstände, Transformator- und Ersatzreaktanzen gelten als „Verbraucher".
Bild 4.6 zeigt die aufgetrennte Kurzschlußstelle als fiktiven Speisepunkt und die eingezeichneten Reaktanzen als Verbraucher.

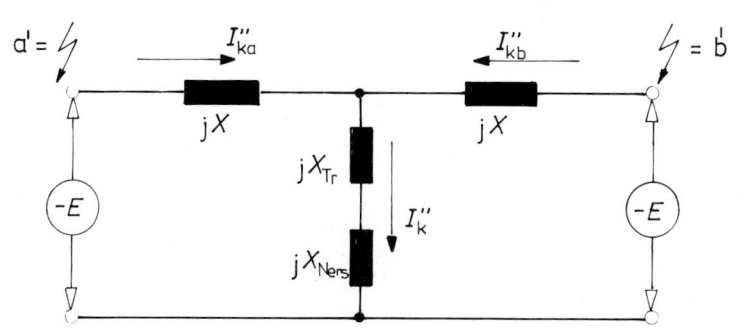

Bild 4.6 Fiktiver Speisepunkt bei Kurzschlußberechnung

Die fiktive Quellenspannung wird an die Trennstelle des Speisepunktes gesetzt: $-E = U/\sqrt{3}$, wenn es sich um einen dreipoligen Kurzschluß handelt. Der gesamte Kurzschlußstrom muß den Ersatzverbraucher bedienen. Die Gleichungen lauten:

$$-\underline{I}_{kb} j 8{,}4\,\Omega - \underline{I}_k'' j 1{,}14\,\Omega = -\underline{E}$$

$$-\underline{I}_{ka} j 6{,}9\,\Omega - \underline{I}_k'' j 1{,}14\,\Omega = -\underline{E}$$

$$-\underline{I}_{kb} - \underline{I}_{ka} + \underline{I}_k'' \qquad = 0$$

Die Berechnung des Gleichungssystems mit Hilfe von Determinanten (Cramersche Regel) liefert für die Nennerdeterminante den Wert $D = 75{,}39\,\Omega^2$ und für die Kurzschlußzählerdeterminante $D_k = -j 185{,}5\,\text{V} \cdot \Omega$. Hieraus folgt für den Kurzschlußstrom:

$$\underline{I}_k'' = \frac{D_k}{D} = \frac{-j 185{,}5 \cdot 10^3\,\text{V} \cdot \Omega}{75{,}39\,\Omega^2} = -j 2460\,\text{A}.$$

4.4 Kurzschlüsse in vermaschten und mehrfach gespeisten Netzen

Wie bei Netzteilen mit kontinuierlicher Belastung führt die rechnerische Behandlung – wegen der zu erwartenden zahlreichen unbekannten Ströme in den Zweigen – auch bei einem Kurzschlußfehler auf *Gleichungssysteme*, deren Lösung entweder mit Hilfe des Matrizen-Kalküls oder mit Iterationsverfahren nach dem Muster des „Gaußschen Algorithmus" gelingt (siehe hierzu Teil IV, Determinanten, Matrizen, Algorithmen).
Im folgenden sollen drei verschiedene Verfahren – Lösung mit der Cramerschen Regel (Determinanten), Lösung mit dem Knotenpunktverfahren (Leitwertmatrix) und Lösung mit dem Gaußschen Algorithmus (verketteter Algorithmus) an einem einfachen Beispiel gezeigt werden. Die Schaltung in

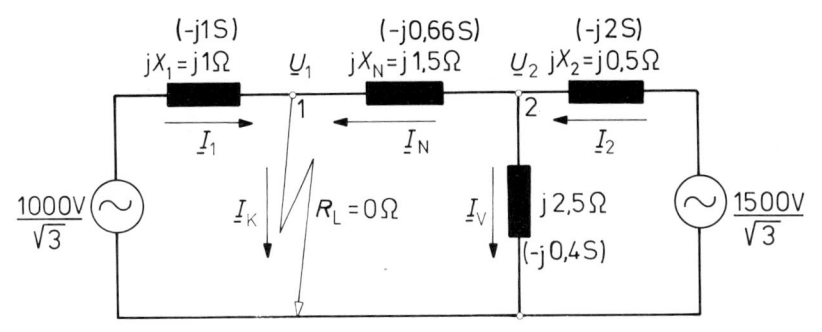

Bild 4.7 Schaltung mit Reaktanzen und zweiseitiger Einspeisung

Bild 4.7 enthält nur Reaktanzen und stellt einen zweiseitig gespeisten Drehstromverbraucher dar, der ebenfalls im wesentlichen als induktiv angenommen wird. Die Fehlerstelle (Kurzschluß) soll in Nähe des linken Transformators liegen, so daß hier lediglich die Beeinflussung durch die Generator- und Transformatorwiderstände erfolgt, während von der rechten Seite die Einspeisung über das übrige Netz stattfindet. Es ist zu erwarten, daß die Fehlerstelle am „Knoten" 1 zwei Teilströme übernimmt: $\underline{I}_1$ und $\underline{I}_{12}$.
Die Schaltung führt auf ein Gleichungssystem mit fünf unbekannten Strömen, die in fünf voneinander linear unabhängigen Gleichungen enthalten sind:

1. Maschengleichung $\quad \underline{I}_1 j X_1 + \underline{I}_k R_L \quad = \underline{E}_1$

2. Maschengleichung $\quad \underline{I}_2 j X_2 + \underline{I}_v j X_v \quad = \underline{E}_2$

3. Maschengleichung $\quad \underline{I}_N j X_N + \underline{I}_k R_L - \underline{I}_v j X_v = 0$

1. Knotenpunktgleichung $\quad \underline{I}_2 \quad - \underline{I}_N \quad - \underline{I}_v \quad = 0$

2. Knotenpunktgleichung $\quad \underline{I}_1 \quad + \underline{I}_N \quad - \underline{I}_k \quad = 0$

4.4.1 Lösung mit Hilfe der Cramerschen Regel

1. Schritt:
Aufstellen des charakteristischen Zahlenschemas, das in jeder Zeile auch die nichtbesetzten Koeffizienten als Null-Werte enthält.

$\underline{I}_1$	$\underline{I}_2$	$\underline{I}_N$	$\underline{I}_v$	$\underline{I}_k$	rechte Seite
jX_1	0	0	0	R_L	$\underline{E}_1$
0	jX_2	0	jX_v	0	$\underline{E}_2$
0	0	jX_N	$-jX_v$	R_L	0
0	1	-1	-1	0	0
1	0	1	0	1	0

2. Schritt:
Wird angenommen, daß im Augenblick des Kurzschlußeintritts der Kurzschlußwiderstand R_k sehr gering ist und erst später bei Lichtbogenbildung eine merkliche Dämpfung einsetzt, läßt sich durch die Setzung $R_k = 0$ die Determinantenrechnung erheblich vereinfachen. Bilden der Nennerdeterminante D führt zu einer ersten Unterdeterminante bei Entwicklung nach der ersten Zeile (siehe hierzu Teil IV, Kapitel 2):

$$D = jX_1 \cdot \begin{vmatrix} jX_2 & 0 & jX_v & 0 \\ 0 & jX_N & -jX_v & 0 \\ 1 & -1 & -1 & 0 \\ 0 & 1 & 0 & -1 \end{vmatrix}.$$

Entwicklung nach der vierten Spalte liefert unter Beachtung der Vorzeichen:

$$D = jX_1 \cdot (-1)^8 \cdot (-1) \cdot \begin{vmatrix} jX_2 & 0 & jX_v \\ 0 & jX_N & -jX_v \\ 1 & -1 & -1 \end{vmatrix}$$

$$= -jX_1 \cdot (-jX_2 jX_N - jX_N jX_v - jX_v jX_2)$$

$$D = jX_N (jX_2 jX_N + jX_N jX_v + jX_v jX_2).$$

Die Ausrechnung der Determinanten dritter Ordnung kann entweder mit der *Sarruschen Regel* oder mit der Entwicklung nach weiteren *Unterdeterminanten* erfolgen (siehe hierzu Teil IV, Kapitel 2).

3. Schritt:
Bilden der *Zählerdeterminanten* durch Einsetzen der rechten Seite in die unter der gesuchten Unbekannten befindlichen Koeffizientenspalte. Für den Kurzschlußstrom $\underline{I}_k$ wird dann:

$$D_k = \begin{vmatrix} jX_1 & 0 & 0 & 0 & \underline{E}_1 \\ 0 & jX_2 & 0 & jX_v & \underline{E}_2 \\ 0 & 0 & jX_N & -jX_v & 0 \\ 0 & 1 & -1 & -1 & 0 \\ 1 & 0 & 1 & 0 & 0 \end{vmatrix}$$

Entwicklung nach der letzten und ersten Spalte sowie nach der ersten Zeile liefert:

$$D_k = \underline{E}_1 \cdot \begin{vmatrix} jX_2 & 0 & jX_v \\ 0 & jX_N & -jX_v \\ 1 & -1 & -1 \end{vmatrix} - \underline{E}_2 jX_1 \cdot \begin{vmatrix} 0 & jX_N & -jX_N \\ 1 & -1 & -1 \\ 0 & 1 & 0 \end{vmatrix}.$$

Nach Auflösung der Determinanten folgt:

$$D_k = \underline{E}_1 (jX_2 jX_N + jX_N jX_v + jX_v jX_2) + \underline{E}_2 jX_1 jX_v.$$

4. Schritt:
Anwendung der Cramerschen Regel unter der Voraussetzung $D \neq 0$ und Auflösung für den Kurzschlußstrom $\underline{I}_k$:

$$\underline{I}_k = \frac{D_k}{D} = \frac{\underline{E}_1}{jX_1} + \frac{\underline{E}_2 \cdot jX_v}{jX_2 jX_N + jX_N jX_v + jX_v jX_2}. \tag{4.4}$$

Auf die gleiche Weise lassen sich die noch fehlenden Ströme ermitteln. Wegen $\underline{I}_k = \underline{I}_1 + \underline{I}_N$ wird aus Gl. (4.4):

$$\underline{I}_1 = \frac{\underline{E}_1}{jX_1}$$

$$\underline{I}_N = \frac{\underline{E}_2 \cdot jX_v}{jX_2 \cdot jX_N + jX_N \cdot jX_v + jX_v \cdot jX_2}$$

$$\frac{D_2}{D} = \underline{I}_2 = \frac{\underline{E}_2 \cdot (jX_N + jX_v)}{jX_2 \cdot jX_N + jX_N \cdot jX_v + jX_v \cdot jX_2}$$

$$\frac{D_v}{D} = \underline{I}_v = \frac{\underline{E}_2 \cdot jX_N}{jX_2 \cdot jX_N + jX_N \cdot jX_v + jX_v \cdot jX_2}.$$

Beispiel:
Die Schaltung entsprechend Bild 4.7 soll eine einphasige Ersatzschaltung für einen dreipoligen Kurzschluß mit den folgenden Zahlenwerten darstellen:

$jX_1 = j1\,\Omega$; $jX_N = j1{,}5\,\Omega$; $jX_v = j2{,}5\,\Omega$; $jX_2 = j0{,}5\,\Omega$; $R_k = 0\,\Omega$.

$E_1 = 1000\ \text{V}/\sqrt{3} = 577{,}36\ \text{V}$; $E_2 = 1500\ \text{V}/\sqrt{3} = 866{,}05\ \text{V}$.

Nach Gl. (4.4) liefern die Zahlenwerte für:

$$\underline{I}_k = -j\,\frac{577{,}36\ \text{V}}{1\ \Omega} - j\,\frac{866{,}05\ \text{V}\cdot 2{,}5\ \Omega}{5{,}75^2\ \Omega^2}\ \text{A}$$

$$= -j\,577{,}36\ \text{A} - j\,376{,}54\ \text{A} = -j\,953{,}9\ \text{A}.$$

Entsprechend sind dann nach Gl. (4.5):

$\underline{I}_1 = -j577{,}36\ \text{A}$

$\underline{I}_N = -j376{,}54\ \text{A}$

$\underline{I}_v = -j226\ \text{A}$

$\underline{I}_2 = -j602{,}46\ \text{A}.$

4.4.2 Lösung mit Hilfe des verketteten Algorithmus

Die Lösung des Beispiels aus Abschnitt 4.4.1 mit dem Iterationsverfahren nach Gauß muß zum gleichen Ergebnis führen. Die Lösung soll wieder schrittweise erfolgen.

1. Schritt:

Aufstellen der Zahlenwerte nach dem Gleichungssystem in Gl. (4.4).

2. Schritt:

Bilden der Faktoren f_{ik}, mit deren Hilfe die b_{ik} ermittelt werden (siehe hierzu Teil IV, Abschnitt 2.5.1 und Gln. (2.34)).

$f_{21} = 0$; $f_{31} = 0$; $f_{41} = -\dfrac{1}{-j1} = j1$; $f_{51} = 0$ usw.

3. Schritt:

Aufstellen des Zahlenschemas mit den neuen Koeffizienten.

	$\underline{I}_1$	$\underline{I}_2$	$\underline{I}_N$	$\underline{I}_v$	$\underline{I}_k$	rechte Seite
	j1	0	0	0	0	$577{,}36 - q_1$
$f_{21} \to 0$		j0,5	0	j2,5	0	$866{,}05 - q_2$
$f_{31} \to 0$		0	j1,5	$-$j2,5	0	$0\ \ \ \ -q_3$
$f_{41} \to$ j1		0	j0,66	1,66	-1	$j577{,}36 - q_4$
$f_{51} \to 0$		j2	$-$j0,66	$-$j4,61	$-4{,}6$	$j4393{,}7 - q_5$

Unterhalb der Diagonalen stehen die f_{ik}-Werte, oberhalb die b_{ik}-Werte.

Durch Auflösen nach der unbekannten Kurzschlußstromhöhe $\underline{I}_k$ lassen sich schrittweise alle übrigen Ströme bestimmen. Im einzelnen werden:

$$-4{,}6 \cdot \underline{I}_k = \text{j}\,4393{,}7\;\text{A}$$
$$\underline{I}_k = -\text{j}\;953{,}1\;\text{A}$$
$$1{,}66 \cdot \underline{I}_v + \text{j}\,953{,}1\;\text{A} = \text{j}\;577{,}36\;\text{A}$$
$$\underline{I}_v = -\text{j}\;226\;\text{A}$$
$$\text{j}\,1{,}5 \cdot \underline{I}_N - \text{j}\,2{,}5 \cdot (-\text{j}\,226{,}2) = 0$$
$$\underline{I}_N = -\text{j}\;376{,}6\;\text{A}$$
$$\text{j}\,0{,}5 \cdot \underline{I}_2 + \text{j}\,2{,}5 \cdot (-\text{j}\,226{,}2) = 866{,}05\;\text{V}$$
$$\underline{I}_2 = -\text{j}\;602{,}1\;\text{A}$$
$$\underline{I}_1 = -\text{j}\;577{,}36\;\text{A}$$
$$\underline{I}_1 + \underline{I}_N = I_k = -\text{j}\;953{,}9\;\text{A}$$

In der Methode des iterativen Verfahrens liegt der Vorteil, daß auch komplizierter Netze durch den algorithmischen Gang der Rechnung numerisch erfaßt werden können, wobei elektronische Rechner ein gutes Hilfsmittel sind.

4.4.3 Lösung mit dem Knotenpunktverfahren

Nach dem in Teil I, Abschnitt 7.2 dargestellten Verfahren und unter Beachtung von Gl. (7.15) kann für das Schaltschema in Bild 4.7 davon ausgegangen werden, daß die Berechnung der Stromverteilung in dem Netz auch mit Hilfe der Knotenpunktspannungen für den *Kurzschlußfall* durchführbar ist.

Die Leitwertmatrix enthält wieder in symmetrischer Anordnung in der Hauptdiagonalen die Leitwerte der Zweige, die einen einzigen Knotenpunkt verbinden, während die übrigen Plätze mit Leitwerten besetzt sind, die jeweils zwischen zwei Knoten liegen.

Bild 4.7 zeigt die in Klammern eingetragenen Leitwerte unter Beachtung der Zahlenwerte in 4.4.1 und 4.4.2.

Für den Normalbetrieb lassen sich die Knotenpunktspannungen aus der Matrizengleichung:

$$Y \cdot U + I_{z,a} = I_k \tag{4.6}$$

bestimmen. Hierin ist Y die Leitwertmatrix, U die Matrix der Knotenpunktspannungen, $I_{z,a}$ die Matrix der zu- und abfließenden Ströme. I_k ist die Matrix der Kurzschlußströme, die für den Normalbetrieb verschwindet, so daß Gl. (4.6) in die folgende Matrizengleichung übergeht:

$$\begin{bmatrix} \text{j}\,1{,}66 & -\text{j}\,0{,}66 \\ -\text{j}\,0{,}66 & \text{j}\,3{,}06 \end{bmatrix} \Omega^{-1} \cdot \begin{bmatrix} \underline{U}_1 \\ \underline{U}_2 \end{bmatrix} \text{V} = -\begin{bmatrix} -\text{j}\,577{,}36 \\ -\text{j}\,1732{,}1 \end{bmatrix} \text{A}.$$

Eine beidseitige Multiplikation mit der inversen Leitwertmatrix liefert:

$$\begin{bmatrix} \underline{U}_1 \\ \underline{U}_2 \end{bmatrix} = -\frac{1}{j^2 4,64} \begin{bmatrix} j3,06 & j0,66 \\ j0,66 & j1,66 \end{bmatrix} \cdot \begin{bmatrix} -j577,36 \\ -j1732,1 \end{bmatrix} V$$

$$= -\frac{1}{j^2 4,64} \begin{bmatrix} -j^2 1766,72 & -j^2 1143,18 \\ -j^2\ 381,05 & -j^2 2875,12 \end{bmatrix} V = \begin{bmatrix} 627,13 \\ 701,76 \end{bmatrix} V$$

als Knotenpunktspannungen für den Normalbetrieb. Im Kurzschlußfall, also bei nicht verschwindender Matrix der Kurzschlußströme, ist entsprechend der Kurzschlußlage:

$$\begin{bmatrix} 0 \\ \underline{U}_{2(k)} \end{bmatrix} = \begin{bmatrix} \underline{Z}_{11} & \underline{Z}_{12} \\ \underline{Z}_{21} & \underline{Z}_{22} \end{bmatrix} \cdot \begin{bmatrix} \underline{I}_k \\ 0 \end{bmatrix} + \begin{bmatrix} \underline{U}_1 \\ \underline{U}_2 \end{bmatrix} \quad (4.7)$$

Hierin sind die $\underline{U}_{v(k)}$-Werte ($v=1\ldots n$) die Kurzschlußspannungen, die $\underline{Z}_{ik}$ die Widerstandswerte der inversen Leitwertmatrix $\mathbf{Y}^{-1} = \mathbf{Z}$. Die Kurzschlußspannung $\underline{U}_{1(k)}$ verschwindet an der Stelle 1 im Kurzschlußfall.

$$\begin{bmatrix} \underline{Z}_{11} & \underline{Z}_{12} \\ \underline{Z}_{21} & \underline{Z}_{22} \end{bmatrix} = \frac{1}{j^2 4,64} \begin{bmatrix} j3,06 & j0,66 \\ j0,66 & j1,66 \end{bmatrix} \Omega = \begin{bmatrix} -j0,659 & -j0,142 \\ -j0,142 & -j0,358 \end{bmatrix} \Omega$$

Aus Gl. (4.7) läßt sich der Kurzschlußstrom $\underline{I}_k$ und die Knotenpunktspannung $\underline{U}_{2(k)}$ für den Kurzschlußfall bestimmen:

$$\underline{Z}_{11}\,\underline{I}_k + \underline{U}_1 = 0$$

$$\underline{Z}_{21}\,\underline{I}_k + \underline{U}_2 = \underline{U}_{2(k)} - j0,659\,\Omega \cdot \underline{I}_k + 627,13\text{ V} = 0$$

$$\underline{I}_k = -\frac{j627,13\text{ V}}{0,659\,\Omega} = -j951,6\text{ A}$$

$$\underline{U}_{2(k)} = -j0,142\,\Omega \cdot (-j951,6)\text{ A} + 701,76\text{ V} = 566,63\text{ V}.$$

III Schaltgeräte und Schutzeinrichtungen in elektrischen Starkstromanlagen

1 Schutzeinrichtungen für elektrische Starkstromanlagen

1.1 Rückblick auf die Entwicklung der Schaltgeräte

In den letzten Jahrzehnten hat sich der Aufgabenbereich der Schutzeinrichtungen für alle Spannungsebenen der elektrischen Starkstromanlagen in ungewöhnlichem Maße erweitert. Eine Fülle von neuen Bau- und Prüfbestimmungen war die unmittelbare Folge von erhöhten Anforderungen an die Schalt- und Schutzfunktion dieser Geräte. Die damit befaßte Industrie mußte neben einer verstärkten Grundlagenforschung besonders verfeinerte Untersuchungsmethoden und Einrichtungen erstellen, die eine optimale Auslegung der immer leistungsfähiger werdenden Geräte gestattete.
Bis um die Jahrhundertwende und auch noch danach waren die blankpolierten und auf Marmortafeln installierten Hebelschalter neben der offenen Streifensicherung die meist gebrauchten Schalt- und Schutzeinrichtungen in den elektrischen Anlagen. Die Erhöhung der Spannungen und die Lösung weiterer Schutzaufgaben außerhalb des bloßen Ein- und Ausschaltens führten sehr schnell zur Entwicklung von „Automaten", die bereits mit Relais ausgerüstet waren und die bei Überstrom oder Unterspannung eine Stromkreisöffnung bewirkten.
Neben einer verstärkten Untersuchung bestimmter Gesetzmäßigkeiten, wie sie sich beim Einsatz der Schutzeinrichtungen immer wieder ergaben – etwa Kontakterwärmung und deren Zusammenhang mit den Kontaktkräften, Lichtbogenlöschung durch Einsatz bestimmter Lichtbogen-Löschkammern usw. – wurden die neuen und erhöhten Anforderungen an Schaltgeräte bereits in Vorschriften fixiert. So entstand im Juli 1915 die „Vorschrift für die Konstruktion und Prüfung von Schaltapparaten bis einschließlich 750 V", in der bestimmte Mindestanforderungen festgelegt wurden. Angaben über das Schaltvermögen waren hierin jedoch noch nicht enthalten.
Im Jahre 1928 wurde in einer Vorgängervorschrift der heute für Schaltgeräte im Niederspannungsbereich verbindlichen VDE 0660, den *Regeln für die Konstruktion und Prüfung von Schaltgeräten* (RES), die Prüfung von Wechsel- und Drehstromschaltgeräten erläutert. Die Prüfströme blieben jedoch noch sehr gering, sie lagen bei Schaltern von mehr als 200 A Nennstrom zwischen 750 und 1500 A. Für Geräte mit einem höheren Nennstrom, entsprechend der höchsten Gruppe IV in den RES, die für Zentralen und große Verteilungsanlagen gedacht waren, wurde überhaupt kein Prüfstrom angegeben.
Die steigende Energiedichte in den Jahren nach dem ersten Weltkrieg führte etwa Mitte der zwanziger Jahre zur Errichtung von Kurzschlußprüfanlagen

durch die mit der Herstellung von Schaltgeräten befaßten Großfirmen. Zahlreiche Verbesserungen in der Gerätefunktion, vor allem in der Nennstromführung und in der Fähigkeit, hohe Kurzschlußströme zu schalten, stießen bald an eine Grenze des technisch Möglichen. Es war daher ebenso nützlich, wenn die Errichtung einer elektrischen Starkstromanlage auch unter dem Aspekt der noch beherrschbaren Kurzschlußströme erfolgte, um der Unmöglichkeit eines wirtschaftlichen Schutzes vorzubeugen.

Anlagenplaner und Hersteller von Schutzeinrichtungen mußten sich daher ganz besonders in der Zeit nach dem zweiten Weltkrieg, die eine nochmalige Erhöhung der elektrischen Energie auf den verschiedensten Gebieten brachte, aufeinander optimal abstimmen.

Die „Regeln für Schaltgeräte bis 1000 V Wechselspannung und bis 3000 V Gleichspannung" von 1952 enthalten bereits auf 52 Seiten eine definitive Angabe von Bau- und Prüfbestimmungen, nebst den Angaben zur Prüfung des Schaltvermögens von Leistungsschaltern.

So wird für einen 600-A-Schalter der Niederspannungsseite bereits ein Ausschaltvermögen von 15–40 kA bei einem $\cos \varphi = 0,4$ gefordert, das mit einem Zyklus von drei Ausschaltungen und zwei Ein=Aus-Schaltungen für das Gerät eine harte Prüfung bedeutete. Schon zu dieser Zeit lagen die Nennausschaltvermögen der Leistungsschalter mit einem Nennstrom von 1000 A und darüber bereits weit höher, und man konnte davon ausgehen, daß die Ansprüche der Praxis immer noch nicht erschöpft waren.

Eine ähnliche, wenn auch in den verschiedenen Spannungsebenen unterschiedliche Entwicklung vollzog sich bei den Schutzeinrichtungen auf der Hochspannungsseite. Einer der ältesten und für viele Jahre auch einzige Leistungsschalter, der bis in das Gebiet höchster Betriebsspannungen eingesetzt wurde, war der Ölschalter. Kennzeichnend für seinen Aufbau war der Ölkessel, der das isolierende Medium Öl enthielt, das gleichzeitig eine Löschwirkung auf den bei der Schaltstücktrennung entstehenden elektrischen Lichtbogen ausübte.

Nachdem sich auf der Hochspannungsseite zunehmende Energiekonzentrationen abzeichneten, reichte zu einer einwandfreien Kurzschlußunterbrechung das einfache Eintauchen der Schaltstücke in Öl nicht mehr aus, es mußten für jeden Pol eigene Löschkammern entwickelt werden, die den Schaltlichtbogen gezielt beeinflußten und durch eine zusätzliche Bogenkühlung das Schalten höherer Leistungen ermöglichten. Ein Versagen bei einer Kurzschlußunterbrechung führte bei Ölschaltern zu äußerst unangenehmen Folgeerscheinungen, die zumeist mit einer völligen Zerstörung der Schaltanlage verbunden war. An die Stelle der Ölschalter traten sehr bald Schalter, die entweder ohne Öl arbeiteten oder die nur mit geringen Mengen dieses Löschmediums auskamen. Die weitere Entwicklung war gekennzeichnet durch eine zunehmende Verbesserung der Löscheinrichtungen und der Schaltstücksysteme. Umfangreiche Untersuchungen des technologischen und physikalischen Verhaltens der Schalt- und Löscheinrichtungen von Schutzeinrichtungen aller Spannungsebenen haben schließlich zu dem heutigen Stand der Technik geführt.

Wegen der immer wieder neu zu stellenden Frage nach dem Leistungsvermögen der Schaltgeräte, die sich ja permanent der modernen Anlagentechnik anpassen müssen, bleiben alle Problemstellungen, die sich auf die Lichtbogenlöschung und das Verhalten der Schaltstücke beziehen, auch heute noch hochaktuell.

1.2 Einteilung der Schutzeinrichtungen

1.2.1 Niederspannungs-Schaltgeräte

Das Bestreben, auch für Niederspannungs-Schaltgeräte auf der Basis der CENELEC-Harmonisierungsdokumente im Zusammenhang mit den IEC-Publikationen eine Vereinheitlichung der einzelnen nationalen europäischen Bestimmungen herbeizuführen, hat mit der Herausgabe der DIN 57660/ VDE 0660 Teil 101 von 1982 seinen vorläufigen Abschluß gefunden.
Die bisherigen „Bestimmungen für Niederspannungs-Schaltgeräte" entsprechend VDE 0660/3.68 Teil 1–3 mit den Änderungen von 8.69 und 9.74 werden noch etwa zwei Jahre vom Augenblick der Drucklegung dieses Buches weitergelten, so daß sich der Verfasser entschlossen hat, die bisherigen Begriffsbestimmungen sowie den Einsatz- und Geltungsbereich für Niederspannungs-Schaltgeräte beizubehalten, zumal in einigen Definitionsbereichen der neuen Norm nur geringfügige Abweichungen erkennbar sind.
Überall dort, wo es sich um entscheidende Veränderungen handelt – etwa bei der Prüfung des Nennausschaltvermögens –, werden die nach DIN 57660/ VDE 0660 Teil 101 geltenden Bestimmungen berücksichtigt.
Nach VDE 0660 § 4 sind *Schaltgeräte* solche Geräte, die Strompfade verbinden, unterbrechen oder trennen. Ihre Einteilung erfolgt in *Schalter*, Hilfsstromschalter, Anlaß-, Stell- und Widerstandsgeräte und in *NH-Sicherungen*. Das entsprach auch der Reihenfolge in den vier Teilen der bisherigen VDE 0660. Der fünfte Teil umfaßte die fabrikfertigen Schaltgeräte-Kombinationen (FSK) mit Nennspannungen bis 1000 V Wechselspannung und 3000 V Gleichspannung.
Schalter sind Schaltgeräte zum mehrmaligen Verbinden, Unterbrechen oder Trennen von Strompfaden, bei denen die beweglichen Schaltstücke durch Bauelemente des Gerätes mechanisch geführt sind und daher beim Schalten stets denselben Weg zwischen vorbestimmten Stellungen zurücklegen.
Die Schalter werden nach dem *mechanischen Verhalten* in der Schaltstellung, nach ihrer *Betätigungsart*, nach dem *Schaltvermögen*, nach der Art der *Lichtbogenlöschung*, nach dem *Verwendungszweck* und schließlich nach der *Einbau-* und *Anschlußart* unterschieden.
Für das umfangreiche Einsatzgebiet in Niederspannungs-Verteilungsanlagen und insbesondere für die oft sehr unterschiedlichen Schutzaufgaben bleibt das Nennausschalt- und Nenneinschaltvermögen eine dominierende Variante.
Im folgenden sind die Schalter nach dem Schaltvermögen geordnet:
1. *Leerschalter*, das sind in der Mehrzahl *Trennschalter* zum annähernd stromlosen Ein- und Ausschalten oder Schalter zum Ein- und Ausschalten von

Strömen, wenn zwischen den geöffneten Schaltstücken jedes Poles nur eine geringe Spannung im Augenblick des Schaltens auftritt.

2. *Lastschalter* sind Schalter zum Ein- und Ausschalten von Betriebsmitteln (nicht Motoren) und Anlageteilen im ungestörten Zustand – also bei einem nicht vorhandenen Fehler – mit einem Schaltvermögen vorwiegend in der Größe des Nennstromes.

3. *Motorschalter* sind Schalter zum Schalten von Motoren mit einem den Anlaufströmen von Motoren entsprechenden Schaltvermögen.

4. *Leistungsschalter* sind Schalter mit einem *Nennein-* und *Nennausschaltvermögen,* das den beim Einschalten und Ausschalten von Betriebsmitteln und Anlagenteilen im ungestörten und im gestörten Zustand, insbesondere unter Kurzschlußbedingungen auftretenden Beanspruchungen, genügt.

Neben den für den Kurzschlußschutz geeigneten Leistungsschaltern, die bis zu hohen Nennströmen in elektrischen Anlagen zur Verfügung stehen, haben auf der Niederspannungsseite auch die Niederspannungs-Hochleistungs-Sicherungen ihren Platz behaupten können. Die bisher geltenden VDE-Bestimmungen widmeten den *NH-Sicherungen* einen separaten 4. Teil, in dem die Begriffe für Sicherungen und Sicherungskombinationen mit Leistungsschaltern dargelegt und erläutert wurden.

Während der Leistungsschalter – neben seiner Aufgabe unter Kurzschlußbedingungen arbeiten zu müssen – auch in der Lage ist, die Ein- und Ausschaltforderungen der Leer- und Lastschalter zu erfüllen, arbeiten Sicherungen ausschließlich im Störungsfall.

5. *Sicherungen* sind Schaltgeräte zum selbsttätigen Ausschalten von Stromkreisen, bei denen in bestimmter Weise bemessene Teile der Strombahn unter der Wirkung eigener Stromwärme durch Abschmelzen unterbrochen werden, wenn der diese Teile durchfließende Strom bestimmte Werte für eine bestimmte Zeitdauer überschreitet.

5.1 *NH-Sicherungen* sind Sicherungen mit geschlossenen Sicherungseinsätzen und einem Mindestschaltvermögen für industrielle und ähnliche Anwendungen. Die zunehmende Energiekonzentration – besonders nach dem zweiten Weltkrieg – und die häufig vorgenommene Ergänzung bestehender Umformereinheiten durch das Zuschalten weiterer Transformatoren brachte auf der Niederspannungsseite eine oft nicht unerhebliche Erhöhung des Kurzschlußstromes. Das Ausschaltvermögen der installierten Leistungsschalter reichte nicht mehr aus, und es lag nahe, die mit einem bestimmten Grenzschaltvermögen ausgerüsteten Leistungsschalter durch das Vorschalten von Sicherungen den neuen Anforderungen anzupassen. Es entstand die *Schaltkombination mit Sicherungen,* die gemäß DIN 57660/VDE 0660 als *Leistungsschalter mit integrierten Sicherungen* bezeichnet wird.

6. *Schaltkombinationen mit Sicherungen* bestehen aus anderen Schaltgeräten in Reihenschaltung mit Sicherungen. Die verschiedenen Schaltgeräte sind so aufeinander abgestimmt, daß sie sich für den Kurzschlußfall in ihrem Schaltvermögen ergänzen.

Den besonderen Anforderungen an das Ausschaltvermögen im Kurzschluß-

fall konnte auch durch Schaltkombinationen Rechnung getragen werden, bei denen eine Hintereinanderschaltung mehrerer Leistungsschalter mit unterschiedlichem Schaltvermögen zu einer Ergänzung des Gesamtausschaltvermögens führte.
Eine zunehmende Zahl aller für eine Energieverteilung auf der Niederspannungsseite notwendigen Elemente – Sammelschienen, Spannungs- und Stromwandler, Schalter und Sicherungen – führte schon frühzeitig zu der Konzeption von gekapselten und in sich geschlossenen *Schaltanlagen,* in denen mit Hilfe der Baustein- und Einschubtechnik ein müheloses Auswechseln der Bausteine ermöglicht wird. Die heute als *fabrikfertige Schaltgeräte-Kombination* (FSK) im 5. Teil der bisherigen VDE 0660 erfaßten Schaltanlagen gelten als eine Zusammenfassung von Schaltgeräten einschließlich aller Verbindungsleitungen unter Einbeziehung von Sammelschienen und/oder sonstigen Betriebsmitteln, die vom Hersteller zusammengebaut, verdrahtet und geprüft werden (siehe hierzu Teil III, Abschnitt 7.3).
Schaltanlagen und Verteiler gelten aber auch als FSK, wenn sie aus Baugruppen oder deren Teilen bestehen, die als typisierte Bausteine hergestellt und in der betreffenden Kombination *typgeprüft* sind. Die erfolgreiche Durchführung genau vorgeschriebener Typprüfungen seitens der Hersteller – auch von Teilen und dem Zubehör von Anlagen – ist eine Garantie dafür, daß die fabrikfertige Schaltgeräte-Kombination die thermischen, kurzschlußfesten und sicherheitstechnischen Anforderungen erfüllt.

1.2.2 Hochspannungs-Schaltgeräte
Die ab 1. Juli 1978 geltende und als VDE Bestimmung gekennzeichnete Norm DIN 57670 Teil 101/VDE 0670 Teil 101 legt die Begriffe für Wechselstromschaltgeräte mit Spannungen über 1 kV fest.
Im wesentlichen gelten die auch nach VDE 0660 für Niederspannungsschaltgeräte genannten Regeln. Die Teile 101–108 der VDE 0670 enthalten Geräteeinstufungen, Konstruktion und Bau, Typ- und Stückprüfungen, Auswahl der Leistungsschalter für den Betrieb und weitere Richtlinien für die bei Hochspannungsschaltgeräten wichtige synthetische Prüfung. In den verschiedenen Spannungsebenen der elektrischen Starkstromanlagen haben sich voneinander durchaus abweichende Gerätetechniken entwickelt, deren Aufgabenbereiche nach den geltenden Vorschriften zwar gleich sind, deren Einsatzgebiete jedoch erhebliche Konsequenzen hinsichtlich des konstruktiven Aufbaues nach sich ziehen.
Im Hochspannungs-Schaltanlagenbau werden neben den unter 1.2.1 definierten *Leerschaltern* bzw. *Trennschaltern,* deren Aufgabe es ist, eine sichtbare Trennstrecke außerhalb gasisolierter Anlagen zwischen den ausgeschalteten und unter Spannung stehenden Anlagenteilen herzustellen, ebenso *Leistungs-* und *Lasttrennschalter* zum Ein- und Ausschalten der Nennbetriebsströme eingesetzt. Während im Mittelspannungsbereich vor allem mit Hebeltrennern gearbeitet wird, stehen für den Hoch- und Höchstspannungsbereich für den Einsatz in Freiluft-Schaltanlagen wegen der unterschiedlichen Lagen der zu verbin-

denden Stellen vertikal und horizontal arbeitende Trenner zur Verfügung. Zur Überbrückung übereinanderliegender Netzteile können nach dem Scherenprinzip arbeitende Leerschalter, sogenannte *Scherentrenner*, für Spannungen von 123 kV bis 800 kV eingesetzt werden. Die einsäulig aufgebauten Geräte mit dem vertikal arbeitenden Schaltmechanismus sind für Freiluftanlagen geeignet, können also unter atmosphärischen Bedingungen arbeiten.

Hebeltrenner für 145 kV bis 800 kV dienen zur Überbrückung horizontaler Trennstrecken und müssen – wie die Scherentrenner auch – einen hohen Kurzschlußstrom führen können, da ihre Funktion immer erst dann einsetzt, wenn der Leistungsschalter den Kurzschluß bereits ausgeschaltet hat. Die Trennschalter der Hoch- und Höchstspannungsseite werden heute bis zu einem Nennstrom von 5000 A typgeprüft mit einer Stoßkurzschlußstromtragfähigkeit von 200 kA zur Verfügung gestellt. Wegen der relativ langen Ausschaltdauer der Leistungsschalter müssen sie außerdem einen Einsekundenstrom von 80 kA führen können. **Bild 1.1** zeigt Scheren- und Hebeltrenner für die Hochspannung.

Bild 1.1 Scheren- und Hebeltrenner für 420 kV

In Mittelspannungsanlagen bis 36 kV werden sehr häufig an Stellen, wo ein Leistungsschalter bereits einen erheblichen Aufwand bedeuten würde, *Lasttrennschalter* oder *Leistungstrenner* eingesetzt. Um mögliche Kurzschlußströme trotzdem beherrschen zu können, ist auch hier die Kombination mit Hochspannungs-Hochleistungssicherungen üblich.

Lastschalter haben eine eigene Lichtbogenlöscheinrichtung, die im allgemeinen nach dem Hartgas-Löschprinzip arbeitet; sie sind daher mit einem Ausschaltvermögen versehen. Der Nennausschaltstrom bei Spannungen zwischen 12 bis 24 kV ist gleich dem Nennstrom des Schalters. Lasttrennschalter können heute mehr als 1000 A Nennstrom führen und werden als sogenannte Mehrzwecklastschalter nach VDE 0670 Teil 3 sowie nach der IEC-Publikation 265 typgeprüft. Hervorzuheben sind die vielfältigen Kombinationsmöglichkeiten, die bei diesen Geräten eine optimale Anpassung an bestimmte Anlagenverhältnisse gestatten.

Nach VDE 0670 werden *Hochspannungs-Wechselstrom-Leistungsschalter* für Innenraum- und Freiluftanlagen gesondert aufgeführt:

VDE 0670, Abschnitt II, 3.4, Teil 101
Innenraum-Leistungsschalter
Leistungsschalter für die ausschließliche Aufstellung innerhalb eines Gebäudes oder eines anderen Gehäuses, in dem er gegen Wind, Regen, Schnee, abnormale Schmutzablagerungen, abnormale Kondensation, Eis und Rauhreif geschützt ist.

VDE 0670, Abschnitt II, 3.5, Teil 101
Freiluft-Leistungsschalter
Leistungsschalter, der für die Aufstellung im Freien geeignet ist, d.h. daß er Wind, Regen, Schnee, Schmutzablagerungen, Kondensation, Eis und Rauhreif standhält.

Die Starkstrom-Anlagentechnik kennt heute eine große Zahl leistungsfähiger, aber durchaus unterschiedlich arbeitender Geräte, deren Ausschaltvermögen den derzeitigen Anforderungen bestehender Anlagen entsprechen. Hochspannungs-Wechselstrom-Leistungsschalter müssen darüber hinaus in der Lage sein, auch alle Schalthandlungen durchzuführen, die während des Normalbetriebes notwendig sind. Ganz besondere Aufmerksamkeit mußte bei der Weiterentwicklung der Geräte der Lichtbogen-Löscheinrichtung gewidmet werden. Viele Leistungsschalter für die Mittel- und Hochspannungsnetze tragen daher heute ihre Bezeichnung nach der Art der Lichtbogenlöschung: Ölströmungs-Schalter, Druckgas-Schalter, Freistrahl-Schalter, Vakuum-Schalter SF_6-Schalter usw.
Die Vielfalt der Bedingungen, die an die Leistungsfähigkeit dieser Schutzeinrichtungen gestellt werden, kann aus den Kenngrößen in Abschnitt 102 der VDE 0670 entnommen werden. Nachweisprüfungen für die Hochspannungs-Schaltgeräte werden in den eigens hierzu errichteten Prüffeldern und Prüfstationen durchgeführt.
Bild 1.2 zeigt einen Vakuumschalter für das Mittelspannungsnetz, sowie einen SF_6-Schalter für die Höchstspannung.
Die als VDE-Bestimmung 0670 gekennzeichnete Norm DIN 57670 gilt auch für die Antriebe und anderen Hilfseinrichtungen des Leistungsschalters.

Bild 1.2 Leistungsschalter für Mittel- und Hochspannungsanlagen:
a) Dreipoliger Vakuumschalter 12 kV,
b) SF$_6$-Hochleistungsschalter für 420 kV

Neben den sogenannten Fernbetätigungselementen, die von der Schaltwarte aus betätigt werden können, ist – besonders bei den Geräten der Mittelspannungsebene – auch eine Handbetätigung, verbunden mit der Freiauslösemöglichkeit bei Kurzschluß-Draufschaltungen, vorgesehen.

Da Hochspannungs-Wechselstrom-Leistungsschalter häufig unter extremen äußeren Witterungseinflüssen arbeiten müssen, sind für die Aufstellung Grenztemperaturen angegeben. Sie liegen bei Innenraum-Leistungsschaltern bis $-20\,°C$ und bei Freiluft-Leistungsschalter bis $-40\,°C$.
Wie auf der Niederspannungsseite werden auch in Mittel- und Hochspannungsanlagen Sicherungen eingesetzt. Die in den Abmessungen weit größer dimensionierte Hochspannungs-Hochleistungssicherung ist vielfach in Verbindung mit Lasttrennschaltern anzutreffen. Sie übernimmt hier im Kurzschlußfall die Ausschaltung und bewirkt durch eine mechanische Kopplung – Stift trifft auf Auslösewelle des Schalters – die dreipolige Öffnung des Trenners, dessen Schaltkontakte den Sicherungsdurchlaßstrom tragen müssen.
Bild 1.3 zeigt einen Lasttrennschalter mit Sicherungsanbau.

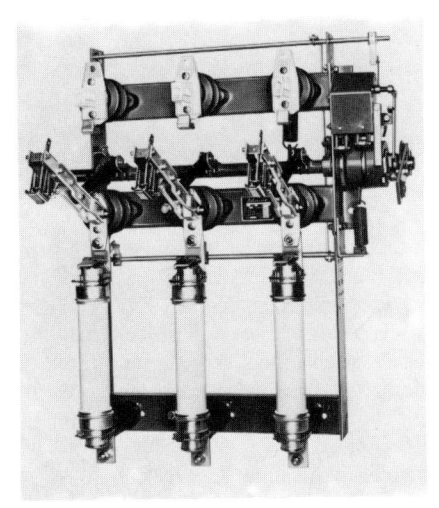

Bild 1.3 Geöffneter Lasttrennschalter mit Sicherungsanbau

2 Elektrischer Lichtbogen in Starkstromanlagen

2.1 Physikalischer Hintergrund der Lichtbogenentladung
Bei der Darstellung der selbständigen Stromleitung in Gasen finden sich in den einschlägigen Büchern der Physik Diagramme, in denen die Entwicklung der verschiedenen Entladungsformen in Abhängigkeit der elektrischen Größen Spannung und Strom aufgetragen sind.
Hierin sind die größenordnungsmäßig nach steigenden Stromstärken geordneten drei Haupttypen der Entladungen deutlich erkennbar: Im Bereich niedriger Stromstärken, aber hoher Spannungen, liegt der dunkle Vorstrom,

auch als *Townsend-Entladung* bezeichnet, im mittleren Bereich die normale und anomale *Glimmentladung* und bei den höheren Stromstärken die *Lichtbogenentladung* (**Bild 2.1**).

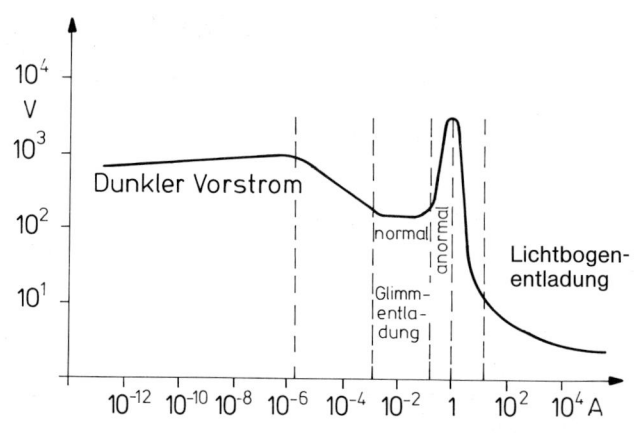

Bild 2.1 Diagramm der Entladungsformen

Nach *Rompe* ist der Lichtbogen eine beständige elektrische Entladung von großer Stromstärke, welche eine Gasstrecke zwischen zwei Elektroden für beliebig lange Zeit überbrückt. Bei einem Rückblick in die historische Entwicklung der Elektrotechnik läßt sich der Lichtbogen zuerst als Kohlebogen in Beleuchtungsapparaten entdecken, wo er, zwischen zwei Kohleelektroden brennend, als Lichtquelle diente, aus der er auch einen Teil seines Namens bezog. Die damalige Vermutung, daß derartige Entladungen immer bogenförmig brennen, hat dazu beigetragen, daß die bis heute noch immer gebräuchliche Bezeichnung „Lichtbogen" existiert.

Die hohen Temperaturen innerhalb der Strombahn eines elektrischen Lichtbogens bewirken dort, daß sich ein Teil der Gasmoleküle oder Atome in Ionen und Elektronen spaltet, so daß von einer *thermischen Ionisation* und damit von einem *thermischen Plasma* gesprochen werden kann.

Ein Lichtbogenplasma ist danach ein Gas, das in der Hauptsache aus Neutralteilchen besteht, in dem sich durch den Ionisationsvorgang jedoch eine bestimmte Anzahl von positiven Ionen und negativen Elektronen als Elementarteilchen befinden. Während der durch die Elektronen vorgenommenen Stromleitung finden in dem Plasma dauernde Elementarprozesse statt, an denen Elektronen, Ionen und Neutralteilchen beteiligt sind.

Elektronen und Ionen werden im elektrischen Feld beschleunigt, d. h., sie nehmen kinetische Energie auf und treffen entweder auf Teilchen gleicher Ladung, was Abstoßung bedeutet, oder auf Teilchen ungleicher Ladung, was zur Anziehung oder Rekombination führt. Das Zusammentreffen mit Neutralteilchen – in Lichtbögen mit Metallelektroden sind dies im wesentlichen

Atome – hat entweder elastische Stöße, zwischen Ionen und Atomen Umladungen und bei Elektronen und Atomen Ionisation zur Folge. *Rompe* bezeichnet das Lichtbogenplasma als ein Gemisch von drei Gasarten, dem „Neutralgas" dem „Ionengas" und dem „Elektronengas", das sich im Hinblick auf die elektrische Wirkung der Ladungsträger nach außen kompensiert und dem Plasma als Ganzes eine gewisse „Neutralität" vermittelt, die als *quasineutral* bezeichnet wird. Die Bedingung für ein quasineutrales Lichtbogenplasma ist dadurch gegeben, daß angenommen wird, an jeder Stelle des Plasmas sei die Anzahl der Neutralteilchen, Ionen und Elektronen gleich:

$$n_N = n_i = n_e. \qquad (2.1)$$

Das **Bild 2.**2 zeigt schematisch und symbolisch die Situation der beteiligten Teilchen in einem Lichtbogenplasma-Ausschnitt zwischen zwei Elektroden, der Katode und der Anode.

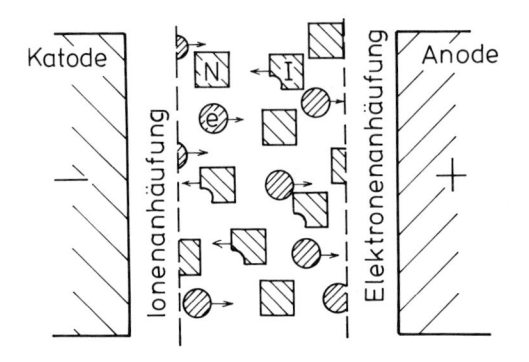

N = Neutralteilchen
I = Ionen
e = Elektronen

Bild 2.2 Schema der Ladungsträgerverteilung im Bogenplasma

Neben der Lichtbogensäule, die je nach der Stromstärke und den äußeren Bedingungen – etwa radiale Bogeneinschnürung durch starke Magnetfelder – in ihrem Kern Temperaturen von mehr als 10000–15000 K aufweist, waren seit Jahrzehnten die Lichtbogenansatzpunkte (Fußpunkte) auf den Elektroden ein bevorzugtes Forschungsobjekt, besonders bei den sogenannten Schalt- und Störlichtbögen in Starkstromanlagen. Es war deutlich geworden, daß die Kenntnisse über die schwer zugänglichen und der direkten Beobachtung oft ganz entzogenen katodischen und anodischen Ansatzpunkte des Bogenplasmas direkte Hinweise für die Konstruktion und technische Konzeption vieler Anlagenbauteile, insbesondere der Schaltgeräte, geben würden.

Während bei einer Glimmentladung die Katodenelektrode eine ganzflächige Bedeckung durch das Plasma zeigt und der Katodenfall einige hundert Volt beträgt, wird bei wachsender Stromstärke eine Kontraktion des katodischen Bogenansatzes beobachtet. Die vorherige vollständige Katodenbedeckung geht auf einen kleinen *Brennfleck* zurück und der Katodenfall sinkt um eine ganze Größenordnung auf etwa 10–15 Volt. Die Brennfleckkontraktion an der Katode stellt schließlich für den frei brennenden Lichtbogen unter atmosphärischen Bedingungen ein Kriterium für die Entladung dar. In der Nähe des katodischen Brennflecks befindet sich eine positive Raumladung, die auf eine Anhäufung positiver Ladungsträger, also Ionen, schließen läßt. Der Anodenfall ist negativ, die aus dem Säulenplasma zur Anode gewanderten Elektronen bilden eine negative Raumladung **(Bild 2.3)**

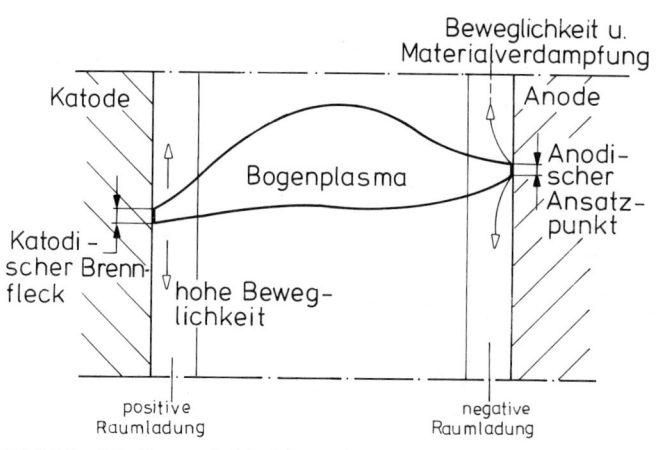

Bild 2.3 Die Bogensäule mit Anode und Katode

An der Anode geben die Elektronen ihre gesamte kinetische Energie ab, die sich durch zusätzliche Beschleunigung in diesem Raumladungsgebiet vergrößert hat. Die hohen Temperaturen im Anodenbrennfleck führen zu sichtbaren Ein- und Abschmelzungen an der Elektrode.
Die verhältnismäßig hohe Stromdichte im katodischen Lichtbogenansatz läßt in diesem Gebiet ebenfalls eine starke Wärmeentwicklung vermuten. Die Erfahrungen und einschlägigen Untersuchungen haben gezeigt, daß sich der katodische Brennfleck zum anodischen sehr unterschiedlich verhält und daß ein wesentlicher Parameter der Elektrodenwerkstoff ist. Für die Entwicklung des Schaltgerätebaus war diese Erkenntnis von großem Einfluß.
Die klassische Erklärung für das Zustandekommen des Stromtransports an der Bogenkatode beruhte auf der thermischen Elektronenemission, was eine glühende Katode voraussetzte. Nachweisbar war dies nur bei wenigen Werkstoffen, beispielsweise Kohle, Wolfram und deren Verbindungen. Alle elektrisch gut leitenden Werkstoffe, wie Kupfer, Silber, Gold, zeigten am katodischen Brennfleck des elektrischen Lichtbogens ein ganz anderes Verhalten. So konnte bei der hohen Brennfleckbeweglichkeit ein Schmelzprozeß an der Material-

oberfläche nicht nachgewiesen werden. Dem Verfasser war es bei seinen Untersuchungen an wandernden Lichtbögen sogar möglich, ein stromstarkes und hochtemperiertes Bogenplasma mit nur geringer Geschwindigkeit auf einer wenige µm starken wassergekühlten Kupferfolie rotieren zu lassen, ohne daß eine Zerstörung der Folie eintrat.
Eine thermische Emissionstheorie war so nicht mehr haltbar. Da auch eine Feldemission als Erklärung wegen fehlender Voraussetzungen nicht in Frage kam, versuchten *Weizel* und *Rompe* den Katodeneffekt mit der Hypothese zu deuten, daß der Stromtransport in Katodennähe nur durch Ionen erfolgt und daß sich die unmittelbar an die Katode anschließende Zone in ein Raumladungsgebiet, ein Ionisationsgebiet und ein Wärmeleitungsgebiet aufteilen läßt. Zwischen Wärmeleitungsgebiet und Säule müßte demnach eine weitere Zone liegen, die nach der einen Seite Elektronen (Bogensäule) und

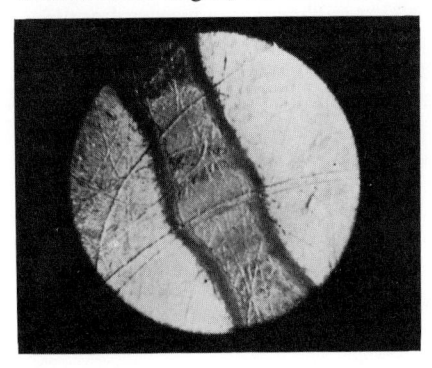

Bild 2.4 Katodenspur eines elektrischen Lichtbogens auf Silber – 50fach vergrößert

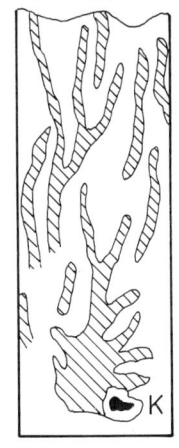

Bild 2.5 Brennfleckaufspaltung nach der Kontaktzündung bei K

nach der anderen Seite Ionen (Bogenkatode) abgibt. Diese Zone sollte das eigentliche Trägererzeugungsgebiet sein.
Bei elektrischen Schaltgeräten in Starkstromanlagen werden Lichtbögen bei

Schaltvorgängen der Hoch- und Niederspannungsseite durch Kontaktzündung der „Elektroden" eingeleitet. Die beim Trennen der Schaltkontakte in den Schaltgeräten sich mehr und mehr einschnürende metallische Strombrücke ist nicht mehr in der Lage, den Strom mit zunehmender Querschnittsverringerung zu tragen. Die Joulesche Stromwärme wird bis zum kritischen Schmelz- und Siedepunkt des Werkstoffes gesteigert, wobei der Temperaturanstieg außerdem von der Öffnungsgeschwindigkeit der Schaltstücke abhängig ist. Zweifellos wird nach der „Wärmeexplosion" an der Trennstelle auch eine erhebliche Metalldampfmenge im Lichtbogenplasma nachweisbar sein, während die Zündstelle selbst einen mehr oder weniger starken Verschleiß der Kontaktelektrode einleitet.

Untersuchungen haben gezeigt, daß stromstarke Lichtbögen, so wie sie in elektrischen Starkstromanlagen erwartet werden, parallel brennende Katodenfußpunkte aufweisen, deren instabile Existenz nachgewiesen werden konnte. Es kann daraus gefolgert werden, daß die Stromdichte in den katodischen Brennflecken bestimmte Höchstwerte nicht überschreitet und daß die hohe Beweglichkeit des katodischen Lichtbogenansatzpunktes auf Metallelektroden, insbesondere Kupfer und Silber, auch im höchsten Strombereich beibehalten wird.

Bild 2.4 zeigt die Katodenspur eines stromstarken Lichtbogens bei etwa 50facher Vergrößerung, **Bild 2.5** schematisch die von einer Lichtbogenlaufschiene übertragene Brennfleckaufspaltung eines Hochstromlichtbogens (>1000 A), der nach der Kontaktzündung bei K mit hoher Wanderungsgeschwindigkeit die anodische und katodische Laufschienen passierte.

2.2 Elektrischer Schaltlichtbogen

Schaltvorgänge in elektrischen Starkstromanlagen, die einen geschlossenen Stromkreis unterbrechen, sind immer von einem nach der Schaltkontakttrennung durch Kontaktzündung eingeleiteten elektrischen Lichtbogen begleitet. Der im Normalbetrieb durch freie Leitungselektronen getragene elektrische Strom wird durch diesen Vorgang in den „gasförmigen Aggregatzustand" überführt, wobei der vorher statische Zustand in einen dynamischen übergeht.

Eine, wenn auch nur theoretisch denkbare plötzliche Unterbrechung des Stromkreises ohne die dämpfende Wirkung des elektrischen Lichtbogens hätte vor allem in induktiven Netzen hohe Überspannungen zur Folge. Es ist daher auch nicht erstaunlich, wenn schon vor Jahrzehnten *Slepian* in seiner „Theory of current transference at the cathode of an arc" darauf verweist, gäbe es den elektrischen Lichtbogen nicht, dann müßte er erfunden werden. Der elektrische Lichtbogen stellt so ein sehr wichtiges Medium dar, das bei allen natürlichen Löschvorgängen – etwa Nulldurchgang bei Wechselstrom –, aber auch bei zusätzlicher Beeinflussung durch Löschmittel in Schaltgeräten von außerordentlich großer Bedeutung ist.

Ausschaltvorgänge mit Lichtbogenbildung lassen sich wegen der physikalisch instabilen und daher nicht konstanten Koeffizienten in den Differentialgleichungen rechnerisch nur schwer erfassen. Für den Gleichstrom-Grundstromkreis in **Bild 2.6a** mit eingezeichnetem Schaltlichtbogen kann die Differentialgleichung Gl. (2.2) geschrieben werden:

$$L \cdot di/dt + R \cdot i + u_B = E, \tag{2.2}$$

oder nach $L \cdot di/dt$ aufgelöst:

$$L \cdot di/dt = (E - R \cdot i) - u_B = \Delta u. \tag{2.3}$$

Elektrische Lichtbögen haben eine *fallende Charakteristik,* d.h., mit zunehmendem Strom verringert sich der Lichtbogenwiderstand, die Lichtbogenspannung nimmt ebenfalls ab. Wird ein mit Gleichstrom betriebener Lichtbogen anders als durch Kontaktzündung, etwa durch eine bestimmte Zündspannung U_z zwischen zwei Elektroden gezündet, dann verläuft die Strom-Spannungs-Kennlinie wie in **Bild 2.6b** dargestellt. Die mit erhöhter Stromstärke steigende Säulentemperatur bedingt eine verstärkte Ladungsträgererzeugung, so daß bei einer Stromrücknahme die Löschspannung U_l niedriger als die Zündspannung liegt.

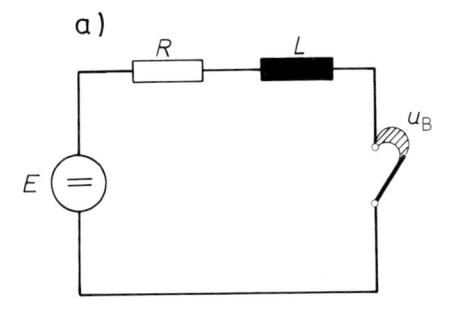

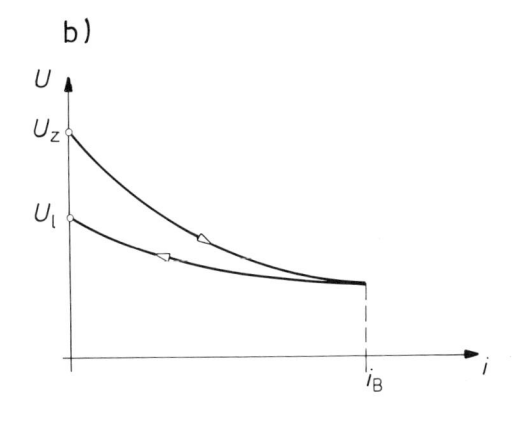

Bild 2.6 Gleichstromlichtbogen:
a) Schaltlichtbogen zwischen den Schaltstücken,
b) fallende Charakteristik

Damit die Löschung eines Lichtbogens in einem Schaltgerät erzielt werden kann, muß in Gl. (2.3) der Strom dauernd abnehmen, die zeitliche Stromabfallgeschwindigkeit di/dt wird negativ, so daß Gl. (2.4) gilt:

$$\Delta u = U - i \cdot R - u_B < 0. \tag{2.4}$$

Werden die Anteile dieser Gleichung in einem Diagramm aufgetragen, entsprechend **Bild 2.7**, dann ist ablesbar, daß die Lichtbogenlöschung nur oberhalb der Widerstandslinie $i \cdot R$ – im schraffierten Bereich – erfolgen kann. Um diesen Bereich zu erreichen, müssen Schaltgeräte zusätzliche Mittel einsetzen, die den Schaltlichtbogen möglichst günstig beeinflussen.

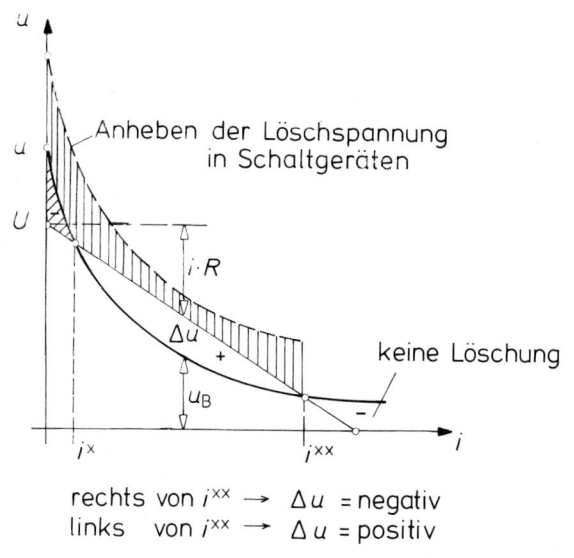

rechts von i^{xx} → Δu = negativ
links von i^{xx} → Δu = positiv

Bild 2.7 Löschspannung für Schaltlichtbögen

Niederspannungsschaltgeräte verwenden hierzu das Prinzip der *magnetischen Blasung* – ein Zusatzmagnetfeld treibt den Lichtbogen in eine Löschkammer –, Hochspannungsschaltgeräte arbeiten mit Lichtbogenkühlung, dem natürlichen Nulldurchgang bei Wechselstrom und mit Entionisierung durch das Schwergas SF_6. Sicherungen beeinflussen das hochtemperierte und noch stark mit Metalldampf durchsetzte Bogenplasma durch intensive Volumenlöschung mit Hilfe eines speziellen Quarzsandes.

Das Studium der Bewegungsvorgänge an elektrischen Lichtbögen galt nicht zuletzt auch solchen Formen der Bogenentladung, die außerhalb der eigentlichen Kontaktbahnen von Schaltgeräten, beispielsweise als Folge von Kurzschlüssen, entstehen. Die hohe Wanderungsgeschwindigkeit eines Kurzschlußlichtbogens, etwa in einem Sammelschienensystem, läßt umfangreiche Zerstörungen bei gleichzeitig hohen Isolationsschäden erwarten. In Mittel- und

Niederspannungsanlagen wird deshalb Vorsorge durch Abschottung in den Schaltanlagen und durch schnell arbeitende Schaltgeräte getroffen.
In einem elektrischen Lichtbogen werden die Ladungsträger durch magnetische Felder stark beeinflußt. Die wirkende Kraft läßt sich mit Hilfe des magnetischen Teiles der elektrodynamischen Kraftgleichung angeben:

$$\vec{F} = -e\,[\vec{v} \cdot \vec{H}]. \tag{2.5}$$

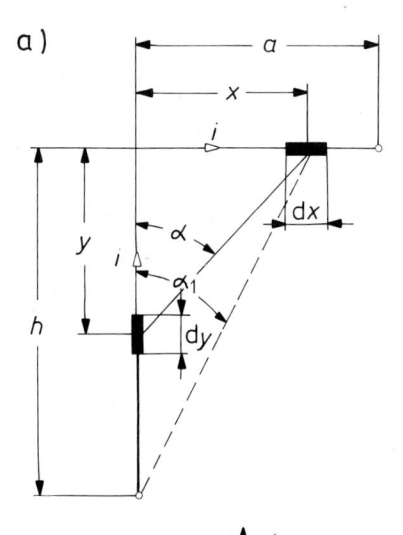

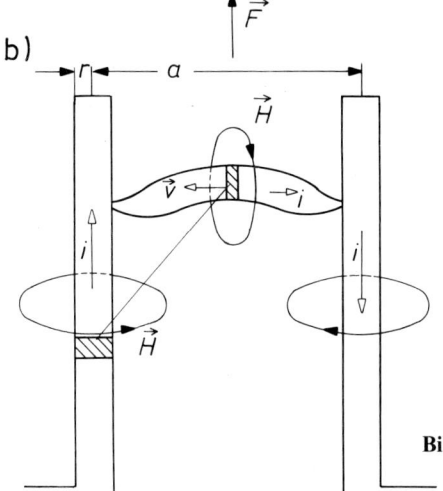

Bild 2.8 Kraftwirkung auf die Bogensäule zwischen parallelen Elektroden:
a) Kräfte nach Biot-Savart,
b) Kraft auf Bogensäule

Hierin sind $-e$ die negative Ladung des Elektrons, $\vec{v}$ der Geschwindigkeitsvektor des Elektrons, $\vec{H}$ der Vektor des magnetischen Feldes.
Wird ein Lichtbogen zwischen zwei zueinander parallel verlaufenden Elektroden gezündet, so ist seine Bewegung nicht nur vom thermischen Auftrieb der heißen Bogengase, sondern auch von den vom Lichtbogenstrom abhängigen magnetischen Feldern geprägt. Unter Anwendung des Gesetzes von *Biot-Savart* können die auf den Bogen ausgeübten Kräfte berechnet werden, die zu jedem Zeitpunkt und bei jeder geometrischen Lage der Bogensäule innerhalb der Elektroden wirken. **Bild 2.8 a** und **b** zeigt die prinzipielle Anordnung der wirkenden Größen bei einem zwischen parallelen Elektroden brennenden Lichtbogen.

Für die magnetische Induktion ist nach Biot-Savart:

$$B = \frac{\mu_0}{4 \cdot \pi} \cdot I \oint \frac{\sin \alpha}{r^2} \, dy. \tag{2.6}$$

Für das Kraftelement aus Bogenstrom und Induktion gilt:

$$dF = I \cdot B \cdot dx. \tag{2.7}$$

Unter Berücksichtigung von Gl. (2.6) und Gl. (2.7) ist dann:

$$F = \frac{\mu_0}{4 \cdot \pi} \cdot I^2 \int_r^a \int_{\alpha_1}^{\alpha_2} \frac{\sin \alpha}{x} \, d\alpha \, dx. \tag{2.8}$$

Die Auflösung von Gl. (2.8) unter Beachtung der Integrationsgrenzen liefert für die Stromschleife die Kraft:

$$F = 2{,}04 \cdot 10^{-9} \cdot I^2 \left[\ln \frac{a}{h + \sqrt{h^2 + a^2}} - \ln \frac{r}{h + \sqrt{h^2 + r^2}} \right]. \tag{2.9}$$

Mit F in kN, wenn I in A und a, h und r in m in Gl. (2.9) eingesetzt werden. Für den Lichtbogenablauf und für die Geschwindigkeit des Bogenplasmas zwischen den Elektroden waren empirische Ergebnisse von besonderem Interesse. *Kuhnert* und *Hesse* kamen bei Lichtbögen sehr großer Stromstärken zu der Auffassung, man könne den Lichtbogen modellmäßig während des Wanderns wie einen starren Körper behandeln. Sein „mechanischer Widerstand" W wäre dann gekennzeichnet durch die Gleichung:

$$W = (1/2) \, c \cdot v^2 \cdot O \cdot \rho. \tag{2.10}$$

Hierin ist O die Oberfläche des Körpers, c die Reibungszahl, ρ die Luftdichte und v die Laufgeschwindigkeit. Aus Gl. (2.9) und Gl. (2.10) kann dann die Bogengeschwindigkeit ermittelt werden:

$$v_{\text{Bogen}} = (1/c^*) \sqrt{2} \left(\frac{F}{O \cdot \rho} \right)^{\frac{1}{2}}. \tag{2.11}$$

Einzelne Parameter dieser Gleichung lassen sich jedoch, besonders bei sehr hohen Lichtbogenströmen, nur schwer mit hinreichender Genauigkeit angeben. Die experimentellen Untersuchungen lieferten für die Praxis brauchbare Werte. Bei Lichtbögen mit Strömen bis zu 200 kA zwischen Parallelelektroden, wobei die katodischen und anodischen Ansatzpunkte in engen Magnetspalten liefen, konnten Wanderungsgeschwindigkeiten bis zum zehnfachen Wert der Schallgeschwindigkeit gemessen werden.
Bild 2.9 zeigt schematisch den Bewegungsablauf eines Schaltlichtbogens in

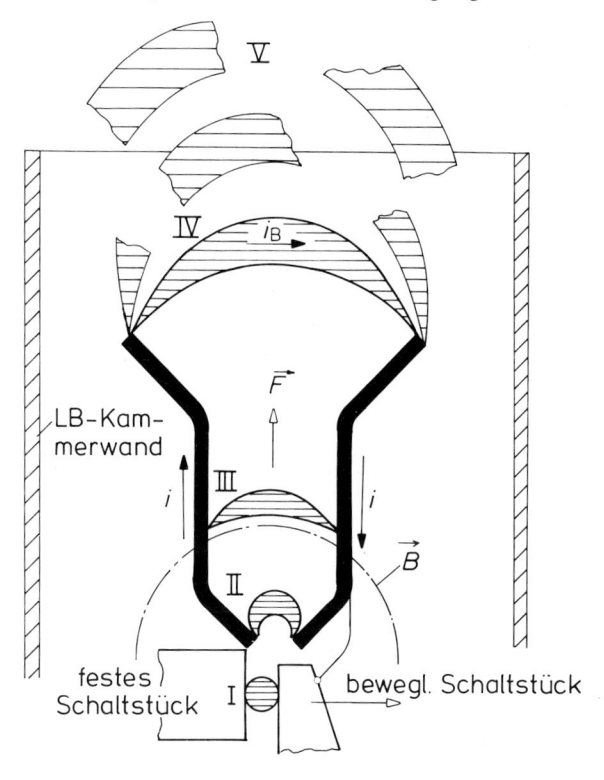

I Lichtbogen-Kontaktzündung
II " auf Ablaufhörner
III " durch Zusatzblasung $\vec{B}$ beschleunigt
IV " wird gelängt
V Restgase des Lichtbogens

Bild 2.9 Stadien eines mit Zusatzblasung beeinflußten Schaltlichtbogens

einer Schalter-Löschkammer mit *magnetischer Zusatzblasung* – gebräuchlicher Fachausdruck für Lichtbögen, die magnetisch beeinflußt werden – während der Unterbrechung eines Gleichstromkreises im Niederspannungsbereich. Durch Messungen konnte festgestellt werden, daß Schaltlichtbögen unmittelbar nach der Zündung an den Schaltkontakten eine *Verharrzeit* aufweisen, die das auf kürzeste Entfernung brennende und stark mit Metalldampf durchsetzte Plasma für kurze Zeit (Millisekundenbereich) ohne Abwanderungstendenz brennen läßt. Selbst bei sehr schneller Öffnung der Schaltkontakte setzte eine Bewegung erst nach dem Erreichen einer bestimmten Entfernung zwischen den Schaltpolen ein. Besonders lange Verharrzeiten liefern Wolframverbindungen und Sinterwerkstoffe als Elektrodenmaterial. Eine Erklärung hierfür wäre wieder die den Stoffen eigene Verhaltensweise gegenüber den Lichtbogenansatzpunkten: Hohe Katodentemperaturen, Glühemissionsbeiträge und damit verminderte „Gleiteigenschaften" der Bogenfußpunkte.

VDE 0660 Teil 1 hat im § 19 Abschnitt b die Zeitfolgen für einen *Ausschaltvorgang* an einem Schalter festgehalten und präzisiert. Als *Lichtbogendauer* gilt die Zeit vom Beginn des Öffnens der Schaltstücke in dem erstöffnenden Pol bis zum Ende des Stromflusses in allen Polen. Bei Schaltern, die bereits den ansteigenden Kurzschlußstrom unterbrechen – sogenannte Schnellschalter – wird die Zeit von der Kontaktöffnung bis zum Maximum des beeinflußten Kurzschlußstromes als *Lichtbogenentwicklungszeit* bezeichnet.

3 Niederspannungs-Leistungsschalter

Niederspannungs-Leistungsschalter haben im Bereich der Verbraucherspannungen ein Schaltvermögen, das den unter Kurzschlußbedingungen auftretenden Beanspruchungen genügen muß. Außer den üblichen *Antriebsmitteln* für die Hand- und/oder Fernbetätigung – Einschaltmagnet, Druckluftantrieb, Motorantrieb – sind besonders die *Auslöseglieder* für den Überstrom- und Kurzschlußschutz ein notwendiger Bestandteil jedes Leistungsschalters.

Die Unterteilung in messende und nichtmessende Auslöser weist auf die Abhängigkeit von verschiedenen physikalischen Wirkungsgrößen hin, die im Überstrom- oder Kurzschlußfall die Auslöseglieder befähigen, eine zumeist mechanische Verriegelung des Leistungsschalters aufzuheben, so daß eine unmittelbare Ausschaltung erfolgen kann. Da jeder Auslöser selbst – entsprechend seinem Aufbau – eine bestimmte, wenn auch kurze *Auslösezeit* benötigt und zu dieser die *Eigenzeit* des Schalters bis zur Aufhebung des Kontaktschlusses hinzugerechnet werden muß, ist vom Beginn des die Auslösung verursachenden Zustandes bis zum Trennen der Schaltstücke eine für jedes Gerät konstante Öffnungszeit vergangen. Jeder Niederspannungs-Leistungsschalter hat somit eine ihm eigene und vom Geräteaufbau her bestimmte *Ausschaltzeit.* Nach VDE 0660 ist die *Gesamtausschaltzeit* zusammengesetzt aus der Auslösezeit, der Eigenzeit und der Lichtbogendauer des Schalters. Bild 3.1 zeigt die verschiedenen Zeitphasen an einem Schaltpol eines Gleichstrom-Leistungsschalters symbolisch.

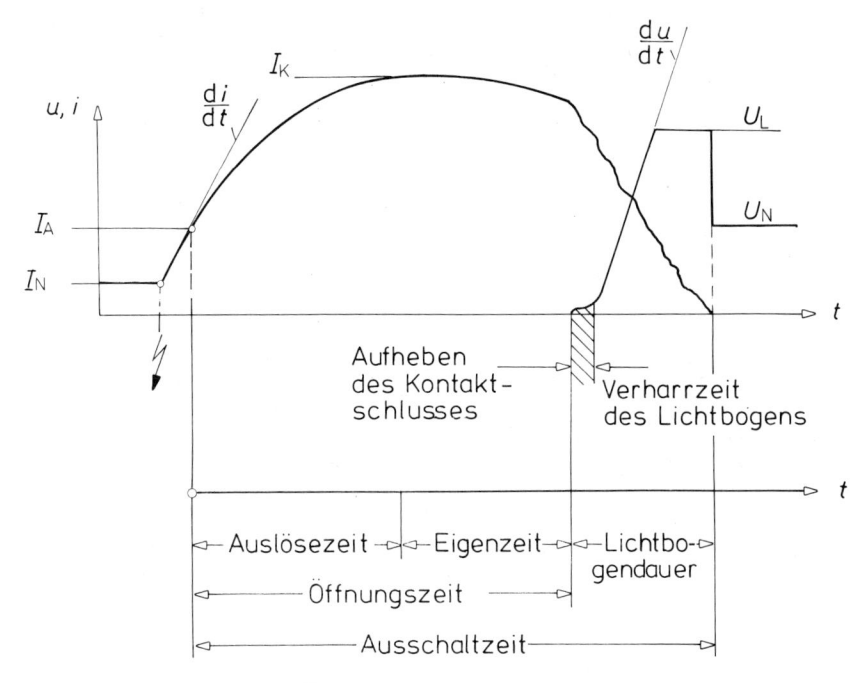

Bild 3.1 Zeitphasen bei der Öffnung eines Niederspannungs-Leistungsschalters
I_A = Strom-Ansprechwert; I_N = Dauerstrom; I_k = Kurzschlußstrom; du/dt = Steilheit des Spannungsanstiegs; di/dt = Steilheit des Stromanstiegs

3.1 Auslöseeinrichtungen für den Anlagenschutz in Niederspannungsnetzen

Für den Kurzschlußschutz in Drehstrom-Niederspannungsanlagen ist jedem Leistungsschalter ein direkt messender magnetisch arbeitender *Überstromauslöser* zugeordnet, der beim Überschreiten eines bestimmten eingestellten Stromwertes die sofortige *unverzögerte Ausschaltung* einleitet. Die Ansprechwerte derartiger Auslöser liegen zwischen dem 3- bis 6-fachen Nennstrom für den Leitungsschutz und dem 8- bis 16-fachen Nennstrom für den Motorschutz. Die unverzögerte Schnellauslösung bedingt eine sofortige Heraustrennung des gestörten Anlagenteils durch den Leistungsschalter und beschränkt die Einwirkdauer des Kurzschlußstromes im betroffenen Netz auf weniger als eine Zehntel Sekunde.

Für den *Überlastschutz* werden verzögernd wirkende *thermische Auslöser* eingesetzt, die mit Hilfe transformatorisch beheizter Bimetalle bei einem länger andauernden Überstrom über geeignete mechanische Auslöseglieder die Schalterentriegelung einleiten. Thermische Auslöser sind in den Bereichen −5 bis +50 °C temperaturkompensiert, so daß eine Anpassung der Auslösekennlinie auch an die jeweiligen Umgebungstemperaturen möglich ist.

In leistungsstarken Niederspannungsnetzen soll der gestörte Anlagenteil durch den Leistungsschalter so herausgetrennt werden, daß der elektrische Energietransport im übrigen Netz unbeeinflußt bleibt. Derartige Forderungen führen zum Begriff der *Selektivität* (selectere = heraustrennen), die bei allen Schutzfragen im elektrischen Starkstromanlagenbereich eine wichtige Rolle spielt.

Für die Lösung selektiver Aufgaben sind besonders Strahlennetze geeignet, in denen die Leistungsschalter mit unterschiedlichen Nennstromstärken hintereinanderliegend angeordnet werden. Ansteigende Auslösezeiten entgegen der Energierichtung im Netz schaffen die Möglichkeit einer *selektiven Zeitstaffelung*, die mit Hilfe von verzögerten Auslöseeinrichtungen erreicht wird. Im Gegensatz zu dem langverzögerten thermischen Auslöser – Ansprechwerte im Sekunden-, Minuten- oder Stundenbereich – werden die heute zumeist elektronisch gesteuerten und als komplette Bausteine zur Verfügung stehenden Auslöser als *kurzverzögerte Kurzschluß-* oder *Überstromauslöser* bezeichnet.

Nach VDE 0660 § 11 Abschnitt b gilt die Kurzverzögerung vorzugsweise zur Sicherstellung der selektiven Unterbrechung von Kurzschlüssen bei in Reihe liegenden Überstromschutzeinrichtungen, etwa Leistungsschaltern.

Für die *Kurzverzögerung* von Niederspannungs-Leistungsschaltern wird im allgemeinen die mechanische Verbindung zwischen dem magnetisch arbeitenden Überstromauslöser und der Auslösewelle des Schalters aufgehoben, so daß ein mit dem Überstromauslöser verbundener Hilfsschalter den mit einem Zeitglied gekoppelten Arbeitsstromauslöser betätigt. Das aus Widerständen und kapazitiven Energiespeichern bestehende Zeitglied hat verschiedene Zeitstufen, die je nach Einstellung elektronisch angesteuert werden können. Die Verzögerungszeiten des kurzverzögerten Auslösers liegen zwischen 0,1 und 1,0 Sekunden und reichen aus, um Leistungsschalter mehrerer Nennstromstufen hintereinander selektiv staffeln zu können.

Voraussetzung für eine kurzverzögerte Auslösung ist immer die elektrodynamische Festigkeit der Polbahnen und des Kontaktsystems eines Leistungsschalters, denn er muß – wie die betroffenen Anlagenteile auch – während der Verzögerungsdauer den vollen Kurzschlußstrom führen können, ohne Schaden zu nehmen. Es wird erwartet, daß auch der verzögerte Schalter den Kurzschlußstrom genau so sicher ausschalten kann, wie der unverzögerte.

3.2 Staffelbarer Niederspannungs-Leistungsschalter

Bild 3.2 zeigt schematisch die bei fast allen Niederspannungs-Schaltgeräten an gleicher Stelle befindlichen Bereiche mit den wirkenden Elementen. Bereich 1 umfaßt die festen und beweglichen Polbahnen, die entweder direkt auf einem Isolierkörper oder auf einem als tragende Traverse ausgelegten isolierten Stahlrahmen gelagert sind. Der Bereich 2 enthält die zumeist in einem geschlossenen Baustein zusammengefaßten Auslöser; der Bereich 3 oberhalb der Polbahn ist durch die Lichtbogenlöscheinrichtung gekennzeichnet; im Bereich 4 liegen die möglichen verschiedenen Antriebe; und der Bereich 5 sieht Einschub- oder Einfahrvorrichtungen vor.

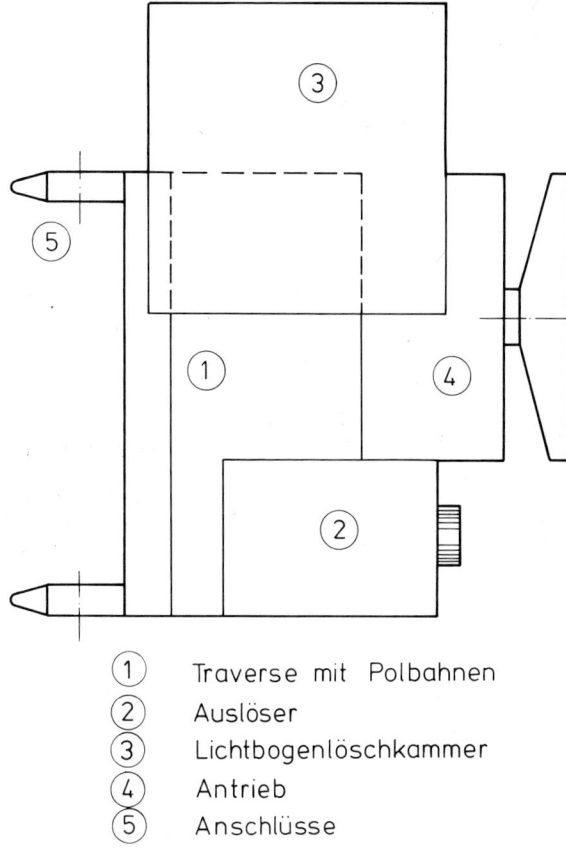

① Traverse mit Polbahnen
② Auslöser
③ Lichtbogenlöschkammer
④ Antrieb
⑤ Anschlüsse

Bild 3.2 Symbolische Darstellung des Schalteraufbaues

Die an den Polbahnen zumeist auswechselbar befestigten Schaltstücke tragen das Kontaktmaterial, an das bestimmte, nicht immer leicht zu erfüllende Forderungen gestellt werden: Schweißfestigkeit, Abbrandfestigkeit, Vermeidung isolierender Fremdschichten, gute elektrische Leitfähigkeit und geringe Erwärmung bei Nennstrombelastung.

Den Schaltstücken in den Schaltgeräten aller Spannungsebenen wurde daher schon immer eine besondere Aufmerksamkeit gewidmet, da sie neben der Lichtbogenlöschkammer ein hohes Maß für die Funktionsfähigkeit der Geräte darstellen. Niederspannungs-Leistungsschalter stehen heute für sehr unterschiedliche Nennstrombereiche zur Verfügung. So kann erwartet werden, daß die Schaltstücke bei einem Leistungsschalter der Baugröße 100 A ganz anders geartet sind, als bei einem für mehrere tausend Ampere ausgelegten Verteilungsschalter.

Niederspannungs-Leistungsschalter mit sogenannten *einstufigen Kontaktsystemen* sind vor allem im unteren Nennstrombereich anzutreffen. Hier müssen die Schaltstücke nicht nur allen Bedingungen des Normalbetriebes entsprechen, sie sind auch den elektrodynamischen und stromwärmemäßigen Beanspruchungen bei einem Kurzschluß ausgesetzt. Als Zündelektroden und „Träger" des Schaltlichtbogens unterliegen sie außerdem einem mehr oder weniger starken Verschleiß.

Jede elektrisch beanspruchte Trennstelle wird aufgrund des dauernden Materialverlustes bei einer erneuten Kontaktgabe zu einer „punktförmigen" Wärmequelle. An dem als *Kontaktengestelle* bezeichneten Stromübergang erhöht sich die Stromdichte beträchtlich, und die dort entwickelte Stromwärme wird durch Wärmeleitung den übrigen Schaltstückmassen zugeführt, so daß trotz relativ hoher Ströme im Nennbetrieb eine bestimmte, oft von der Geometrie der Schaltstücke abhängige Stromtragfähigkeit gewährleistet ist. Im Kurzschlußfall, insbesondere bei steil ansteigendem Stoßkurzschlußstrom, verändert sich die Stromdichteverteilung in der Kontaktengestelle. Das **Bild 3.3a** zeigt die Stromübergangsstelle an einem runden Schaltstückpaar. Daneben – in **Bild 3.3b** – ist ein diametral eingeschnittener Kupferstreifen dargestellt, der eine modellmäßig nachgebildete Engestelle für den Stromübergang zeigt.

Wird der Kupferstreifen mit einem Strom belastet, der seine normale Stromtragfähigkeit überschreitet, dann entstehen an den Einschnittstellen q_1 und q_2 Wärmequellpunkte, die bei entsprechender Stromanstiegsgeschwindigkeit das Material zum Schmelzen bringen.

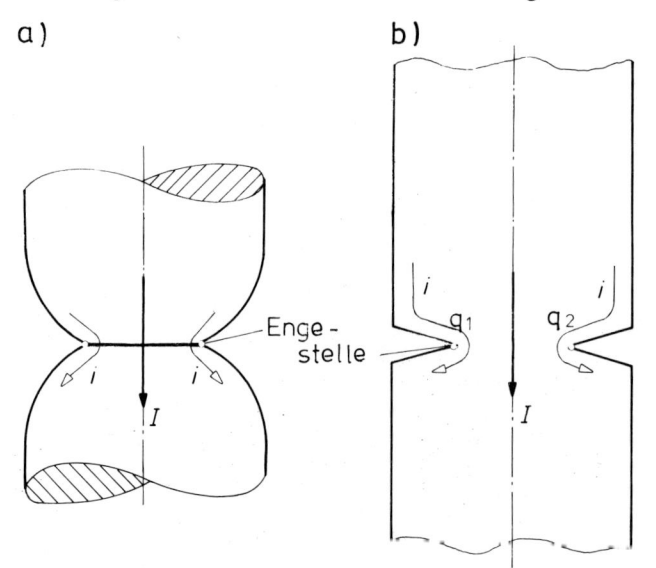

Bild 3.3 Stromübergang:
a) bei zwei runden Schaltstücken, b) am eingeschnittenen Kupferstreifen

Potentialtheoretisch bedeutet dieser experimentell nachweisbare Vorgang die Überlagerung zweier Wärmeströmungen aus den Quellpunkten q_1 und q_2, was zu einer additiven Zusammensetzung der hier für die Fläche geltenden Potentialfelder P_1 und P_2 führt. Die beiden gleich starken und positiven Quellen q_1 und q_2 liefern:

$$\vec{P} = \vec{P}_1 + \vec{P}_2 = (q/2) \cdot \ln[(\vec{r} - \vec{r}_1)^2 \cdot (\vec{r} - \vec{r}_2)^2]. \qquad (3.1)$$

Hierin sind:
$\vec{P}_1$ und $\vec{P}_2$ die beiden Potentiale der Punktquellen q_1 und q_2 (Vektordarstellung des Newtonschen Potentials).
q_1 und q_2 sind die im Quellpunkt konzentrierte Wärmemengen.
$\vec{r}$ ist der „Fahrstrahlvektor zum Aufpunkt" der jeweiligen Potentiallinien.
Gl. (3.1) ist der Ausdruck für eine Niveaulinienschar, die der aus der Geometrie bekannten Kassinischen Kurvengruppe angehört und die eine zeitlich abhängige Temperaturverteilung darstellt. **Bild 3.4** zeigt die Potentiallinienverteilung an der stark vergrößerten Stromengestelle des Blechstreifens.

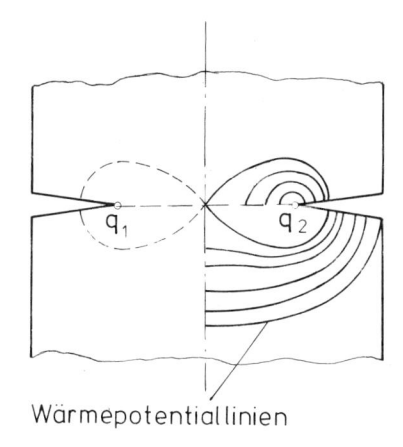

Wärmepotentiallinien

q_1, q_2 = Wärmequellpunkte

Bild 3.4 Temperaturverteilung in einem Kupferstreifen

Es ist davon auszugehen, daß ganz ähnliche Verhältnisse auch an der Übergangsstelle des Schaltstückpaares herrschen. Versuche haben gezeigt, daß die Materialschmelzung bei annähernd kreisförmiger direktmetallischer Berührung der beiden Schaltstücke ringförmig am Rand der Auflagefläche einsetzt, was zu der Annahme berechtigt, daß bei hohen Stromanstiegsgeschwindigkeiten – Kurzschlußfall – eine ungleichmäßige Verteilung der Stromdichte vorliegt. Eine Häufung der in **Bild 3.5** modellmäßig eingezeichneten Stromlinien läßt auch auf die Wirkung abhebender Kräfte schließen, die den zumeist durch Federn erzeugten Kontaktkräften entgegenwirken.

$$I = \sum i_\nu$$

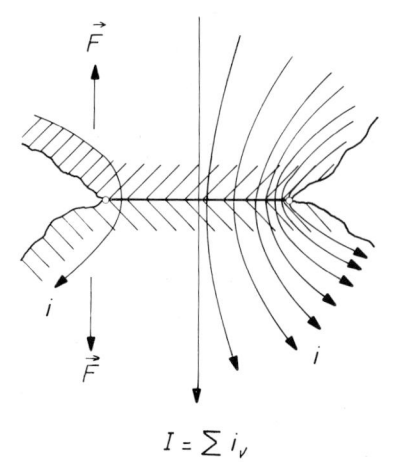

Bild 3.5 Stromlinienverlauf in einer „Stromengestelle"

Für staffelbare Leistungsschalter hoher Nennstromstärken werden daher zum Kompensieren der kontaktabhebenden Kräfte während der Führung des Kurzschlußstromes Maßnahmen getroffen, die entweder durch geeignete Polbahnauslegung oder durch die Geometrie der Schaltstücke selbst eine kontaktkraftverstärkende Wirkung erzielen. Verwendet werden hierbei häufig mehrstufige Schaltstücksysteme, bei denen eine Trennung zwischen der eigentlich stromführenden und der bei Ausschaltungen lichtbogenzündenden Kontaktstelle vorgenommen wird. Eine derartige Anordnung bei einem Leistungsschalter moderner Bauart zeigt das **Bild 3.6**.

Ein weiteres für die Funktionsfähigkeit des Niederspannungs-Leistungsschalters wesentliches Merkmal ist die im Bereich 3 von Bild 3.2 eingetragene Lichtbogen-Löscheinrichtung.

Wird von einigen Niederspannungsleistungsschaltern der sogenannten kompakten Bauart einmal abgesehen, besteht die Mehrzahl aller Lichtbogenlöscheinrichtungen aus einer separaten Kammer (LBK = Lichtbogenkammer, im engl. Sprachraum „arc shut"), deren Wände hochtemperaturfestes isolierendes Material enthalten. Der an der Kontaktstelle gezündete Schaltlichtbogen wird durch eine zusätzliche *magnetische Blasung* in die Kammer getrieben, wobei neben der Lichtbogenverlängerung auch Kühleffekte durch intensive Berührung mit den Kammerwänden erzielt werden.

Eine bereits vor dem ersten Weltkrieg von *Dolivo Dobrowolsky* angegebene Vielfachunterbrechung eines Lichtbogens mit Hilfe von Blechen aus leitendem Material wird auch heute noch in den Löschkammern weitgehend eingesetzt und hat vor allem die Baugröße der Niederspannungs-Leistungsschalter entscheidend beeinflußt. Das Ziel, den Spannungsgradienten des Lichtbogens möglichst zu erhöhen, wird durch den erneuten Spannungsbedarf der Elektrodenfallgebiete eines jeden einzelnen Teillichtbogens in den Löschblechen erreicht. Lichtbogenkammern mit Löschblechsystemen – auch als Deion-

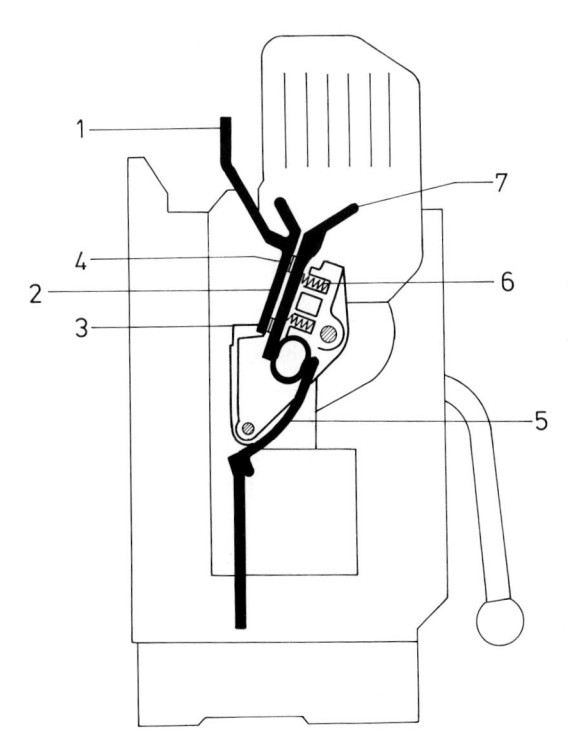

1 Feste Polbahn, oben
2 Kontaktkraftverstärkende Schaltstücke
3 Zuerst öffnende Hauptkontaktstelle
4 Lichtbogenzündender Kontakt
5 Bewegl. Polbahn
6 Kontaktkraftfedern
7 Lichtbogenablaufhörner

Bild 3.6 Polbahnen und Schaltstücke eines Niederspannungs-Leistungsschalters

Kammer bezeichnet – wurden eingehend untersucht und optimiert. Mit Hilfe von Zeitdehneraufnahmen, die von Kameras aus der Weltraumforschung durchgeführt wurden, konnte das Verhalten stromstarker Schaltlichtbögen während der Ausschaltung beobachtet werden.

Je nach der Größe der zu leistenden Schaltarbeit waren nach der endgültigen Unterbrechung des Stromkreises noch starke *Restgas-Bestandteile* sichtbar, die keinen unmittelbaren Zusammenhang mit der Schaltstrecke mehr hatten, die aber, noch ionisiert, erst nach 6 bis 10 ms verschwanden. Das Bestreben, die elektrische Festigkeit zwischen den Schaltkontakten eines Schalters

235

so schnell wie möglich wieder herzustellen, ist auch bei Niederspannungs-Leistungsschaltern eine unbedingte Forderung. Wiederzündungen durch leitende Restgase vermindern das Schaltvermögen oder zerstören die Schalterfunktion im Netz ganz.

Die heute von den Herstellern garantierten hohen Ausschaltleistungen der staffelbaren Niederspannungs-Leistungsschalter konnte nur durch das Zusammenwirken mit geeigneten Prüffeldern und Prüfeinrichtungen erreicht werden. Staffelbare Niederspannungs-Leistungsschalter werden bis zu einem Nennstrom von mehreren tausend Ampere angeboten und haben je nach den Spannungswerten ein Ausschaltvermögen bis 80 kA. Für den Schaltanlagenbau stehen sie in *Einschubtechnik* – Bereich 5 in Bild 3.2 – zur Verfügung und können so für Wartungs- und Kontrollarbeiten schnell und mühelos ausgewechselt werden.

3.2.1 Kennlinie der staffelbaren Niederspannungs-Leistungsschalter

Die Zeit-Strom-Kennlinien staffelbarer Leistungsschalter im Niederspannungsbereich werden durch die Auslöseeinrichtungen geprägt, die einer elektro-

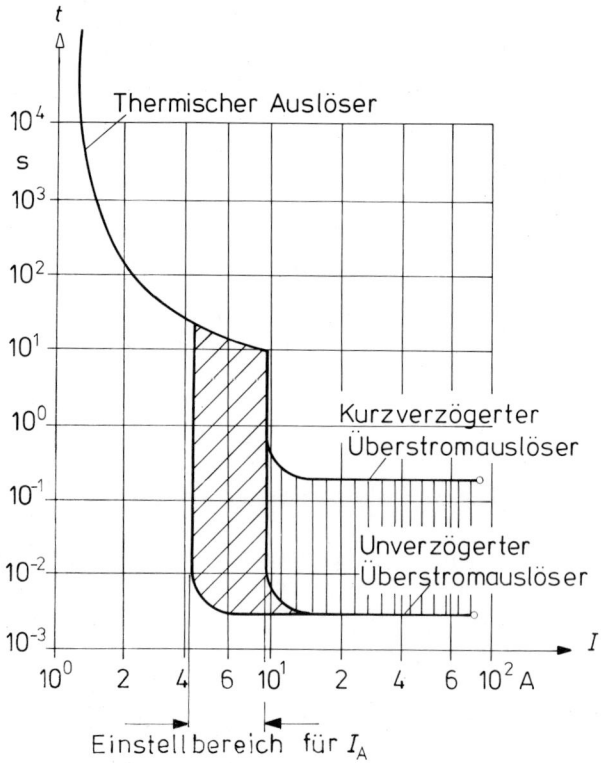

Bild 3.7 Auslösekennlinie eines staffelbaren Niederspannungs-Leistungsschalters

dynamisch festen Schutzeinrichtung – wie sie der staffelbare Schalter darstellt – zugeordnet sind. Für die verschiedenen Einsatzbereiche der Leistungsschalter lassen sich entsprechende Kombinationen der Auslöser herstellen, die für den jeweils vorkommenden Schutzfall optimal geeignet sind.

Die Zeit-Strom-Kennlinie setzt sich aus dem Ansprechbereich der langverzögerten thermischen Auslöser und aus dem Ansprechbereich der einstellbaren unverzögerten oder kurzverzögerten elektromagnetischen Überstromauslöser zusammen. **Bild 3.7** zeigt die Kennlinie eines staffelbaren Leistungsschalters in einem doppeltlogarithmischen Koordinatensystem.

Das Ende des waagrechten Teiles der Kennlinie deutet das Grenzausschaltvermögen des jeweiligen Schalters an. Die Einstellbarkeit des magnetischen Überstromauslösers – schräg schraffierter Bereich – ermöglicht eine Anpassung an die vorliegenden Anlagenverhältnisse, die Kurzverzögerung im Kurzschlußbereich für Selektivschutz-Schalter – senkrecht schraffierter Bereich – hebt die Gesamtausschaltzeit an, vermindert jedoch nicht das Schaltvermögen.

Die Zeit-Strom-Kennlinien der Niederspannungs-Leistungsschalter sind von den Geräten abhängig. Sie werden vom Hersteller angegeben und müssen bei der Anlagenplanung für die gewünschte Schutzaufgabe sinnvoll ausgewählt werden.

3.3 Kurzschlußstrombegrenzende Niederspannungs-Leistungsschalter

Steigende Kurzschlußströme und hohe Anlagenkosten führten in den fünfziger und sechziger Jahren zu der Überlegung, ob nicht sicherungsähnlich arbeitende Leistungsschalter auch im oberen Nennstrombereich von Niederspannungsanlagen eine schnelle und wirkungsvolle Begrenzung der Kurzschlußströme herbeiführen könnten, wobei gleichzeitig die Vorzüge des Leistungsschalters gegenüber den Sicherungen gewahrt bleiben würden: Allpolige Ausschaltung bei Überströmen und Kurzschlüssen, Wiedereinschaltbereitschaft durch Fernbetätigung, Wartungsmöglichkeit bei geringer Lagerhaltung, kontrollierbarer Alterungsprozeß.

Strombegrenzende Leistungsschalter sollten nicht nur die Vorzüge der Leistungsschaltertechnik und der Sicherungstechnik miteinander vereinen, sie sollten vor allem auch die Kurzschlußfolgeschäden in elektrischen Starkstromanlagen auf ein Minimum beschränken. Besonders in Niederspannungsanlagen mit zeitlich durchgehender elektrischer Energieversorgung und einer Produkterzeugung, die eine hohe Anfälligkeit bei entstehenden Kurzschlußlichtbögen erwarten ließ – etwa Anlagen der Petrochemie –, war der Wunsch nach möglichst schneller Unterbrechung der Störung besonders groß. Erkenntnisse aus der Gleichstrom-Schnellschaltertechnik, sowie das Wissen um die kontaktabhebende Wirkung der elektrodynamischen Kräfte innerhalb der Polbahnen und der Stromengestellen an den Schaltstücken, führte schließlich zu brauchbaren technischen Lösungen.

Als besonders großer Nachteil wurde von Anfang an die Unmöglichkeit empfunden, mit derartigen Geräten in den Niederspannungsanlagen klassische

Selektivität zu erreichen. Einige Überlegungen hatten das Ziel, die Vorzüge der kurzschlußstrombegrenzenden Leistungsschalter mit dem Nachteil der fehlenden selektiven Staffelbarkeit in einem Kompromiß zu verbinden. Da die außerordentlich kurzen Verzugszeiten des strombegrenzenden Leistungsschalters – <2 ms – eine selektive Zeitstaffelung nicht mehr ermöglichten, lag der Gedanke nahe, alle hintereinander liegenden Leistungsschalter als strombegrenzende Schutzeinrichtungen bis hin zum Transformatorschalter bei einem Kurzschluß auslösen zu lassen und nach einer kurzen Unterbrechung der gesamten Energieversorgung durch gezielte Wiedereinschaltung aller nicht gestörten Anlagenteile den Betrieb fortzusetzen.

Eine derartige Lösung hatte nicht nur den Nachteil, daß alle Schaltgeräte, bis zum letzten Verbraucherschalter mit Fernantrieb auszurüsten waren,

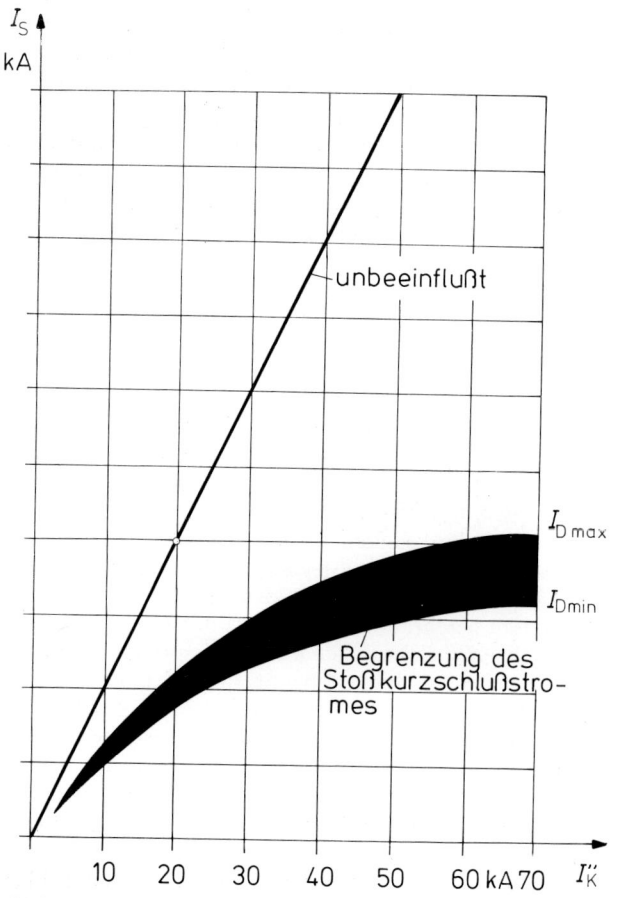

Bild 3.8 Kurzschlußstrombegrenzungsdiagramm eines 250-A-Leistungsschalters

sondern daß während der stromlosen Pause vor allem andere, von der Spannung abhängige Betriebsmittel empfindlich gestört wurden. Trotzdem haben strombegrenzende Leistungsschalter, vor allem im unteren Nennstrombereich, aber auch als letzter Abgangsschalter in Strahlennetzen, eine wichtige und dem heutigen technischen Stand der Schutztechnik angemessene Bedeutung erlangt.
Ein echter strombegrenzend arbeitender Schalter ist beispielsweise der *Klein-Selbstschalter* (LS-Schalter), der im Kurzschlußfall ein sehr schnelles Öffnen der Schaltstücke garantiert und durch intensive Lichtbogenlöschung wie eine Sicherung arbeitet. LS-Schalter erfreuen sich gegenüber der Sicherung steigender Beliebtheit vor allem in den Hausanschlüssen und können als kurzschlußstrombegrenzende Schaltgeräte bis 10 kA ausschalten. Die sinnvolle Anwendung der strombegrenzenden Leistungsschalter im übrigen Verteilernetz der Niederspannungsanlagen bleibt daher auf bestimmte Anwendungsfälle beschränkt, z. B. als Abgangsschalter zu Großantrieben, Steuerungen, Lichtverteilern, Klimaanlagen oder ähnlichem. Sie sind überdies eine wichtige Ergänzung in einem kompletten Selektivitätsprogramm, wenn ihr Einsatz zusammen mit zeitselektiv staffelbaren Leistungsschaltern erfolgt. **Bild 3.8** zeigt ein Strombegrenzungsdiagramm für einen 250-A-Leistungsschalter, aufgenommen bei einer Anlage mit $\cos \varphi = 0{,}25$ und einem $\varkappa$-Wert von 1,47.

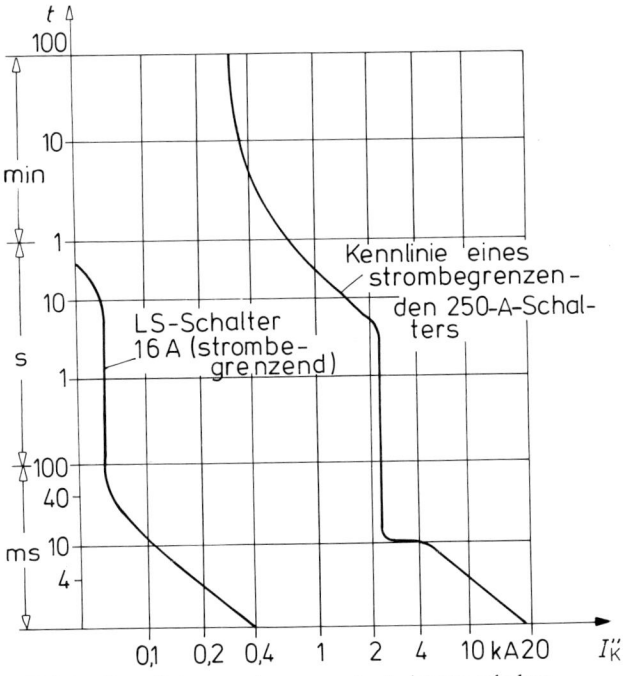

Bild 3.9 Kennlinie strombegrenzender Leistungsschalter

3.3.1 Kennlinie der kurzschlußstrombegrenzenden Niederspannungs-Leistungsschalter

Die Zeit-Strom-Kennlinie des kurzschlußstrombegrenzend arbeitenden Leistungsschalters wird vor allem im Kurzschlußbereich durch die schnelle Öffnung der Schaltkontakte geprägt. Da diese Schaltgeräte außer der kurzschlußstrombegrenzenden Charakteristik auch noch über verzögerte thermische Auslöser und unverzögerte Überstromauslöser verfügen, lassen sich innerhalb kleiner Nennstrombereiche auch noch Selektivitätsaufgaben im Zusammenwirken mit Sicherungen lösen (siehe hierzu Teil III, Abschnitt 5). **Bild 3.9** zeigt die Kennlinie strombegrenzender Leistungsschalter.

Während in den staffelbaren Leistungsschaltern der unteren Nennstrombereiche neben der „deionisierenden" Wirkung der Löschkammereinsätze als natürliches Hilfsmittel für die Schaltlichtbogenlöschung der Nulldurchgang (Nullpunktlöschung!) herangezogen wird, haben kurzschlußstrombegrenzende Schaltgeräte ausschließlich stromstarke Lichtbögen innerhalb der ersten Halbwelle zu löschen, wenn sie ihrer Aufgabe gerecht werden wollen. **Bild 3.10** zeigt das Oszillogramm einer strombegrenzenden Kurzschlußausschaltung mit dem typischen Stromverlauf, wobei auch die im Vergleich zu einer Sicherungsausschaltung atypische Form des Durchlaßstromes erkennbar ist.

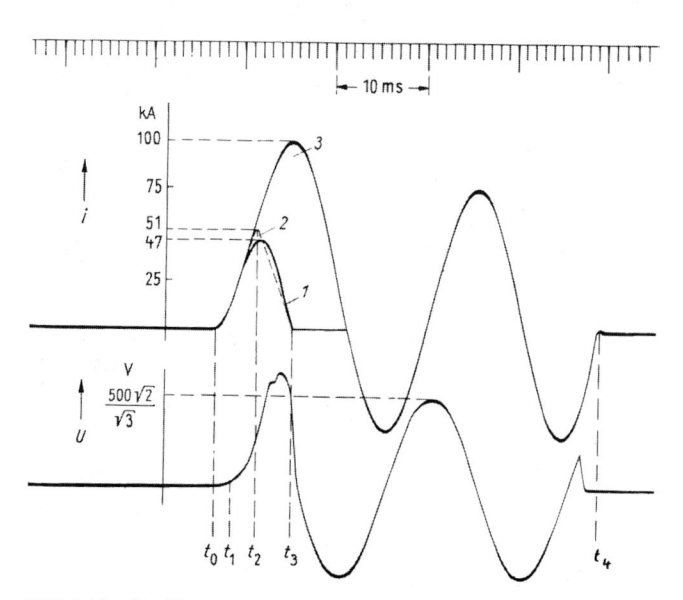

Bild 3.10 Oszillogramm einer einpoligen strombegrenzenden Kurzschlußausschaltung
1 kurzschlußstrombegrenzender Leistungsschalter
2 kurzschlußstrombegrenzende NH-Sicherung
3 unbeeinflußter Kurzschlußstrom

4 Niederspannungs-Hochleistungs-Sicherung

4.1 Aufbau und Wirkung der NH-Sicherung

Die Niederspannungs-Hochleistungs-Sicherung, seit langem im deutschsprachigen Raum abgekürzt als *NH-Sicherung* bezeichnet, ist eine seit vielen Jahren bewährte Schutzeinrichtung in den elektrischen Starkstromanlagen. Für ihre Einführung und für ihre rasche Verbreitung waren neben den technischen besonders die wirtschaftlichen Merkmale von entscheidender Bedeutung. Als eine der ältesten Schutzorgane überhaupt, bieten sie die Vorteile, besonders preisgünstig zu sein und bei geringem Platzbedarf sowie anspruchsloser Wartung neben einer bedingten Selektivität auch ein hohes Schaltvermögen zu besitzen.

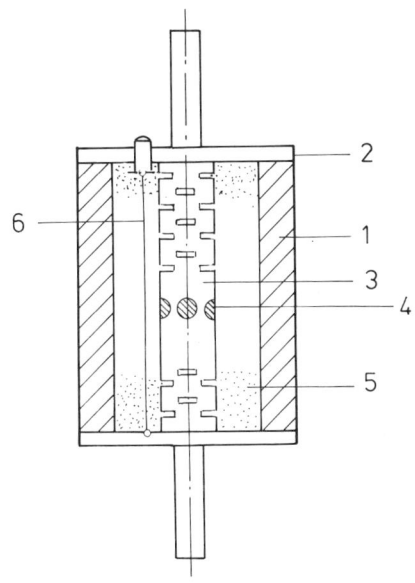

1 Sicherungskörper
2 Deckel mit Anschlußfahne
3 Schmelzleiter
4 Lotauftrag
5 Löschsand
6 Kennmelder

Bild 4.1 Prinzipieller Aufbau einer NH-Sicherung

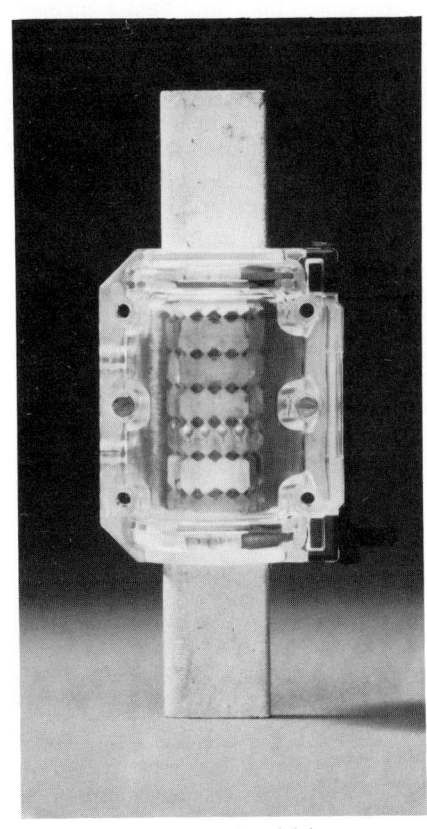

Bild 4.2 Sicherungsschmelzleiter für hohe Nennströme und für Nennausschaltvermögen > 100 kA

Sicherungen gehören zu den kurzschlußstrombegrenzenden Schutzeinrichtungen, sie unterbrechen den Kurzschlußstrom bereits in der ersten Halbwelle. Nach dem Durchschmelzen eines vom Kurzschlußstrom unmittelbar durchflossenen sogenannten *Schmelzleiters* erfolgt nach einer intensiven Lichtbogenlöschung mit Hilfe eines quarzhaltigen Füllmittels die eigentliche Unterbrechung des Stromkreises. Bei den querschnittgeschwächten Schmelzleitern, die im Bereich höherer Nennstromstufen als gitterförmige Bänder ausgelegt sind, setzt der Auftrennvorgang immer an den Stellen der höchsten Stromdichte ein, wobei sich das verflüssigte Metall in den Randzonen des Schmelzleiters absetzt. Neben den oft in Reihe liegenden und parallel angeordneten „Stromengestellen" des Schmelzleiters ist für das Überstromgebiet ein temperaturempfindlicher Metallauftrag vorgesehen, der die Stromunterbrechung bei Überstrombelastung zeitverzögert einleitet. **Bild 4.1** zeigt den prinzipiellen Sicherungsaufbau und **Bild 4.2** einen Schmelzleiter für höhere Nennstromstufen.

Zu den Vereinheitlichungen der wichtigsten Baumaße der NH-Sicherungen führte bereits vor Jahrzehnten die Norm DIN 43 620. Hiernach war deren Austauschbarkeit auch innerhalb verschiedener Fabrikate in Deutschland gewährleistet. Heute stehen für den Schutz in Niederspannungsanlagen die Sicherungsgrößen 00, 0, 1, 2 und 3 als genormte Baugrößen zur Verfügung, deren Nennstromwerte sich teilweise überlappen.

NH-Sicherungen bestehen aus den eigentlichen *Sicherungseinsätzen,* die den Schmelzleiter, das Löschmittel, die Umhüllung und die Kontaktmesser enthalten, sowie aus den separaten *Sicherungs-Unterteilen,* die als fest einzubauendes Teil die Anschlüsse und Kontaktstücke zur Aufnahme der Sicherungseinsätze enthalten. Sicherungen sind selbsttätige, thermisch wirkende Schutzorgane, deren Schmelzleiter strom- und zeitabhängig arbeiten. Bei einer Kurzschlußstörung schmelzen die hintereinander liegenden Stromenge-

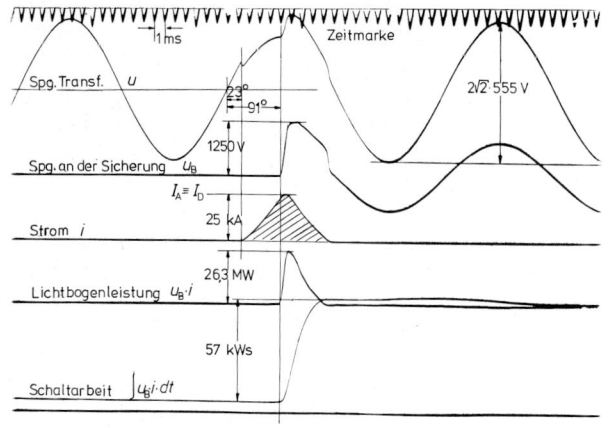

Bild 4.3 Oszillogramm einer einphasigen Sicherungsausschaltung

stellen und bilden Teillichtbögen, deren Löschung durch das Füllmittel erfolgt. Neben dem Teilungseffekt des Schaltlichtbogens liefert vor allem das den Schmelzleiter umgebende Medium eine durch Kühlung und Rekombinationsvorgänge der Ladungsträger im Lichtbogen bewirkte intensive Lichtbogenbeeinflussung, die als *Volumenlöschung* bezeichnet wird. Hieraus ist auch der typische Stromverlauf bei einer kurzschlußstrombegrenzenden Ausschaltung erklärbar, der als charakteristisches Merkmal die praktische Gleichheit von Ansprechwert und Durchlaßstrom aufweist. **Bild 4.3** zeigt das Oszillogramm einer einphasigen Sicherungsausschaltung im Wechselstromkreis.
Das hohe Ausschaltvermögen heutiger Sicherungen – im oberen Nennstrombereich > 100 kA – ist nicht zuletzt einer intensiven Forschungsarbeit zu verdanken, die es in Zusammenarbeit mit geeigneten Laboratorien und Prüffeldern ermöglichte, optimale Schmelzleiterformen zu finden, die den gestellten Anforderungen gerecht wurden.
Untersuchungen von *Th. Schmelcher* und *C. Wehrle* konzentrierten sich vor allem auf das Schalt- und Auftrennverhalten der Schmelzeinsätze, das bis dahin unbekannt war und im einschlägigen Schrifttum lediglich als Vermutung auftauchte. Querschnittgeschwächte Schmelzbänder wurden mit speziellen Kameras bei einer Bildzahl von 8000–40000 Bilder pro Sekunde unter Kurzschlußbedingungen gefilmt. Die Beobachtungen und Auswertungen bestätigten die bereits mit einem diametral eingeschnittenen Kupferstreifen experimentell gewonnenen Ergebnisse: Die örtliche Querschnittschwächung verursacht eine ungleichmäßige Verteilung der Stromdichte – Zusammenschnürung der „Stromlinien" am Abschmelzquerschnitt unmittelbar an der sich gegenüberliegenden Lochperipherie –, was schließlich zum Schmelzen und Auftrennen des Schmelzleiters führt. **Bild 4.4a** zeigt schematisch den Auftrennvorgang an einem gelochten und damit querschnittgeschwächten Leiter und **Bild 4.4b** die Gegenüberstellung mit dem Kupferstreifen von Bild 3.3c, Abschnitt 3.1. Die Rundungen der Lochanordnung wurden hierbei zum besseren Vergleich nach außen geklappt.
Der Schmelzleiter stellt auch bei Normalbetrieb eine Stromengestelle im gesamten Leitungszug dar, Sicherungen sind deshalb in Schaltanlagen Wärmequellen. Wegen des steilen Temperaturabfalles durch Wärmeleitung sollen aber selbst Stromspitzen von der Sicherung kurzzeitig geführt werden können, ohne daß das Schmelzen einsetzt. Allerdings gibt es hier bereits kritische und ernstzunehmende Gegenargumente, die hierin unter Umständen eine „Vorprägung" oder „Alterung" des Schmelzleiters sehen, der danach nicht mehr in der Lage sei, seiner eigentlichen Kennlinie zu entsprechen. Es ist immer wieder versucht worden, eine den Schmelzvorgang im Schmelzleiter beschreibende einheitliche Theorie zu entwickeln, ohne daß es bisher zu wirklich allgemeingültigen Aussagen gekommen ist.
Eine in letzter Zeit erfolgte numerische Berechnung stationärer Temperaturfelder bei gelochten Schmelzleitern (*W. Weissgerber,* 1971) machte die Entwicklung eines Modellersatznetzwerkes mit den entsprechenden physikalischen Wirkungsgrößen – Wärmeleistung, Wärmeleitwerte und Wärmekapazitäten –

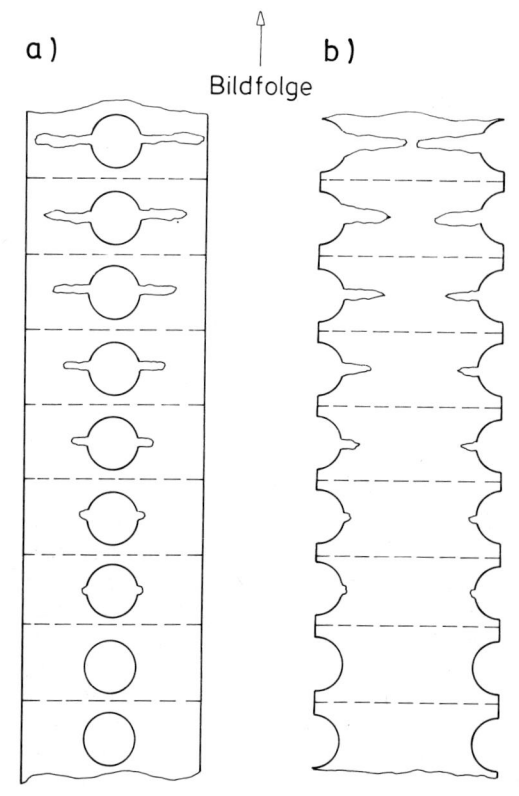

Bild 4.4 Auftrennvorgang an einem Rundloch im Schmelzleiter:
a) Zeitdehnerbildfolge, b) aufgeklappter Streifen

für den Bereich der Stromengestelle notwendig, wobei unter Einsatz recht aufwendiger iterativer Rechenverfahren befriedigende Ergebnisse erzielt werden konnten. Die Berechnung des instationären Verhaltens (Kurzschlußfall) führt auf Systeme von Differentialgleichungen (Euler-Cauchy-Verfahren), deren Gültigkeit ganz offensichtlich noch von verschiedenen Parametern der jeweiligen Sicherung abhängen dürfte. Schematisch und daher mehr qualitativ läßt sich der Auftrennvorgang an einem Schmelzleiter in einem Diagramm darstellen. In **Bild 4.5** ist bei einem zeitlich und temperaturmäßig nicht maßstäblich festgelegten vierstufigen Ablauf der Erwärmungs-, der Schmelz-, der Verdampfungs- und der Gasentladungsprozeß dargestellt. Das Löschen des Lichtbogens, das Verquarzen der Trennstelle und deren langzeitliches Abkühlen deuten gleichzeitig auf einen irreversiblen Prozeß.
Die Nichtprüfbarkeit der Sicherung, die Notwendigkeit einer dauernden Ersatzbeschaffung, der Zweifel an der „Beständigkeit" der Sicherungskenn-

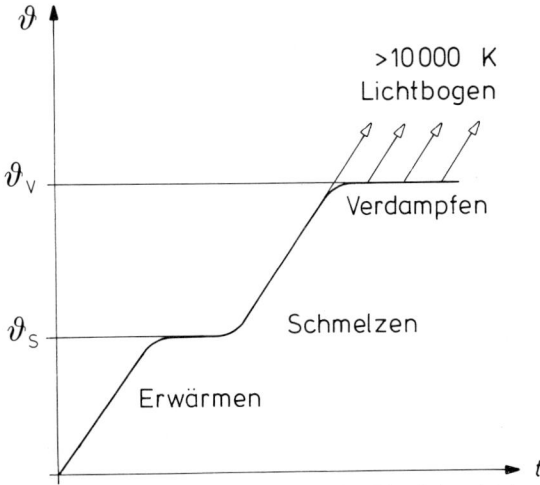

Bild 4.5 Zeitlicher Temperaturverlauf im Schmelzleiter

linie – Veränderung durch Altern –, die Möglichkeit einer nur einpoligen Ausschaltung beim Ansprechen und weltweit gesehen die nur historisch erklärbaren, aber immer noch bestehenden Unterschiede in den Abmessungen bei Sicherungen aus dem deutschen DIN-System, dem nordamerikanischen NEMA-System und dem britischen BS-System haben die Hersteller von Schaltgeräten im Zeitalter strombegrenzend arbeitender Leistungsschalter veranlaßt, auch noch nach anderen Lösungswegen zu suchen, die den Vorteil der Sicherung und den Vorteil der Leistungsschalter in sich vereinen: Sicherungslose Projektierung in Niederspannungsanlagen durch günstige Auswahl strombegrenzender und staffelbarer Leistungsschalter.

4.2 Kennlinien der NH-Sicherung

Die Zeit-Strom-Kennlinie einer Sicherung wird geprägt durch ihr Verhalten im Überlastbereich und während des Kurzschlusses. Für den Überlastbereich ist das an vorgesehenen Stellen des Schmelzleiters aufgetragene Lot verantwortlich, es schmilzt bei länger anhaltendem Überstrom und führt schließlich zum Auftrennen des Schmelzleiters und damit zum Unterbrechen des Stromkreises. Für bestimmte Schutzaufgaben in den elektrischen Starkstromanlagen können Sicherungen durch das Anpassen ihrer Schmelzleiter gezielt eingesetzt werden, wobei die geeignete Schmelzleitergeometrie fast ausschließlich im Laborversuch ermittelt wird.

Neben *Sicherungen* für den *Leitungsschutz* gibt es bei gleichen Nennstromstufen auch *Sicherungen*, die speziell den äußeren *Motorschutz* übernehmen können und trotz der Einschaltstromspitzen noch eine strombegrenzende Charakteristik aufweisen.

Für Schutzaufgaben im Bereich der mit Hilfe von Thyristoren erstellten Gleichrichter konnten Sicherungen mit besonders starker Strombegrenzung bei gleichzeitig niedrigen Schaltüberspannungen entwickelt werden. Für selektive Schutzaufgaben in Maschennetzen haben sich speziell angepaßte Maschennetz-Sicherungen bewährt. **Bild 4.6** zeigt eine Kennlinienschar ausgewählter NH-Sicherungen von 63 bis 1000 A, die gleichzeitig zueinander als selektiv gelten können. Hierbei müssen jeweils zwischen zwei Sicherungen mehrere Nennstromstufen liegen.

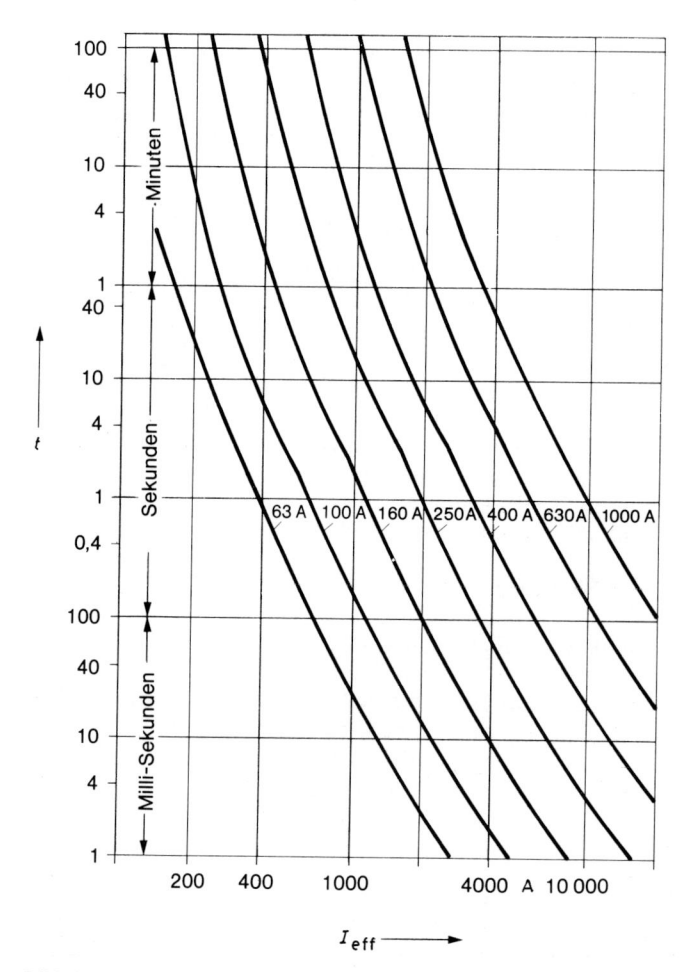

Bild 4.6 Kennlinienschar von NH-Sicherungen von 63 bis 1000 A

4.3 Kombination Leistungsschalter und Sicherung

Die in Mittel- und Hochspannungsanlagen seit langem übliche und mit Erfolg geübte Zusammenschaltung von Schaltern und Sicherungen mit dem Ziel, der vorgeschalteten Sicherung den Kurzschlußschutz zu übertragen und dem Schalter – hier häufig ein Lasttrenner – die niederen Schaltaufgaben zu überlassen, hat auch im Niederspannungsbereich Eingang gefunden. Die vor allem nach dem Kriege nicht selten vorgenommene Zuschaltung von Transformatoren zu bestehenden Einheiten erhöhte die Kurzschlußleistung auf der Verbraucherseite ganz erheblich, so daß die Leistungsschalter in ihrem Ausschaltvermögen überfordert waren.

Die Bedingung für eine einwandfreie Funktion der Kombination Leistungsschalter–NH-Sicherung heißt, *daß der Durchlaßstrom der Sicherung nicht größer sein darf als der dynamische Grenzstrom des Schalters.* Als dynamischer Grenzstrom gilt der Strom, der von den Polbahnen und Schaltstücken des

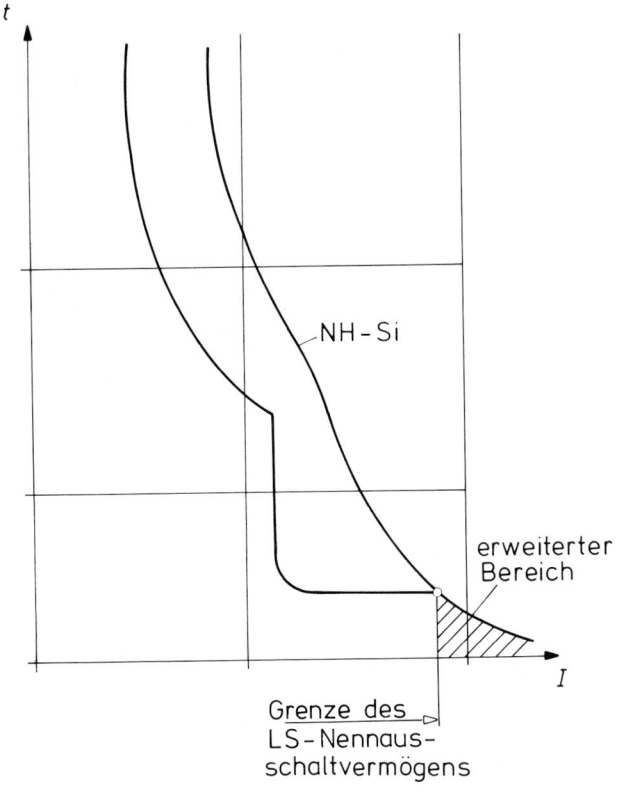

Bild 4.7 Kombination Leistungsschalter–NH-Sicherung

Leistungsschalters ohne elektrodynamische und thermische Folgeerscheinungen geführt werden kann. Von einer bestimmten Kurzschlußstromhöhe aufwärts übernimmt in dieser Kombination die Sicherung allein die kurzschlußstrombegrenzende Ausschaltung, bis hin zu dem die Schaltstücke beeinflussenden kritischen Wert. Die Kombination ist deshalb ebenfalls im Schaltvermögen begrenzt und für selektive Schutzaufgaben nur bedingt einsetzbar. Als vorteilhaft wird bei einer Sicherungsausschaltung im unkritischen Bereich die nachfolgende dreipolige Öffnung des Leistungsschalters empfunden. **Bild 4.7** zeigt ein Kennlinienbild der Leistungsschalter-Sicherungs-Kombination.

4.4 Prüfung und Qualitätssicherung der Niederspannungs-Schaltgeräte

Einen breiten und außerordentlich wichtigen Raum nimmt für Niederspannungs-Schaltgeräte die Prüfung der Funktion und des Verhaltens unter verschiedenen Betriebsbedingungen ein. Im folgenden sollen nur die Bedingungen für das Ausschaltvermögen der Niederspannungs-Leistungsschalter kurz erörtert werden.

Nach den neuen Bestimmungen für Niederspannungs-Schaltgeräte DIN 57660/VDE 0660, die unter Beachtung und Anpassung an die CENELEC-Harmonisierungsbestrebungen und IEC-Publikationen entstanden sind, muß der Nachweis des *Nennkurzschluß-Einschaltvermögens* und des *Nennkurzschluß-Ausschaltvermögens* nach bestimmten festgelegten Regeln erbracht werden. Die Prüfungen sollen mit den Werten erfolgen, die in Übereinstimmung mit der DIN 57660/VDE 0660 vom Hersteller angegeben worden sind. Sie gelten als bestanden, wenn Abweichungen der in einem Prüfbericht genannten Werte von den vorgeschriebenen innerhalb von Toleranzgrenzen liegen.

Die Prüfung selbst besteht aus einer Folge von Ein- und Aus-Schaltungen, die einer *Kurzschlußleistungskategorie* entsprechen müssen. Für die Kurzschlußkategorie P−1, dem eigentlichen amerikanischen NEMA-Schaltvermögen, gilt als Schaltfolge für die Prüfung des Nennkurzschluß-Schaltvermögens O−t−CO. Das bedeutet unter Kurzschlußbedingungen eine Ausschaltung O mit anschließender Pause t − meistens 3 Minuten − und eine Einschaltung C, auf die eine mit unverzögerter oder verzögerter Auslösung eingeleitete Ausschaltung O erfolgen soll. Die Kurzschlußkategorie P−2, die dem bisherigen VDE-Schaltvermögen entspricht, enthält eine schärfere Prüfung mit zuzusätzlicher Ein-Aus-Schaltung: O−t−CO−t−CO. In der Kategorie P−2 wird außerdem im Gegensatz zu P−1 gefordert, daß der Zustand des Leistungsschalters nach der Kurzschlußprüfung für den Normalbetrieb weiter geeignet bleiben soll. Während der Prüfung darf der Prüfling weder den Bedienenden gefährden noch selbst wesentliche Beschädigungen aufweisen.

Ein Rückblick auf die Entwicklung der Geräteanforderungen zeigt gerade im Bereich des Nennausschaltvermögens nicht nur erhebliche Steigerungen, sondern auch Schwankungen, die sich nur durch eine sich ständig verändernde Marktlage vor allem nach dem zweiten Weltkrieg erklären läßt. Die „Regeln für Schaltgeräte" (RES) – einer Vorgängervorschrift der späteren VDE 0660 – aus dem Jahre 1928 fordern für Leistungsschalter im Niederspannungsbereich eine induktionsfreie, einmalige Ausschaltung zwischen 1,5 und 5 kA, die VDE 0660/12.52 verlangt bereits drei Ausschaltungen und zwei Ein-Aus-Schaltungen unter Kurzschlußbedingungen bei wesentlich höherem Schaltvermögen.

Erst Zugeständnisse an die aus den angelsächsischen Ländern auf den deutschen Markt drängenden Leistungsschalter in Kompaktbauweise – Geräte, die sich von den bis dahin offenen Bauformen der Leistungsschalter durch ihre, in einem geschlossenen Isolierstoffgehäuse untergebrachten Funktionsteile unterscheiden – lassen die Anforderungen an das Nennausschaltvermögen erheblich zurückgehen. **Bild 4.8** zeigt eine Gegenüberstellung der geforderten Nennausschaltleistungen in den verschiedenen zeitlichen Epochen.

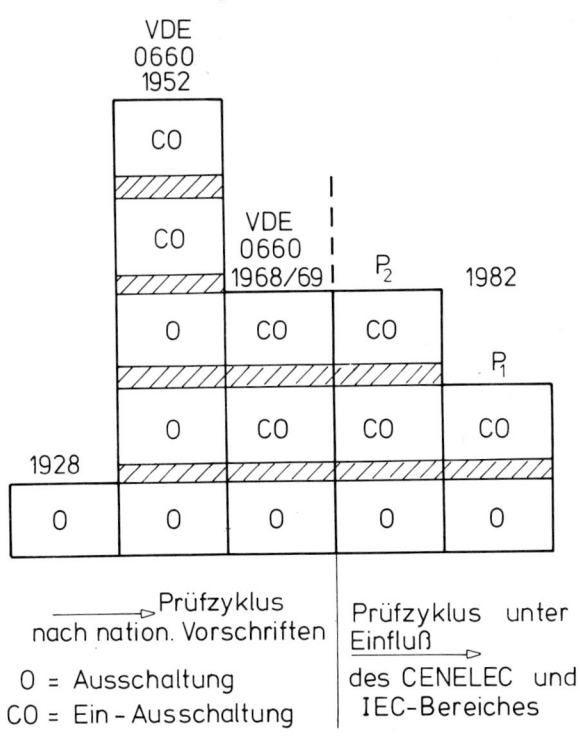

Bild 4.8 Bisher geforderte Prüfzyklen bei Niederspannungs-Leistungsschaltern

Der Trend, in den 50er und 60er Jahren die aus überseeischen Ländern bekannte „Wegwerftechnik" auch bei Geräten für den Anlagenschutz einzuführen, um bei gleichzeitiger Minderung der Leistungsfähigkeit Vorteile in der Baugröße und in der Ersatzteilhaltung zu gewinnen, hat dazu geführt, daß heute viele Hersteller zwei Leistungsschalter-Bauformen anbieten: Den Niederspannungs-Leistungsschalter in der halboffenen Bauweise und den Niederspannungs-Leistungsschalter in der kompakten und geschlossenen Bauform. Die damit erzielte Doppelgleisigkeit im Angebot der Leistungs-

a)

b)

Bild 4.9 Niederspannungs-Leistungsschalter:
a) halboffene Bauweise,
b) kompakte Ausführung

schalter auf dem deutschen Markt wird nunmehr noch ergänzt durch eine von der IEC-Publikation 157-1 initiierte Unterscheidung zweier Kurzschluß-Leistungskategorien.
So ist es möglich geworden, daß bei einem Niederspannungs-Leistungsschalter des gleichen Typs entsprechend der beiden Kategorien das Schaltvermögen durch unterschiedliche Werte gekennzeichnet sein kann. Im allgemeinen wird wegen der geringeren Anforderungen im Prüfzyklus nach $P-1$ oft ein höheres Nennausschaltvermögen genannt. **Bild 4.9a** zeigt moderne Niederspannungs-Leistungsschalter der halboffenen Bauweise und **Bild 4.9b** Leistungsschalter in kompakter Ausführung.

5 Selektivität in Niederspannungsnetzen

Die Forderung nach einer unterbrechungslosen Stromversorgung in Niederspannungsanlagen, selbst bei so gravierenden Störungen, wie sie Kurzschlüsse darstellen, hat wachsende Bedeutung erlangt. In den verschiedensten Industriezweigen, aber auch im Kommunalbereich, ist man aus wirtschaftlichen Erwägungen daran interessiert, die Unterbrechung einer bestehenden Stromversorgung auf das unbedingt notwendige Maß zu beschränken. Diese Forderungen können erfüllt werden, wenn es gelingt, die in der Versorgungsanlage eingesetzten Schutzeinrichtungen zueinander *selektiv* arbeiten zu lassen. *Selektivität* bedeutet das Heraustrennen der Fehlerstelle, ohne die übrigen, hinter der gleichen Energiequelle liegenden Verbraucher zu stören. Niederspannungsanlagen sind sehr häufig aus einseitig gespeisten Netzen aufgebaut, in deren Leitungszug Unterverteilungen liegen, an die die einzelnen Verbraucher angeschlossen werden. Da die elektrische Energie aus einer Richtung zugeführt wird, ist keine Richtungsempfindlichkeit der Anregeglieder (Relais) notwendig.
Stromselektivität: In besonders ausgedehnten Netzen mit relativ großen Leitungsstrecken könnte bei einem Kurzschluß die dämpfende Wirkung der Leitungen oder Kabel zu recht unterschiedlich hohen Kurzschlußströmen führen, so daß etwa eine Stromhöheneinstellung am Auslöser allein die gestaffelte Auslösung bewirken würde.
Die meisten leistungsstarken Verteilungsanlagen – beispielsweise Industrieanlagen – sind allerdings so aufgebaut, daß die dämpfende Wirkung der Leitungsstrecken entfällt. Das unterschiedliche Einstellen der Auslösewerte würde hier zu keiner Selektivität führen, die im Leitungszug hintereinander liegenden Leistungsschalter würden ebenfalls ausschalten.
Zeitselektivität: Zeitselektivität meint, daß alle in Reihe liegenden Schalter oder auch Sicherungen vom gleichen Kurzschlußstrom durchflossen werden, der die Auslöseglieder (bei Leistungsschaltern) zwar anregt, aber erst nach dem Ablauf einer bestimmten und bei Schaltern einstellbaren Verzögerungszeit die Ausschaltung einleitet. Hierbei erfolgt die *Staffelung* – siehe Teil III, Abschnitt 3.1 – in der Weise, daß die Verzögerungszeit vom letzten Schalter am Verbraucher bis zur Einspeisestelle ansteigt. Die *Staffelzeit,* das ist der

Unterschied zwischen den Verzögerungszeiten zweier aufeinanderfolgender Schalter, wird innerhalb eines Leitungszuges nahezu konstant gewählt. Sie muß größer sein als die Gesamtausschaltzeit eines Leistungsschalters und bedarf außerdem eines zeitlichen Sicherheitsabstandes. Bei zu geringer Staffelzeit könnte beispielsweise der Kurzschluß durch den vorgeschalteten Schalter noch nicht ausgeschaltet sein. Als Folge würden beide Schalter auslösen und damit die Selektivität stören.

Der besondere Vorteil bei der Herstellung selektiver Staffelung in einem mit nur einer Energierichtung versehenen Strahlennetz liegt in der relativ robusten Gestaltung der auslösenden Elemente und in der funktionell einfachen und überschaubaren Zeitselektivität. Die heute wohl am meisten verwendete *zeitselektive Staffelung* der Leistungsschalter in modernen Niederspannungsanlagen wird sowohl von Geräten der halboffenen Bauweise als auch von den sogenannten Kompakt-Leistungsschaltern voll erfüllt. **Bild 5.1** zeigt das Beispiel einer zeitselektiven Staffelung bei drei hintereinander-

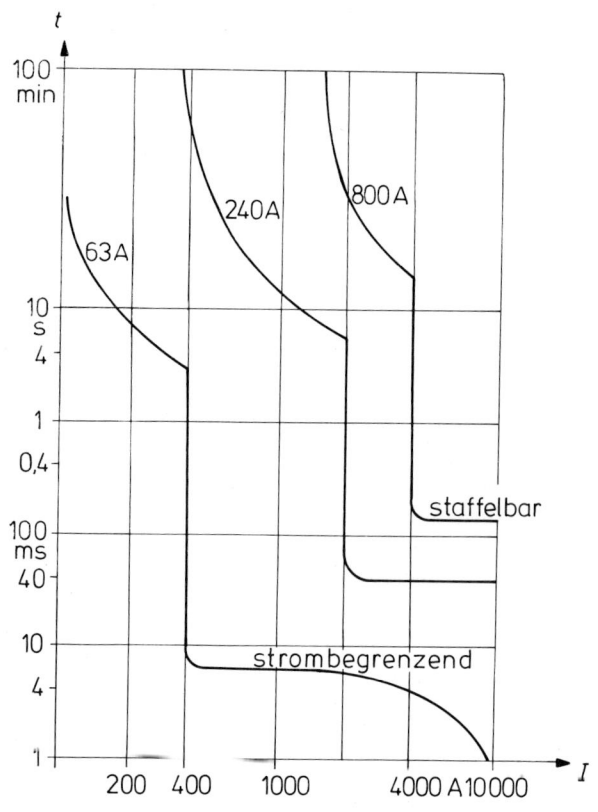

Bild 5.1 Zeitselektive Staffelung hintereinanderliegender Leistungsschalter

liegenden Niederspannungs-Leistungsschaltern mit kurzverzögerten Überstromauslösern und thermischen Auslösern, sowie mit einem strombegrenzenden Schalter in einem Strahlennetz.

5.1 Selektivität zwischen Leistungsschaltern

Beispiel:
Das in **Bild 5.2** gezeigte Strahlennetz wird von einem 1000-kVA-Transformator mit elektrischer Energie versorgt. Im gesamten Leitungszug sind drei Niederspannungs-Leistungsschalter zeitselektiv gestaffelt angeordnet. Der Transformatorschutzschalter Sch_{Tr} für 1600 A Nennstrom hat ein Nennausschaltvermögen von 50 kA und ist bis zu dem aus den gegebenen Daten errechenbaren Kurzschlußstrom mit einer kurzverzögerten Auslösung versehen. Wegen

$$X_{Tr} = \frac{6 \cdot 0{,}4^2}{100 \cdot 1} \cdot 10^3 \, \Omega = 9{,}6 \, m\Omega \quad \text{wird} \quad I_k'' = \frac{400 \, V}{\sqrt{3} \cdot 9{,}6 \cdot 10^{-3} \, \Omega} = 24 \, kA,$$

a)

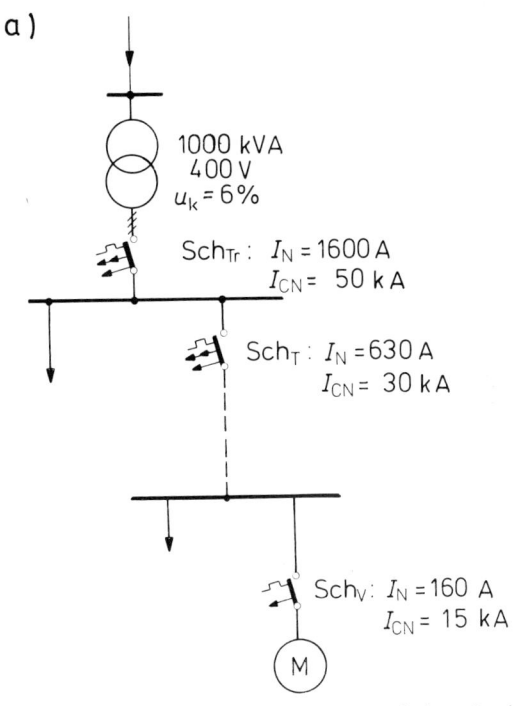

Bild 5.2 Staffelung von drei Leistungsschaltern in einem Strahlennetz:
a) Nennströme und Nennausschaltvermögen I_{cn}.

b)

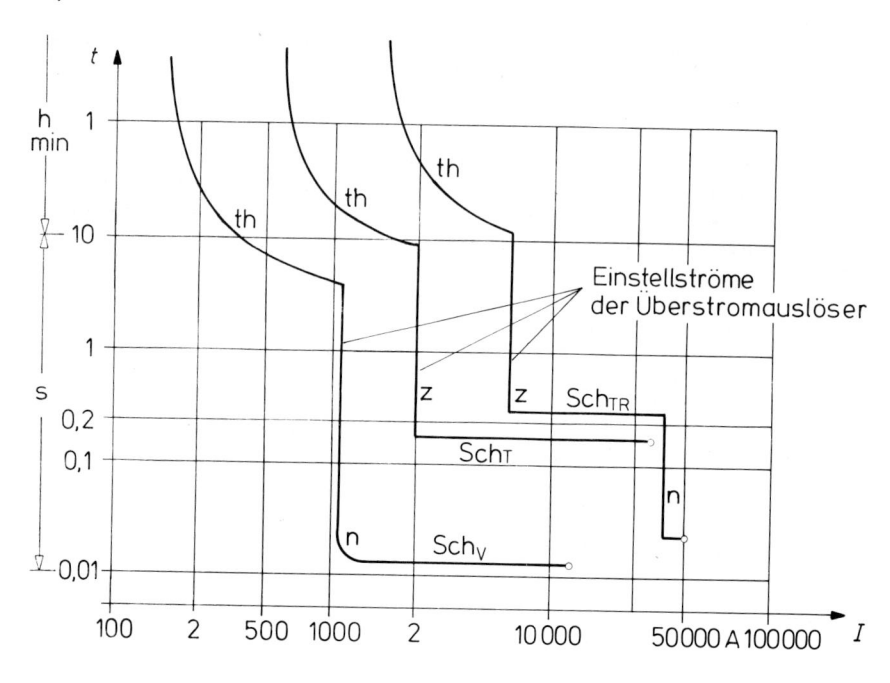

n = unverzögert   z = kurzverzögert   th = Thermisch verzögert

Bild 5.2 (Fortsetzung)
b) Kennlinien der Schalter

bei einem *starren Netz*, d.h. ohne Berücksichtigung der Netzimpedanzwerte auf der Mittel- oder Hochspannungsseite.
Die Verzögerungszeit beträgt 250 ms. Dem Transformatorschalter wird für den Fall eines Sammelschienenkurzschlusses zusätzlich ein höher eingestellter unverzögerter Auslöser zugeordnet. Der Verteilerschalter Sch, für einen maximalen Nennstrom von 630 A einsetzbar, erhält eine Kurzverzögerung von 150 ms, das entspricht einem Sicherheitsabstand für die Zeitstaffelung von 100 ms. Das Nennausschaltvermögen von 30 kA Effektivwert reicht aus, um direkt in der Leitung auftretende Kurzschlüsse beherrschen zu können. Der letzte Schalter am Verbraucher benötigt wegen der Dämpfung im Leitungszug nur noch ein Nennausschaltvermögen von 15 kA bei einem maximalen Nennstrom von 160 A, der Leistungsschalter bleibt unverzögert.
Alle drei Niederspannungs-Leistungsschalter sind mit langverzögerten thermischen Auslösern versehen.

5.2 Selektivität zwischen NH-Sicherungen

Die in einem Leitungszug hintereinander liegenden Sicherungen schützen die Leitungen und den Verbraucher sowohl im Überstrom- als auch im Kurzschlußbereich. Wegen der unterschiedlichen Leitungsquerschnitte werden sie von verschieden hohen Nennbetriebsströmen durchflossen und haben so zwangsläufig voneinander abweichende Nennströme. In Reihe liegende Sicherungen verhalten sich zunächst selektiv, wenn sich ihre Zeit-Strom-Kennlinien nicht schneiden oder berühren. Bei höheren Kurzschlußströmen reicht jedoch dieses Kriterium nicht aus, um volle Selektivität zu erreichen.

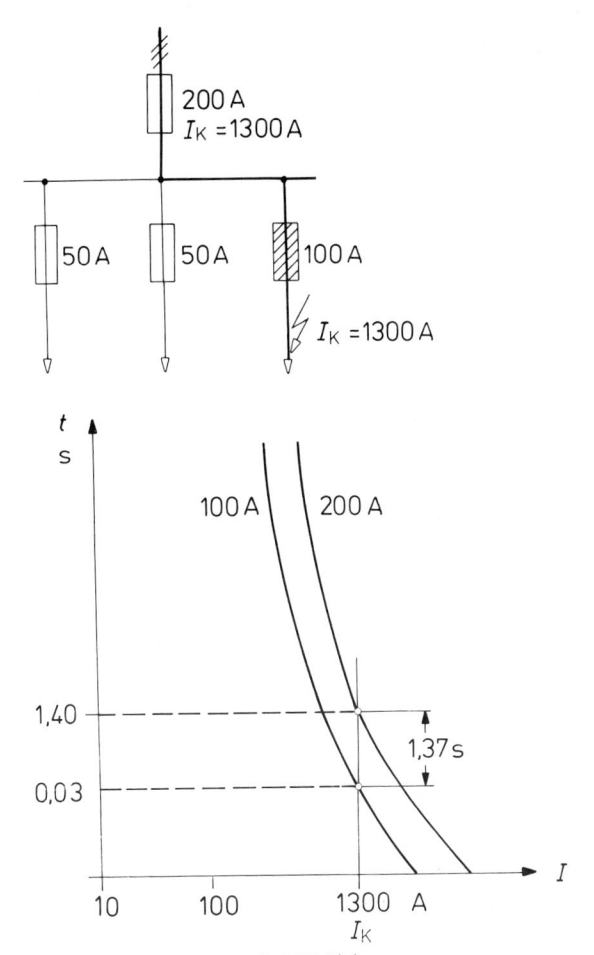

Bild 5.3 Selektivität mit NH-Sicherungen

Eine Selektivität ist nur dann gewährleistet, wenn das Zeitintegral $\int i^2 dt$ der jeweils kleineren Sicherung unterhalb des für das Schmelzen zuständigen $\int i^2 dt$ der vorgeschalteten größeren Sicherung liegt.
Hierfür gibt es Richtwerte, die sich in der Praxis allgemein bewährt haben. Die NH-Sicherungen sollen sich um mindestens *zwei Nennstromstufen* voneinander unterscheiden. Im **Bild 5.3** ist das selektive Heraustrennen durch eine Sicherung in einem Strahlennetz bei angenommenen Nennströmen und Kurzschlußströmen dargestellt.

Die Gültigkeit des selektiven Schutzes mit Sicherungen in Strahlennetzen ist immer wieder auf Kritik gestoßen. Besonders bemängelt werden hier die möglicherweise voneinander abweichenden (nicht nachprüfbaren) Kennlinien bei Sicherungen verschiedener Fabrikate und die Einwirkung von Stromspitzen oder kurzzeitigen Überströmen auf den Schmelzleiter, die zu einer Veränderung der Charakteristik führen könnten, so daß die Selektivität in Frage gestellt wird. Ein Abwägen der hier noch keineswegs erschöpfend genannten Vor- und Nachteile des Selektivschutzes mit oder ohne Sicherung wird sicher auch von den Anforderungen der spezifischen Anlagenverhältnisse abhängen.

Die Hersteller haben für die Sicherungseinsätze Selektivitätstabellen erstellt, aus denen geordnet nach Baugrößen für die einzelnen Nennstromstufen eine Zuordnung der möglichen selektiven Staffelbarkeit entnommen werden kann. **Bild 5.4** zeigt eine derartige Tabelle für die Baugrößen 00, 0 und 1. Das selektive Verhalten ist für Netze mit 380/660 V angegeben.

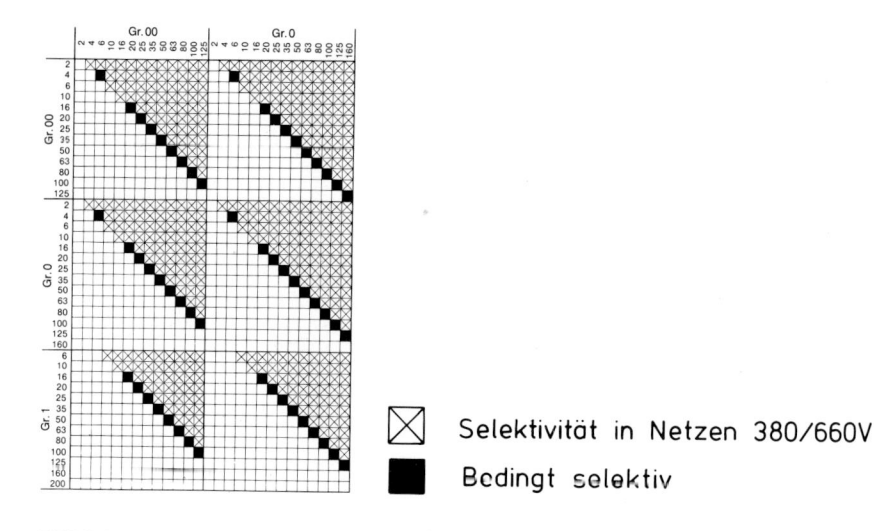

Bild 5.4 Selektivitätstabelle für Sicherungen der Größen 00 bis 1 bei 380/660 V

5.3 Selektivität zwischen Leistungsschaltern, Sicherungen und strombegrenzenden Leistungsschaltern

Werden NH-Sicherungen in einem Strahlennetz auf der Niederspannungsseite den Leistungsschaltern nachgeschaltet, dann ist Selektivität erzielbar, wenn die Gesamtausschaltzeit der Sicherung kleiner ist als die Befehlsmindestdauer des Leistungsschalters. Da zwischen den Nennströmen der Schalter und der Sicherungen ohnehin erhebliche Unterschiede bestehen, liegen die zugehörigen Zeit-Strom-Kennlinien so weit auseinander, daß eine selektive Zeitstaffelung erreicht werden kann.

Nachgeschaltete Sicherungen müssen immer so ausgewählt werden, daß ihre Kennlinie an keiner Stelle die Kennlinie des Leistungsschalters schneidet.

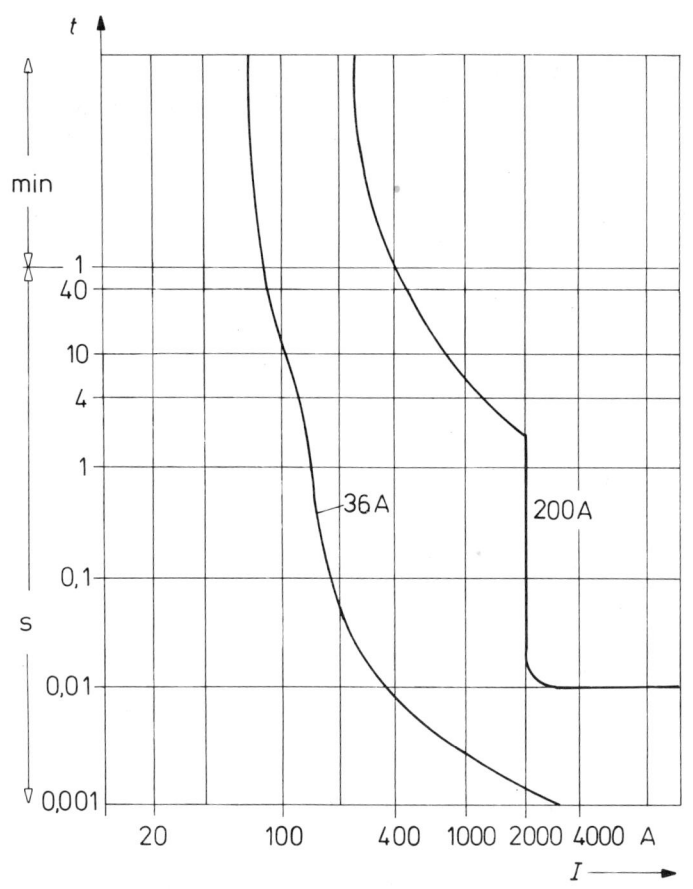

Bild 5.5 Selektivität zwischen Leistungsschaltern und Sicherungen

Im **Bild 5.**5 ist der Kennlinienverlauf eines Leistungsschalters für 200 A Nennstrom mit einer Überstromauslösung für 2000 A und einer nachgeschalteten 36-A-Sicherung dargestellt. Beide Kennlinien verlaufen in genügend großem Abstand voneinander, so daß volle Selektivität erreicht wird. Auch zwischen zeitselektiv staffelbaren Leistungsschaltern und kurzschlußstrombegrenzenden Leistungsschaltern kann volle Selektivität erzielt werden, wenn die Zeit-Strom-Kennlinie durch eine entsprechende Auswahl der Geräte einen genügend großen Sicherheitsabstand besitzt. Im allgemeinen wird der strombegrenzende Leistungsschalter als letzter Schalter vor dem Verbraucher eingesetzt, wo er seine funktionellen Vorzüge in einem Störungsfall voll entfalten kann.

5.4 Selektivität im Niederspannungs-Maschennetz

In Maschennetzen, die vor allem im Bereich mit hoher Flächendichte der elektrischen Energieversorgung eingesetzt werden, sind für den Selektivschutz im Kurzschlußfall sowohl Sicherungen als auch Leistungsschalter vorgesehen. Bei einer Störung sollen auch hier nur die der Kurzschlußstelle am nächsten liegenden Schutzeinrichtungen ansprechen, so daß in den übrigen Netzteilen die Stromversorgung ungestört bleibt. Die einzelnen Netzzweige werden an den Knotenpunkten mit NH-Sicherungen versehen, die im Gegensatz zu den Sicherungen im Strahlennetz keine abgestuften Nennströme aufweisen. Im

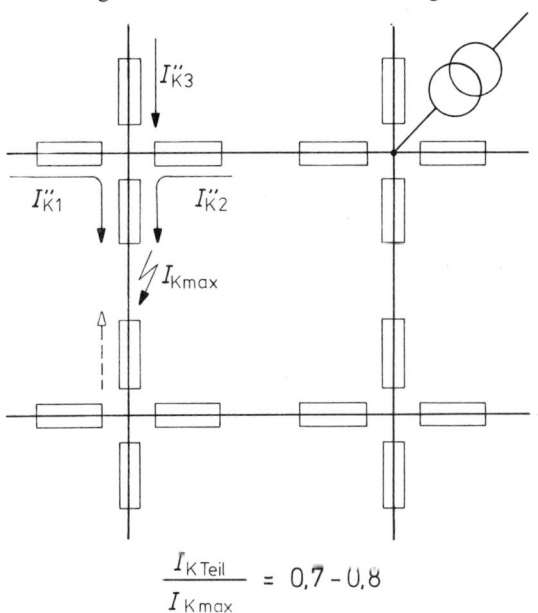

$$\frac{I_{K\,Teil}}{I_{K\,max}} = 0{,}7 - 0{,}8$$

Bild 5.6 Selektives Verhalten von Maschennetz-Sicherungen

Fehlerfall treten bei diesen typgleichen Sicherungen verschieden hohe Kurzschlußströme auf, die eine unterschiedliche Belastung der Schmelzleiter hervorrufen. Je größer der Gesamtkurzschlußstrom ist und je näher der Wert des größten Teilkurzschlußstromes einer Sicherung dem Wert des Summenkurzschlußstromes kommt, um so mehr besteht die Gefahr, daß die Schmelz- und Löschzeit der vom Summenstrom durchflossenen Sicherung die Schmelzzeit der vom größten Teilkurzschlußstrom beaufschlagten Sicherung erreicht oder sogar übersteigt.

Das mit Rücksicht auf selektives Verhalten interessierende Verhältnis I_{kmax}/I_{kteil} gilt als zulässiges Stromwertepaar, wenn von den speziell für den Maschennetzschutz bereitgestellten Sicherungen – Maschennetz-Sicherungen – 100/80 Prozent eingehalten wird. **Bild 5.6** zeigt die Anordnung der Maschennetz-Sicherung an den Knotenpunkten eines Maschennetzes.

Voraussetzung für das selektive Verhalten der in einem Maschennetz eingesetzten Sicherungen ist eine möglichst geringe Streuung der Kennlinien, so daß auch hier, wie bei allen Niederspannungs-Hochleistungs-Sicherungen, eine permanente Qualitätskontrolle durch die Hersteller garantiert werden muß.

Die Ausgleichsfähigkeit genügend eng vermaschter Netze schließt bei richtiger Querschnittsbemessung der Zweige Überlastungen praktisch aus, so daß in den vergangenen Jahren Maschennetze auch ohne jede Absicherung erstellt wurden.

Aufgabe 5.1
Die in **Bild A 5.10** gezeigten Kennliniensysteme verschiedener Leistungsschalter und Sicherungen für den Schutz in Niederspannungsanlagen sollen auf ihre selektive Anordnung untersucht werden!

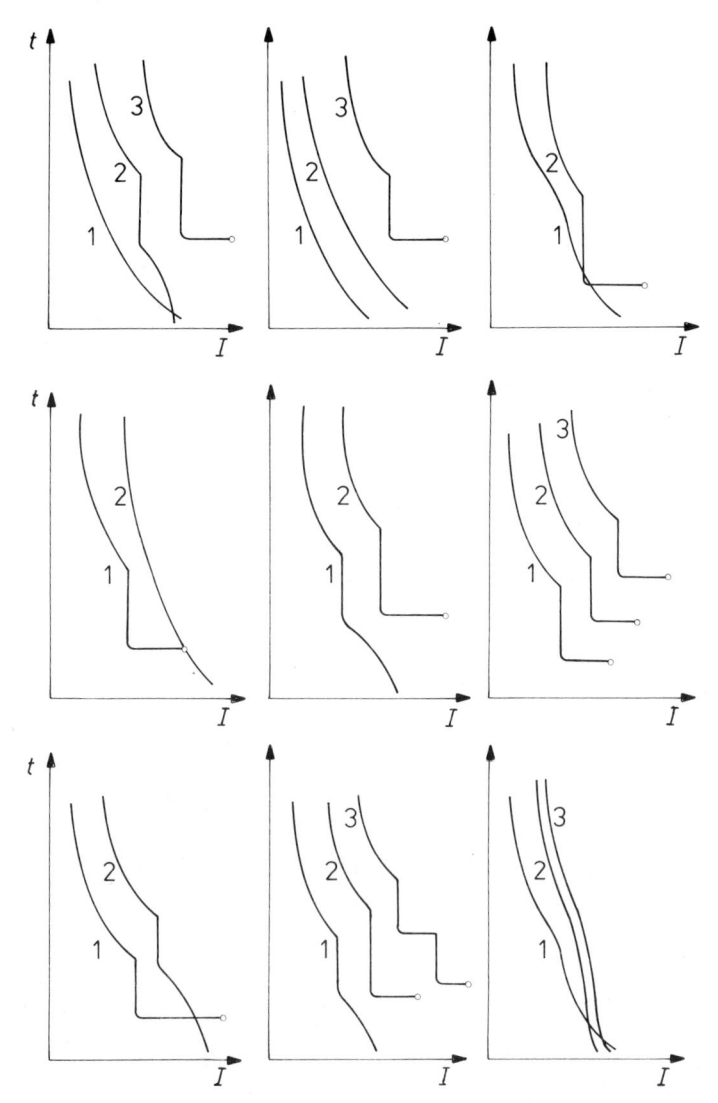

Bild A 5.10 Auslösekennlinien von Schaltern und Sicherungen im Niederspannungsbereich

Aufgabe 5.2

Im Strahlennetz nach **Bild A 5.20** liefert ein 630-kVA-Transformator mit $u_k = 4\%$ elektrische Energie zu einer 0,4-kV-Niederspannungsseite. Der Transformatornennstrom beträgt 910 A. Wie muß der Kennlinienverlauf aussehen, wenn von Leistungsschaltern ein selektiver Schutz gefordert wird?

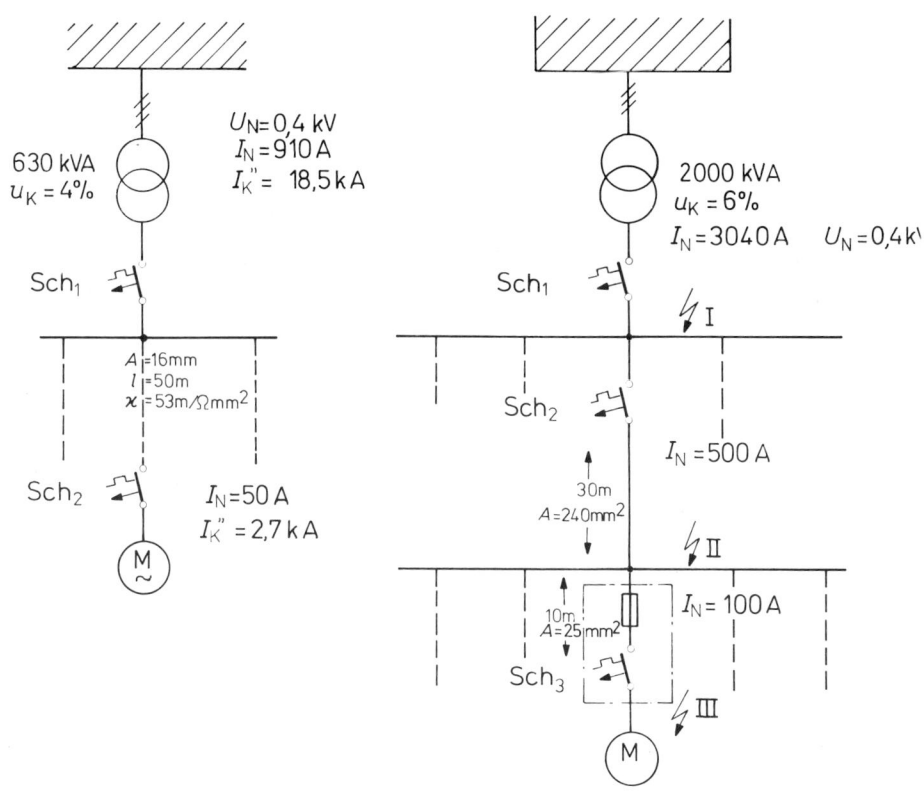

Bild A 5.20 Stromselektivität zwischen Niederspannungs-Leistungsschaltern

Bild A 5.30 Gestaffelte Schaltgeräte im Niederspannungs-Strahlennetz

Aufgabe 5.3

Ein 2000-kVA-Transformator mit $u_k = 6\%$ und $I_N = 3040$ A speist auf eine Hauptverteilung, die wiederum mehrere Unterverteilungen mit elektrischer Energie versorgt. In **Bild A 5.30** ist die Strahlennetzanordnung dargestellt. Als Schutzeinrichtungen sind wieder Leistungsschalter vorzusehen. Am Verbraucher soll eine Sicherung in Kombination mit Sch 3 das Ausschaltvermögen erhöhen. Gesucht sind die zu erwartenden Kurzschlußströme – bei starrem Netz – sowie der Kennlinienverlauf bei voller Selektivität!

Das für in Erde verlegte Kabel häufig praktizierte „Abbrennverfahren" – die betroffene Stelle trennte bei Überlast selbst auf – wurde als ausreichend empfunden. Für den Selektivschutz konnten später träge Sicherungen eingesetzt werden, die jedoch nur im Kurzschlußfall arbeiteten. Heutige, speziell für das Maschennetz entwickelte Sicherungen gewähren neben den Selektivschutz auch den thermischen Schutz, so daß der in den VDE-Bestimmungen geforderte Überlastschutz auch für andere als im Erdreich verlegte Kabel gilt. Maschennetz-Sicherungen sollen bei einem mittelspannungsseitigen Kurzschluß nicht ansprechen. Tritt der Fehler in einem das Maschennetz speisenden Transformator oder in einem davor liegenden Mittelspannungskabel auf, dann übernimmt die Netzabtrennung ein spezieller *Maschennetz-Schalter*. Bei einem derartigen Fehler fließen die Kurzschlußströme sowohl direkt von der Mittelspannungsseite als auch „rückwärts" aus dem Niederspannungsnetz kommend auf die Kurzschlußstelle. Da aber der Weg über das Mittelspannungskabel für den Strom einen wesentlich kleineren Widerstand bedeutet, übernimmt die Mittelspannungsseite vorerst den größeren Anteil des Kurzschlußstromes. Hier wird ein Kabelkurzschluß durch den Leistungsschalter im speisenden Umspannwerk, ein Transformatorkurzschluß durch die vorgeschaltete Hochspannungs-Sicherung des Leistungstrenners ausgeschaltet. Wenn der Kurzschluß von der Mittelspannungssammelschiene her unterbrochen ist, wächst die *Rückleistung* über den Maschennetz-Schalter aus dem Niederspannungsnetz an. Hierbei wird die Nennspannung auf 10–60% abgesenkt. Die Rückleistung wird von einem mit dem Schalter gekoppelten *Rückleistungs-Relais* erfaßt und durch den Maschennetz-Schalter ausgeschaltet.

Rückleistungs-Relais arbeiten mit dem Arbeitsstromauslöser eines Niederspannungs-Leistungsschalters zusammen und bewirken nach dem Erreichen eines eingestellten Ansprechwertes die Schalterauslösung. Die Gesamtausschaltzeit eines Maschennetz-Schalters setzt sich demnach aus der Bewegungsverzögerung des Relais in Verbindung mit dem Arbeitsstromauslöser und der Schaltereigenzeit zusammen und beträgt etwa 100–200 ms. Maschennetz-Schalter sollten vor allem bei den durch die Störungen hervorgerufenen Spannungsschwankungen an der Einbaustelle noch einwandfrei arbeiten. Das folgende Beispiel zeigt eine Selektivitätsuntersuchung in einem Niederspannungs-Maschennetz bei gleichzeitiger Betrachtung der Verhältnisse auf der Mittelspannungsseite.

Beispiel:
Für das in **Bild 5.7** dargestellte Beispiel einer Maschennetzeinspeisung sollen verschiedene Fehlerlagen untersucht werden. Die Schaltung enthält im einzelnen:
A Mittelspannungs-Leistungsschalter gekoppelt mit einem Richtungsschutz in der speisenden Hauptanlage,
B Vorgeschaltete HH-Sicherung zum Leistungstrenner,
C Maschennetz-Schalter mit Rückleistungs-Relais,
D NH-Sicherungen an den Knoten der Maschennetz-Zweige.
Die Mittelspannung wird von einem Transformator mit einer Kurzschlußspannung von 4...6% auf die Verbraucherspannung heruntertransformiert.

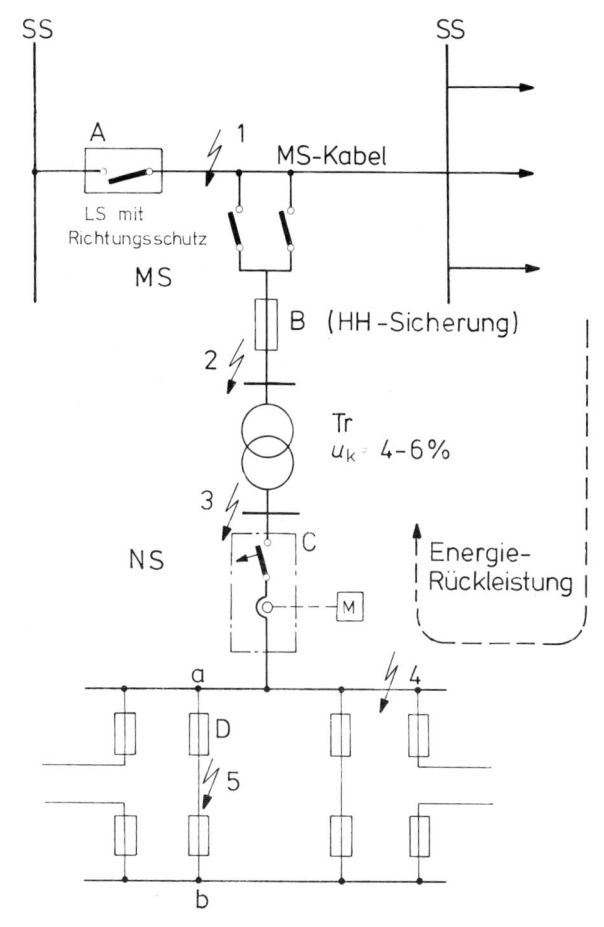

Bild 5.7 Netz mit Leistungsschalter, Sicherungen und Maschennetzschalter

Fehlerlage 1:
Die Störung soll auf dem Mittelspannungskabel entstanden sein. Der Richtungsschutz spricht an und schaltet A aus. Nach Abtrennen der Speisestelle Tr treibt die wiederkehrende Spannung an der Hauptsammelschiene elektrische Energie über die nichtgestörten Kabel in das Niederspannungs-Maschennetz. Die an das fehlerhafte Kabel angeschlossene Netzstationen erhalten Rückleistung, die das Rückleistungs-Relais zum Ansprechen bringt und die Maschennetzschalter C ausschalten.

Fehlerlage 2:
Der Fehler möge zwischen den Klemmen des Umspanners und der Kombination HH-Sicherung–Leistungstrenner entstanden sein. Die HH-Sicherung arbeitet selektiv zum Leistungsschalter A und trennt vom Netz. Der Maschennetz-Schalter auf der Niederspannungsseite schaltet ebenfalls aus, nur die übrigen Stationen, die am gleichen Mittelspannungskabel angeschlossen sind, arbeiten weiter.

Fehlerlage 3:
Der Kurzschluß wird zwischen den Abgangsklemmen des Transformators und vor dem Maschennetz-Schalter angenommen. Die HH-Sicherung schaltet ebenso aus wie der Maschennetz-Schalter. Infolge der verhältnismäßig großen Dämpfung des Kurzschlußstromes auf der Mittelspannungsseite durch die Umspannerstreuung wird der über B fließende Strom jedoch kleiner als bei der Fehlerlage 2. Die Restspannung an der Hauptsammelschiene treibt über die anderen Stationen wieder Rückleistung über das Niederspannungsnetz und über den Maschennetz-Schalter an der fehlerhaften Station.

Fehlerlage 4:
Angenommen wird ein Sammelschienenkurzschluß innerhalb der Netzstation auf der Niederspannungsseite. Nach dem Ausschalten durch die HH-Sicherung werden voraussichtlich alle NH-Sicherungen der Abgänge ausschalten. Je nach der übrigen Netzstruktur kann mit weiteren Sicherungsausschaltungen auch in anderen Netzteilen gerechnet werden.

Fehlerlage 5:
Fehler im Maschennetz, der Gesamtkurzschlußstrom teilt sich in Teilkurzschlußströme auf. Für das selektive Verhalten ist das Verhältnis des größtmöglichen Teilkurzschlußstromes I_{kteil} zum Summenkurzschlußstrom I_{kmax} maßgebend. Im allgemeinen gilt: $I_{kteil} = 0,8 \cdot I_{kmax}$. In Bild 5.7 werden die im betroffenen Zweig liegenden NH-Sicherungen vom Summenstrom erfaßt und schalten aus. Die übrigen Sicherungen arbeiten selektiv, d.h. sie schalten nicht mit aus, wenn die genannte Bedingung erfüllt ist. Der zwischen den Knoten a und b liegende Zweig wird aus dem Netz herausgetrennt.

6 Kurzschlußschutz in Mittelspannungs- und Hochspannungsanlagen

In Mittelspannungs- und Hochspannungsnetzen werden für den Fall einer Kurzschlußstörung entweder Hochspannungs-Hochleistungs-Sicherungen oder geeignete Leistungsschalter eingesetzt, die ihre Ausschaltbefehle von messenden Auslöse-Relais erhalten, die zumeist räumlich getrennt von den eigentlichen Schaltgeräten in den Leitungszügen untergebracht werden. *Relais* sind die zentralen Bausteine der *Schutztechnik* in Mittel- und Hochspannungsanlagen. Erst nach erfolgtem Relaiskommando erfüllt der Leistungsschalter seine wichtige Funktion als Kurzschlußschutz-, Überstromschutz- oder Erdschlußschutzschalter.

Die Relaistechnik ist einschließlich der zumeist elektronisch gesteuerten Befehlsgabe heute eine sehr umfangreiche und vielfältige Einrichtung des modernen Anlagenschutzes, so daß im folgenden nur einige ausgewählte funktionelle Beispiele gegeben werden können.

Mittel- und Hochspannungs-Leistungsschalter sind gekennzeichnet durch ihre den Schaltlichtbogen beherrschende Löscheinrichtung, sie sind Teil der Namensgebung selbst: Ölströmungsschalter löschen den Schaltlichtbogen mit Öl, Vakuumschalter im Vakuum und SF_6-Schalter im hochisolierenden Schwergas Schwefelhexafluorid.

Die Probleme beim Beherrschen von Kurzschlußstörungen im Mittel- und Hochspannungsbereich sind zu denen in den niederen Spannungsebenen recht unterschiedlich. So ist die Wiederherstellung der elektrischen Festigkeit nach einer Stromkreisunterbrechung zwischen den geöffneten Schalterpolen dominierend. Erst heute, nach der Einführung neuer und ausbaufähiger Löschtechniken, gibt es auch im Höchstspannungsbereich – unter gleichzeitiger Wahrung wirtschaftlicher Baugrößen – erfolgversprechende Lösungen, die inzwischen alle Forderungen – auch die über die Normen hinausgehenden – erfüllen.

6.1 Grundlegendes zur Relaistechnik

Relais in Mittel- und Hochspannungsanlagen haben die Aufgabe, bei einer Störung jeweils dem Leistungsschalter das Ausschaltkommando zu geben, der den gestörten Netzteil aus der Gesamtanlage gezielt heraustrennen soll. Eine derartige Forderung nach selektivem Verhalten kann beispielsweise wieder durch eine Zeitstaffelung der messenden Auslöser – ähnlich wie im Niederspannungsbereich – erfüllt werden. Der durch *Überstromrelais* erzielte *Überstromschutz* ist in der einfachsten Form für ein einseitig gespeistes Netz mit entsprechenden Staffelzeiten versehen, so wie es **Bild 6.1** zeigt.

Der Schutz einseitig mit elektrischer Energie versorgter Leitungen durch zeitlich gestaffelte Überstromrelais ist relativ kostengünstig, da es sich um sogenannte *Primärrelais* handelt, die keine Wandler benötigen. Bei einer zweiseitig gespeisten Leitung versagt allerdings der einfache Überstromschutz, es muß ein weiteres Kriterium hinzugenommen werden: die Energierichtung.

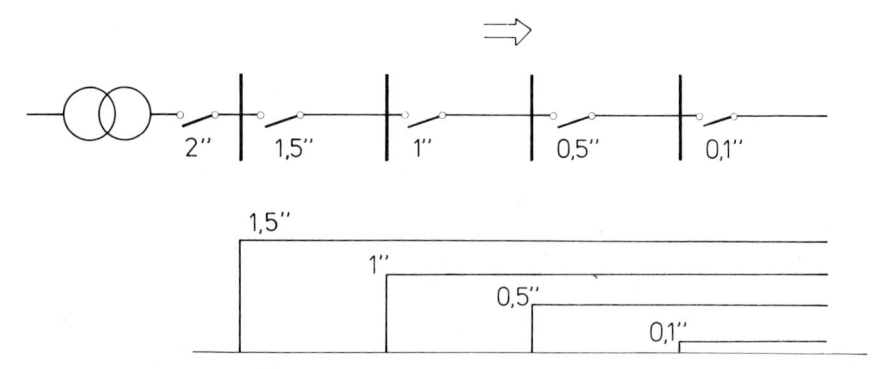

Bild 6.1 Schutz durch Überstromrelais in einer Hochspannungsanlage

Überstrom-Richtungsrelais können die Auslösung in der einen Energierichtung sperren und in der anderen frei geben. **Bild 6.2** zeigt den Schutz einer zweiseitig gespeisten Leitung mit derartigen Richtungsrelais und mit den eingestellten Staffelzeiten.

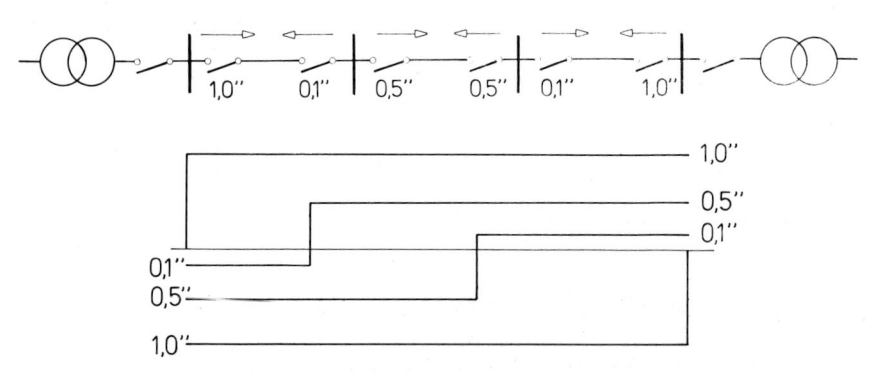

Bild 6.2 Überstrom-Richtungsschutz in einem zweiseitig gespeisten Netz

Die früher in der Mehrzahl elektromechanisch wirkenden Relais sind heute für den modernen Anlagenschutz durch elektronisch arbeitende Bauelemente ersetzt worden. Das Prinzip des *elektronischen Schutzrelais* beruht auf der Umwandlung der gemessenen Wandlerströme in proportionale Gleichspannungen, die von den Meßgliedern mit dem eingestellten Ansprechwert bei Störfällen verglichen werden, so daß bei deren Überschreiten das Auslösen des Schalters eingeleitet werden kann. Als Vorzug gegenüber den analogen Einstellelementen der elektromechanischen Relais – Schieber oder Drehrädchen – wird heute die mit Dekadenschaltern arbeitende *digitale Einstellung* empfunden, die eine größere Genauigkeit gestattet.

Der Wunsch, die Fehlerstelle aus dem Netzverband möglichst schnell herauszutrennen und nicht erst die langen Staffelzeiten von 0,5 Sekunden abzuwarten, hat neben der Messung des Überstromes und der Energierichtung im Kurzschlußfall auch noch die Distanz-(Entfernungs-)Komponente als wichtige dritte Meßgröße hinzugefügt. Für jedes *Distanz-Relais* ergibt sich eine treppenförmig abgestufte Auslösekennlinie, deren Stufenzahl von der Zahl der Zeitkontakte abhängt. Die eigentliche *Schnellzeit* des Relais $\leqq 100$ ms wird jedoch nur für die dem Relais unmittelbar benachbarte Leitungsstrecke wirksam, daß heißt, es führt eine Schnellausschaltung durch, wenn dort der Fehler liegt. Für alle anderen Entfernungen hebt die Verzögerungszeit jeweils wieder um 0,5 Sekunden an.

In Mittel- und Hochspannungsanlagen können Fehler auftreten, die – etwa bei einem Schwachlastbetrieb – nicht zur Überstromanregung des Distanzrelais ausreichen und dennoch herausgeschaltet werden sollen. Die *Unterimpedanzanregung* kann hier das Unterschreiten der Leitungsimpedanz messen und das Auslösekommando für den Schalter einleiten. **Bild 6.3** zeigt ein modern ausgeführtes Distanzrelais mit Überstromanregung und polygonaler Auslösekennlinie. Die Kennlinien dreier Meßglieder bilden hier zusammen das Auslösegebiet. Das Distanzrelais erfaßt die Reaktanz, den Widerstand und die Richtung. In jedem Meßglied wird der Winkel zwischen den Vergleichsspannungen durch digitale Messung der Koinzidenz und der Antikoinzidenz ermittelt. Das Relais löst nur aus, wenn alle Meßsysteme gleichzeitig auf Auslösung entscheiden.

Bild 6.3 Distanzrelais mit Überstromanregung und polygonaler Kennlinie

Für Hochspannungsübertragungs- und Verbundnetze, aber auch für Industrieanlagen, bilden die *Sammelschienen* wichtige Glieder innerhalb der elektrischen Energieversorgung. In den Industrieanlagen erfolgt von dort aus die Verteilung der elektrischen Energie direkt zu den Produktionsstätten. Ein nicht schnell unterbrochener Sammelschienen-Kurzschluß würde hier zu einem größeren Produktionsausfall führen, der vor allem für Betriebe mit ununter-

brochenem Produktionsprozeß – etwa Petro-Chemie, Schwerindustrie (Walzwerke u. dgl.) – hohe finanzielle Verluste zur Folge hätte.
Länger anhaltende Kurzschlüsse in diesem Bereich lassen durch die hohen Kurzschlußströme beträchtliche Schäden in der Anlage selbst erwarten. Überstrom- und Distanzrelais haben so lange Kommandozeiten, daß nach einer Ausschaltung bereits große Teile des betroffenen Netzes zerstört wären. Es wurden daher eigene Methoden des Sammelschienenschutzes entwickelt, die eine möglichst schnelle Ausschaltung des gestörten Anlagenteils garantieren. Eine *Sammelschienen-Schutzeinrichtung* stellt das *Differentialrelais* dar. Ausgehend von der Tatsache, daß im Bereich der hohen Kurzschlußströme die Wandler schnell gesättigt sind, wurde dem Differenzstrom ein Anteil der jeweiligen Abgangsströme entgegengeschaltet, so daß eine Sättigungskompensation auftritt.

Bild 6.4 zeigt die Schaltung des Differentialsammelschienenschutzes mit der Gleichstromhaltung.

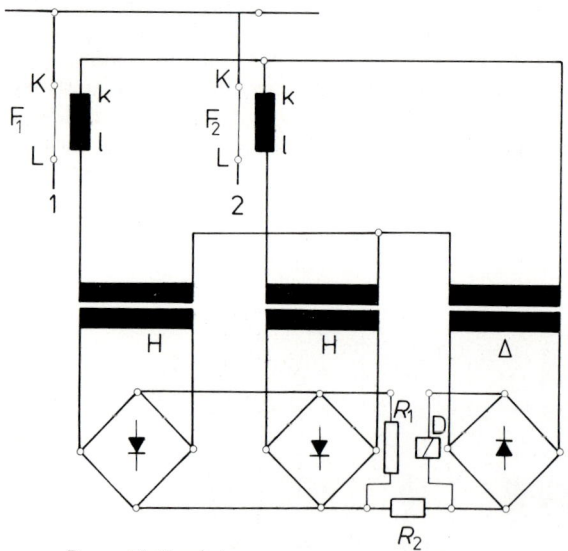

D = Meßrelais
F_1, F_2 = Hauptstromwandler
H = Haltestromkreis
KL, kl = Prim. u. sek. Wandleranschlüsse
R_1, R_2 = Stabilisierungswiderstände
Δ = Differentialstromkreise
    mit Zwischenstromwandler
    u. Diodenbrücken

Bild 6.4 Differentialsammelschienenschutz mit Gleichstromhaltung

Die Sekundärströme der Leitungen werden einmal dem Differentialkreis Δ sowie den Haltekreisen H zugeführt. Bei einem außenliegenden Fehler – beispielsweise Fehler außerhalb der Sammelschiene – ohne Wandlersättigung werden sich die Sekundärströme, deren Summe Null ist, über die Haltekreise ausgleichen. Es fließt kein Strom im Differentialkreis und durch das Meßrelais D, so daß auch keine Auslösung erfolgt. Bei einem Sammelschienenkurzschluß fließt sowohl im Differenzstrom- als auch in den Haltestromkreisen wegen der Sättigung der gleiche Strom. Da jedoch der Haltestrom durch die Widerstände R_1 und R_2 reduziert wird, überwiegt nun der Differenzstrom durch das Meßrelais D und löst damit den Sammelschienenschutz aus.

6.1.1 Erdschlußschutz

In Hochspannungsnetzen ohne geerdeten Sternpunkt entsteht bei der Verbindung eines Leiters mit der Erde der *Erdschluß,* dessen Höhe und Intensität von der Größe der zwischen Leiter und Erde existierenden Kapazität C_E entscheidend beeinflußt wird. I_E ist somit ein rein kapazitiver Blindstrom, der sich den symmetrischen Betriebsströmen der Leitung überlagert und deren „Verzerrung" bewirkt.

Bei der Berechnung des Erdschlußstromes bleiben die Längswiderstände der Leitungen unberücksichtigt, damit ist auch die Lage der Schadensstelle ohne Bedeutung. Im **Bild 6.5** ist eine Erdschlußverbindung zwischen dem Außenleiter L_3 und der Erde dargestellt.

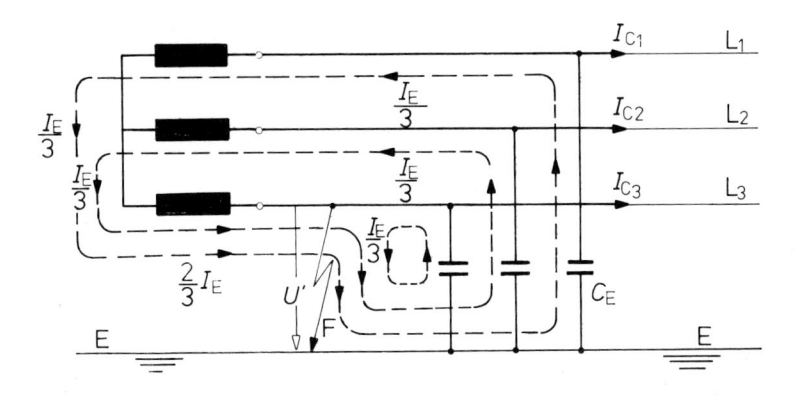

I_C = Ladeströme
I_E = Überlagerte Erdschlußströme
C_E = Erdkapazität
U' = Fiktive Spannung bei F
F = Fehlerstelle

Bild 6.5 Verlaufslinien von Erdschlußströmen

Aus den eingezeichneten Verlaufslinien der Erdschlußströme I_E ist zu entnehmen, daß die Leitung L_3 vor der Fehlerstelle mit $(2/3) \cdot I_E$ belastet wird. Wenn die Erdkapazität je Leiter und km C_E ist, dann wird:

$$C_{E\,ges} = 3 \cdot l \cdot C_E. \tag{6.1}$$

Der Erdschlußstrom ist dann mit der fiktiven Spannung U' bei F:

$$\begin{aligned}I_E &= C_{E\,ges} \cdot U' \\ &= 3 \cdot \omega \cdot l \cdot C_E \cdot U'.\end{aligned} \tag{6.2}$$

Wenn $U' = U/\sqrt{3}$, ergibt sich:

$$I_E = \sqrt{3} \cdot \omega \cdot l \cdot C_E \cdot U. \tag{6.3}$$

Die Erdschlußströme betragen im allgemeinen nur wenige Ampere und liegen daher größenordnungsmäßig weit unter den Werten eines echten Kurzschlußstromes.

Bei *Lichtbogenerdschlüssen* wird der hochkapazitive Strom über den Lichtbogen-Widerstand geführt. Die möglichst schnelle Beseitigung ist nicht immer nur die Aufgabe des Leistungsschalters, zumal bei jeder Teilnetzausschaltung mit Instabilitäten im Gesamtnetz gerechnet werden muß. Um thermische Zerstörungen an der Fehlerstelle zu vermeiden oder die Erzeugung steiler Überspannungsschwingungen beim Löschen und anschließendem Wiederzünden eines Erdschlußlichtbogens zu verhindern, kann die nach *Petersen* bekannt gewordene „Erdschlußkompensation" eingesetzt werden. Der Grundgedanke der Kompensation besteht darin, den kapazitiven Erdschlußstrom durch einen ebenso großen, aber entgegengesetzt gerichteten induktiven Strom auf kleine Werte zu bringen, so daß im nächsten Nulldurchgang eine Löschung ohne Wiederzündung erfolgen kann.

Da der Hauptanteil aller Erdschlußfehler von vorübergehenden Erdschlüssen gebildet wird, ist mit der Erdschlußkompensation in Hochspannungsnetzen häufig keine zusätzliche Schalthandlung mehr nötig. Nur bei metallischen Dauererdschlüssen muß die betroffene Leitung aus dem Netzverband herausgeschaltet werden. Netze mit Erdschlußströmen unterhalb 10 A können unkompensiert betrieben werden, da hier der Erdschlußlichtbogen meistens von selbst erlischt. Können Netze aus anderen Gründen nicht kompensiert werden, müssen die in das Netz fließenden Erdschlußströme durch Richtungsrelais erfaßt werden. Elektronisch arbeitende *Erdschlußrichtungsrelais* müssen durch Erdschlußversuche innerhalb des Netzes abgestimmt und angepaßt werden.

Bei starrer Sternpunkterdung, wie sie bei den Höchstspannungsübertragungen oder zur Vermeidung von Berührungsspannungen in Niederspannungsnetzen verwendet wird, ist zu erwarten, daß Erdschlußfehler unmittelbar in einen Erdkurzschlußstrom übergehen. Je nach der Entstehungsart der Fehler und je nach dem Netzaufbau können hierbei jedoch zwischen dem Erdschluß mit Lichtbogenbildung und dem Übergang zum echten Kurzschluß merkliche Zeitverzögerungen bestehen, so daß es möglich ist, den Erdfehler noch vor der Ausbildung zu einem Kurzschlußstrom auszuschalten. Da in größeren elektrischen Systemen eine Minimaleinstellung der Erdschlußrelais durch die Betriebsbedingungen oft begrenzt ist, sind für die Erfassung der Erdfehler in Niederspannungsnetzen besondere *Erdschluß-Leistungstrenner* entwickelt worden, die unabhängig von einer fremden Spannungsquelle mit eigenen Stromwandlern und einem speziellen *Erdschlußarbeitsstromauslöser* arbeiten. **Bild 6.6** zeigt die Kombination schematisch.

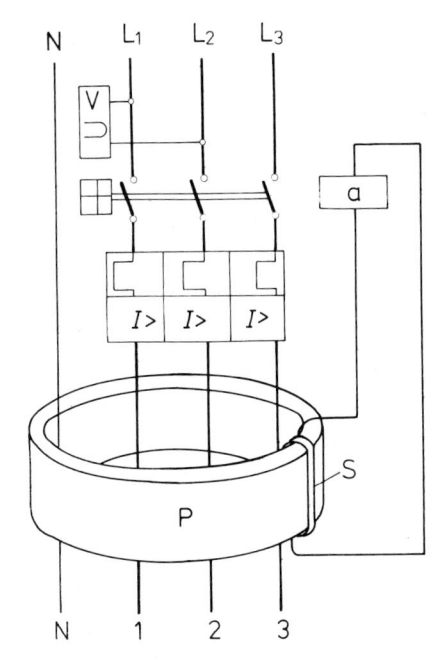

P = Primärwicklung

S = Sekundärwicklung

a = Spezial - Arbeitsstromauslöser

Bild 6.6 Erdschlußauslöser mit eigenem Stromwandler

Die drei Außenleiter L1, L2 und L3 werden von dem Kern eines Stromwandlers umfaßt. Bei einem Erdschluß fließt ein Strom in der Sekundärwicklung des Wandlers, die mit dem Arbeitsstromauslöser verbunden ist, der auf einen angepaßten Stromwert eingestellt ist. Wegen der Störanfälligkeit bei möglichen Überspannungen durch Schaltvorgänge, wurde hier bewußt auf elektronisch arbeitende Relais verzichtet.

6.1.2 Kurzunterbrechung oder Kurzschlußfortschaltung

Statistische Erhebungen in Freileitungs-Hochspannungsnetzen haben gezeigt, daß von allen Störungen etwa 70 Prozent auf Erdschlüsse und 30 Prozent auf echte Kurzschlüsse fallen. Jede vollständige Kurzschlußausschaltung kann in größeren Versorgungsnetzen zu erheblichen wirtschaftlichen und technischen Nachteilen führen – Pendelerscheinungen im Verbundbetrieb, Motorstörungen durch Spannungsrückgang sind bekannte Folgen.

Nur wenige Kurzschlüsse sind bleibender Art, in den meisten Fällen handelt es sich um Lichtbogenkurzschlüsse, die durch äußere Einflüsse, atmosphärische Störungen, Schaltvorgänge oder dergleichen eingeleitet wurden und die nach einer Stromunterbrechung wieder verschwinden. Eine kurzzeitige Unterbrechung an der Fehlerstelle – *Kurzunterbrechung* – könnte zur Lichtbogenlöschung führen – Entionisierung der Schadensstelle – so daß nach dem Wiedereinschalten der Netzbetrieb ungestört weitergeführt werden kann.

Ist der Kurzschluß nach der Wiederzuschaltung noch vorhanden, dann setzt der normale Netzschutz ein und gibt dem Leistungsschalter das Auskommando. Die Zeitspanne vom Abschalten des Fehlers bis zum Wiedereinschalten muß sorgfältig den Anlagenverhältnissen angepaßt werden. Im wesentlichen hängt die KU-Zeit von der Netzbetriebsspannung ab. In Mittelspannungsnetzen werden etwa 0,1 bis 0,2 Sekunden, in Hochspannungsnetzen 0,2 bis 0,3 Sekunden benötigt, um eine sichere Löschung des Kurzschlußlichtbogens zu erreichen.

Besonders übersichtlich gestaltet sich die Kurzschlußfortschaltung an einem einseitig gespeisten Netz entsprechend **Bild 6.7**.

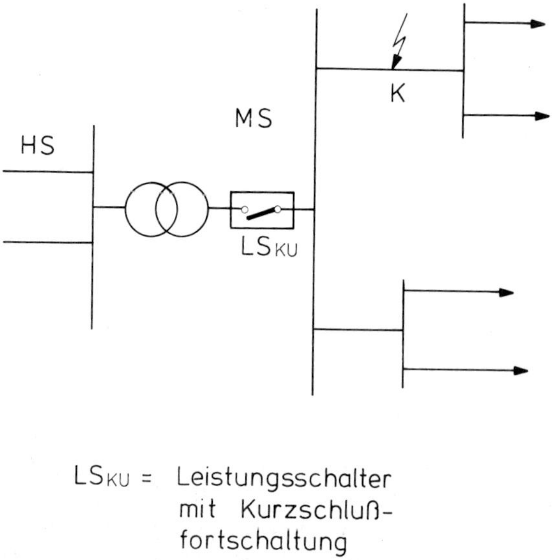

LS_{KU} = Leistungsschalter mit Kurzschlußfortschaltung

Bild 6.7 Kurzschlußfortschaltung im einseitig gespeisten Netz

Der in unmittelbarer Nähe des Transformators liegende Mittelspannungs-Leistungsschalter soll die Kurzunterbrechung durchführen. Bei dem angenommenen Kurzschluß an der Stelle K erhält der Schalter LS_{KU} als ein besonders für die Kurzunterbrechung bemessener Schalter das Auslösekommando durch ein Kurzunterbrecherrelais. Nach etwa 0,2 Sekunden erfolgt die Wiederzuschaltung des Netzes durch LS. Bei einem weiterbestehendem Kurzschluß werden die übrigen Schalter des Netzes – hier nicht eingezeichnet – durch den normalen Netzschutz ausgelöst. **Bild 6.8a** zeigt ein Netz, das von zwei Seiten eingespeist wird. Die Kurzschlußfortschaltung soll im Mittelabschnitt zwischen den Stellen A und B untersucht werden. Entsteht bei K ein Kurzschluß, dann sollten die beiden Schalter S_3 und S_4 möglichst gleichzeitig auslösen und nach kurzer Unterbrechung wieder zuschalten.

Würde diese Aufgabe dem eigentlichen Netzschutz, etwa einem Impedanzrelais übertragen werden, dann sähe der zugehörige „Staffelplan" wie in **Bild 6.8b** aus.

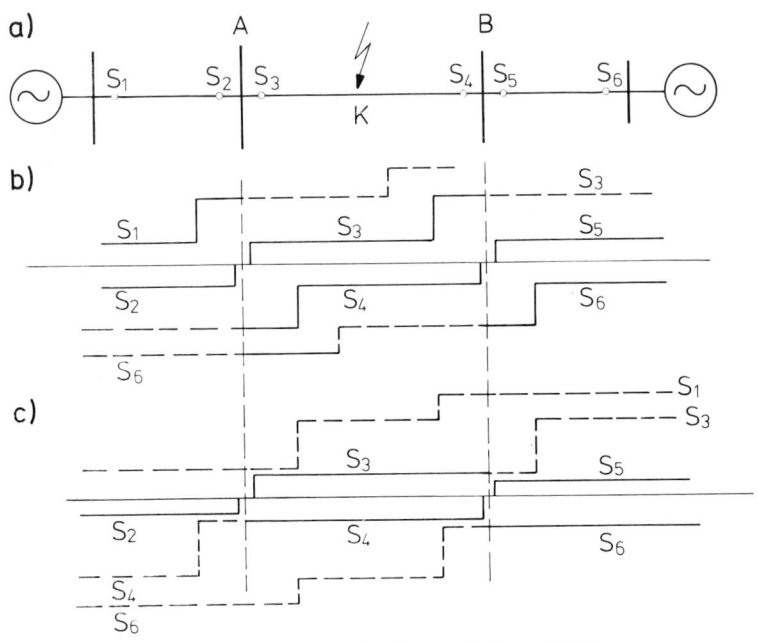

Bild 6.8 Staffelplan mit Kurzunterbrechungsschaltung (KU):
a) Zweiseitig gespeistes Netz, b) Grundzeit $t_0 = 80$ bis 85 Prozent,
c) Grundzeit $t_0 = 120$ Prozent

Der stufenförmige Verlauf der Relaiskennlinie zeigt den Impedanzschutz auch für den Leitungsabstand zwischen A und B. Im allgemeinen werden etwa 80–85 Prozent der Strecke durch die sogenannte *Grundzeit* t_0 des Relais geschützt; erst wenn der Fehler nahe bei B liegt, wird der Schalter S_3 eine

höhere Auslösezeit als der Schalter S_4 haben, so daß in diesem Bereich eine Kurzschlußfortschaltung – die für beide Schalter gleiche Zeiten fordert – nicht arbeiten könnte. Würde die Grundzeit t_0 größer gewählt werden, etwa 115 oder 120 Prozent der Leitungsstrecke, dann ergäbe sich der Staffelplan gemäß **Bild 6.8c**.
Jeder Fehler zwischen A und B ließe sich jetzt durch die Kurzunterbrechung erfassen. Allerdings müßte bei einer Störung in der Nähe von B auch Schalter S_5 fallen, was jedoch bei nachträglicher Wiederzuschaltung für den Gesamtbetrieb keinen Nachteil bringen würde.
Bei Anwendung der Kurzschlußfortschaltung werden die meisten auftretenden Kurzschlüsse vom Netzbetrieb kaum bemerkt, auch die Übertragungsstabilität wird in der Regel nicht beeinflußt. Kurzunterbrechungen in Kabelnetzen bleiben dagegen weniger erfolgreich, da sich wegen der kleinen Leiterabstände die meisten Kurzschlüsse stabilisieren und vom Netzschutz erfaßt werden müssen.

7 Leistungsschalter im Mittelspannungs- und Hochspannungsnetz

Die Löschsysteme der Leistungsschalter für Mittelspannungs- und Hochspannungsanlagen haben in den letzten Jahren eine so außerordentlich starke Wandlung erfahren, daß sich deren Auswirkungen erst in der Zukunft voll abzeichnen werden. Der hohe technische Stand bekannter und über viele Jahrzehnte auch erfolgreicher Leistungsschalter für Spannungen >1000 V beruhte auf Grundformen der Lichtbogenlöschung, die zu den bekannten klassischen Löschprinzipien gezählt werden können: dem *Gleichstromprinzip* und dem *Wechselstromprinzip*.
Das *Gleichstromprinzip*, das sowohl für Gleichstrom- als auch für Wechselstromschalter anwendbar ist, bewirkt eine schnelle Längung und Kühlung des Lichtbogens, so daß der Bogenwiderstand rasch vergrößert wird und der Kurzschlußstrom abnimmt. Hierbei muß wegen der notwendigen negativen di/dt-Werte im Schaltgerät eine Gegenspannung erzeugt werden, die im allgemeinen höher als die treibende Spannung liegt. Das Gleichstromprinzip ist vor allem bei den magnetisch beblasenen Niederspannungs-Gleich- und Wechselstrom-Leistungsschaltern, aber auch bei den Schmelzsicherungen zu finden. Nur im Ausland wurde diese Löschmethode auch bei Mittelspannungs-Leistungsschaltern unter Verwendung spezieller Lichtbogenlöschkammern (Solenarc-Kammer) erfolgreich eingesetzt. Lichtbogenlöscheinrichtungen für 3600-V-Gleichstrom-Schnellschalter, die ebenfalls nach dem Gleichstromprinzip arbeiten, stellen immer noch das absolute Optimum dieser Löschtechnik dar.
In der Mittel- und Hochspannungs-Schaltgerätetechnik war das *Wechselstromprinzip* eine sich anbietende Lösung für die Lichtbogenlöschung. In den Stromnulldurchgängen wird die Lichtbogenstrecke durch intensive Kühlung schnell entionisiert und damit spannungsfest gemacht. Bei Schaltvorgängen in Hochspannungsnetzen überlagert sich der Wiederkehrspannung jedoch eine

durch die Kapazitäten des Hochspannungsnetzes hervorgerufene *Einschwingspannung* höherer Frequenz. Der Verlauf und die absolute Höhe dieser Spannung ist von ausschlaggebender Bedeutung dafür, ob bei dem angewandten Löschprinzip der Lichtbogen zwischen den Schaltkontakten erloschen bleibt oder ob es in der Schaltertrennstrecke zu einer Neuzündung kommt. **Bild 7.1** zeigt den Verlauf einer Wiederkehrspannung mit Einschwingvorgang bei einer Stromunterbrechung im Nulldurchgang im ungeerdeten Netz.

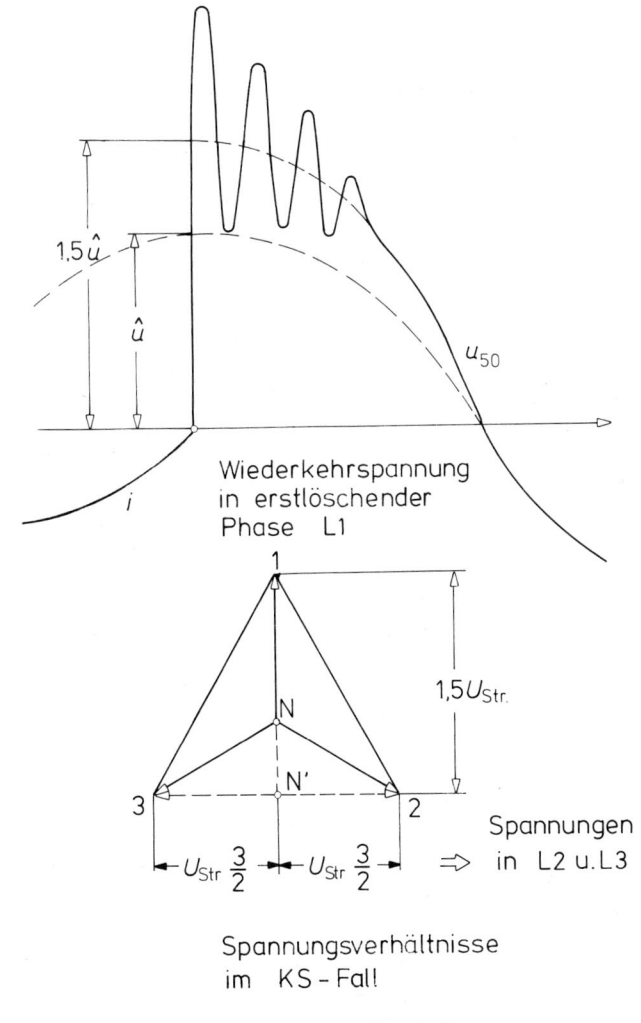

Bild 7.1 Wiederkehrspannung mit Einschwingvorgang

Die Unterbrechung eines Stromes in Mittelspannungs- und Hochspannungsnetzen erfolgt immer in einem Außenleiterpol zuerst, so daß von einer *erstlöschenden Phase* gesprochen wird. Aus dem dreipoligen Kurzschluß wird so ein zweipoliger Kurzschluß.
Die Beanspruchung der *erstlöschenden Phase* erfolgt je nach der Netzart:
- im starr geerdeten Netz = 1,0 × Sternspannung,
- im hochohmig geerdeten Netz = (1,2–1,3) × Sternspannung,
- im ungeerdeten Netz = 1,5 × Sternspannung.

Die Ausschaltleistung eines Mittelspannungs- oder Hochspannungsleistungsschalters hängt somit davon ab, ob die elektrische Festigkeit der Schaltstrecke schnell genug erreicht worden ist und ob die höchste Amplitude der Einschwingspannung oberhalb oder unterhalb der erzielten Spannungsfestigkeit liegt. Eine wichtige Größe ist in diesem Zusammenhang der *Überschwingfaktor* γ, der als Verhältnis der höchsten Einschwing-Amplitude zum Scheitelwert des betriebsfrequenten Spannungsanteiles dargestellt wird:

$$\gamma = \hat{u}_w / \hat{u}_{50}.$$

Hierin ist $\hat{u}_w$ der höchste Wert der Einschwingspannung und $\hat{u}_{50}$ der Scheitelwert der betriebsfrequenten Spannung des jeweiligen Poles.
In der Praxis beträgt der maximale Wert der Einschwingspannung u_w etwa das (1,2–1,5)fache des Scheitelwertes der Netzspannung u_{50}.
Die *Einschwingfrequenz* f_e der Wiederkehrspannung wird durch die Induktivität L und die Kapazität C des Netzes definiert:

$$f_e = 1/[2 \cdot \pi (L \cdot C)^{\frac{1}{2}}].$$

Je höher f_e und je größer der Einschwingfaktor γ ist, um so steiler wird der Anstieg der Einschwingspannung und um so schwerer wird die Ausschaltung für das Schaltgerät. Bestehen Netze aus mehreren gekoppelten Schwingkreisen – sogenannte Mehrfrequenzkreise – wie sie in Verbundnetzen oder Maschen anzutreffen sind, dann entstehen Überlagerungen mit ausgeprägtem Oberwellencharakter.
Der Verlauf von Einschwingspannungen kann entweder durch Kurzschlußversuche im Netz oder durch simultan arbeitende spezielle Netzmodelle ermittelt werden.
Die Betrachtung der energetischen Zusammenhänge bei einer Stromkreisunterbrechung begründet die unterschiedlichen Forderungen der beiden Löschprinzipien: Gleichstromprinzip $\triangleq$ hohe Löschspannung, Wechselstromprinzip $\triangleq$ niedrige Löschspannung. Bei der Ausschaltung eines Gleichstromkreises oder bei der Lichtbogenlöschung innerhalb einer Stromhalbwelle, so wie sie bei kurzschlußstrombegrenzenden Leistungsschaltern im Niederspannungsbereich notwendig ist, wird wegen

$$L \cdot di/dt + R \cdot i + u_B = U \tag{7.1}$$

die Schaltarbeit
$$W = u_B \cdot i \cdot dt = (U \cdot i - i^2 \cdot R) \cdot dt - L \cdot i \cdot di. \tag{7.2}$$
Neben der magnetischen Energie des Stromkreises muß auch noch die während der Ausschaltung nachgelieferte Energie vernichtet werden. Das ist aber nur möglich, wenn die Lichtbogenspannung u_B verhältnismäßig groß ist.
Bei der Ausschaltung von Wechselstrom unter Berücksichtigung einer einzigen Halbwelle wäre die magnetische Energie im Stromnulldurchgang Null, so daß für die Schaltarbeit Gl. (6.3) entsteht. Mit $u = \hat{u} \sin \omega t$ ist:

$$W = \int_0^{T/2} u_B \cdot i \cdot dt = \int_0^{T/2} (u \cdot i - R \cdot i^2) \cdot dt - L \cdot \int_0^{T/2} i \cdot di \tag{7.3}$$

$$= \int_0^{T/2} u \cdot i \cdot dt - \int_0^{T/2} R \cdot i^2 \cdot dt. \tag{7.4}$$

Die magnetische Energie muß hier nicht im Lichtbogen vernichtet werden, sie wird vielmehr an den Erzeuger zurückgeliefert. Die durch Gl. (6.4) gestellte Bedingung kann bei beliebig kleiner Lichtbogenspannung u_B erfüllt werden. Mittel- und Hochspannungs-Leistungsschalter haben daher einige prinzipielle Bedingungen zu beachten, von deren Einhaltung die Wirksamkeit des Schaltgerätes abhängt: Löschung des Schaltlichtbogens möglichst im Nulldurchgang, günstige Lichtbogenbeeinflussung mit dem Ziel optimaler Entionisierung, Vermeidung von Wiederzündungen durch schnelle elektrische Verfestigung der Schaltstrecke.
Die Schaltstücke eines derartigen Leistungsschalters müssen also in der Lage sein, den Schaltlichtbogen bis zum Erreichen des Stromnulldurchganges zu tragen, was eine robuste Ausführung und ein schwer schmelzendes Kontaktmaterial verlangt. Schon frühzeitig wurde die Lichtbogenbeeinflussung durch fremde Medien erprobt, und die Suche nach geeigneten Löschmitteln mit guten Isolationseigenschaften bildete den Hintergrund für die jeweilige Schalterkonzeption. Am Anfang wurden flüssige Löschmittel eingesetzt, Wasser oder Öl, und *Ölschalter* haben über viele Jahrzehnte hinweg den Schutz elektrischer Starkstromanlagen erfolgreich übernommen. Die eigentliche Bogenlöschung wurde jedoch hier mit einem Gas erzielt, dem Wasserstoffgas, das sich durch die Wärmeeinwirkung des Lichtbogens sekundär bildete, eine 17mal höhere Wärmeleitfähigkeit als Luft besitzt und einen wesentlich höheren Spannungsfall im Lichtbogen hervorrief als bei der Löschung in Luft.
Die nichtverdampfte, aber mit Wärmeenergie des Schaltlichtbogens versehene und stark erhitzte Flüssigkeit erzeugte im Bereich des Stromnulldurchganges nach dem Instabilwerden der „Gasblase" eine intensive Nachverdampfung, die das Plasma ebenfalls stark entionisierend beeinflußte.
Die Entwicklung der *ölarmen Leistungsschalter* war daher eine konsequente Folge alter Erkenntnisse mit dem Ziel, in den Schaltanlagen größere Sicherheit (Verringerung der Explosionsgefahr), höheres Schaltvermögen bei gleichzeitig kleineren Abmaßen zu gewinnen.

7.1 Ölarmer Leistungsschalter bis 36 kV

Eine intensive Beströmung des Schaltlichtbogens in einem druckfesten Löschkammerraum bildet bei den ölarmen Leistungsschaltern die Grundlage für eine hohe Ausschaltleistung, trotz relativ geringer Ölmengen. Je nach der Strömungsrichtung, bezogen auf die Lichtbogenachse, wird von einer *Längs- und/oder Querströmung* gesprochen. Auch hier ist das eigentliche, zur Lichtbogenlöschung herangezogene Medium das durch die hohen Lichtbogentemperaturen entstandene Wasserstoffgas. Die gute Kühlwirkung und der hohe, während der Ausschaltung in der Kammer entstandene Druck begünstigen das Schaltvermögen dieser Geräte.

Die Löschmitteleinwirkung auf den Lichtbogen kann sowohl stromabhängig als auch stromunabhängig erfolgen. Im ersten Fall erzeugt der Lichtbogen

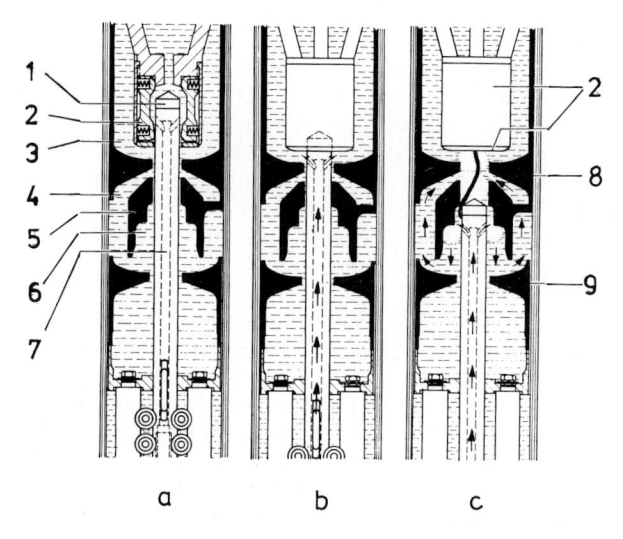

1 Schaltstückkopf (Stift)
2 Tulpen-Schaltstück (fest)
3 oberer Kammerraum
4 Ringkanal
5 Einsatz   6 untere Kammer
7 Schaltstift   8 Kammerdeckel
9 Umlenkplatte

Bild 7.2 Lichtbogenlöschkammer mit kombinierter Ölströmung:
a) Schaltstellung „Ein", b) Schaltstiftbewegung nach unten,
c) Öl strömt zur Schaltstelle

durch seinen Druck die Strömung selbst, im zweiten Fall wird das Löschmittel durch fremde Einwirkung in Bewegung gesetzt. Auch eine Kombination zwischen beiden Verfahren ist möglich. Besonders beim Ausschalten kleiner induktiver und kapazitiver Ströme ist die zwangsmäßige Ölströmung – zumeist durch einen starr mit dem beweglichen Schaltstift gekoppelten Pumpenkolben erzeugt – vorteilhaft.

In Schaltern, wo die Radial- und Axialbeströmung des Schaltlichtbogens gleichzeitig eingesetzt wird, ist die Längsströmung oft stromunabhängig und die Querströmung stromabhängig. **Bild 7.2 a, b, c** zeigt eine derartige Lichtbogenlöschkammer mit kombinierter Ölströmung.

Bei Bild 7.2a hat der Schaltstift noch die Schaltstellung „Ein", er wird von den kurzschlußstromfesten tulpenförmigen Schaltstücken umschlossen und führt Strom. Nach dem Aus-Befehl der Schutzeinrichtung (Relais) wird der Schaltstift mechanisch nach unten bewegt – Bild 7.2b –, durch seinen Hohlraum strömt Öl und wirkt auf den gezündeten Lichtbogen ein. Durch den Druck des heißen Plasmas wird weiteres Öl – Pfeilrichtung – in Bewegung gesetzt, das jetzt stromabhängig quer zur Säule strömt und die Bogenlöschung einleitet (Bild 7.2c).

7.2 Druckluft-Leistungsschalter bis 36 kV

Mittel- und Hochspannungs-Leistungsschalter in Drucklufttechnik haben ebenfalls seit Jahrzehnten einen festen Platz in den Schaltanlagen. Charakteristisches Merkmal sind die Druckluftbehälter, die die Preßluft aufnehmen und durch Ventile im Augenblick der Freigabe eine kräftige „Beblasung" der Schaltstrecke einleiten.

Druckluftschalter haben eine vom Strom unabhängige Löschmittelströmung und sind daher zum Schalter kleiner kapazitiver oder induktiver Ströme geeignet. Der Schaltlichtbogen wird zunächst unter normalen atmosphärischen Bedingungen gezündet. Nach dem Durchlaufen einer bestimmten Wegstrecke des beweglichen Löschstiftes wird die Druckluft freigegeben, die bis zum Nulldurchgang den Schaltlichtbogen zum Erlöschen bringt. Auch danach wird die lichtbogenfreie Schaltstrecke noch kurzzeitig weiter beblasen, so daß eine Befreiung von möglichen Restgasen erzielt wird.

Eigentliches Löschmedium ist der in Luft enthaltene Stickstoff, der auf den Lichtbogen entionisierend wirkt. Durch sinnvolle Konstruktionen konnte auch hier eine Längs- und Querblasung des Lichtbogens erreicht werden. Der hohle bewegliche Löschstift – bewegliches Schaltstück – arbeitet mit einem Ringkontakt zusammen, an dem der Lichtbogen gezündet wird, und einem weiteren Gegenkontakt, auf dem der Lichtbogen – durch die Blaswirkung getrieben – neue Ansatzpunkte bildet, um danach endgültig gelöscht zu werden. **Bild 7.3** zeigt den Querschnitt durch einen modernen Druckluftschalter mit Druckbehälter, Blasventil, Schaltkammer, Ringkontakt, Löschstift und Gegenschaltstück.

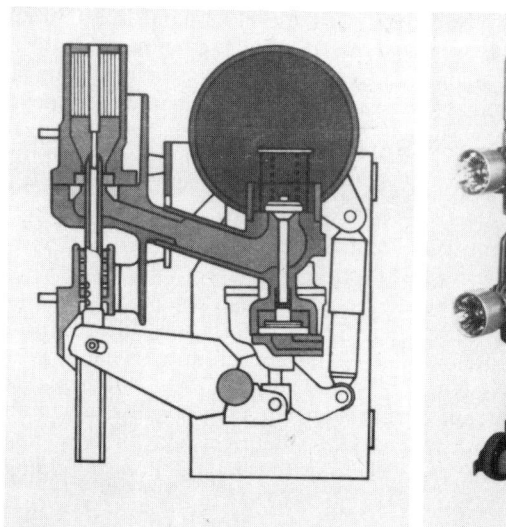

Bild 7.3 Druckluftschalter für Mittelspannung:
a) Querschnitt mit Funktionsteilen, b) Schalter mit Einfahrkontakten

Der besondere Bewegungsablauf des Löschstiftes garantiert beim Ausschalten eine günstige Löschstellung des gesamten Kontaktsystems, so daß bei einem Minimum an umgesetzter elektrischer Energie und bei einem geringen Luftverbrauch eine optimale, wiederkehrende elektrische Festigkeit nach dem Stromnulldurchgang gewährleistet ist.

7.3 Vakuum-Leistungsschalter bis 36 kV

Der Wunsch, den Stromkreis in einem Vakuum aufzutrennen, um zusätzliche Löschmittel zu umgehen, ist schon sehr alt. Erste, bereits vor 50 Jahren entstandene Patentschriften greifen den Gedanken nicht nur auf, sondern geben schon detaillierte Anweisungen für die mögliche Konstruktion einer Vakuum-Löschkammer. In den USA und in Großbritannien entstehen nach langer Forschungsarbeit industriell gefertigte Geräte in den sechziger Jahren, die jedoch noch immer die großen technologischen Schwierigkeiten erahnen lassen, mit denen die Vakuum-Schalttechnik zu kämpfen hatte.
Nach dem Paschenschen Gesetz – die Durschlagsspannung ist nur vom Produkt aus Elektrodenabstand d und dem Druck p abhängig – ergibt sich bereits in einem Vakuum von 10^{-4} bis 10^{-5} mbar eine äußerst hohe Durchschlagsfestigkeit. Ein Wechselstromlichtbogen würde hier wegen der großen

freien Weglängen der Ladungsträger noch vor dem Nulldurchgang löschen. Diese Erkenntnisse allein reichten jedoch nicht aus, um funktionsfähige Vakuumschalter zu bauen. Vielmehr mußten intensive experimentelle Versuche die technologischen Voraussetzungen hierfür schaffen. In den für die Praxis geeigneten Vakuumschaltröhren durchsetzt starker Metalldampf den Schaltlichtbogen, so daß von *Metalldampfbögen* gesprochen wird. Es bestand die Aufgabe, eine möglichst geringe Elektrodenerwärmung zuzulassen und die Kondensation des Metalldampfes zu beschleunigen. Wie bei vielen Fällen der Schutztechnik in elektrischen Starkstromanlagen konnte die Entwicklung nicht am Reißbrett allein vollzogen werden, sie erforderte leistungsfähige Laboratorien und die Erkenntnisse einer anwendungsbezogenen Grundlagenforschung. Die wichtigste Voraussetzung für eine den Anforderungen genügende *Vakuumschaltröhre* war die Aufrechterhaltung des notwendigen geringen Innendrucks während einer langen Zeit. Hierzu mußte eine sorgfältige Auswahl aller beteiligten Werkstoffe erfolgen, die frei von verdampfbaren Bestandteilen und äußerst gasarm sein sollten.
Besondere Forderungen wurden an die Geometrie der Schaltstücke und an den Kontaktwerkstoff selbst gestellt. Neben hohem Schaltvermögen, guter Leitfähigkeit und geringer Schweißneigung sollte auch das Abbrennverhalten zufriedenstellend sein.
Heute erfüllen spezielle Sinterwerkstoffe – Wolfram-Kupfer oder Chrom-Kupfer – die gestellten Forderungen, wobei auch die Kornstrukturen und das Zusammensetzungsverhältnis von entscheidender Bedeutung sind.
„Vakuum-Lichtbögen" sind experimentell und theoretisch untersucht worden, ihre Eigenschaften sind weitgehend bekannt. Bei Strömen unterhalb 10 kA verhält sich der Lichtbogen im Vakuum zwischen den Schaltstücken „diffus", er füllt die Fläche der anodischen und katodischen Elektrode voll aus. Hierbei sind mehrere katodische Brennflecke gleichzeitig zu beobachten, die eine hohe Beweglichkeit und Instabilität aufweisen. Erst oberhalb 10 kA kontrahiert die Bogenentladung wieder zu einem gemeinsamen Brennfleck an Anode und Katode, und es besteht bei den Sinterwerkstoffen die Gefahr, daß es wegen zu hoher Katodentemperaturen an den Schaltstücken zum Schmelzen kommt. Das verdampfende Material würde aber der elektrischen Wiederverfestigung der Trennstrecke entgegenstehen, so daß die Lichtbogenlöschung nach dem Stromnulldurchgang in Frage gestellt wäre.
Durch eine geeignete Formgebung der Schaltstücke – Schrägschlitze in dem den Lichtbogenlaufring tragenden Kontaktkörper – ließ sich ein magnetisches Feld erzeugen, das den Vakuum-Lichtbogen zur Rotation bringt. In **Bild 7.4** ist das Prinzip des Lichtbogenantriebs dargestellt, das einer erhöhten Materialverdampfung entgegen wirkt.
Um eine optimale Kontaktform unter Ausnutzung vorteilhafter Materialien zu finden, waren auch hier umfangreiche Versuche und Entwicklungsarbeiten erforderlich. Vor allem mußten Kompromisse gefunden werden, die die unterschiedlichen Anforderungen an das Schaltverhalten einschlossen. Beim Schalten kleiner induktiver Ströme bestand die Gefahr, durch den Licht-

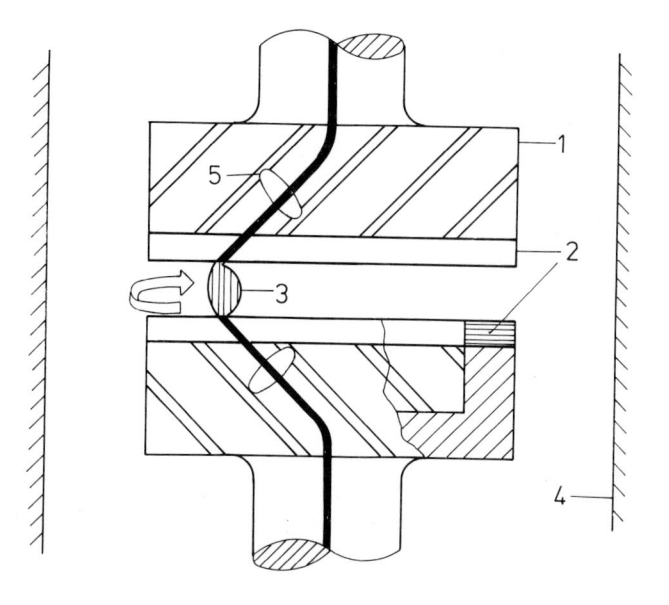

1 Kontakttopf
2 Lichtbogenlaufringe
3 Kontrahierter Lichtbogen > 10 kA
4 Kammerwand
5 Eigenes Magnetfeld

Bild 7.4 Lichtbogenantrieb zwischen den Schaltstücken eines Vakuumschalters

bogenabriß vor dem Erreichen des Nulldurchganges Überspannungen zu erzeugen. Der Abreißstromwert hängt hier im wesentlichen vom Material ab: Thermisch emittierende Metalle bieten dem Lichtbogen gute Existenzbedingungen, haben einen niedrigen Abreißstromwert, aber einen hohen Dampfdruck. Für die Unterbrechung großer Ströme ist jedoch Kontaktmaterial mit hohem Dampfdruck ungeeignet, da nach dem Stromnulldurchgang die Gefahr der Wiederzündung besteht. Heute lassen sich mit einem speziellen Chrom-Kupfer-Metall die Abreißströme unter 5 A halten, ohne daß die Schaltleistung mit hohen Strömen beeinträchtigt wird. Der bei jeder Schaltung frei werdende Metalldampf, der allein schon durch die Kontaktzündung des Lichtbogens entsteht, kondensiert wieder als reines Metall auf den Schaltstücken und wirkt dort als Getter. Getterwirkung schränkt die Gasfreigabe des Kontaktmetalles ein und kann im günstigsten Fall sogar zur Verbesserung des Vakuums beitragen. **Bild 7.5** zeigt die vollständige Schaltröhre eines Vakuum-Schalters mit den Funktionsteilen.

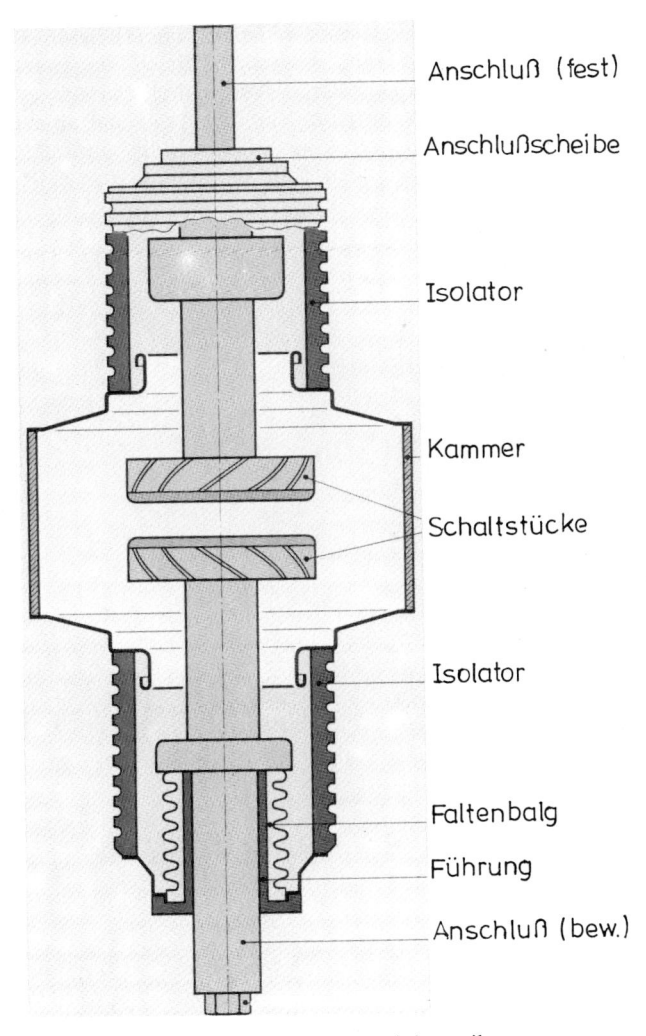

Bild 7.5 Vakuumschaltröhre mit Funktionsteilen

Zwischen dem festen und beweglichen Anschluß befindet sich die eigentliche Vakuum-Schaltkammer, in der die beiden Schaltstücke mit den Lichtbogenlaufringen liegen. Der bewegliche Pol ist mit einem Metallfaltenbalg verbunden, der den geringen Bewegungshub vermittelt.
Der Antrieb erfolgt über mechanische Koppelglieder von außen, ebenso wird die Kontaktkraft durch eine geeignete Feder von außen über den beweglichen Schaltpol übertragen.

Vakuum-Schalter sind ganz sicher eine Alternative zu den ölarmen Leistungsschaltern und können überall dort im Mittelspannungsbereich eingesetzt werden, wo es auf eine hohe Schalthäufigkeit unter Kurzschlußbedingungen ankommt oder wo eine große Zahl von Nennstrom-Ein- und Aus-Schaltungen zu erwarten sind. Vakuum-Leistungsschalter können im Mittelspannungsbereich mehrfach und in kurzen Zeitabständen Nennkurzschluß-Ausschaltströme bis 40 kA bei einer Nennspannung bis 36 kV ausschalten. Einen dreipoligen Mittelspannungs-Vakuum-Schalter für 12 kV und 3150 A Nennstrom mit einem Nennkurzschlußausschaltstrom von 40 kA zeigt das **Bild 7.6**.

Bild 7.6 Dreipoliger Vakuumschalter für 12 kV

7.4 Hochspannungs-Leistungsschalter in SF$_6$-Technik bis 800 kV

Die Einführung des Schwergases SF$_6$ als Lösch- und Isoliermittel in der elektrischen Starkstromanlagentechnik hat nicht nur den Bau von Höchstspannungs-Schaltern revolutioniert, auch der Mittel- und Hochspannungsbereich konnte hieraus einen wirksamen Nutzen ziehen. Nachdem auch hier umfangreiche Untersuchungen und intensive Forschungsarbeit den theoretischen Hintergrund für eine erfolgreiche Entwicklungsarbeit bildeten, konnte mit der Konstruktion funktionstüchtiger Leistungsschalter auf der Löschmittelbasis des Schwefelhexafluorids (SF$_6$) begonnen werden.
Gase als Löschmittel sollen, neben einer guten Wärmeleitfähigkeit, in dem für die Löschung eines Schaltlichtbogens entscheidenden Temperaturbereich

auch die Fähigkeit zur Wiederherstellung der elektrischen Festigkeit an der Schaltstrecke besitzen. Das Schwergas SF_6 ist *elektronegativ*, es lagert freie Elektronen an und hat im homogenen Feld eine elektrische Festigkeit, die etwa $2\frac{1}{2}$mal so groß ist wie bei Luft, unter gleichen Druckverhältnissen.
Die kinetische Energie beim Elektronenstoß wird weitgehend zur Dissoziation des SF_6 in $SF_5^+ + F^-$ verbraucht. Bis zur vollständigen Dissoziation in Schwefel- und Fluorionen werden der Entladungsstrecke laufend Elektronen entzogen, so daß sich damit die elektrische Festigkeit erhöht. Die Tatsache, daß das farb- und geruchlose Gas SF_6 nicht brennbar ist, erhöht die Sicherheit in den Schaltanlagen erheblich. Reines SF_6 ist ungiftig und kann physiologisch wie ein neutrales Stickstoffgas betrachtet werden. Das chemisch überaus stabile Verhalten von Schwefelhexafluorid ist aus dem atomaren Aufbau zu erklären. Durch eine relativ geringe Energie können zwei Valenzelektronen der äußeren Schale angehoben werden, so daß sechs freie Bindungen entstehen, mit denen Fluoratome in eine oktraedrische Anordnung gebracht werden, was der Verbindung einen edelgasartigen Charakter gibt.
Die *thermische Dissoziation* setzt bei SF_6 erst oberhalb 500 °C ein, Temperaturen, die in Schaltanlagen unter Normalbetrieb nicht erreicht werden. Erst bei Schaltvorgängen mit gezündeten Lichtbögen steigen die Temperaturen steil an, und oberhalb 2000 K kommt es bereits zur völligen Dissoziation. Um Zersetzungsprodukte in der Schaltkammer zu vermeiden – in Verbindung mit Wasser entstehen Fluorsäuren –, muß bei der Konstruktion der Schaltgeräte auf die Vermeidung reaktionsstarker Stoffe durch Einsatz geeigneter Filter geachtet werden.
Nach der Löschung des Schaltlichtbogens verbinden sich Fluor und Schwefel wieder zu Molekülen, die die freien Elektronen durch ihre hohe Elektronenaffinität an sich ziehen und dadurch die Schaltstrecke rasch elektrisch verfestigen. Schon geringe Überdrücke in Verbindung mit SF_6 lassen die Durchschlagspannung auf Werte ansteigen, die sonst nur mit Öl oder festen Isolierstoffen erreicht werden können. Es war daher naheliegend und auch wirtschaftlich, die Leistungsschalter so zu konstruieren, daß der zum Löschen des Schaltlichtbogens erforderliche Druck gleichzeitig mit der Löschmittelströmung des SF_6-Gases erzeugt wird.
Die heute von den Herstellern verwendeten „Eindruckschalter" bringen während des Ausschaltens gleichzeitig die Kompressionsarbeit für das Erzeugen des Löschmitteldrucks auf. Zur Realisierung des Vorganges wird ein „Blaskolben" bewegt, der das Gas in der „Blaskammer" auf den für das Löschen günstigen Druck verdichtet. **Bild 7.7** zeigt den Schnitt durch die Löschkammer eines 245-kV-SF_6-Leistungsschalters. Das feststehende Schaltstück 1 ist mit dem Flansch der Löschkammer 2 verbunden, der bewegliche Pol mit dem Schaltstück 3 wird zusammen mit dem Kompressionszylinder 4 beim Ausschalten gegen einen feststehenden Kolben 5 bewegt. Dabei wird das SF_6-Gas komprimiert und durch die Düse 6 gepreßt, wo es den Schaltlichtbogen erreicht.
Jeder nach der Trennung der Schaltstücke in der Lichtbogenlöschkammer

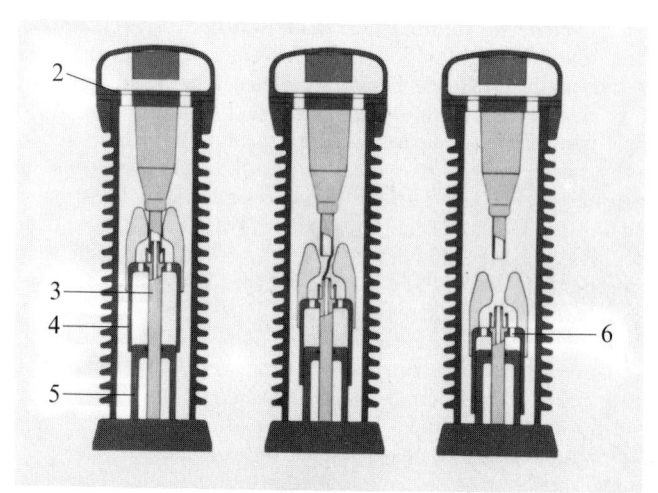

Bild 7.7 SF$_6$-Hochleistungsschalter für Hochspannung; Schnitt durch die Löschkammer

gezündete Lichtbogen wird eine stromabhängige Einwirkkomponente auf den Kompressionsraum haben und damit auch den Strömungsablauf des Löschmittels direkt beeinflussen. Bei großen Kurzschlußströmen könnte eine mögliche Strömungsbehinderung im Nulldurchgang den Löschvorgang erheblich beeinträchtigen.

Es war daher notwendig, die besonders komplexen Vorgänge in den Schaltkammern der SF$_6$-Leistungsschalter bei den verschiedensten Betriebszuständen in geeigneten Prüfanlagen eingehend zu untersuchen. Die heute sowohl material- als auch strömungstechnisch optimierten SF$_6$-Leistungsschalter sind in der Lage, hohe Kurzschlußströme ebenso sicher schalten zu können, wie kleine kapazitive oder induktive Ströme. SF$_6$-Leistungsschalter werden im Bausteinverfahren durch Reihenschaltung mehrerer Schaltstrecken – *Mehrkammersysteme* – bis zur Höchstspannung von 800 kV gebaut und sowohl als einpolige als auch als dreipolige Schaltereinheiten für den Netzschutz zur Verfügung gestellt.

Wie für alle Leistungsschalter im Mittel-, Hoch- und Höchstspannungsbereich hat auch für SF$_6$-Leistungsschalter die Typprüfung und Qualitätssicherung eine vorrangige Bedeutung. **Bild 7.8** zeigt SF$_6$-Leistungsschalter in einer 420-kV-Schaltanlage.

Um eine hohe Sicherheit für jedes Gerät zu gewährleisten, werden sowohl vor der Produktionsaufnahme neuer Leistungsschalter als auch während der Produktion von den Herstellern Typprüfungen vorgenommen. Die Untersuchungen des dielektrischen Verhaltens, des Schaltvermögens nach IEC- und VDE-Bestimmungen sowie die mechanische Funktionssicherheit ist Aufgabe der hierfür bereitgestellten Hochspannungs- und Hochleistungs-Versuchsfelder.

Bild 7.8 SF$_6$-Hochleistungsschalter in einer 420-kV-Schaltanlage

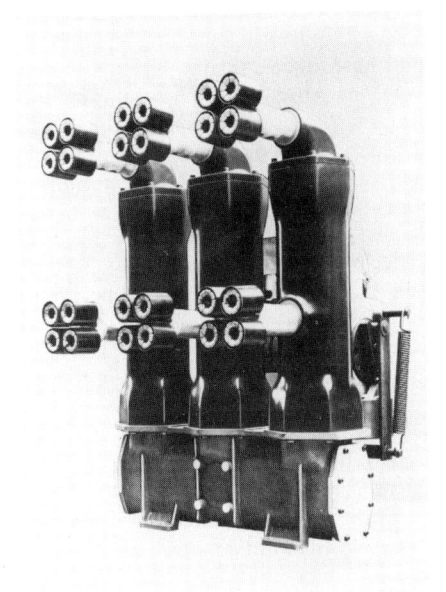

Bild 7.9 SF$_6$-Hochleistungsschalter für Mittelspannung 24 kV mit 2500 A Nennstrom und einem Nennausschaltvermögen von 1000 MVA

Wie weit die SF$_6$-Schaltertechnik auch für den Mittelspannungsbereich zukunftsweisend sein wird, ist eine Frage der Wirtschaftlichkeit und der gestellten technischen Anforderungen. Noch beherrschen gut durchkonstruierte, hochrationalisierte, ölarme Leistungsschalter und Druckluft-Leistungsschalter das weite Feld der Mittelspannung. Für hohe und höchste Anforderungen stehen Vakuum-Schalter zur Verfügung, so daß der SF$_6$-Leistungsschalter hier eine interessante Ergänzung bleibt, die auch Variationen im Löschsystem zuläßt. SF$_6$-Leistungsschalter bis 24 kV können nach dem „Eindruckprinzip" mit einem Kompressionskolben arbeiten und für ein hohes Nennausschaltvermögen zur Verfügung stehen. Für geringere Anforderungen arbeiten diese Geräte mit der *Selbstblasung-Löschmittelströmung*. Der Schaltlichtbogen erzeugt den für eine günstige Löschung benötigten Druck vor dem Stromnulldurchgang selbst. Derartige Leistungsschalter stehen auch als sogenannte „Einfahrschalter" auf Schaltwagen zur Verfügung. **Bild 7.9** zeigt einen SF$_6$-Leistungsschalter für 2500 A Nennstrom und 24 kV Nennspannung mit einer Nennausschaltleistung von 1000 MVA.

7.5 Prüfung und Qualitätssicherung der Hochspannungs-Schaltgeräte

Da es kaum möglich ist, die wirklichen Netzverhältnisse bei der Ausschaltung von Hoch- und Höchstspannungen in einem einzigen Versuchsfeld zusammenzufassen, mußten für die Prüfung der Leistungsschalter in diesem Bereich besondere Verfahren entwickelt werden. Mit Direktprüfschaltungen konnten in den Versuchsfeldern oft nur Ausschaltleistungen bis 1000 MVA erzielt werden, so daß die *synthetische Prüfschaltung* eine vorteilhafte Ergänzung darstellte. In der synthetischen Prüfschaltung wird der große Kurzschlußstrom von einem Stoßgenerator, die Einschwingspannung von einem Schwingkreis erzeugt. So kann bei jeder Prüfung der Schaltpol eines Hochspannungsleistungsschalters mit der vollen, nachgebildeten, netzäquivalenten Beanspruchung geprüft werden.

Da der eigentliche Ausschaltstrom und die Wiederkehrspannung die Schaltstrecke eines Hochspannungs-Leistungsschalters ungleichzeitig beanspruchen, ließen sich für die synthetische Prüfschaltung zwei verschiedene, getrennte elektrische Kreise benutzen. Die nach ihren Erstanwendern auch als *Weil-Dobke*-Schaltung bezeichnete synthetische Prüfschaltung konnte variiert und ausgebaut werden, so daß heute die praxisgerechte Nachbildung von Netzverhältnissen im Kurzschlußfall möglich ist. Bekannt sind heute sowohl Strom-Überlagerungs- als auch Spannungs-Überlagerungs-Schaltungen. Die an derartige Ersatzschaltungen gestellten grundsätzlichen Forderungen wurden von *Hochrainer* formuliert und haben bis heute nicht an Bedeutung verloren:
1. Die an der Schaltstrecke erzeugte Energie im Schaltaugenblick muß gleich der im Netz auftretenden Energie sein.
2. Der Stromverlauf in der Nähe des Stromnulldurchganges, ausgedrückt als di/dt, muß ebenfalls den eigentlichen, im Netz auftretenden Verhältnissen entsprechen.

3. Die Form der Einschwingspannung muß gewahrt bleiben.
4. Es darf zwischen der Strombeanspruchung und der Spannungsbeanspruchung keine auch noch so kurze Pause eintreten.
5. Der Spannungskreis muß über so viel Leistung verfügen, daß keine Verformung der Spannung infolge eines etwa auftretenden Nachstromes entsteht.
6. Das Versagen des Schalters (Prüfling) muß einwandfrei feststellbar sein.
7. Der Schalter darf im Falle seines Versagens nicht zerstört werden.

7.5.1 Prinzip der synthetischen Prüfschaltung

Eine synthetische Prüfschaltung entspricht oft eher den eigentlichen Netzverhältnissen als die Prüfschaltung mit einem Generator allein. Der schematische Schaltplan **(Bild 7.10)** zeigt die Grundschaltung der synthetischen Prüfung bei Strom-Überlagerung. Hierin sind G der Kurzschlußgenerator (Stoßgenerator), D der Zuschalter (Draufschalter), PS der Prüfling (Hochspannungs-Leistungsschalter) im *Hochstromkreis I*. Der dem Generator entnommene Kurzschlußstrom hat jeweils die zu prüfende und in der Nennausschaltleistung enthaltene Größe. Der *Hochspannungskreis II* enthält die Kondensatorbatterie C_e und die Drosselspule L_{Sch}. Vor dem Versuch wird die Kondensatorbatterie auf eine der Amplitude der Wiederkehrspannung entsprechende Gleichspannung aufgeladen. Der als Schwingkreis wirkende zweite Kreis liefert einen höherfrequenten sinusförmigen Strom mit einer kleineren

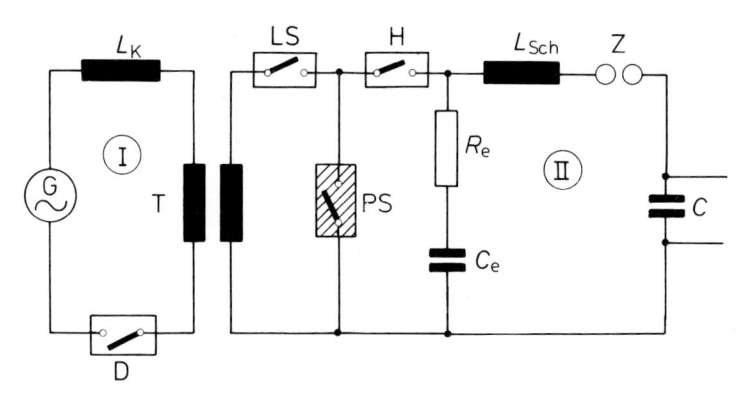

L_K = Kurzschlußreaktanz
D = Draufschalter
T = Prüftransformator
LS = Schalter zur Trennung des Hochstromkreises
PS = Prüfling

H = Hilfsschalter zum Zuschalten des Hochsp.-Kreises
C = Ladekondensator
R_e = Dämpfungswiderstand
C_e = Einschwingkapazität
Z = Zündfunkenstrecke

Bild 7.10 Prüfschaltung nach Weil-Dobke

Amplitude, die so bemessen ist, daß die Neigung ihrer Kurve beim Nulldurchgang der Neigung der Sinuskurve des Kurzschlußstromes entspricht. In dem als Strom-Überlagerungs-Schaltung gezeigten Beispiel wird der *Hochspannungskreis II* durch die Zündfunkenstrecke, die der Kurzschlußstrom i_k kurz vor dem Nulldurchgang über ein elektronisches Relais in einem genau eingestellten Zeitpunkt auslöst, eingeschaltet. Die Gleichspannung $+U_C$ lädt sich in Form einer Schwingung auf den Wert $-U_C$ um. Im Prüfling überlagert sich der Schwingstrom i_s dem Kurzschlußstrom i_k. **Bild 7.11** zeigt den Stromverlauf und die Einschwingspannung nach erfolgter Ausschaltung durch den Leistungsschalter.

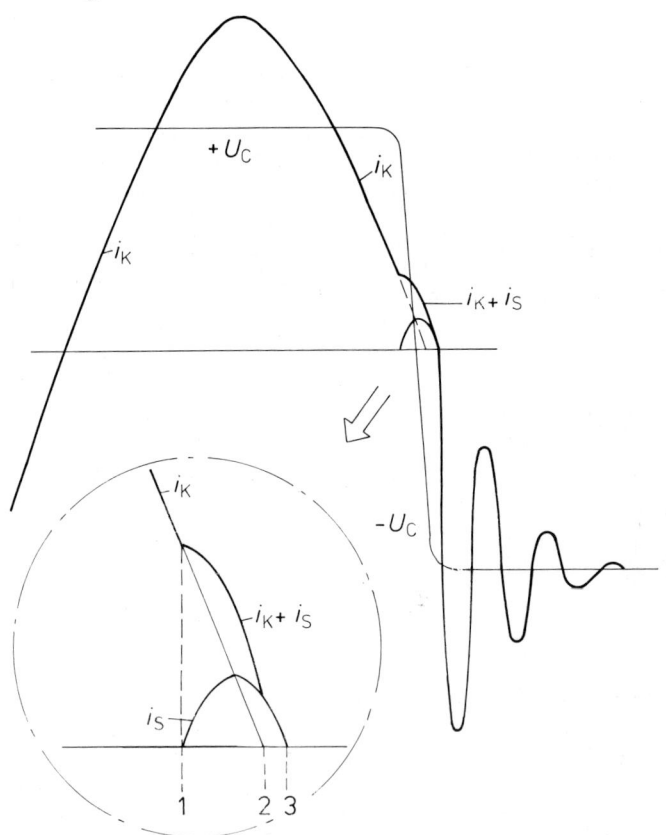

Bild 7.11 Stromverlauf und Einschwingspannung nach Ausschaltung des Prüflings

Hierin bedeuten:
i_k Verlauf des betriebsfrequenten Kurzschlußstromes bei der synthetischen Prüfschaltung,

i_s Strom im zweiten Kreis, der bei etwa zehnfacher Frequenz und 0,1-facher Amplitude mit der gleichen Flankensteilheit auf Null geht, wie i_k,
$i_k + i_s$ Resultierender Strom im geprüften Schalter,
1   Zündung der Schaltfunkenstrecke im Schwingkreis,
2   Erlöschen des Lichtbogens im Hilfsschalter,
3   Erlöschen des Lichtbogens im geprüften Schalter bei unmittelbar anschließender Einschwingspannung u_e.

Der Lichtbogen im gleichzeitig öffnenden Hilfsschalter ist also bereits erloschen, und die Einschwingspannung beansprucht diesen Schalter weniger als den Prüfling, da seine Schaltstrecke im Zeitpunkt 3 schon erheblich spannungsfester ist.
Auf diesem Hintergrund konnten für die verschiedenen Schalterbeanspruchungen angepaßte und optimierte synthetische Prüfschaltungen entwickelt werden. Bei der Komplexität der Hochspannungs-Leistungsschalter-Prüfung – mehr als elf Parameter müssen heute bei der Prüfung eines Leistungsschalters unter Abstandskurzschlußbedingungen berücksichtigt werden – und bei den sich immer mehr verschärfenden Prüfbestimmungen sind synthetische Prüfschaltungen nicht nur hilfreich, sie bieten zusammen mit einer genauso wichtigen, aber auch oft schwierigen Meßtechnik die Möglichkeit, den praktischen Netzverhältnissen sehr nahe zu kommen.
Da nicht alle Hersteller von Hochspannungs-Schaltgeräten eigene und leistungskräftige Prüffelder für die Hochspannungs-Leistungsschalter-Prüfung unterhalten können, war der Zusammenschluß zu einer Gesellschaft für elektrische Hochleistungprüfungen PEHLA (**P**rüfung **E**lektrischer **H**ochleistungs-**A**pparate) ein notwendiger und sinnvoller Entschluß. Die Funktionsfähigkeit moderner Hochspannungs-Leistungsschalter läßt sich heute mit einem PEHLA-Zertifikat jederzeit belegen.

8 Schaltanlagenbau

8.1 Fremdisolierte Hochspannungs-Schaltanlagen

Mit der Einführung der SF_6-Technik im Bereich des Anlagenschutzes vollzog sich auch im Hochspannungs-Schaltanlagenbau eine revolutionierende Umwälzung. Bisher nur als Freiluftanlagen konzipierte Hochspannungssysteme ließen sich in SF_6-isolierte und gekapselte Innenraumanlagen mit einem viel geringeren Raumbedarf verwandeln. In Räumen, wo Mittelspannungssysteme für 30–60 kV untergebracht waren, konnten nun mit SF_6 als Isoliermedium Hochspannungsschaltfelder von mehr als 145 kV betrieben werden.
Die *Vollkapselung* aller Schaltanlagensysteme machte es möglich, daß SF_6-Innenanlagen mit einer Höchstspannung von 550 kV heute zum Stand der Starkstromanlagentechnik gehören. Vollgekapselte, SF_6-isolierte Schaltanlagen schützen die Funktionsteile vor Industrieemission, vor Salzniederschlag in

Küstennähe und in Gegenden mit tropischen Umweltbedingungen vor Hitze, Sandstürmen und anderen Einflußfaktoren. Die umgebungsfreundliche Bauweise dieser modernen Schaltanlagen ist schließlich auch hilfreich bei der Bewältigung von Umweltschutzproblemen, die im zunehmenden Maße auch bei der Erstellung neuer Energieübertragungssysteme nicht unbeachtet bleiben werden. Die vollständige Kapselung aller spannungsführenden Teile in Metallgehäusen bietet schließlich auch eine größtmögliche Sicherheit für das Bedienungspersonal. **Bild 8.1** zeigt den Schnitt durch eine vollgekapselte SF_6-Schalteinheit für 123 kV und **Bild 8.2** eine Schaltanlage für 420/525 kV mit Doppelsammelschiene, Kabelabgängen und direkten Transformatoranschlüssen.

Bild 8.1   Vollgekapselte SF_6-Schalteinheit für 125 kV

Bild 8.2 SF_6-isolierte Schaltanlage für 420/525 kV

Die Forderung nach einer möglichst unterbrechungsfreien Energieversorgung und der damit verbundene hohe Stand der Verfügbarkeit elektrischer Energie stellt hohe Anforderungen an alle Komponenten des Schaltanlagenbaues. Hochspannungsprüfungen bei SF_6-isolierten Schaltanlagen müssen ebenso unter Beachtung der geltenden Bestimmungen nach IEC und VDE erfolgen wie bei den Schutzeinrichtungen; sie dienen als Basis für die Bemessung und für die konstruktive Ausführung der Schaltfelder.

SF_6-isolierte, metallgekapselte Hochspannungs-Schaltanlagen sind kleiner dimensioniert als konventionell gebaute, luftisolierte Außenanlagen; die Isolationsstrecken betragen hier nur noch 5–10 Prozent der sonst üblichen Werte, was durch das unter einem Druck von 2–6 bar stehende, eingeschlossene Gas erreicht wird.

8.1.1 Überspannungsschutz in Hochspannungs-Schaltanlagen

Hochspannungsschaltanlagen können durch eindringende Wanderwellen (Blitzüberspannungen), aber auch durch Überspannungen, die bei Schaltvorgängen entstehen, gefährdet werden. Eine Beschädigung der Isolation führt hier meistens zu einem langen Betriebsausfall, der wegen der unterbrochenen Energieversorgung wirtschaftliche Verluste zur Folge hat. Kommt es zu

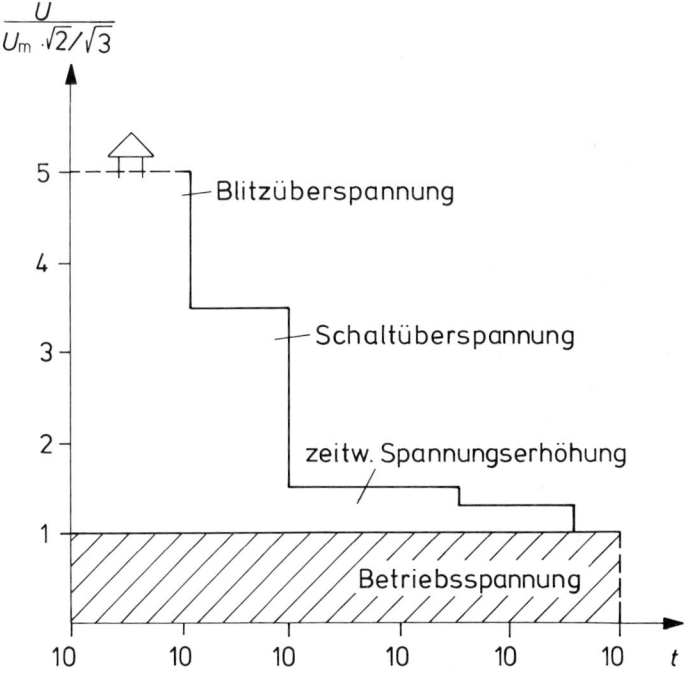

Bild 8.3   Einwirkdauer erhöhter Spannungen

unvermeidbaren Überspannungen, dann sollen sie möglichst auf Stellen in den Schaltanlagen beschränkt bleiben, wo keine großen Schäden entstehen können. Zu diesem Zweck wurden *Überspannungsschutzeinrichtungen* entwickelt, die in der Lage sind, selbst ohne Schaden erhöhte und zeitlich begrenzte Spannungen zu übernehmen.

Bild 8.3 zeigt die Einwirkdauer erhöhter Spannungen in Schaltanlagen, bezogen auf den maximal zu erwartenden Scheitelwert.

Unterschieden wird zwischen *zeitweiliger Spannungserhöhung*, die häufig als Harmonische oder Subharmonische der Netzfrequenz auftritt und die Netzbetriebsspannung nur wenig überschreitet – Zeitdauer zwischen 10^{-2} und 10^3 Sekunden –, den *Schaltüberspannungen*, die nur kurz dauern – 10^{-4} bis 10^{-2} Sekunden – und die mit Frequenzen bis zu einigen kHz auftreten sowie den eigentlichen *Blitzüberspannungen* im Mikrosekundenbereich, deren Ursache in atmosphärischen Störungen zu suchen ist.

Wanderwellen breiten sich mit Lichtgeschwindigkeit auf Freileitungen und in SF_6-isolierten Rohren aus, dagegen etwa mit halber Lichtgeschwindigkeit auf Kabeln. Befinden sich in den Leitungssystemen unterschiedliche Wellenwiderstände, dann kommt es zum „Brechen" oder „Reflektieren" der Wanderwellen, was gleichbedeutend mit der Abnahme oder auch Zunahme ihrer Intensität ist. An offenen Schaltstrecken, aber auch an Transformatoren, verdoppelt sich der Wert der Wanderwellenspannung. Maßnahmen zur Begrenzung von Überspannungen in Hochspannungsanlagen sind so alt wie die Gesamtproblematik der elektrischen Energieversorgung. Ein ältestes und einfachstes Mittel stellt die *Schutzfunkenstrecke* dar, deren Elektroden parallel zu den Isolatoren gelegt werden, um die Isolation gegen Durchschläge zu schützen. Bei diesem relativen Grobschutz können die Elektroden durch Einstellung auf die Reihenspannung der Anlage den jeweiligen Verhältnissen angepaßt werden. In VDE 0111 sind die Durchschlagstoßspannungen der Funkenstrecken genormt.

Eine Vervollkommnung und Weiterentwicklung der Schutzfunkenstrecke ist der *Überspannungsableiter*, der in Kombination mit der Funkenstrecke und spannungsabhängigen Widerständen eine echte *Überspannungsbegrenzung* bewirkt. Das folgende **Bild 8.4** zeigt einen Überspannungsableiter moderner Bauart, mit magnetisch beblasener Löschfunkenstrecke für Nennspannungen zwischen 60 und 516 kV und einem Nennableitstrom bis 20 kA. Das Gerät besteht aus den drei Grundbausteinen: Löschkammerelemente, den nichtlinearen Widerständen und dem Steuersystem.

Die in Reihe liegenden Lichtbogenstrecken sind vor dem Ansprechen des Ableiters – Durchzündung nach dem Erreichen einer bestimmten Überspannung – durch parallel geschaltete keramische Steuerkondensatoren überbrückt, die zusammen mit weiteren Widerständen eine lineare Spannungsverteilung erzwingen.

Wird im Fall einer Störung die Ansprechspannung der Überspannungsableiter erreicht, leiten die Lichtbogenzündstrecken den Stromdurchgang ein, wobei gleichzeitig die zu den magnetischen Blasspulen parallel liegenden,

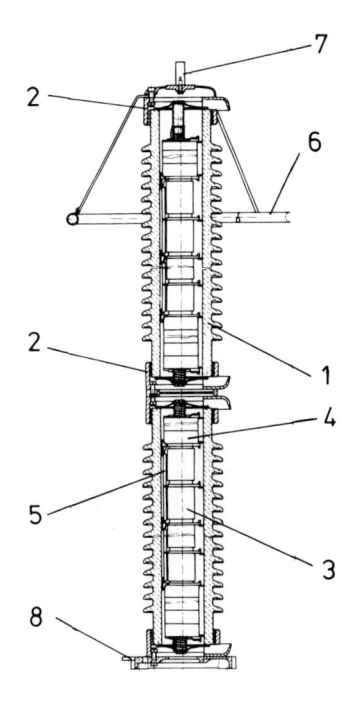

1 Porzellanisolator
2 Endflansch
3 Löschkammerelement
4 Widerstände
5 Steuerwiderstand
6 Potentialsteuering
7 Hochspannungsanschluß
8 Erdanschluß

Bild 8.4 Überspannungsableiter mit magnetisch beblasener Löschfunkenstrecke

niederohmigen Bypaßwiderstände eingeschaltet werden, während die Induktivität der Blasspule bei dem sich zeitlich rasch ändernden Strom einen Stromdurchgang durch die Spule verhindert. Erst im sich langsam ändernden *Nachstrombereich* bildet die Spule kein Impedanzhindernis mehr, sie übernimmt einen Stromanteil, der zum Aufbau des magnetischen Blasfeldes dient. Alle hintereinander liegenden *Teillichtbögen* werden nunmehr durch das aufgebaute magnetische Feld B ausgelängt und gegen die Kammerwand gedrückt, bis der natürliche Nulldurchgang der betriebsfrequenten Spannung erreicht ist und damit eine endgültige Unterbrechung bewirkt wird.

Der Löschvorgang des so arbeitenden Überspannungsableiters besteht mithin aus einer Kombination von Gleich- und Wechselstromprinzip (siehe hierzu Teil III, Abschnitt 7). **Bild 8.5** zeigt schematisch die wesentlichen Merkmale eines Ableiterelementes in vereinfachter Form, einschließlich der Wirkungsweise, sowie den Verlauf von Stoßspannung, Stoßstrom und Nachstrom bei einem Ansprech- und Löschvorgang.

Bild 8.5a zeigt den eigentlichen Ableitvorgang im Augenblick der maximal erreichten Stoßspannung, der Ansprechspannung u_a. Die Funkenstrecke Z des hier dargestellten Teilableiters – mehrere derartige Ableiter werden hintereinandergeschaltet – leitet den Stromnulldurchgang ein.

Wegen des großen di/dt fließt der Ableitstrom über die parallel zur Blasspule geschalteten Bypaßwiderstände. Der durch die Ableitwiderstände und die

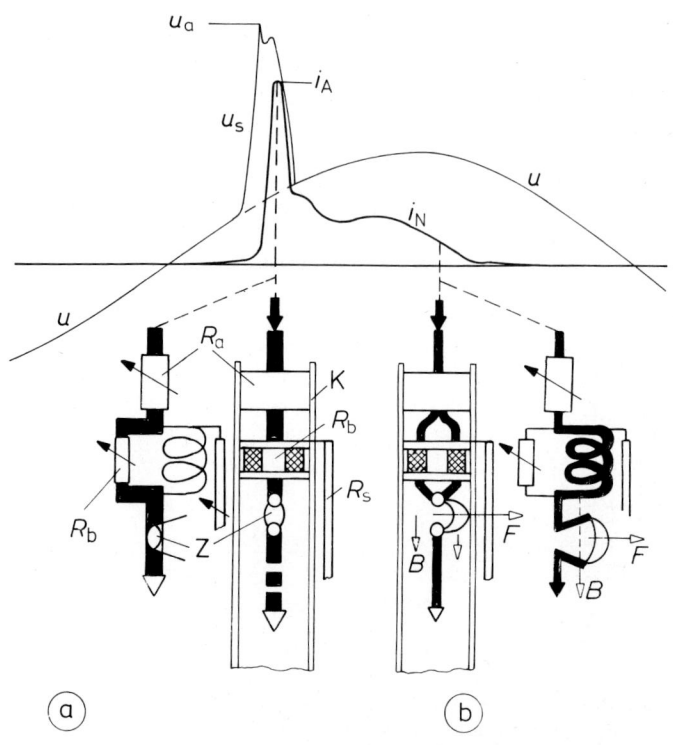

Bild 8.5 Wirkung eines Ableiterelementes:
a) Ansprechvorgang, b) Löschvorgang

i_A = Ableitstoßstrom
i_N = Nachstrom
u = Netzbetriebsspannung
u_s = Stoßspannung
u_a = Ansprechspannung

R_a = Nichtlineare Widerstände
R_b = Bypasswiderstände
R_s = Steuerwiderstände
B = Magnetfeld
F = Kraft LB
K = Kammerwand
Z = Zündstelle

betriebsfrequente Netzspannung bestimmte Nachstrom durchfließt entsprechend dem Bild 8.5b die Blasspule und erzeugt das Magnetfeld B, das nun seinerseits auf die Funkenstrecke Z einwirkt, so daß der Nachstrom noch vor dem Nulldurchgang der betriebsfrequenten Spannung unterbrochen wird.

8.2 Luft- und fremdisolierte Mittelspannungs-Schaltanlagen

In Mittelspannungs-Schaltanlagen ist die Kapselung der einzelnen Schaltfelder eine schon seit einigen Jahrzehnten übliche und erfolgreiche konstruktive Maßnahme, die in besonderen Fällen noch durch zusätzliche Abschottung der Schaltfelder ergänzt wird. Störlichtbögen in Mittelspannungs-Schaltanlagen, die schon frühzeitig als Innenraumanlagen gebaut wurden, können hier nicht nur die Zerstörung wichtiger Funktionsteile hervorrufen, sie sind auch wegen ihrer hohen Wanderungsgeschwindigkeiten innerhalb der Sammelschienensysteme eine Gefahr für den in der Schaltanlage tätigen Menschen.

Geschottete Schaltanlagen sollen die Ausbreitung eines Lichtbogens verhindern helfen, sie sollen die materiellen Zerstörungen auf einen kleinen Raum beschränken. Hier mußten vor allem bei der Entwicklung von stahlblechgekapselten Schaltanlagen – wegen des zu erwartenden hohen Innendrucks bei Lichtbogeneinwirkung – eingehende Versuche mit frei gezündeten elektrischen Lichtbögen durchgeführt werden, um Hinweise über die Auswirkungen in der Schaltzelle zu erhalten. Fabrikfertige, metallgekapselte und typgeprüfte Schaltfelder stehen heute bis 36 kV in verschiedenen Ausführungen zur Verfügung. Eine konsequent eingehaltene Bausteintechnik, verbunden mit einer günstigen und zeitsparenden Auswechselbarkeit der Funktionsteile, sowie eine möglich gewordenen Ein- und Ausfahrtechnik der auf Schaltwagen montierten Leistungsschalter, schaffen günstige Voraussetzungen für einen wartungsleichten Anlagenbetrieb.

Bild 8.6 zeigt eine moderne, luftisolierte Schaltfeldanordnung für 12 kV mit einem herausgefahrenen Mittelspannungs-Leistungsschalter.

Bild 8.6 Luftisolierte Schaltfeldanordnung für 12 kV

Es war naheliegend, auch beim Bau von Schaltanlagen für den Mittelspannungsbereich auf die Vorteile des isolierenden Mediums Schwefelhexafluorid zurückzugreifen, was wieder vor allem positiven Einfluß auf die unerwünschte Zugänglichkeit von Klima- und Umwelteinflüssen haben würde. Die heute ebenfalls verfügbaren und unter einem geringen Überdruck von 1 bar stehenden SF_6-gefüllten Behälter enthalten alle elektrischen Teile eines Schaltfeldes, die so gegen äußere Störungen vollkommen geschützt bleiben. Neben einer gleichzeitig verminderten Gefahr des Entstehens von Störlichtbögen wird vor allem die hohe Berührungssicherheit hervorgehoben. **Bild 8.7** zeigt eine SF_6-isolierte Schaltanlage für 36 kV, mit eingebautem Vakuumschalter.

Bild 8.7 SF_6-isolierte Schaltanlage für 36 kV mit eingebauten Vakuumschaltern

8.3 Niederspannungs-Schaltanlagen

Das Bestreben nach einer übersichtlichen Anordnung aller Funktionsteile und der Wunsch nach erhöhter Betriebssicherheit sowie besserem Schutz für das Bedienungspersonal hat nach dem Kriege auch in Niederspannungsverteilungen spürbare Veränderungen gebracht.
Neben der nach VDE 0100 als offene Verteilung beschriebenen Anordnung der Betriebsmittel für Spannungen unter 1000 V sind heute fabrikfertige, gekapselte Niederspannungsverteiler eine Alternative im Anlagenbau. Serienmäßig hergestellte Niederspannungs-Schaltfelder werden in Einschub- oder Stecktechnik ausgeführt und haben neben einer Normierung und Standardisierung der Anschlüsse und Abzweige vor allem den Vorzug der Verminderung des Raumbedarfs. Vollkapselung im Niederspannungsbereich bedeutet aber auch bei den zumeist hohen Nennstromstärken eine Problematik der Wärmeabfuhr, so daß entweder die Belastbarkeit der Geräte herabgesetzt werden muß – Leistungsschalter, Sicherungen usw. stellen Wärmequellen dar – oder die gewünschten Belastungswerte werden durch eine Zwangskühlung (Fremdbelüftung) erreicht.
Störlichtbögen in den Schaltfeldern bleiben durch die Kapselung und durch gezielte Abschottungen auf kleinstem Raum beschränkt, so daß die Schäden durch Verbrennungen stark lokalisiert und aufgrund der Bausteintechnik schnell behebbar sind. Die bisher in den VDE 0660 Teil 5/11.67 als fabrikfertige Schaltgeräte-Kombination (FSK) gekennzeichneten Niederspannungsverteilungen stellen eine Zusammenfassung von Schaltgeräten einschließlich aller Verbindungsleitungen dar, die beim Hersteller zusammengebaut, verdrahtet und typgeprüft werden. Typenprüfung meint hier die Durchführung

Bild 8.8 Niederspannungsverteilung mit Klarsichtabdeckung

der Erwärmungs- und Spannungsprüfung, den Nachweis der Kurzschlußfestigkeit, die mechanische Funktionsprüfung, Kriech- und Luftstreckenprüfung und die Prüfung der Schutzart.
Eine durch Klarsichtabdeckung besonders übersichtlich gehaltene gekapselte Niederspannungsverteilung zeigt das **Bild 8.8**.

IV Anhang

1 Zusammenstellung wichtiger Formeln

1.1 Aus Teil I:

Drehstrom-Außenleiterstrom: Allgemeine Ringschaltung:

$$I_{auß} = 2 \cdot I_{str} \cdot \sin(\pi/m) \tag{1.2}$$

Drehstrom-Außenleiterspannung: Allgemeine Sternschaltung:

$$U_{auß} = 2 \cdot U_{str} \cdot \sin(\pi/m) \tag{1.6}$$

Symmetrisches Drehstromsystem in Dreieckschaltung: *Dreileitersystem*:

$$I_{auß} = \sqrt{3} \cdot I_{str} \tag{1.5}$$
$$U_{auß} = U_{str}$$

Symmetrisches Drehstromsystem in Sternschaltung: *Vierleitersystem*:

$$U_{auß} = \sqrt{3} \cdot U_{str} \tag{1.7}$$
$$I_{auß} = I_{str}$$

Leistungen im symmetrischen Drehstrom-Dreileiter- und Vierleitersystem:

Wirkleistung:
$$P = \sqrt{3} \cdot U_{auß} \cdot I_{auß} \cdot \cos \varphi_{str} \tag{1.8}$$

Scheinleistung:
$$S = \sqrt{3} \cdot U_{auß} \cdot I_{auß} \tag{1.9}$$

Blindleistung:
$$Q = \sqrt{3} \cdot U_{auß} \cdot I_{auß} \cdot \sin \varphi_{str} \tag{1.10}$$

Leistungen im symmetrischen m-Phasensystem:

$$P = \frac{m}{2 \cdot \sin(\pi/m)} \cdot U_{auß} \cdot I_{auß} \cdot \cos \varphi_{str}$$

$$S = \frac{m}{2 \cdot \sin(\pi/m)} \cdot U_{auß} \cdot I_{auß} \tag{1.12}$$

$$Q = \frac{m}{2 \cdot \sin(\pi/m)} \cdot U_{auß} \cdot I_{auß} \cdot \sin \varphi_{str}$$

Summe der Außenleiterströme im Drehstrom-Dreileitersystem:

$$\underline{I}_1 + \underline{I}_2 + \underline{I}_3 = 0 \tag{1.17}$$

Summe der Außenleiterströme im Drehstrom-Vierleitersystem:

$$\underline{I}_1 + \underline{I}_2 + \underline{I}_3 = I_N \qquad (1.18)$$

Beziehung zwischen den Außenleiterspannungen und Sternspannungen eines Drehstromsystems mit U_{1N} als Bezugsspannung:

$$\underline{U}_{12} = \underline{U}_{1N} \cdot [1 - \exp(-j120°)]$$
$$\underline{U}_{23} = \underline{U}_{1N} \cdot [\exp(-j120°) - \exp(+j120°)]$$
$$\underline{U}_{31} = \underline{U}_{1N} \cdot [\exp(+j120°) - 1] \qquad (1.16)$$
$$\underline{U}_{1N} = \frac{U_{12}}{\sqrt{3}} \cdot \exp(-j30°)$$

Außenleiterströme in einer Sternschaltung ohne Neutralleiter: Leitwertoperatoren

$$\underline{I}_1 = \underline{Y}_1 \cdot \underline{U}_{1N'} = \underline{Y}_1 \cdot (\underline{U}_{1N} + \underline{U}_{NN'})$$
$$\underline{I}_2 = \underline{Y}_2 \cdot \underline{U}_{2N'} = \underline{Y}_2 \cdot (\underline{U}_{2N} + \underline{U}_{NN'}) \qquad (1.19)$$
$$\underline{I}_3 = \underline{Y}_3 \cdot \underline{U}_{3N'} = \underline{Y}_3 \cdot (\underline{U}_{3N} + \underline{U}_{NN'})$$

Spannung zwischen den Sternpunkten U_N und $U_{N'}$:

$$\underline{U}_{NN'} = -\frac{\underline{Y}_1 \cdot \underline{U}_{1N} + \underline{Y}_2 \cdot \underline{U}_{2N} + \underline{Y}_3 \cdot \underline{U}_{3N}}{\underline{Y}_1 + \underline{Y}_2 + \underline{Y}_3} \qquad (1.20)$$

Außenleiterströme in einer Sternschaltung ohne Neutralleiter: Widerstandsoperatoren

$$\underline{I}_1 = \frac{U_{13}\underline{Z}_2 + U_{12}\underline{Z}_3}{\underline{Z}_1\underline{Z}_2 + \underline{Z}_1\underline{Z}_3 + \underline{Z}_2\underline{Z}_3}$$

$$\underline{I}_2 = \frac{U_{23}\underline{Z}_1 - U_{12}\underline{Z}_3}{\underline{Z}_1\underline{Z}_2 + \underline{Z}_1\underline{Z}_3 + \underline{Z}_2\underline{Z}_3} \qquad (1,21)$$

$$\underline{I}_3 = \frac{-U_{23}\underline{Z}_1 + U_{31}\underline{Z}_2}{\underline{Z}_1\underline{Z}_2 + \underline{Z}_1\underline{Z}_3 + \underline{Z}_2\underline{Z}_3}$$

Ohmscher Leitungswiderstand:

$$R = \frac{1}{\varkappa \cdot A} \cdot l = R' \cdot l, \ R' \ \text{in} \ \Omega/\text{km} \qquad (3.1)$$

Induktiver Leitungswiderstand:

$$X_L' = \omega \cdot L = \omega \cdot L' \cdot l$$
$$L' = (0,2 \cdot \ln(a/r) + 0,05) \cdot 10^{-3} \ \text{in} \ \text{H}/\text{km} \qquad (3.3)$$

Kapazitiver Widerstand:

$$C' = \frac{0,0556}{\ln(a/r)} \cdot 10^{-6} \ \text{in} \ \text{F}/\text{km} \qquad (3.5)$$

Ableitung (Koronabeitrag):

$G = G' \cdot l$ und $P_{Ko} = U^2 \cdot G' \cdot l$ (3.8)

Spannungsfall der einseitig gespeisten und am Ende belasteten GS-Leitung:

$$\Delta U_\% = \frac{200 \cdot l \cdot I_e}{\varkappa \cdot A \cdot U_e} = \frac{200 \cdot l \cdot P_e}{\varkappa \cdot A \cdot U_e^2} \quad (4.4)$$

Als zugeschnittene Größengleichung:

$$\Delta U_\% = \frac{200 \cdot l/\text{m} \cdot I_e/\text{A}}{\varkappa/(\text{m}/(\Omega\,\text{mm}^2)) \cdot A/\text{mm}^2 \cdot U_e/\text{V}} \quad (4.5)$$

Prozentualer Spannungsfall für die einseitig gespeiste und mehrfach belastete GS-Leitung:

$$\Delta U_\% = \frac{200}{\varkappa \cdot A \cdot U_e} \cdot \sum_{v=1}^{n} I_v \cdot l_v = \frac{200}{\varkappa \cdot A \cdot U_e^2} \cdot \sum_{v=1}^{n} P_v \cdot l_v. \quad (4.9)$$

Maximaler Spannungsfall für Leitungen mit gleichmäßig verteilter „spezifischer Belastung":

$$\Delta U_x = I \cdot R \left[\frac{x}{l} - \frac{1}{2}\left(\frac{x}{l}\right)^2 \right] \quad (4.11)$$

$$\Delta U_{\max\%} = \frac{100 \cdot l \cdot P_{ges}}{\varkappa \cdot A \cdot U_e^2} \quad (4.12)$$

Leistungsverlust auf einer spezifisch belasteten Leitung:

$$\Delta P_x = I_{Sp}^2 \cdot R \cdot \frac{x}{l} - I_{Sp} \cdot I \cdot R \cdot \frac{x^2}{l^2} + \frac{I^2 \cdot R}{3} \cdot \frac{x^3}{l^3} \quad (4.13)$$

$$\Delta P = \frac{I^2 \cdot R}{3} = \frac{2 \cdot l \cdot P^2}{3 \cdot \varkappa \cdot A \cdot U_e^2} \quad (4.14)$$

Fiktive Leitungslänge bei einer Zweigleitung:

$$l_x = \left[\frac{\sum_{v=1}^{n} I_v \cdot l_v^2}{\sum_{v=1}^{n} I_v} \right]^{\frac{1}{2}} \quad (4.18)$$

Querschnittbestimmung mit den Restspannungsfallwerten:

$$A_v = \frac{2 \cdot l_v \cdot I_v}{(U_{ges} - U_{Sp(A,B,C,\ldots)})} \quad (4.21)$$

$U_{rest} = (U_{ges} - U_{Sp(A,B,C,\ldots)})$

$U_{Sp(A,B,C,\ldots)}$ = Spannungsfallwerte bis zu den Abzweigungen A, B, C, usw.

Stützströme für die zweiseitig gespeiste Gleichstromleitung:

$$I_a = \frac{\sum_{v=1}^{n} I_v \cdot l_v}{l}, \; l_v \text{ summiert von b,} \quad (4.24)$$

$$I_{\mathrm{b}} = \frac{\sum_{v=1}^{n} I_v \cdot l_v}{l}, \quad l_v \text{ summiert von a.} \tag{4.24}$$

Ausgleichstrom bei Leitungen mit ungleichen Speisespannungen:

$$I_{\mathrm{ab}} \text{ bzw. } I_{\mathrm{ba}} = \frac{U_{\mathrm{a}} - U_{\mathrm{b}}}{\sum_{v=1}^{n} R_v} \tag{4.27}$$

Spannungsfallwert einer Wechselstromleitung:

$$\Delta U \approx \frac{2 \cdot l}{\varkappa \cdot A} \cdot I \cdot \cos \varphi_{\mathrm{e}} \tag{4.31}$$

$$\Delta U_{\%} \approx \frac{200 \cdot l \cdot P_{\mathrm{e}}}{\varkappa \cdot A \cdot U_{\mathrm{e}}^2} \tag{4.33}$$

Leistungsverlust einer Wechselstromleitung:

$$\Delta P = I^2 \cdot R = \frac{2 \cdot l \cdot P_{\mathrm{e}}^2}{\varkappa \cdot A \cdot U_{\mathrm{e}}^2 \cdot \cos^2 \varphi_{\mathrm{e}}} \tag{4.34}$$

$$\Delta P_{\%} = \frac{200 \cdot l \cdot P_{\mathrm{e}}}{\varkappa \cdot A \cdot U_{\mathrm{e}}^2 \cdot \cos^2 \varphi_{\mathrm{e}}} \tag{4.35}$$

Winkel zwischen der Anfangsspannung U_{a} und der Spannung am Leitungsende U_{e}:

$$\delta = \arcsin \frac{\Delta U}{U_{\mathrm{e}} + \Delta U} \cdot \tan \varphi_{\mathrm{e}} \tag{4.36}$$

Prozentualer Spannungsverlust bei Drehstromleitungen:

$$\Delta U_{\%} \approx \frac{\sqrt{3} \cdot 100 \cdot l \cdot I \cdot \cos \varphi_{\mathrm{e}}}{\varkappa \cdot A \cdot U_{\mathrm{e}}} \tag{4.38}$$

$$\Delta U_{\%} \approx \frac{100 \cdot l \cdot P_{\mathrm{e}}}{\varkappa \cdot A \cdot U_{\mathrm{e}}^2} \tag{4.39}$$

Leistungsverlust bei Drehstromleitungen:

$$\Delta P_{\%} \approx \frac{100 \cdot l \cdot P_{\mathrm{e}}}{\varkappa \cdot A \cdot U_{\mathrm{e}}^2 \cdot \cos^2 \varphi_{\mathrm{e}}} . \tag{4.40}$$

Gesamtspannungsfall bei der mehrfach belasteten Wechselstromleitung:

$$\Delta U_{\%} \approx \frac{200}{\varkappa \cdot A \cdot U_{\mathrm{e}}} \cdot \sum_{v=1}^{n} I_v \cdot l_v \cdot \cos \varphi_v$$

$$\approx \frac{200}{\varkappa \cdot A \cdot U_{\mathrm{e}}^2} \cdot \sum_{v=1}^{n} P_v \cdot l_v \tag{4.43}$$

Gesamtspannungsfall bei der mehrfach belasteten Drehstromleitung:

$$\Delta U_{\%} \approx \frac{100 \cdot \sqrt{3}}{\varkappa \cdot A \cdot U_e} \cdot \sum_{v=1}^{n} I_v \cdot l_v \cdot \cos \varphi_v$$

$$\approx \frac{100}{\varkappa \cdot A \cdot U_e^2} \cdot \sum_{v=1}^{n} P_v \cdot l_v \qquad (4.44)$$

Zweiseitig gespeiste Wechsel- oder Drehstromleitung (Ringleitung):

$$\underline{I}_a = \frac{\sum_{v=1}^{n} \underline{I}_v \cdot l_v}{l}, \text{ summiert von b,}$$

$$\underline{I}_b = \frac{\sum_{v=1}^{n} \underline{I}_v \cdot l_v}{l}, \text{ summiert von a.} \qquad (4.45)$$

Komplexe Stützströme an den Speisestellen a und b:

$$I_{aw} - jI_{ab} = \frac{\sum_{v=1}^{n} I_{wv} \cdot \cos \varphi_v \cdot l_v}{l} - j \frac{\sum_{v=1}^{n} I_{bv} \cdot \sin \varphi_v \cdot l_v}{l} \qquad (4.46)$$

$$I_{bw} - jI_{bb} = \frac{\sum_{v=1}^{n} I_{wv} \cdot \cos \varphi_v \cdot l_v}{l} - j \frac{\sum_{v=1}^{n} I_{bv} \cdot \sin \varphi_v \cdot l_v}{l} \qquad (4.47)$$

Stützwerte der Leistungen für die Speisestellen a und b:

$$\underline{S}_a = \frac{\sum_{v=1}^{n} \underline{S}_v \cdot l_v}{l}, \text{ summiert von b,}$$

$$\underline{S}_b = \frac{\sum_{v=1}^{n} \underline{S}_v \cdot l_v}{l}, \text{ summiert von a.} \qquad (4.48)$$

Spannungsfall für eine Wechselstromleitung mit R und X:

$$\Delta U_{\%} \approx \frac{200 \cdot l \cdot P_e}{\varkappa \cdot A \cdot U_e^2} \left(1 + \frac{X}{R} \cdot \tan \varphi_e\right) \qquad (4.54)$$

Spannungsfall für Drehstromleitung mit R und X:

$$\Delta U_{\%} \approx \frac{100 \cdot l \cdot P_e}{\varkappa \cdot A \cdot U_e^2} \left(1 + \frac{X}{R} \cdot \tan \varphi_e\right) \qquad (4.55)$$

Winkel zwischen der Anfangsspannung und der Spannung am Leitungsende:

$$\delta = \arcsin \frac{I \cdot X \cdot \cos \varphi_e - I \cdot R \cdot \sin \varphi_e}{U_a} \qquad (4.56)$$

Leistungsverlust auf einer Leitung mit R und X:

$$\Delta P_\% = \frac{100 \cdot l \cdot P_e}{\varkappa \cdot A \cdot U_e^2 \cdot \cos^2 \varphi_e} \tag{4.57}$$

Die an mehreren Stellen belastete Leitung mit R und X:

$$\Delta U \approx \frac{2}{\varkappa \cdot A} \cdot \left[\sum_{v=1}^{n} I_v \cdot l_v \cdot \cos \varphi_v + \tan \varphi_L \cdot \sum_{v=1}^{n} I_v \cdot l_v \cdot \sin \varphi_v \right] \tag{4.60}$$

$$\Delta U \approx \frac{2}{\varkappa \cdot A \cdot U_e} \cdot \left[\sum_{v=1}^{n} P_v \cdot l_v + \tan \varphi_L \cdot \sum_{v=1}^{n} Q_v \cdot l_v \right] \tag{4.61}$$

$$\Delta U_\% \approx \frac{200}{\varkappa \cdot A \cdot U_e^2} \cdot \left[\sum_{v=1}^{n} P_v \cdot l_v + \tan \varphi_L \cdot \sum_{v=1}^{n} Q_v \cdot l_v \right] \tag{4.62}$$

Die zweiseitig gespeiste Leitung mit R und X:

$$\underline{I}_a = \frac{\sum_{v=1}^{n} \underline{I}_v \cdot \underline{Z}_v}{\underline{Z}_{ges}}; \quad \underline{I}_a = \frac{\sum_{v=1}^{n} I_v \cdot R_v + j \sum_{v=1}^{n} I_v \cdot X_v}{R + j \cdot X}, \text{ summiert von b}$$

$$\underline{I}_b = \frac{\sum_{v=1}^{n} \underline{I}_v \cdot \underline{Z}_v}{\underline{Z}_{ges}}; \quad \underline{I}_b = \frac{\sum_{v=1}^{n} I_v \cdot R_v + j \sum_{v=1}^{n} I_v \cdot X_v}{R + j \cdot X}, \text{ summiert von a} \tag{4.64}$$

Leitungen mit R, X und C:

$$\Delta U \approx I_L \cdot R \cdot \cos \varphi_L \cdot \left(1 + \frac{X}{R} \tan \varphi_L \right) \tag{4.66}$$

$$I_L = \left[(I_e \cdot \cos \varphi_e)^2 + \left(I_e \cdot \sin \varphi_e - \frac{\omega \cdot C \cdot U_e}{2} \right)^2 \right]^{\frac{1}{2}} \tag{4.67}$$

Leitungen mit R, X, C und G:

$$\Delta U \approx I_L \cdot R \cdot \cos \varphi_L \cdot \left(1 + \frac{X}{R} \tan \varphi_L \right) \tag{4.66}$$

$$I_L = \left[\left(I_e \cdot \cos \varphi_e + \frac{G U_e}{2} \right)^2 + \left(I_e \cdot \sin \varphi_e - \frac{\omega \cdot C}{2} U_a \right)^2 \right]^{\frac{1}{2}} \tag{4.67*}$$

Leistungsverlust auf der Leitung mit R, X, C, und G:

$$\Delta P = P_a - P_e = I_L^2 \cdot R + (G/2) \cdot U_a^2 + (G/2) \cdot U_e^2 \tag{4.70}$$

Differentialgleichung für Fernleitungen:

$$\frac{d^2 \underline{U}}{dl^2} = \frac{d\underline{I}}{dl} \underline{Z}' = \underline{U} \cdot \underline{Z}' \cdot \underline{G}' \tag{4.73}$$

Leitungsgleichungen für Fernleitungen:

$$\underline{U} = \underline{U}_e \cdot \cosh(\gamma \cdot l) + \underline{I}_e \cdot \underline{Z}^* \cdot \sinh(\gamma \cdot l)$$
$$\underline{I} = \underline{I}_e \cdot \cosh(\gamma \cdot l) + \underline{U}_e / \underline{Z}^* \cdot \sinh(\gamma \cdot l)$$

(4.78)

Hierin sind:

$$\underline{I} = \frac{\gamma}{\underline{Z}'}(C_1 \exp(\gamma \cdot l) - C_2 \exp(-\gamma \cdot l))$$

$$\gamma = \pm(\underline{Z}' \cdot \underline{G}')^{\frac{1}{2}} \quad \text{und} \quad \frac{\gamma}{\underline{Z}'} = \pm\left(\frac{\underline{G}'}{\underline{Z}'}\right)^{\frac{1}{2}}$$

$$C_1 = \frac{\underline{U}_e + \underline{I}_e \cdot \underline{Z}^*}{2} \quad \text{und} \quad C_2 = \frac{\underline{U}_e - \underline{I}_e \cdot \underline{Z}^*}{2}$$

$$\underline{Z}^* = \left(\frac{\underline{Z}'}{\underline{G}'}\right) = \frac{R' + j \cdot X'}{G' + j \cdot Y'} = \underline{Z}^* \cdot \exp(j\psi)$$

Ersatzströme bei der Verlegungsmethode:

$$\underline{I}'_a = \frac{\sum_{v=1}^{n} \underline{I}_v \cdot (R_v + jX_v)}{\sum_{v=1}^{n} R + j \sum_{v=1}^{n} X}$$

(6.5)

$$\underline{I}'_b = \frac{\sum_{v=1}^{n} \underline{I}_v \cdot (R_v + jX_v)}{\sum_{v=1}^{n} R + j \sum_{v=1}^{n} X}$$

Ersatzströme bei Leitungen, die nur den ohmschen Widerstand R beitragen:

$$\underline{I}'_a = \frac{\sum_{v=1}^{n} \underline{I}_v \cdot l_v}{l}, \text{ summiert von b},$$

(6.6)

$$\underline{I}'_b = \frac{\sum_{v=1}^{n} \underline{I}_v \cdot l_v}{l}, \text{ summiert von a}.$$

Addition der verlegten Ströme:

$$\underline{I}_a = \underline{I}'_a + \underline{I}''_a$$
$$\underline{I}_b = \underline{I}'_b + \underline{I}''_b$$
$$\underline{I}_c = \underline{I}'_c + \underline{I}''_c$$

(6.8)

Dreieck-Stern-Umwandlung (Indizes der Widerstände entsprechen der Eckpunktzählung im Uhrzeigersinn):

$$R_{1M} = \frac{R_{12} \cdot R_{31}}{R_{12} + R_{23} + R_{31}}$$

$$R_{2M} = \frac{R_{23} \cdot R_{12}}{R_{12} + R_{23} + R_{31}}$$

$$R_{3M} = \frac{R_{31} \cdot R_{23}}{R_{12} + R_{23} + R_{31}}$$

Knotenpunktgleichung mit Widerstandsmatrix in Matrizenschreibweise:

$$Z \cdot I + M^T \cdot U = E \tag{7.11}$$

Z Impedanzmatrix
I Spaltenmatrix der Zweigströme
M^T Transponierte M-Matrix
U Spaltenmatrix der Knotenpotentiale
E Spaltenmatrix der Zweig-Quellenspannungen

Knotenpunktgleichung mit Leitwertmatrix Y:

$$Y \cdot U + I_{z,a} = 0 \tag{7.16}$$

Leitwertmatrix:

$$\underline{Y} = \begin{pmatrix} -\underline{Y}_{11} & \underline{Y}_{12} \\ \underline{Y}_{12} & -\underline{Y}_{22} \end{pmatrix} \tag{7.17}$$

1.2 Aus Teil II

Ohmsches Gesetz für den Normalbetrieb im Wechselstromkreis mit Quellenspannung E, den Reaktanzen X_d, X_N und dem Verbraucher R:

$$\underline{I}_N = \frac{E}{R + j \cdot (X_{Gen} + X_{Netz})} \tag{1.1}$$

Kurzschlußstrom mit den Reaktanzen in der Kurzschlußbahn:

$$\underline{I}_k'' = \frac{E''}{j \cdot (X_d'' + X_{Netz})} \tag{1.5}$$

Kurzschlußstromverlauf im *Gleichstromkreis* mit Vorbelastung:

$$i_k = I_N + I_k \cdot [1 - \exp(-t/T_k)] \tag{2.3}$$

Differentialgleichungen der Spannungen im Wechselstromkreis, allgemeines Integral:

$$L \cdot \frac{di}{dt} + R \cdot i = E \cdot \cos(\omega t + \psi) \tag{2.4}$$

$$i = I_N \cdot \left[\cos(\omega t + \varphi) - \cos \varphi \cdot \exp\left(-\frac{t}{T}\right) \right] \tag{2.5}$$

Asymmetrischer Kurzschlußstromverlauf, $\varphi = 0°$ oder $180°$. Allgemeines Lösungsintegral für den Kurzschlußfall:

$$i_k = \hat{I}_k'' \cdot \left[\cos(\omega t + \varphi) - \cos \varphi \cdot \exp\left(-\frac{t}{T_k}\right) \right] \tag{2.12}$$

Symmetrischer Kurzschlußstromverlauf für Schaltwinkel $\varphi = \pm 90°$:

$$i_k = \hat{I}_k'' \cdot \cos(\omega t \pm 90°) \tag{2.11}$$

Zusammenhang zwischen dem Stoßfaktor $\varkappa$, I_k'' und I_s:

$$I_s = \varkappa \cdot \sqrt{2} \cdot I_k'' \tag{2.13}$$

Kraftwirkung auf linienförmige Leiter (mit $i_1 = i_2 = I_s$):

$$F = 2{,}04 \cdot I_s^2 \cdot \frac{l}{a} \cdot 10^{-7} \text{ N} \tag{2.19}$$

Dynamische Isolatorbeanspruchung:

$$F_d = \frac{0{,}8 \cdot R_{p0,2}}{R_{ph}} \cdot F_h \tag{2.20}$$

Hierin sind $R_{ph} = F_h \cdot l/(12 \cdot W)$; $W = b^2 \cdot h/6$

$R_{p0,2}$ = Höchstwert der Streckgrenze des Materials

Thermisch wirksamer Mittelwert:

$$I_m = I_k'' \cdot [(m+n) \cdot t/1\text{s}]^{\frac{1}{2}} \tag{2.21}$$

Arithmetischer Mittelwert der Folgebelastungen:

$$I_m = \sqrt{I_{m1}^2 + I_{m2}^2 + \ldots} \tag{2.22}$$

Nennkurzzeitstrom:

$$I_{th} = S_{th} \cdot A \cdot 10^{-3} \text{ in kA} \tag{2.23}$$

Anfangskurzschlußwechselstrom für dreipolige Kurzschlüsse:

$$I_k'' = \frac{E''}{Z_k} \tag{3.3}$$

Anfangskurzschlußwechselstrom bezogen auf die Nennspannung:

$$I_k'' = \frac{1{,}1 \cdot U_N}{\sqrt{3} \cdot Z_k} \tag{3.4}$$

Z_k = Impedanz der Kurzschlußbahn

Bestimmen der Quellenspannung mit Hilfe des Kopfzeigerdiagramms:

$$\frac{E''}{\sqrt{3}} \approx \frac{U_N}{\sqrt{3}} + I_N \cdot R \cdot \cos\varphi + I_N \cdot X \cdot \sin\varphi \qquad (3.5)$$

Umrechnen der Widerstandswerte bei unterschiedlichen Spannungsebenen:

$$\frac{Z_I}{Z_{II}} = \left(\frac{U_I}{U_{II}}\right)^2 \qquad (3.6)$$

Übersetzungsverhältnisse der Ströme:

$$I_I = I_{II} \cdot \frac{U_{II}}{U_I} \qquad (3.8)$$

Reaktanzbeitrag des Generators im Kurzschlußfall:

$$X_d'' = \frac{u_{Str\%} \cdot 1{,}1 \cdot U_N^2}{100 \cdot S_G} \qquad (3.13)$$

Gl. (3.13) als zugeschnittene Größengleichung:

$$X_d''/\Omega = \frac{u_{Str\%} \cdot 1{,}1 \cdot U_N^2/\text{kV}^2}{100 \cdot S_G/\text{MVA}} \qquad (3.14)$$

Bestimmen der Ersatzstreuspannung u_{Str} bei verschiedenen Generatoren

$$\frac{1}{u_{Str}} = \frac{1}{u_{Str1}} \cdot \frac{S_{G1}}{S_G} + \frac{1}{u_{Str2}} \cdot \frac{S_{G2}}{S_G} + \ldots \qquad (3.15)$$

Ohmscher Widerstand- und Reaktanzbeitrag des Transformators im Kurzschlußfall (wie Gl. (3.14) zugeschnittene Größengleichung):

$$X_{Tr} \approx \frac{u_{k\%} \cdot U^2}{100 \cdot S_{Tr}} \qquad (3.16)$$

$$X_{Tr} = \frac{u_{x\%} \cdot U^2}{100 \cdot S_{Tr}}; \quad R_{Tr} = \frac{u_{r\%} \cdot U^2}{100 \cdot S_{Tr}} \qquad (3.17)$$

Reaktanzbeitrag einer Kurzschlußstrom-Begrenzungsdrossel (wie Gl. (3.14)) zugeschnittene Größengleichung):

$$X_D = \frac{u_{D\%} \cdot U^2}{100 \cdot S_D} \qquad (3.18)$$

Netzersatzreaktanz bei starrer Einspeisung:

$$\frac{S_{kSch}''}{S_{Tr}} = \frac{100}{u_{kers}^*} \qquad (3.23)$$

$$X_{\text{Ners(B)}} = \frac{u_{\text{kers\%}}^{*} \cdot U_{\text{B}}^{2}}{100 \cdot S_{\text{Tr}}} \qquad (3.25)$$

$$X_{\text{Ners(B)}} = \frac{1{,}1 \cdot U_{\text{NQ}}}{\sqrt{3} \cdot I_{\text{kQ}}''} \cdot \frac{1}{\ddot{u}^{2}} \qquad (3.28)$$

Hierin sind:

U_{NQ} Nennspannung des Netzes,
I_{kQ}'' Anfangskurzschlußwechselstrom an der Stelle Q, etwa der Ausschaltkurzschlußstrom eines Leistungsschalters: $I_{\text{ksch}}'' > I_{\text{kQ}}''$,
$\ddot{u}$ Transformatorübersetzungsverhältnis.

Vollständiger Kurzschlußstromverlauf bei generatornahen Kurzschlüssen:

$$i_{\text{k}}(t) = (I_{\text{k}}'' - I_{\text{k}}') \cdot \exp\left(-\frac{t}{T_{\text{d}}''}\right) + (I_{\text{k}}' - I_{\text{k}}) \cdot \exp\left(-\frac{t}{T_{\text{d}}'}\right) + I_{\text{k}} + I_{\text{k}}'' \cdot \exp\left(-\frac{t}{T_{\text{g}}}\right) \qquad (3.30)$$

2 Angewandte Determinanten- und Matrizenrechnung

Im folgenden werden nur die Ergebnisse und die Regeln aus der Determinanten- und Matrizenrechnung vorgestellt, soweit sie für die rechnerische Behandlung von Problemstellungen innerhalb der elektrischen Anlagentechnik von Interesse sind. Bezüglich der Verallgemeinerungen und der mathematischen Beweisführung muß auf die einschlägige Literatur verwiesen werden.

Determinanten (lat. „Bestimmende") stellen in der Algebra eine bestimmte Verbindung der Koeffizienten eines linearen Gleichungssystems her, mit deren Hilfe die Lösung der Unbekannten als Funktion der Koeffizienten angegeben werden kann. Für den praktischen Umgang eignen sich – wegen der oft langwierigen Rechengänge – nur Determinanten niederer Ordnung. Einfachere Stromverteilungen in vermaschten Netzen lassen sich durch die Aufstellung der zugehörigen Determinanten oder Matrizen übersichtlich darstellen. Die sich aus dem jeweiligen Sachverhalt ergebenden linearen Gleichungssysteme sind bis zu drei Unbekannten geschlossen lösbar. Systeme mit mehr als drei Unbekannten müssen entweder nach *Unterdeterminanten* (Adjunkten) entwickelt, oder durch geeignete Wahl der Zahlenwerte physikalischer Größen abgebaut werden. Besondere Verfahren gestatten auch das Rändern einer Determinante, bei der es darauf ankommt, die Elemente einer Zeile oder Spalte am Determinantenrand auf Null zu bringen. Für die praktische Lösung linearer Gleichungssysteme lassen sich auch vorteilhaft algorithmische Rechenverfahren einsetzen.

2.1 Einführung in den Determinantenbegriff

Lineare Gleichungssysteme der Form von Gl. (2.1) bzw. Gl. (2.2) enthalten neben den eigentlichen Unbekannten $x_1, x_2, x_3, \ldots, x_n$ die Koeffizienten a_{ik} und die absoluten Glieder der rechten Seite c_j. Werden die Koeffizienten aus dem Gleichungsverband herausgelöst und separat geschrieben, dann ergeben sich Zahlenschemata der Gestalt von Gl. (2.3) oder Gl. (2.4):

$$\begin{aligned} a_{11} x_1 + a_{12} x_2 &= c_1 \\ a_{21} x_1 + a_{22} x_2 &= c_2 \end{aligned} \qquad (2.1)$$

Oder bei n Unbekannten mit n linear voneinander unabhängigen Gleichungen:

$$\begin{aligned} a_{11}x_1 + a_{12}x_2 + \ldots\ldots + a_{1n}x_n &= c_1 \\ a_{21}x_1 + a_{22}x_2 + \ldots\ldots + a_{2n}x_n &= c_2 \\ \vdots \quad\quad \vdots \quad\quad\quad\quad \vdots & \\ a_{n1}x_1 + a_{n2}x_2 + \ldots\ldots + a_{nn}x_n &= c_n \end{aligned} \qquad (2.2)$$

Das zugehörige Zahlenschema der Koeffizienten nach Gl. (2.1) hat die Anordnung:

$$\begin{bmatrix} a_{11} & a_{12} \\ a_{21} & a_{22} \end{bmatrix}, \qquad (2.3)$$

oder bei n Koeffizienten nach Gl. (2.2):

$$\begin{bmatrix} a_{11} & a_{12} & \ldots\ldots & a_{1n} \\ a_{21} & a_{22} & \ldots\ldots & a_{2n} \\ a_{31} & a_{32} & \ldots a_{ik} \ldots & a_{3n} \\ \vdots & \vdots & & \vdots \\ a_{n1} & a_{n2} & \ldots\ldots & a_{nn} \end{bmatrix} \qquad (2.4)$$

Das Koeffizientenschema nach der in Gl. (2.3) und Gl. (2.4) geschriebenen Anordnung heißt die *Matrix* des betreffenden Gleichungssystems. Der erste Index gibt jeweils die Nummer der *Zeile* an, in der die Koeffizienten stehen, und ist gleichzeitig die Nummer der Gleichung im System. Der zweite Index gibt die Stelle der *Spalte* an und entspricht der Nummer der Unbekannten. Es wird von *i-ter Zeile* und *k-ter Spalte* gesprochen. Die rechte Seite der Gleichungssysteme wird auch als *Spalte der Absolutglieder* bezeichnet.

In den beiden Fällen Gl. (2.3) und Gl. (2.4) handelt es sich um ein quadratisches Zahlenschema, bei dem in der Zeile genau so viele *Elemente* wie in der Spalte stehen. Bei der Lösung derartiger Gleichungssysteme muß es also genau soviel Gleichungen wie Unbekannte geben.

Am bekanntesten ist die Lösung des Gleichungssystems mit den beiden Unbekannten x_1 und x_2 nach dem *Eliminationsverfahren*. In Gl. (2.1) wird jeweils mit einem positiven und einem negativen Koeffizienten der anderen Zeile multipliziert, so daß bei nachfolgender Addition eine Unbekannte herausfällt. Diese Möglichkeit bleibt allerdings auf Gleichungen mit zwei Unbekannten beschränkt, sie läßt sich nicht auf Systeme mit mehr als zwei Unbekannten übertragen.

$$\begin{array}{l|l} a_{11}x_1 + a_{12}x_2 = c_1 & a_{22} \quad -a_{21} \\ a_{21}x_1 + a_{22}x_2 = c_2 & -a_{12} \quad a_{11} \end{array}$$

$$\begin{aligned} a_{11}a_{22}x_1 + a_{12}a_{22}x_2 &= a_{22}c_1 \\ -a_{21}a_{12}x_1 - a_{22}a_{12}x_2 &= -a_{12}c_2 \end{aligned}$$

$$(a_{11}a_{22} - a_{21}a_{12}) \cdot x_1 = a_{22}c_1 - a_{12}c_2$$

$$x_1 = \frac{a_{22}c_1 - a_{12}c_2}{a_{11}a_{22} - a_{21}a_{12}}$$

Im Nenner der Lösung für die Unbekannte x_1 stehen die gleichen Elemente der Koeffizienten wie in dem Zahlenschema von Gl. (2.3). Der Ausdruck $a_{11}a_{22} - a_{21}a_{12}$ wird als *Determinante der Matrix* Gl. (2.3) bezeichnet. Genauer, es handelt sich um die *Koeffizienten-Determinante*, denn sie enthält nur die Koeffizienten der Gl. (2.1). Der Nenner gibt gleichzeitig die Rechenregel für eine Determinante mit vier Elementen an, die in jeder Zeile und in jeder Spalte je zwei Elemente enthält. Die Determinante hat somit einen festen Wert.

Die Berechnung einer Determinante zweiter Ordnung erfolgt durch die Multiplikation der Elemente in den Diagonalen und deren Subtraktion voneinander. Die Multiplikation beginnt von links oben nach rechts unten in Richtung der Diagonalen.

$$\text{Zeile} \begin{vmatrix} a_{11} & a_{12} \\ a_{21} & a_{22} \end{vmatrix} = a_{11} \cdot a_{22} - a_{21} \cdot a_{12} = D \qquad (2.5)$$

Spalte   Diagonale

Die Lösung für die unbekannte Größe x_1 läßt sich demnach auch in Form von Determinanten schreiben:

$$x_1 = \frac{\begin{vmatrix} c_1 & a_{12} \\ c_2 & a_{22} \end{vmatrix}}{\begin{vmatrix} a_{11} & a_{12} \\ a_{21} & a_{22} \end{vmatrix}} \qquad (2.6)$$

In der „Zählerdeterminante" sind die Koeffizienten an der Stelle durch die Elemente der rechten Seite ersetzt, wo ursprünglich die Koeffizienten für den x_1-Wert standen.

Wird nach der Unbekannten x_2 aufgelöst, dann treten die absoluten Glieder c_j an die Stelle der Koeffizienten für x_2:

$$x_2 = \frac{\begin{vmatrix} a_{12} & c_1 \\ a_{21} & c_2 \end{vmatrix}}{\begin{vmatrix} a_{11} & a_{12} \\ a_{21} & a_{22} \end{vmatrix}} \qquad (2.7)$$

Grundsätzlich gilt:

Ein lineares Gleichungssystem ist nur dann lösbar, wenn die Nennerdeterminante von Null verschieden ist, $D \neq 0$!

Die sich hieraus ergebende Lösungsmethode heißt „Cramersche Regel".

Beispiel:

$3x_1 + 5x_2 = 6$
$4x_1 + 6x_2 = 2$

Aufstellen des Zahlenschemas, linke Seite die Koeffizienten der Unbekannten, rechte Seite die absoluten Glieder.

Unbekannte		rechte Seite
x_1	x_2	c_j
3	5	6
4	6	2

Anwenden der Cramerschen Regel, Prüfen ob Nennerdeterminante gleich Null:

$$x_1 = \frac{\begin{vmatrix} 6 & 5 \\ 2 & 6 \end{vmatrix}}{\begin{vmatrix} 3 & 5 \\ 4 & 6 \end{vmatrix}} = \frac{26}{-2} = -13;$$

$$x_2 = \frac{\begin{vmatrix} 3 & 6 \\ 4 & 2 \end{vmatrix}}{\begin{vmatrix} 3 & 5 \\ 4 & 6 \end{vmatrix}} = \frac{-18}{-2} = 9.$$

Beispiel:
Eine zweiseitig gespeiste Gleichstromleitung hat durchgehend gleichen Querschnitt und eine Belastungsstelle entsprechend **Bild 2.1**. Vorausgesetzt wird, daß die beiden Quellenspannungen U_a und U_b gleich sind.

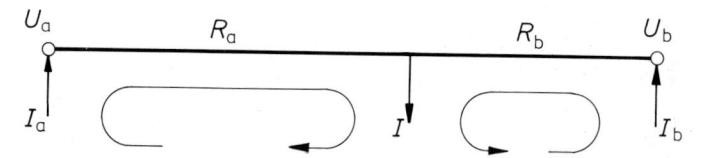

Bild 2.1 Zweiseitig gespeiste Gleichstromleitung mit einer Belastungsstelle

Nach dem ersten Kirchhoffschen Satz ist $I_a + I_b = I$.
Für den zweiten Kirchhoffschen Satz ist $I_a R_a - I_b R_b = 0$.
Gesucht werden bei bekannten Widerständen oder auch Leitungslängen die Stützströme I_a und I_b. Die Lösung soll mit Determinanten erfolgen!
Werden wieder, wie im vorigen Beispiel, zu den unbekannten Größen I_a und I_b die zugehörigen Koeffizienten in einem Schema geordnet dargestellt, dann ist:

Unbekannte		rechte Seite
I_a	I_b	c_j
1	1	I
R_a	$-R_b$	0

Links steht die Nennerdeterminante, deren Lösung gemäß Gl. (2.5) sofort hingeschrieben werden kann:

$$D = -R_b - R_a.$$

Zur Bestimmung der Unbekannten I_a nach der Cramerschen Regel wird wieder die unter I_a stehende Spalte auf der linken Seite des Schemas durch die absoluten Glieder der rechten Seite ersetzt:

$$D_a = \begin{vmatrix} I & 1 \\ 0 & -R_b \end{vmatrix} = -I \cdot R_b$$

Schließlich ist nach der Bildung des Quotienten D_a/D:

$$I_a = \frac{-I \cdot R_b}{-R_a - R_b} = \frac{I \cdot R_b}{R_a + R_b}.$$

Ebenso ergibt sich für den Stützstrom I_b die Beziehung:

$$I_b = \frac{I \cdot R_a}{R_a + R_b}.$$

Das Ergebnis zeigt die aus der Parallelschaltung von Widerständen bekannte Stromteilerformel.

Aufgabe 2.1
Es soll mit Hilfe der Determinantenrechnung die Stromverteilung auf einer zweiseitig gespeisten Leitung bestimmt werden, wenn die Spannungsquellen unterschiedlich groß sind ($U_a > U_b$)!

2.2 Determinanten dritter Ordnung und ihre Anwendung

Determinanten dritter Ordnung haben drei Elemente in der Zeile und drei Elemente in jeder Spalte. Ein derartiges Zahlenschema besteht demnach aus insgesamt neun Elementen. Die allgemeine Form ist:

$$D = \begin{vmatrix} a_{11} & a_{12} & a_{13} \\ a_{21} & a_{22} & a_{23} \\ a_{31} & a_{32} & a_{33} \end{vmatrix}. \tag{2.8}$$

Determinanten dritter Ordnung lassen sich entweder nach der Sarrus'schen Regel oder nach Unterdeterminanten auflösen. Die oft angewandte *Sarrus'sche Regel* läßt sich nur für Determinanten dritter Ordnung einsetzen, Determinanten höherer Ordnung müssen immer nach Unterdeterminanten (Adjunkten) entwickelt werden.

Lösung mit der Sarrus'schen Regel:
Es werden die beiden ersten Spalten entweder rechts von der Determinante oder die beiden letzten Spalten links von der Determinante zusätzlich geschrieben. Dann erfolgt

die Multiplikation der Elemente in den Diagonalen von links oben nach rechts unten und anschließende Addition, sowie Multiplikation der Elemente in den Diagonalen von rechts oben nach links unten und Subtraktion.
Gl. (2.9) zeigt die Ausführung der Rechenregel an allgemeinen Koeffizienten:

$$D = \begin{vmatrix} a_{11} & a_{12} & a_{13} & a_{11} & a_{12} \\ a_{21} & a_{22} & a_{23} & a_{21} & a_{22} \\ a_{31} & a_{32} & a_{33} & a_{31} & a_{32} \end{vmatrix} \quad (2.9)$$

$$= a_{11} \cdot a_{22} \cdot a_{33} + a_{12} \cdot a_{23} \cdot a_{31} + a_{13} \cdot a_{21} \cdot a_{32}$$
$$- a_{13} \cdot a_{22} \cdot a_{31} - a_{11} \cdot a_{23} \cdot a_{32} + a_{12} \cdot a_{21} \cdot a_{33}.$$

Das folgende Beispiel zeigt die Lösung einer Determinante nach der Sarrus'schen Regel, wobei die allgemeinen Elemente durch natürliche Zahlen ersetzt sind:

$$D = \begin{vmatrix} -2 & 1 & 3 & -2 & 1 \\ 4 & -2 & -1 & 4 & 2 \\ 2 & -1 & 3 & 2 & -1 \end{vmatrix}$$

$$= (-2 \cdot 2 \cdot 3) + (1 \cdot (-1) \cdot 2) + (3 \cdot 4 \cdot (-1)) - (3 \cdot 2 \cdot 2) - ((-2) \cdot (-1) \cdot (-1)) - (1 \cdot 4 \cdot 3) = -48$$

Beispiel:
Zwei Generatoren liefern gemeinsam elektrische Energie auf *einen* Verbraucher. Im Normalbetrieb beträgt der Widerstand Z_v. Die dreipolige Anordnung – Drehstromsystem – kann wieder auf eine einphasige Ersatzschaltung zurückgeführt werden. Für das mit Mittelspannung betriebene Netz bleiben die ohmschen Widerstände unberücksichtigt. Die Berechnung der *Stromverteilung* soll durchgeführt werden:
a) für den Normalbetrieb,
b) für den Fall eines bei Z_v angenommenen Kurzschlusses mit $R_1 = 0$.
Bild 2.2 zeigt die eingetragenen Widerstands- und Spannungswerte in der Netzanordnung.

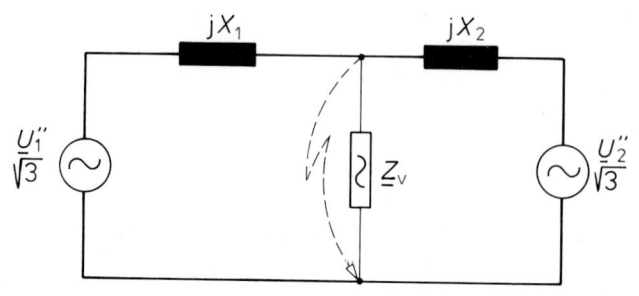

Bild 2.2 Zweiseitig gespeistes Drehstromsystem:
a) Normalbetrieb, b) Kurzschlußfall

Fall a:
Gesucht sind die Ströme I_1 und I_2 sowie der Verbraucherstrom I_v im ungestörten Betrieb. Werden die linken und die rechten Reaktanzen zwischen Verbraucher und Erzeuger zusammengefaßt und mit jX_1 und jX_2 bezeichnet, dann lassen sich die folgenden Gleichungen unter Beachtung der Kirschhoffschen Sätze aufstellen:

$$\underline{I}_1 \cdot jX_1 + \underline{I}_v \cdot \underline{Z}_v = \frac{U_1''}{\sqrt{3}}$$

$$\underline{I}_2 \cdot jX_2 + \underline{I}_v \cdot \underline{Z}_v = \frac{U_2''}{\sqrt{3}}$$

$$\underline{I}_1 + \underline{I}_2 - \underline{I}_v = 0$$

Dies ist ein Gleichungssystem mit den drei unbekannten Strömen I_1, I_2 und I_v. Wird so genau so vorgegangen, wie im Fall der Determinanten zweiter Ordnung, dann ist das Zahlenschema der Koeffizienten und der absoluten Glieder der rechten Seite:

$\underline{I}_1$	$\underline{I}_2$	$\underline{I}_v$	rechte Seite
jX_1	0	$\underline{Z}_v$	$\dfrac{U_1''}{\sqrt{3}}$
0	jX_2	$\underline{Z}_v$	$\dfrac{U_2''}{\sqrt{3}}$
0	1	-1	0

Unter den unbekannten Strömen steht ein quadratisches Zahlenschema der Koeffizienten, eine Determinante dritter Ordnung.
Die hieraus ableitbare Nennerdeterminante kann wieder für die „Cramersche Regel" verwendet werden. Die Lösung mit Hilfe der Sarrus'schen Regel läßt sich direkt angeben:

$$D = \begin{vmatrix} jX_1 & 0 & \underline{Z}_v \\ 0 & jX_2 & \underline{Z}_v \\ 1 & 1 & -1 \end{vmatrix} \begin{matrix} jX_1 & 0 \\ 0 & jX_2 \\ 1 & 1 \end{matrix}$$

$$= -j \cdot (jX_1 \cdot X_2 + X_2 \cdot \underline{Z}_v + X_1 \cdot \underline{Z}_v).$$

Bei der Aufstellung der Zählerdeterminanten wird wieder die Spalte durch die Elemente der rechten Seite ersetzt, die unter dem zu bestimmenden Stromwert steht. Es ist unbedingt darauf zu achten, daß beim Einsetzen der absoluten Werte von rechts auch die zugehörigen Vorzeichen mitgeschrieben werden. Die Zählerdeterminante für den Verbraucherstrom in der Schaltung gemäß Bild 2.2 lautet:

$$D_\text{v} = \begin{vmatrix} jX_1 & 0 & \dfrac{U_1''}{\sqrt{3}} \\ 0 & jX_2 & \dfrac{U_2''}{\sqrt{3}} \\ 1 & 1 & 0 \end{vmatrix} \begin{matrix} jX_1 & 0 \\ 0 & jX_2 \\ 1 & 1 \end{matrix} = -jX_2 \cdot \dfrac{U_1''}{\sqrt{3}} - jX_1 \cdot \dfrac{U_2''}{\sqrt{3}}.$$

⌐── rechte Seite!

Für den unbekannten Verbraucherstrom I_v ergibt sich mit Hilfe der „Cramerschen Regel":

$$\underline{I}_\text{v} = \dfrac{-jX_2 \cdot \dfrac{U_1''}{\sqrt{3}} - jX_1 \cdot \dfrac{U_2''}{\sqrt{3}}}{-j(jX_1 \cdot X_2 + X_2 \cdot \underline{Z}_\text{v} + X_1 \cdot \underline{Z}_\text{v})} = \dfrac{D_\text{v}}{D}$$

$$\underline{I}_\text{v} = \dfrac{X_2 \cdot \dfrac{U_1''}{\sqrt{3}} + jX_1 \cdot \dfrac{U_2''}{\sqrt{3}}}{jX_1 \cdot X_2 + X_2 \cdot \underline{Z}_\text{v} + X_1 \cdot \underline{Z}_\text{v}}$$

Oder mit Zahlenwerten:

$jX_1 = j2\,\Omega$,

$jX_2 = j1\,\Omega$,

$\underline{Z}_\text{v} = (4 + j9{,}5)\,\Omega$,

$\dfrac{U_1''}{\sqrt{3}} = \dfrac{U_2''}{\sqrt{3}} = 578{,}03\text{ V}$ entsprechend 1000 V für die Außenleiterspannung.

$$\underline{I}_\text{v} = \dfrac{3 \cdot 578{,}03\text{ V}}{(12 + j30{,}5)\,\Omega} = \dfrac{1734{,}09\text{ V} \cdot (12 - j30{,}5)\,\Omega}{(12^2 + 30{,}5^2)\,\Omega^2}$$

$\underline{I}_\text{v} = (19{,}2 - j49{,}23)\text{ A}$; $|\underline{I}_\text{v}| = 52{,}84\text{ A}$.

Für den Teilstrom I_1 wird die Zählerdeterminante unter Beachtung der Regel für den Spaltenaustausch unter dem gesuchten Stromwert:

$$D_1 = \begin{vmatrix} \dfrac{U_1''}{\sqrt{3}} & 0 & \underline{Z} \\ \dfrac{U_2''}{\sqrt{3}} & jX_1 & \underline{Z} \\ 0 & 0 & -1 \end{vmatrix},$$

$D_1 = -j \cdot X_2 \cdot \dfrac{U''}{\sqrt{3}}$, wegen $\dfrac{U_1''}{\sqrt{3}} = \dfrac{U_2''}{\sqrt{3}}$.

Nach dem Einsatz der Zahlenwerte und unter Beachtung der Nennerdeterminanten:

$\underline{I}_1 = (6{,}45 - j\,16{,}41)$ A

Ebenso läßt sich der Teilstrom $\underline{I}_2$ bestimmen, der ja ohnehin als Differenzstrom von $\underline{I}_v$ und $\underline{I}_2$ entstehen muß (erstes Kirchhoffsches Gesetz):

$\underline{I}_2 = (12{,}91 - j\,32{,}82)$ A.

Fall b:
Ein angenommener Kurzschluß soll den Verbraucherwiderstand $\underline{Z}_v$ in Bild 2.2 überbrücken. Der Einfachheit halber möge der Widerstand des Lichtbogen-Kurzschlusses $R_L = 0$ sein, was sonst nur bei einem metallischen Kurzschluß der Fall wäre. Beim Aufstellen des Zahlenschemas für den Kurzschluß wird deutlich, daß durch die Annahme $R_L = 0$ die Nennerdeterminante in der letzten Spalte mehr Nullstellen erhalten hat. Mit Hilfe der Sarrus'schen Regel kann sowohl die Nenner- als auch die Zählerdeterminante bestimmt werden.

$\underline{I}_1$	$\underline{I}_2$	$\underline{I}_K$	rechte Seite
jX_1	0	0	$\dfrac{U_1''}{\sqrt{3}}$
0	jX_2	0	$\dfrac{U_2''}{\sqrt{3}}$
1	1	-1	0

Bei der Lösung zeigt sich, daß verschiedene Diagonalprodukte wegen der Nullstellen in den Elementen verschwinden. Den einzigen Beitrag liefert offensichtlich nur die erste Diagonale der Determinanten.

$$D = \begin{vmatrix} jX_1 & 0 & 0 \\ 0 & jX_2 & 0 \\ 1 & 1 & -1 \end{vmatrix} \begin{matrix} jX_1 & 0 \\ 0 & jX_2 \\ 1 & 1 \end{matrix} = -j^2 \cdot X_1 \cdot X_2$$

Die Zählerdeterminante für den Kurzschlußstrom I_K hat unter Berücksichtigung der rechten Seite das Ergebnis:

$$D_K = -j \cdot X_2 \cdot \frac{U_1''}{\sqrt{3}} - j \cdot X_1 \cdot \frac{U_2''}{\sqrt{3}}.$$

Für den Kurzschlußstrom wird dann bei Einsatz der „Cramerschen Regel":

$$\underline{I}_K = -j \cdot \frac{X_2 \cdot \dfrac{U_1''}{\sqrt{3}} + X_1 \cdot \dfrac{U_2''}{\sqrt{3}}}{X_1 \cdot X_2}$$

Entsprechend lassen sich die übrigen Ströme bestimmen:

$$\underline{I}_1 = -j \cdot \frac{\frac{U_1''}{\sqrt{3}}}{X_1};$$

$$\underline{I}_2 = -j \cdot \frac{\frac{U_2''}{\sqrt{3}}}{X_2}.$$

Werden wieder die Zahlenwerte des Beispiels eingesetzt, dann ist erkennbar, daß sowohl der Kurzschlußstrom als auch die beiden Teilströme reine Blindströme sind:

$I_k = -j867 \text{ A}; \quad I_1 = -j578 \text{ A}; \quad I_2 = -j289 \text{ A}.$

2.3 Determinanten höherer Ordnung

Sind mehr als drei Gleichungen mit mehr als drei Unbekannten gegeben, dann ist eine geschlossene Lösung wie bei Determinanten der dritten Ordnung nicht mehr möglich. Der *Rang* der Determinanten muß *abgebaut* werden, bis eine der bisher bekannt gewordenen Regeln eingesetzt werden kann.

Die Zurückführung von Determinanten höherer Ordnung auf lösbare Determinanten niederer Ordnung kann entweder durch die Bildung von *Unterdeterminanten*, den sogenannten „Adjunkten", oder durch *Rändern* erfolgen. Jede Unterdeterminante verringert den Ordnungsgrad der vorangegangenen Determinante. Beim Rändern wird durch Zeilenaddition oder -subtraktion versucht, das Randelement auf Null zu bringen.

Eine *Determinante n-ter Ordnung* hat n Elemente in der Zeile und n Elemente in der Spalte. Sie stellt als Ganzes wieder ein quadratisches Zahlenschema dar und kann als Koeffizientendeterminante von n Gleichungen mit n Unbekannten aufgefaßt werden. Die über die sogenannten „Hauptelemente" – das sind Elemente mit gleichen Indizes – verlaufende Gerade heißt *Hauptdiagonale*.

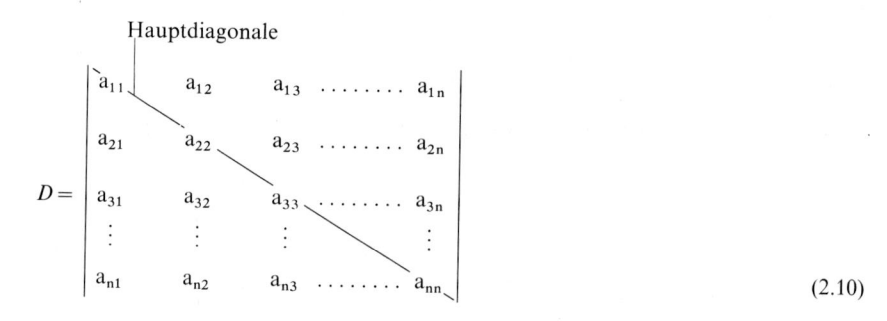

$$D = \begin{vmatrix} a_{11} & a_{12} & a_{13} & \cdots & a_{1n} \\ a_{21} & a_{22} & a_{23} & \cdots & a_{2n} \\ a_{31} & a_{32} & a_{33} & \cdots & a_{3n} \\ \vdots & \vdots & \vdots & & \vdots \\ a_{n1} & a_{n2} & a_{n3} & \cdots & a_{nn} \end{vmatrix} \qquad (2.10)$$

(Hauptdiagonale)

In abgekürzter Schreibweise ist mit dem Zeilenindex i und dem Spaltenindex k:

$D = |a_{ik}|.$

Die a_{ik} sind Elemente der Determinanten, die sich in der i-ten Zeile und in der k-ten Spalte befinden. Wird eine i-te Zeile und eine k-te Spalte ausgestrichen, dann entsteht eine neue Determinante $(n-1)$-ter Ordnung. Diese Maßnahme darf nicht beliebig erfolgen, sie ist vielmehr an die nach festen Regeln ablaufende Entwicklung der Unterdeterminanten (Adjunkten) gebunden.
Jede Determinante mit höherer als zweiter Ordnung läßt sich unter Beachtung des „Platzvorzeichens" der Elemente nach Unterdeterminanten entwickeln. Es entstehen genau so viele Unterdeterminanten $(n-1)$-ter Ordnung, wie es Elemente in einer Zeile oder Spalte gibt. Die Vorzeichen der Elemente in einer Determinante richten sich nach ihrer jeweiligen Platzanordnung, sie sind wie bei einem Schachbrett gestaffelt:

$$D_{+,-} = \begin{vmatrix} + & - & + & - & + & \dots \\ - & + & - & + & - & \dots \\ \cdot & \cdot & \cdot & \cdot & \cdot & \dots \\ \cdot & \cdot & \cdot & \cdot & \cdot & \dots \\ \cdot & \cdot & \cdot & \cdot & \cdot & \dots \end{vmatrix}$$

(2.11)

Es ist beliebig, nach welcher Zeile oder Spalte die Entwicklung der Unterdeterminanten vorgenommen wird. Jede Unterdeterminante ist von $(n-1)$-ter Ordnung, ihre Elemente befinden sich wieder in einer Vorzeichen-Platzanordnung wie in Gl. (2.11).

Beispiel:
Die Determinante dritter Ordnung hat als Elemente natürliche Zahlen. Sie soll nach Unterdeterminanten entwickelt werden:

$$D = \begin{vmatrix} + & - & + \\ -2 & 1 & 3 \\ - & + & - \\ 4 & 2 & -1 \\ + & - & + \\ 2 & -1 & 3 \end{vmatrix} = -2 \cdot \begin{vmatrix} 2 & -1 \\ -1 & 3 \end{vmatrix} (-) 1 \cdot \begin{vmatrix} 4 & -1 \\ 2 & 3 \end{vmatrix} (+) 3 \cdot \begin{vmatrix} 4 & -2 \\ 2 & -1 \end{vmatrix}$$

$$= -2 \cdot (6-1) - 1 \cdot (12+2) + 3 \cdot (-4-4) = -48.$$

Die Entwicklung nach den Unterdeterminanten erfolgte hier nach der *ersten Zeile*, deren Elemente als Faktor vor den Determinanten zweiter Ordnung stehen.
Bei Determinanten höherer Ordnung macht das Auszählen der Platzvorzeichen Umstände und kann zu Fehlern führen. Daher ist es empfehlenswert, mit der *Vorzeichenformel* Gl. (2.12) zu arbeiten. Die allgemeine Bildungsregel für Unterdeterminanten lautet dann:

$$|A_{ik}| = (-1)^{i+k} \cdot \begin{vmatrix} a_{11} & \cdots a_{1k} & \cdots a_{1n} \\ a_{21} & \cdots a_{2k} & \cdots a_{2n} \\ \cdot & \cdots & \cdots \\ \cdot & \cdots a_{ik} & \cdots \\ \cdot & \cdots & \cdots \\ a_{n1} & \cdots & \cdots a_{nn} \end{vmatrix}. \qquad (2.12)$$

Bei der Entwicklung der Unterdeterminanten werden alle Elemente der betroffenen Zeile und Spalte bis auf ein Element gestrichen. Bei den Determinanten dritter Ordnung lassen sich also neun mögliche Unterdeterminanten bilden, wovon nur drei für die Lösung benötigt werden. Stehen in Spalten oder Zeilen Null-Elemente, dann empfiehlt sich die Entwicklung nach dieser Spalte oder Zeile, weil sich damit die Zahl der Unterdeterminanten verringert.

Werden die Regeln auf das in Abschnitt 2.2 beschriebene Beispiel aus der Anlagentechnik angewendet, dann ergibt sich für den angenommenen Kurzschlußfall die Nennerdeterminante:

$$D = \begin{vmatrix} jX_1 & 0 & 0 \\ 0 & jX_2 & 0 \\ 1 & 1 & -1 \end{vmatrix},$$

und mit der Entwicklung nach der ersten Zeile:

$$D = jX_1 \cdot \begin{vmatrix} jX_2 & 0 \\ 1 & -1 \end{vmatrix} = jX_1 \cdot (-jX_2 - 0) = -j^2 \cdot X_1 \cdot X_2.$$

Das Platzvorzeichen mußte positiv sein, weil das erste Element der Determinante immer auf einem positiv ausgezeichneten Platz steht. Hat das Element jedoch selbst ein negatives Vorzeichen, dann gilt immer $(-) \cdot (+) = (-)$!
Wäre die Entwicklung der Unterdeterminanten nach der letzten Spalte erfolgt, dann würde unter Beachtung der Vorzeichenregel das Ergebnis identisch sein:

$$D = (-1)^{3+3} \cdot (-1) \cdot \begin{vmatrix} jX_1 & 0 \\ 0 & jX_2 \end{vmatrix} = (+) \cdot (-1) \cdot (jX_1 \cdot jX_2 - 0) = -j^2 \cdot X_1 \cdot X_2.$$

Um mit Determinanten umfassend operieren zu können, ist die Kenntnis einiger weiterer Rechenregeln nützlich. Im folgenden werden Regeln für Determinanten zweiter Ordnung mit Beispielen angegeben.

1. Regel
Eine Determinante bleibt unverändert, wenn Zeilen mit entsprechenden Spalten vertauscht werden. Das Verfahren heißt auch *Stürzen oder Spiegeln an der Hauptdiagonalen:*

$$D = \begin{vmatrix} a_1 & b_1 \\ a_2 & b_2 \end{vmatrix} = \begin{vmatrix} a_1 & a_2 \\ b_1 & b_2 \end{vmatrix}.$$

Zahlenbeispiel:

$$D = \begin{vmatrix} 3 & 2 \\ 4 & 1 \end{vmatrix} = \begin{vmatrix} 3 & 4 \\ 2 & 1 \end{vmatrix} = -5.$$

Das ist das Vertauschen von Zeilen und Spalten!

2. Regel
Die Determinante wechselt das Vorzeichen, wenn zwei Zeilen oder zwei Spalten miteinander vertikal oder horizontal vertauscht werden:

$$D = \begin{vmatrix} a_1 & b_1 \\ a_2 & b_2 \end{vmatrix} = - \begin{vmatrix} a_2 & b_2 \\ a_1 & b_1 \end{vmatrix}.$$

Zahlenbeispiel:

$$D = \begin{vmatrix} 3 & 2 \\ 4 & 1 \end{vmatrix} = - \begin{vmatrix} 4 & 1 \\ 3 & 2 \end{vmatrix} = +5.$$

3. Regel
Eine Determinante hat den Wert Null, wenn zwei Zeilen oder Spalten identisch sind:

$$D = \begin{vmatrix} 4 & 1 \\ 4 & 1 \end{vmatrix} = 0.$$

4. Regel
Die Determinante kann mit einem Faktor multipliziert werden, indem die *Elemente einer Zeile* oder die *Elemente einer Spalte* mit dem Faktor multipliziert werden:

$$k \cdot D = \begin{vmatrix} k \cdot a_1 & k \cdot b_1 \\ a_2 & b_2 \end{vmatrix} = \begin{vmatrix} k \cdot a_1 & b_1 \\ k \cdot a_2 & b_2 \end{vmatrix}.$$

Zahlenbeispiel:

$$3 \cdot D = 3 \cdot \begin{vmatrix} 3 & 2 \\ 4 & 1 \end{vmatrix} = \begin{vmatrix} 3 \cdot 3 & 3 \cdot 2 \\ 4 & 1 \end{vmatrix} = \begin{vmatrix} 3 \cdot 3 & 2 \\ 3 \cdot 4 & 1 \end{vmatrix} = -15.$$

5. Regel
Eine Determinante hat den Wert Null, wenn die Elemente einer Zeile den entsprechenden einer parallelen Zeile proportional sind:

$$D = \begin{vmatrix} a_1 & b_1 \\ k \cdot a_1 & k \cdot b_1 \end{vmatrix} = 0.$$

Zahlenbeispiel:

$$D = \begin{vmatrix} 3 & 2 \\ 3 \cdot 3 & 3 \cdot 2 \end{vmatrix} = 3 \cdot 6 - 9 \cdot 2 = 0.$$

6. Regel
Wenn in einer Determinante die Elemente einer Zeile als Summen auftreten, dann lassen sich die Summanden mit den Elementen der übrigen Zeile als Summe zweier Determinanten darstellen:

$$D = \begin{vmatrix} q_1 + a_1 & q_2 + b_1 \\ a_2 & b_2 \end{vmatrix} = (q_1 + a_1) \cdot b_2 - (q_2 + b_1) \cdot a_2$$

$$= (a_1 \cdot b_2 - b_1 \cdot a_2) + (q_1 \cdot b_2 - q_2 \cdot a_2).$$

Die beiden Klammerausdrücke sind wieder Determinanten 2. Ordnung, die addiert werden:

$$D = \begin{vmatrix} a_1 & b_1 \\ a_2 & b_2 \end{vmatrix} + \begin{vmatrix} q_1 & q_2 \\ a_2 & b_2 \end{vmatrix}.$$

Zahlenbeispiel:

$$D = \begin{vmatrix} 3+5 & 2+1 \\ 4 & 1 \end{vmatrix} = -4,$$

$$D = \begin{vmatrix} 3 & 2 \\ 4 & 1 \end{vmatrix} + \begin{vmatrix} 5 & 1 \\ 4 & 1 \end{vmatrix} = -4.$$

7. Regel
Eine Determinante behält ihren Wert, wenn die Elemente irgend einer Zeile oder irgend einer Spalte mit einem beliebigen Faktor multipliziert und zu den Elementen einer parallelen Zeile oder Spalte addiert werden.
Diese Regel ist besonders dann wichtig, wenn die Determinante durch derartige Manipulationen „geändert", d. h. mit Nullstellen an den Rändern versehen werden soll, um so durch Bilden von Adjunkten schnell zu Determinanten niederen Grades vorzustoßen.
Der Vorgang wird auch als „Linearkombination" bezeichnet.

$$D = \begin{vmatrix} a_1 + k \cdot a_2 & b_1 + k \cdot b_2 \\ a_2 & b_2 \end{vmatrix} = \begin{vmatrix} a_1 & b_1 \\ a_2 & b_2 \end{vmatrix} + \begin{vmatrix} k \cdot a_2 & k \cdot b_2 \\ a_2 & b_2 \end{vmatrix}.$$

Das „Rändern" einer Determinante mit Hilfe der *Regel 7* soll am folgenden Zahlenbeispiel erläutert werden:

$$\begin{vmatrix} 0 & 13 & 14 & 15 \\ 13 & 0 & 15 & 14 \\ 14 & 15 & 0 & 13 \\ 15 & 14 & 13 & 0 \end{vmatrix}$$

1. Schritt: Die zweite, dritte und vierte Zeile sollen zur ersten Zeile addiert werden.

$$42 \cdot \begin{vmatrix} 1 & 1 & 1 & 1 \\ 13 & 0 & 15 & 14 \\ 14 & 15 & 0 & 13 \\ 15 & 14 & 13 & 0 \end{vmatrix}$$

42 ist ein gemeinsamer Faktor der ersten Zeile.

$$42 \cdot 14 \cdot \begin{vmatrix} 0 & 1 & 1 & 1 \\ 1 & 0 & 15 & 14 \\ -1 & 15 & 0 & 13 \\ 1 & 14 & 13 & 0 \end{vmatrix}$$

Die erste Spalte wurde dadurch verändert, indem die zweite und die vierte Spalte subtrahiert wurden und die dritte Spalte addiert. Die Zahl 14 wird als gemeinsamer Faktor herausgenommen. Jetzt soll die dritte Zeile zur zweiten und vierten addiert werden, dadurch wird die erste Spalte bis auf die -1 mit Nullstellen versehen. Die Entwicklung nach der 1. Spalte liefert dann:

$$42 \cdot 14 \cdot \begin{vmatrix} 0 & 1 & 1 & 1 \\ 0 & 15 & 15 & 27 \\ -1 & 15 & 0 & 13 \\ 0 & 29 & 13 & 13 \end{vmatrix}$$

$$= -42 \cdot 14 \cdot \begin{vmatrix} 1 & 1 & 1 \\ 15 & 15 & 27 \\ 29 & 13 & 13 \end{vmatrix} = -42 \cdot 14 \cdot 3 \cdot \begin{vmatrix} 1 & 1 & 1 \\ 5 & 5 & 9 \\ 29 & 13 & 13 \end{vmatrix}.$$

Wird in der letzten Determinante die zweite Spalte von der ersten abgezogen, dann entstehen erneut Nullstellen in der ersten Spalte. Somit bleibt nur noch die Entwicklung nach einer Unterdeterminante zweiter Ordnung übrig. Das Ergebnis lautet:

$$D = -42 \cdot 14 \cdot 3 \cdot 16 \cdot \begin{vmatrix} 1 & 1 \\ 5 & 9 \end{vmatrix} = -112896.$$

Aufgabe 2.2:
Die im folgenden dargestellte Determinante der natürlichen Zahlen von 1...9 soll mit Hilfe von Unterdeterminanten gelöst werden!

$$\begin{vmatrix} 1 & 2 & 3 \\ 4 & 5 & 6 \\ 7 & 8 & 9 \end{vmatrix}$$

Aufgabe 2.3:
Für das Gleichungssystem ist die Nennerdeterminante aufzustellen. Es soll geprüft werden, ob $D \neq 0$. Danach werden die Unbekannten mit Hilfe der Cramerschen Regel berechnet. Die Determinanten sollen durch Entwicklung nach Unterdeterminanten gelöst werden!

$$\begin{aligned} x_1 + x_2 + x_4 &= 1 \\ x_2 + 0,5 x_3 - x_4 &= 0,5 \\ 0,5 x_1 - x_2 + 0,5 x_4 &= -1 \\ - x_3 + 0,2 x_4 &= -0,5 \end{aligned}$$

Aufgabe 2.4:
Ein induktiver Verbraucher wird von zwei Seiten durch Generatoren mit elektrischer Energie versorgt. Beide Generatoren gehören verschiedenen Spannungsebenen an. Zwischen der linken Generatoreinheit und dem Verbraucher soll ein Kurzschluß angenommen werden. **Bild 2.3** zeigt die Kurzschlußlage und die einphasige Ersatzschaltung für einen dreipoligen Fehler.

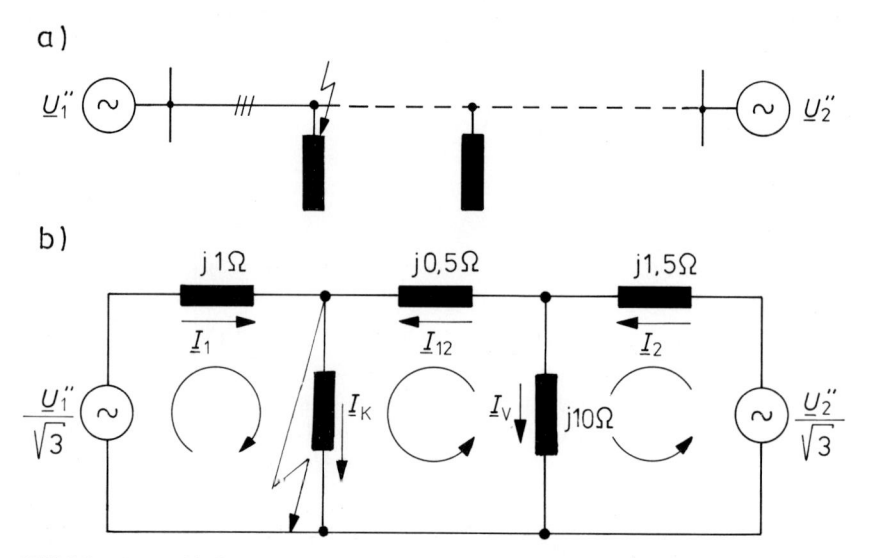

Bild 2.3 Kurzschluß in einem Drehstromnetz mit zwei Verbrauchern

Aus Bild 2.3 können drei Maschengleichungen und zwei Knotenpunktgleichungen entnommen werden. Die Generatorspannung auf der linken Seite soll $3 \cdot 10^3$ V und die auf der rechten Seite $1 \cdot 10^3$ V betragen. Die Gleichungen für Maschen und Knoten sind dann gegeben durch:

$\underline{I}_1 \cdot j \cdot 1\,\Omega \quad + \underline{I}_K \cdot R_L \qquad\qquad = 1{,}732 \cdot 10^3$ V

$\underline{I}_2 \cdot j \cdot 1{,}5\,\Omega + \underline{I}_v \cdot j \cdot 10\,\Omega \qquad = 0{,}577 \cdot 10^3$ V

$\underline{I}_{12} \cdot j \cdot 0{,}5\,\Omega + \underline{I}_K \cdot R_L - \underline{I}_v \cdot j \cdot 10\,\Omega = 0$

$\underline{I}_1 + \underline{I}_{12} - \underline{I}_K \qquad\qquad\qquad = 0$

$\underline{I}_2 - \underline{I}_{12} - \underline{I}_v \qquad\qquad\qquad = 0$

Die Aufstellung des Zahlenschemas zeigt auf der linken Seite eine Koeffizientendeterminante fünfter Ordnung mit mehreren Nullstellen an den Rändern, die noch erweitert werden können, wenn der Kurzschlußwiderstand $R_L = 0$ gesetzt wird.

$\underline{I}_1$	$\underline{I}_2$	$\underline{I}_{12}$	$\underline{I}_v$	$\underline{I}_K$	rechte Seite
$j \cdot 1$	0	0	0	R_L	$1{,}732 \cdot 10^3$ V
0	$j \cdot 1{,}5\,\Omega$	0	$j \cdot 10\,\Omega$	0	$0{,}577 \cdot 10^3$ V
0	0	$j \cdot 0{,}5\,\Omega$	$-j \cdot 10\,\Omega$	R_L	0
1	0	1	0	-1	0
0	1	-1	-1	0	0

2.4 Matrizenrechnung, Begriffe und Rechenregeln

Als *Matrix* wird ein Zahlenschema bezeichnet, das ein System von $m \times n$ Elementen enthält, die in m Zeilen und n Spalten angeordnet werden und demnach bei $m = n$ eine rechteckige Form aufweisen. Die a_{ik} ($i = 1 \ldots m$; $k = 1 \ldots n$) sind die Elemente der Matrix:

$$A = (a_{ik})_{(m,n)} = \begin{bmatrix} a_{11} & a_{12} & \ldots & a_{1n} \\ a_{21} & a_{22} & \ldots & a_{2n} \\ \vdots & & & \\ a_{m1} & a_{m2} & \ldots & a_{mn} \end{bmatrix} \qquad (2.13)$$

(m, n) gibt die *Ordnung der Matrix A* an, deren a_{ik} beispielsweise wieder die Koeffizienten eines Gleichungssystems (2.14) sein können:

$$\begin{bmatrix} a_{11} x_1 + \cdots + a_{1n} x_n = y_1 \\ a_{21} x_1 + \cdots + a_{2n} x_n = y_2 \\ \vdots \qquad \vdots \qquad \vdots \\ a_{m1} x_1 + \cdots + a_{mn} x_n = y_n \end{bmatrix}$$

Die Matrix hat m Zeilen und n Spalten. Das Gleichungssystem muß nicht mehr wie bei Gl. (2.13) auf der rechten Seite nur absolute Zahlenglieder enthalten, es können beispielsweise auch Abbildungsfunktionen eines n-dimensionalen Vektorraumes sein, wobei die a_{ik} als Maßzahlen dienen. Wird in einer Matrix $m = n$, dann handelt es sich um eine *quadratische Matrix*, für m oder n gleich 1 entsteht eine *einreihige* oder *einspaltige Matrix*, die auch wegen der Ähnlichkeit mit der Darstellung von Maßzahlen eines Vektors *Zeilenvektoren* oder *Spaltenvektoren* heißen.

Beispiel:
Bei der folgenden, aus natürlichen Zahlen bestehenden Matrix handelt es sich um eine quadratische Matrix.

$$\begin{bmatrix} 1 & 0 & 1 & 0 & 1 \\ 0 & 1 & 0 & 1 & 0 \\ 2 & 1 & 0 & 2 & 1 \\ 0 & 2 & 1 & 0 & 1 \end{bmatrix}$$

Ein Zeilenvektor kann geschrieben werden:

$x = [x_1 \, x_2 \ldots x_n]$.

Ein Spaltenvektor ist entsprechend:

$$y = \begin{bmatrix} y_1 \\ y_2 \\ \vdots \\ y_n \end{bmatrix}$$

2.4.1 Regeln der Matrizenalgebra

Die *Addition* und *Subtraktion* ist wie in der skalaren Algebra *kommutativ und assoziativ*. Es gilt:

$$\begin{aligned} A + B &= B + A \\ (A + B) + C &= A + (B + C) \\ (A + B) + (C + D) &= (A + C) + (B + D) \\ A - B &= C \end{aligned} \quad (2.14)$$

Beispiele:

a) $\begin{bmatrix} 1 & 3 & 2 \\ 0 & 4 & 5 \end{bmatrix} + \begin{bmatrix} 2 & 3 & 4 \\ 1 & 5 & 0 \end{bmatrix} = \begin{bmatrix} 3 & 6 & 6 \\ 1 & 9 & 5 \end{bmatrix}$

b) $\begin{bmatrix} 1 & 2 & 1 \\ 6 & 1 & 0 \end{bmatrix} + \begin{bmatrix} 0 & 1 & 1 \\ 1 & 2 & 1 \end{bmatrix} = \begin{bmatrix} 1 & 3 & 2 \\ 7 & 3 & 1 \end{bmatrix}$

c) $\begin{bmatrix} 1 & 2 & 0 \\ -1 & 0 & 2 \end{bmatrix} - \begin{bmatrix} -1 & 2 & -1 \\ -3 & -1 & 0 \end{bmatrix} = \begin{bmatrix} 2 & 0 & 1 \\ 2 & 1 & 2 \end{bmatrix}$

Die *Multiplikation* bei Matrizen mit einem einzelnen Faktor erfolgt wie bei den Determinanten:

$$\lambda \cdot A = A \cdot \lambda = \lambda \cdot (a_{ik}) \tag{2.15}$$

Beispiel

$$3 \cdot \begin{bmatrix} 0 & 1 \\ 2 & 3 \end{bmatrix} = \begin{bmatrix} 0 & 3 \\ 6 & 9 \end{bmatrix}$$

Bei der Multiplikation quadratischer Matrizen *gilt nicht das Kommutativgesetzt*, d. h. es ist:

$$A \cdot B \neq B \cdot A.$$

Die Multiplikation erfolgt dadurch, daß alle Elemente der Spalte der einen Matrix auf der rechten Seite mit den Elementen der Zeile auf der linken Seite multipliziert und anschließend addiert werden.

Beispiele:

$$A = \begin{bmatrix} 1 & 2 \\ 0 & 1 \end{bmatrix};$$

$$B = \begin{bmatrix} 3 & 4 \\ 1 & 1 \end{bmatrix};$$

$$A \cdot B = \begin{bmatrix} 1 & 2 \\ 0 & 1 \end{bmatrix} \cdot \begin{bmatrix} 3 & 4 \\ 1 & 1 \end{bmatrix} = \begin{bmatrix} 3+2 & 4+2 \\ 0+1 & 0+1 \end{bmatrix} = \begin{bmatrix} 5 & 6 \\ 1 & 1 \end{bmatrix}.$$

Aus der ersten Spalte der rechten Seite und den beiden Zeilen der linken Seite entsteht die erste neue „Produktspalte".
Es ist leicht nachweisbar, daß die umgekehrte Multiplikation der beiden quadratischen Matrizen zu einem anderen Ergebnis führt:

$$B \cdot A = \begin{bmatrix} 3 & 4 \\ 1 & 1 \end{bmatrix} \cdot \begin{bmatrix} 1 & 2 \\ 0 & 1 \end{bmatrix} = \begin{bmatrix} 3+0 & 6+4 \\ 1+0 & 2+1 \end{bmatrix} = \begin{bmatrix} 3 & 10 \\ 1 & 3 \end{bmatrix}.$$

Allgemein gilt demnach für das Produkt quadratischer Matrizen:

$$A \cdot B = (a_{ik})_{(n,n)} \cdot (b_{ik})_{(n,n)} = a_{iv} \cdot b_{vk} \tag{2.16}$$

$$= \begin{bmatrix} a_{11} & a_{12} & \ldots & a_{1n} \\ \vdots & & & \\ a_{n1} & a_{n2} & \ldots & a_{nn} \end{bmatrix} \cdot \begin{bmatrix} b_{11} & b_{12} & \ldots & b_{1n} \\ \vdots & & & \\ b_{n1} & b_{n2} & \ldots & b_{nn} \end{bmatrix}$$

$$= \begin{bmatrix} (a_{11}b_{11} + a_{12}b_{21} + \cdots + a_{1n}b_{n1}) \ldots \ldots \ldots \\ \vdots \\ (a_{n1}b_{1n} + a_{n2}b_{2n} + \cdots + a_{nn}b_{nn}) \ldots \ldots \ldots \end{bmatrix}$$

Ein Matrizenprodukt kann im Gegensatz zu den skalaren Produkten auch bei von Null verschiedenen Multiplikanden den Wert Null haben:

$$A \cdot B = \begin{bmatrix} 1 & 2 \\ 2 & 4 \end{bmatrix} \cdot \begin{bmatrix} 6 & 2 \\ -3 & -1 \end{bmatrix} = \begin{bmatrix} 0 & 0 \\ 0 & 0 \end{bmatrix} = \mathbf{0}.$$

Aufgabe 2.5
Es sind die Produkte $A \cdot B$ und $B \cdot A$ der beiden Matrizen A und B zu bilden.

$$A = \begin{bmatrix} 1 & 0 & 2 \\ 3 & 1 & -1 \\ 0 & 2 & 3 \end{bmatrix}; \quad B = \begin{bmatrix} 0 & -1 & 2 \\ 1 & 0 & 1 \\ 2 & 4 & 1 \end{bmatrix}.$$

Bei einer Produktbildung *nichtquadratischer Matrizen* muß die Anzahl der Spalten der Matrix A gleich der Zeilenzahl von B sein.

$A = (a_{ik})_{(m_1, n_1)};$
$B = (b_{ik})_{(m_2, n_2)};$ (2.17)
$A \cdot B = (a_{ik})_{(m_1, n_1)} (b_{ik})_{(m_2, n_2)}.$

Nach Gl. (2.17) ist dann die Bedingung für die Multiplikation:

$n_1 = m_2$ und $n_2 = m_1$.

Matrizen, die dieser Anordnung genügen, heißen auch verkettete Matrizen.

Beispiel:

$$A = \begin{bmatrix} 1 & 0 & 1 \\ 0 & 1 & 2 \end{bmatrix}_{(2,3)}; \quad B = \begin{bmatrix} 1 & 1 & 2 \\ 2 & 3 & 0 \\ 1 & 0 & -1 \end{bmatrix}_{(3,3)}.$$

$$A \cdot B = \begin{bmatrix} 1+0+1 & 1+0+0 & 2+0-1 \\ 0+2+2 & 0+3+0 & 0+0-2 \end{bmatrix} = \begin{bmatrix} 2 & 1 & 1 \\ 4 & 3 & -2 \end{bmatrix}.$$

Produkt eines Zeilenvektors mit einem Spaltenvektor unter den gegebenen Bedingungen:

$$A = \begin{bmatrix} 1 & 4 & 3 \end{bmatrix}_{(1,3)}; \quad B = \begin{bmatrix} 2 \\ 3 \\ 1 \end{bmatrix}_{(3,1)};$$

$A \cdot B = 2 + 12 + 3 = (17) = 17_{(1)}.$

Das Produkt muß wieder eine Matrix sein! Die Produkte $B \cdot A$ sind nicht erklärt. Jede (m, n)-Matrix mit von Null verschiedenen Elementen läßt sich als Produkt einer Spalten- mit einer Zeilenmatrix darstellen:

$(m, n) = (m, 1)(1, n);$

$A_{(2,1)} B_{(1,3)} = C_{(2,3)}.$ (2.18)

Beispiel:

$$\begin{bmatrix} 1 \\ 7 \end{bmatrix} \cdot [1 \quad -1 \quad 4] = \begin{bmatrix} 1 & -1 & 4 \\ 7 & -7 & 28 \end{bmatrix}.$$

Matrizen, deren Elemente sämtlich Null sind, heißen *Nullmatrizen*. Es ist:

$A + 0 = 0 + A = A;$
$A \cdot 0 = 0 \cdot A = 0.$ (2.19)

Einheitsmatrix heißen alle Matrizen, deren Elemente in der Hauptdiagonalen alle den Wert 1 haben, während die übrigen Elemente Null sind. Wird eine beliebige Matrix mit der Einheitsmatrix multipliziert, dann behält sie ihren Wert.

$$E = \begin{bmatrix} 1 & 0 & 0 & 0 & 0 \\ 0 & 1 & 0 & 0 & 0 \\ 0 & 0 & 1 & 0 & 0 \\ 0 & 0 & 0 & 1 & 0 \\ 0 & 0 & 0 & 0 & 1 \end{bmatrix}$$ (2.20)

$A \cdot E = E \cdot A = A$
$E \cdot E = E$

Diagonalmatrizen sind alle Matrizen, bei denen nur die Elemente der Hauptdiagonalen verschieden von Null, jedoch nicht alle 1, sind:

$$D = \begin{bmatrix} d_{11} & 0 & 0 & \cdots & 0 \\ \cdot & d_{22} & & & \cdot \\ \cdot & & d_{33} & & \cdot \\ \cdot & & & \ddots & \cdot \\ 0 & \cdots & \cdots & \cdots & d_{nn} \end{bmatrix}$$

Beispiel:

$$D = \begin{bmatrix} 1 & 0 & 0 \\ 0 & 3 & 0 \\ 0 & 0 & 2 \end{bmatrix}; \quad D^* = \begin{bmatrix} 5 & 0 & 0 \\ 0 & 2 & 0 \\ 0 & 0 & 4 \end{bmatrix}.$$

Die Multiplikation der sich entsprechenden Elemente in den Diagonalen beider Matrizen liefert das Produkt:

$$D \cdot D^* = \begin{bmatrix} 1 & 0 & 0 \\ 0 & 3 & 0 \\ 0 & 0 & 2 \end{bmatrix} \cdot \begin{bmatrix} 5 & 0 & 0 \\ 0 & 2 & 0 \\ 0 & 0 & 4 \end{bmatrix} = \begin{bmatrix} 5 & 0 & 0 \\ 0 & 6 & 0 \\ 0 & 0 & 8 \end{bmatrix}.$$

Der *Rang* einer Matrix wird durch die Anordnung der Matrizen bestimmt. Wenn $A = B \cdot C$ und $B \to (n, r)$ sowie $C \to (r, n)$, dann hat die Matrix die Ordnung n und den Rang r.

Beispiel:

$$A = \begin{bmatrix} 1 & 2 \\ 2 & 0 \\ 3 & -2 \end{bmatrix}_{(3,2)} \cdot \begin{bmatrix} 1 & 0 & 1 \\ 0 & 1 & 4 \end{bmatrix}_{(2,3)};$$

$$= \begin{bmatrix} 1+0 & 0+2 & 1+8 \\ 2+0 & 0+0 & 2+0 \\ 3+0 & 0-2 & 3-8 \end{bmatrix} = \begin{bmatrix} 1 & 2 & 9 \\ 2 & 0 & 2 \\ 3 & -2 & -5 \end{bmatrix}$$

Um ein in Matrizenform aufgestelltes Gleichungssystem lösen zu können, wird sehr häufig die *inverse Matrix* benötigt, mit der, beidseitig multipliziert, eine Umstellung der Faktoren ermöglicht wird. Grundsätzlich gilt:

$$A^{-1} \cdot A = E. \tag{2.21}$$

A^{-1} heißt die inverse Matrix zu A, E ist die Einheitsmatrix. Soll etwa X aus der Gleichung $A \cdot X = E$ als Unbekannte bestimmt werden, dann erfolgt beidseitig Multiplikation mit A^{-1}:

$$A^{-1} \cdot A \cdot X = A^{-1} \cdot E$$
$$A^{-1} \cdot A = 1$$
$$X = A^{-1} \cdot E. \tag{2.22}$$

Inverse Matrizen sind miteinander vertauschbar, d. h., es ist gleichgültig, ob ihre Multiplikation in einem Gleichungssystem von rechts oder von links erfolgt. Der Wert der *Determinanten* der inversen Matrix $|A^{-1}|$ ist der reziproke Wert der Determinanten von $|A|$:

$$|A^{-1}| = |A|^{-1} \tag{2.23}$$

Beispiel:

$$A = \begin{bmatrix} 1 & 2 \\ 3 & 4 \end{bmatrix}; \quad |A| = 4 - 6 = -2;$$

$$|A|^{-1} = \frac{1}{-2} = -\frac{1}{2} = A^{-1}$$

Um Gleichungssysteme in Matrizenform lösen zu können, ist die Kenntnis einiger Methoden zur Bestimmung der inversen Matrix unerläßlich. Es ist für quadratische Matrizen:

$A \cdot X = E$

$m = n = 2$

$$\begin{bmatrix} a_{11} & a_{12} \\ a_{21} & a_{22} \end{bmatrix} \cdot \begin{bmatrix} x_{11} & x_{12} \\ x_{21} & x_{22} \end{bmatrix} = \begin{bmatrix} 1 & 0 \\ 0 & 1 \end{bmatrix} \qquad (2.24)$$

Beispiel:

$$\begin{bmatrix} 1 & 1 \\ 3 & 2 \end{bmatrix} \cdot \begin{bmatrix} x_{11} & x_{12} \\ x_{21} & x_{22} \end{bmatrix} = \begin{bmatrix} 1 & 0 \\ 0 & 1 \end{bmatrix}$$

Nach Ausmultiplikation und Elementenvergleich wird:

$x_{11} + x_{21} = 1$

$3x_{11} + 2x_{21} = 0$

$x_{12} + x_{22} = 0$

$3x_{12} + 2x_{22} = 1$

Hieraus lassen sich die x-Werte bestimmen: $x_{11} = -2$, $x_{12} = 1$, $x_{21} = 3$ und $x_{22} = -1$.

Die inverse Matrix wird somit: $A^{-1} = \begin{bmatrix} -2 & 1 \\ 3 & -1 \end{bmatrix}$.

Allgemein gilt für Gl. (2.24):

$\quad A \cdot X = E$

$\quad A \cdot X = E = 1$

$A = (a_{ik})_{(n,n)} \ ; \ X = (x_{ik})_{(n,n)}$

$$\quad A \cdot X = [\sum a_{iv} \, x_{vk}] = E \qquad (2.25)$$

Für $m = n = 2$ ist:

$$A^{-1} = \frac{1}{|A|} \begin{bmatrix} a_{22} & -a_{12} \\ -a_{21} & a_{11} \end{bmatrix}. \qquad (2.26)$$

Die inverse Matrix für Matrizen höherer Ordnung läßt sich aus dem Quotienten der *adjungierten Matrix* und der Determinanten der Matrix bilden:

$$A^{-1} = \frac{A_{\text{adj}}}{|A|}, \qquad (2.27)$$

$$A_{adj} = A_{ki} \tag{2.28}$$

Hierin sind die A_{ki} die adjungierten Unterdeterminanten der $(a_{ik})_{(n,n)}$, unter Beachtung des Platzvorzeichens entsprechende Unterdeterminante $x \cdot (-1)^{i+k}$.

Beispiel:
Gesucht ist die inverse Matrix von A!

$$A = \begin{bmatrix} 3 & 1 & 0 \\ 0 & 0 & 1 \\ 2 & 2 & 0 \end{bmatrix}$$

Die Determinante von A wird:

$$\det(A) = \begin{vmatrix} 3 & 1 & 0 \\ 0 & 0 & 1 \\ 2 & 2 & 0 \end{vmatrix} \begin{matrix} 3 & 1 \\ 0 & 0 \\ 2 & 2 \end{matrix} = 2 - 6 = -4.$$

Die A_{ki} sind:

$$[A_{ki}] = \begin{bmatrix} A_{11} & A_{21} & A_{31} \\ A_{12} & A_{22} & A_{32} \\ A_{13} & A_{23} & A_{33} \end{bmatrix} = A_{adj} = \text{Transponierte Anordnung der } A_{ik}! \tag{2.29}$$

Bilden der adjungierten Determinanten aus den Unterdeterminanten der Matrix A unter Beachtung des Platzvorzeichens:

$$A_{11} = \begin{vmatrix} 0 & 1 \\ 2 & 0 \end{vmatrix} = -2; \quad A_{21} = -\begin{vmatrix} 1 & 0 \\ 2 & 0 \end{vmatrix}; \quad A_{31} = \begin{vmatrix} 1 & 0 \\ 0 & 1 \end{vmatrix} = 1$$

$$A_{12} = -\begin{vmatrix} 0 & 1 \\ 2 & 0 \end{vmatrix} = 2; \quad A_{22} = \begin{vmatrix} 3 & 0 \\ 2 & 0 \end{vmatrix}; \quad A_{32} = -\begin{vmatrix} 3 & 0 \\ 0 & 1 \end{vmatrix} = -3$$

$$A_{13} = \begin{vmatrix} 0 & 0 \\ 2 & 2 \end{vmatrix}; \quad A_{23} = -\begin{vmatrix} 3 & 1 \\ 2 & 2 \end{vmatrix} = -4; \quad A_{33} = \begin{vmatrix} 3 & 1 \\ 0 & 0 \end{vmatrix}$$

$$A_{ki} = \begin{bmatrix} -2 & 0 & 1 \\ 2 & 0 & -3 \\ 0 & -4 & 0 \end{bmatrix}$$

Division jedes Elementes durch den Wert der Determinante von A ergibt schließlich:

$$A^{-1} = \begin{bmatrix} \dfrac{1}{2} & 0 & -\dfrac{1}{4} \\ -\dfrac{1}{2} & 0 & \dfrac{3}{4} \\ 0 & 1 & 0 \end{bmatrix}$$

Aufgabe 2.6:
Es sind die inversen Matrizen zu den folgenden quadratischen Matrizen zu bilden:

$$A = \begin{bmatrix} 1 & 3 \\ 4 & 2 \end{bmatrix} \; ; \quad B = \begin{bmatrix} 5 & 0 & 3 \\ 0 & 1 & 0 \\ 2 & 0 & 10 \end{bmatrix} \; ; \quad C = \begin{bmatrix} 1 & 0 & 1 \\ 0,5 & 1 & 2 \\ 0 & 0,5 & 1 \end{bmatrix}$$

2.4.2 Darstellungen von Gleichungssystemen aus der elektrischen Anlagentechnik mit Hilfe von Matrizen

In der Elektrotechnik und insbesondere auch in der Anlagen- und Netztechnik können häufig komplizierte Sachverhalte durch das Matrizenkalkül übersichtlich und einsehbar dargestellt werden. Im folgenden sollen einige einfache Beispiele die Matrizenanwendung erläutern.

Bild 2.4 zeigt eine einphasige Wechselstromschaltung, die von zwei Generatoren gespeist wird. Mit Hilfe der Matrizenrechnung soll die Stromverteilung für den Normalbetrieb und für den eingetragenen Kurzschlußfall untersucht werden.

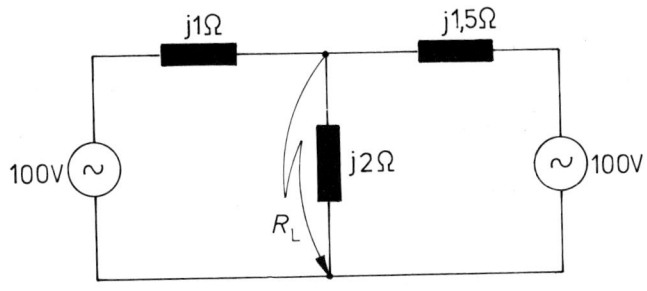

Bild 2.4 Einphasige Wechselstromschaltung mit gleichen Quellenspannungen

Das Gleichungssystem lautet:

$$I_1 j X_1 + I_3 j X_3 = E_1$$
$$I_2 j X_2 + I_3 j X_3 = E_2$$
$$I_1 + I_2 - I_3 = 0$$

Schreibweise in Matrizenform:

$$\begin{bmatrix} jX_1 & 0 & jX_3 \\ 0 & jX_2 & jX_3 \\ 1 & 1 & -1 \end{bmatrix} \cdot \begin{bmatrix} I_1 \\ I_2 \\ I_3 \end{bmatrix} = \begin{bmatrix} E_1 \\ E_2 \\ 0 \end{bmatrix}$$

Oder in abgekürzter Form:

$$Z \cdot I = E, \tag{2.30}$$

wobei E die Quellenspannungen darstellen (keine Einheitsmatrix).

Lösung mit Matrizenrechnung:

1. Schritt:
Gl. (2.30) wird links und rechts mit der inversen Matrix multipliziert:

$$Z^{-1} \cdot Z \cdot I = Z^{-1} \cdot E \tag{2.31}$$

Wegen $Z^{-1} \cdot Z = 1$ folgt $I = Z^{-1} \cdot E$

2. Schritt:
Damit die Gleichung gelöst werden kann, ist die Bildung der *inversen Matrix* Z^{-1} notwendig. Hierzu wird die *adjungierte Matrix* von Z, also Z_{adj} benötigt. Entsprechend Gl. (2.29) werden die Adjunkten der Matrix Z gebildet und in *transponierter Form* aufgeschrieben:
Unter Verwendung der in Bild 2.4 eingetragenen Zahlenwerte und mit dem Weglassen der *j*-Werte sind die Adjunkten:

$$A_{11} = \begin{vmatrix} 1,5 & 2 \\ 1 & -1 \end{vmatrix} = -3,5; \quad A_{12} = -\begin{vmatrix} 0 & 2 \\ 1 & -1 \end{vmatrix} = 2; \quad A_{13} = \begin{vmatrix} 0 & 1,5 \\ 1 & 1 \end{vmatrix} = -1,5;$$

$$A_{21} = -\begin{vmatrix} 0 & 2 \\ 1 & -1 \end{vmatrix} = 2; \quad A_{22} = \begin{vmatrix} 1 & 2 \\ 1 & -1 \end{vmatrix} = -3; \quad A_{23} = -\begin{vmatrix} 1 & 0 \\ 1 & 1 \end{vmatrix} = -1;$$

$$A_{31} = \begin{vmatrix} 0 & 2 \\ 1,5 & 2 \end{vmatrix} = -3; \quad A_{32} = -\begin{vmatrix} 1 & 2 \\ 0 & 2 \end{vmatrix} = -2; \quad A_{33} = \begin{vmatrix} 1 & 0 \\ 0 & 1,5 \end{vmatrix} = 1,5.$$

Der Wert der Determinante von Z ist:
$\det(Z) = -6,5.$

Für die inverse Matrix ist dann nach Gl. (2.27):

$$Z^{-1} = \frac{Z_{adj}}{\det(Z)}$$

$$Z_{adj} = \begin{bmatrix} -3,5 & 2 & 3 \\ 2 & -3 & -2 \\ -1,5 & -1 & 1,5 \end{bmatrix}$$

3. Schritt:

Die adjungierte Matrix wird durch die Determinante von Z dividiert, danach Multiplikation mit den Spannungswerten in der Spaltenmatrix:

$$\begin{bmatrix} \underline{I}_1 \\ \underline{I}_2 \\ \underline{I}_3 \end{bmatrix} = \begin{bmatrix} 0{,}538 & -0{,}31 & 0{,}46 \\ -0{,}31 & 0{,}46 & 0{,}31 \\ 0{,}23 & 0{,}15 & -0{,}23 \end{bmatrix} \cdot \begin{bmatrix} 100 \\ 100 \\ 0 \end{bmatrix} = \begin{bmatrix} 53{,}8 & -31 \\ -31 & +46 \\ 23 & +15 \end{bmatrix} A$$

$$\begin{bmatrix} \underline{I}_1 \\ \underline{I}_2 \\ \underline{I}_3 \end{bmatrix} = \begin{bmatrix} 22{,}8 \text{ A} \\ 15 \text{ A} \\ 38 \text{ A} \end{bmatrix}.$$

Die induktiven Ströme haben somit die Werte $\underline{I}_1 = -j23$ A; $\underline{I}_2 = -j15$ A und $\underline{I}_3 = -j38$ A.

Für den in Bild 2.4 eingezeichneten Kurzschlußfall ändern sich die Matrizenwerte. Die Widerstandsmatrix ist bei der zu treffenden Annahme $R_L = 0$:

$$Z = \begin{bmatrix} 1 & 0 & 0 \\ 0 & 1{,}5 & 0 \\ 1 & 1 & -1 \end{bmatrix}.$$

Hieraus wird die adjungierte Matrix:

$$Z_{adj} = \begin{bmatrix} -1{,}5 & 0 & 0 \\ 0 & -1 & 0 \\ -1{,}5 & -1 & 1{,}5 \end{bmatrix},$$

und schließlich die inverse Matrix entsprechend Gl. (2.27):

$$Z^{-1} = \begin{bmatrix} 1 & 0 & 0 \\ 0 & \frac{2}{3} & 0 \\ 1 & \frac{2}{3} & -1 \end{bmatrix}.$$

Für die Ströme ist dann:

$$\begin{bmatrix} \underline{I}_1 \\ \underline{I}_2 \\ \underline{I}_k \end{bmatrix} = \begin{bmatrix} 1 & 0 & 0 \\ 0 & \frac{2}{3} & 0 \\ 1 & \frac{2}{3} & -1 \end{bmatrix} \cdot \begin{bmatrix} 100 \\ 100 \\ 0 \end{bmatrix} A = \begin{bmatrix} 100 \\ 66 \\ 100+66 \end{bmatrix} A,$$

und unter Beachtung der j-Werte $\underline{I}_1 = -j100$ A; $\underline{I}_2 = -j66$ A; $\underline{I}_k = -j166$ A.

Werden die Netzverhältnisse komplizierter, dann steigt gewöhnlich auch die Zahl der unbekannten Ströme, die Matrizen werden umfangreicher und die Berechnung der inversen Matrix zur Auflösung des Gleichungssystems gestaltet sich recht aufwendig. Hier helfen Iterations-Verfahren weiter, die sich auch für den Einsatz in Rechenanlagen eignen.

2.5 Gauß'scher Algorithmus und seine Anwendung

Ein nach dem Mathematiker Gauß benanntes Iterationsverfahren macht die genügend genaue Ermittlung der Unbekannten eines Gleichungssystems möglich, wenn der Aufwand für die Bestimmung der inversen Matrix zu erheblich ist. In etwas umgewandelter Form läßt sich das Verfahren auch als *verketteter Algorithmus* angeben, der sich besonders für das Maschinenrechnen eignet.
Die folgenden Ausführungen betreffen ebenfalls nur die Ergebnisse dieses algorithmischen Rechenvorganges, für die Beweisführung und Ableitungen muß auch hier auf die einschlägige mathematische Literatur verwiesen werden.

2.5.1 Verketteter Algorithmus

Ein Gleichungssystem mit n Koeffizienten in den Zeilen und mit n absoluten Gliedern der rechten Seite läßt sich wieder als Zahlenschema schreiben:

$$\left.\begin{array}{ccccc|c}
\multicolumn{5}{c|}{\text{Koeffizienten}} & \text{rechte Seite} \\
\hline
a_{11} & a_{12} & a_{13} & a_{14} \ldots a_{1n} & & r_1 \\
a_{21} & a_{22} & a_{23} & a_{24} \ldots a_{2n} & & r_2 \\
\vdots & & & \vdots & & \vdots \\
a_{n1} & a_{n2} & a_{n3} & a_{n4} \ldots a_{nn} & & r_n
\end{array}\right\} \longrightarrow \quad (2.32)$$

$$\text{Faktoren, die aus Quotienten der a-Elemente gebildet werden} \left\{\begin{array}{ccccc|c}
\multicolumn{5}{c|}{} & \text{rechte Seite} \\
\hline
b_{11} & b_{12} & b_{13} & b_{14} \ldots b_{1n} & & q_1 \\
f_{21} & b_{22} & b_{23} & b_{24} \ldots b_{2n} & & q_2 \\
f_{31} & f_{32} & b_{33} & b_{34} \ldots b_{3n} & & q_3 \\
f_{41} & f_{42} & f_{43} & b_{44} \ldots b_{4n} & & q_4 \\
\vdots & & & \ddots \ b_{nn} & & \vdots \\
f_{n1} & \cdots & \cdots & \cdots f_{nn} & & q_n
\end{array}\right. \quad (2.33)$$

Die Elemente des Schemas (2.33) sind dadurch entstanden, daß nach einer, im folgenden angegebenen Regel Quotienten aus den Elementen von Gl. (2.32) gebildet wurden, die zu den Zeilenelementen addiert *Nullstellen* links von der Hauptdiagonalen erzeugen sollten. Beim verketteten Algorithmus werden die Faktoren f_{nn} auf die entstandenen Nullstellen gesetzt. Die Auflösung des Systems beginnt dann mit der Bestimmung der Unbekannten – in Gl. (2.33) mit x_n. Wenn x_n ermittelt ist, wird der Wert in die vorherige Zeile eingesetzt, und es wird x_{n-1} errechnet, dann x_{n-2} usw. Die *Rechenregeln für den verketteten Algorithmus* werden im folgenden für fünf Zeilen und fünf Spalten angegeben.

Faktoren der ersten Spalte:

$$\widehat{f_{21}} = -\frac{a_{21}}{a_{11}}; \quad \widehat{f_{31}} = -\frac{a_{31}}{a_{11}}; \quad \widehat{f_{41}} = -\frac{a_{41}}{a_{11}}; \quad \widehat{f_{51}} = -\frac{a_{51}}{a_{11}}.$$

Koeffizienten der zweiten Zeile:

$b_{22} = a_{22} + f_{21} \cdot a_{12}; \quad b_{23} = a_{23} + f_{21} \cdot a_{13};$

$b_{24} = a_{24} + f_{21} \cdot a_{14}; \quad b_{25} = a_{25} + f_{21} \cdot a_{15};$

$q_2 = r_2 + f_{21} \cdot q_1 .$

Faktoren der zweiten Spalte:

$\boxed{f_{32}} = -\dfrac{b_{32}}{b_{22}} = -\dfrac{a_{32} + f_{31} \cdot b_{12}}{b_{22}};$

$\boxed{f_{42}} = -\dfrac{b_{42}}{b_{22}} = -\dfrac{a_{42} + f_{41} \cdot b_{12}}{b_{22}};$

$\boxed{f_{52}} = -\dfrac{b_{52}}{b_{22}} = -\dfrac{a_{52} + f_{51} \cdot b_{12}}{b_{22}}.$

Koeffizienten der dritten Zeile:

$b_{33} = a_{33} + f_{31} \cdot b_{13} + f_{32} \cdot b_{23};$

$b_{34} = a_{34} + f_{31} \cdot b_{14} + f_{32} \cdot b_{24};$

$b_{35} = a_{35} + f_{31} \cdot b_{15} + f_{32} \cdot b_{25};$

$q_3 = r_3 + f_{31} \cdot q_1 + f_{32} \cdot q_2 .$

Faktoren der dritten Spalte:

$\boxed{f_{43}} = -\dfrac{b_{43}}{b_{33}} = -\dfrac{a_{43} + f_{41} \cdot b_{13} + f_{42} \cdot b_{23}}{b_{33}}$

$\boxed{f_{53}} = -\dfrac{b_{53}}{b_{33}} = -\dfrac{a_{53} + f_{51} \cdot b_{13} + f_{52} \cdot b_{23}}{b_{33}}$

Koeffizienten der vierten Zeile:

$b_{44} = a_{44} + f_{41} \cdot b_{14} + f_{42} \cdot b_{24} + f_{43} \cdot b_{34};$

$b_{45} = a_{45} + f_{41} \cdot b_{15} + f_{42} \cdot b_{25} + f_{43} \cdot b_{35};$

$q_4 = r_4 + f_{41} \cdot q_1 + f_{42} \cdot q_2 + f_{43} \cdot q_3$

Faktor der vierten Spalte:

$\boxed{f_{54}} = -\dfrac{b_{54}}{b_{44}} = -\dfrac{a_{54} + f_{51} \cdot b_{14} + f_{52} \cdot b_{24} + f_{53} \cdot b_{34}}{b_{44}}.$

Koeffizient der vierten Zeile:

$b_{55} = a_{55} + f_{51} \cdot b_{15} + f_{52} \cdot b_{25} + f_{53} \cdot b_{35} + f_{54} \cdot b_{45};$

$q_5 = r_5 + f_{51} \cdot q_1 + f_{52} \cdot q_2 + f_{53} \cdot q_3 + f_{54} \cdot q_4$

◯ Faktoren auf den Nullstellen unterhalb der Diagonalen

▭ Absolute Glieder der rechten Seite nach dem Algorithmus

Allgemein gilt für den verketteten Algorithmus:

$b_{ik} = a_{ik} + f_{i1} b_{1k} + f_{i2} b_{2k} + \cdots + f_{i(i-1)} b_{(i-1)k}$

$$f_{ik} = \frac{a_{ik} + f_{i1} b_{1k} + f_{i2} b_{2k} + \cdots + f_{i(k-1)} b_{(k-1)k}}{-b_{kk}} \qquad (2.34)$$

$q_i = r_i + f_{i1} q_1 + f_{i2} q_2 + \cdots + f_{i(i-1)} q_{(i-1)}$

Aufgabe 2.7:
Das Gleichungssystem aus A 2.3 ist mit Hilfe des verketteten Algorithmus zu behandeln.

3 Aufgabenlösungen der Teile I bis IV

3.1 Teil I, Aufgaben 1.1 bis 6.2

Aufgabe 1.1
Wegen der Symmetrie sind die gesuchten Strang- und Außenleiterströme gleich:

$I_{str} = I_{12} = I_{23} = I_{31} = \dfrac{220\ V}{22\ \Omega} = 10\ A,$

$I_{auß} = I_1 = I_2 = I_3 = \sqrt{3} \cdot I_{Str} = 1{,}732 \cdot 10\ A = 17{,}32\ A.$

Wegen der Voraussetzung $\Delta U = 0$ sind die Spannungen und auch die Ströme im Erzeuger E und dem Verbraucher V gleich:

$U_{12} = U_{23} = U_{31} = 220\ V.$

Aufgabe 1.2

a) Das Spannungssystem bleibt unverändert, die Widerstände bilden eine an 220 V liegende Parallelschaltung:

$U_{12} = U_{31} = U/2 = 220\ V/2 = 110\ V;$

$I_{312} = 110\ V/22\ \Omega = 5\ A; \qquad I_{23} = 220\ V/22\ \Omega = 10\ A;$

$$I_2 = I_3 = \frac{U}{\dfrac{(R_{12} + R_{31}) \cdot R_{23}}{R_{12} + R_{23} + R_{31}}} = \frac{220\text{ V}}{14{,}66\ \Omega} = 15{,}0\text{ A}.$$

b) Das Spannungssystem bleibt auch bei dieser Störung unverändert. Im Leiter L_3 fließt der Außenleiterstrom $I_3 = 17{,}32$ A. Die beiden anderen Leiter L_1 und L_2 übernehnehmen jeweils 220 V/22 Ω = 10 A.

Aufgabe 1.3
Wegen der angenommenen Außenleiterspannung $U_{\text{auß}} = 220$ V sind die zugehörigen Sternspannungen 220 V/$\sqrt{3}$ = 127 V. Die „Strangströme" sind gleich den Außenleiterströmen:

$$I_1 = I_2 = I_3 = 127\text{ V}/22\ \Omega = 5{,}77\text{ A}.$$

Aufgabe 1.4
Bei einem vorhandenen Neutralleiter N bleibt auch in der Sternschaltung das Spannungssystem symmetrisch. An den Widerständen R_{2N} und R_{3N} liegt die Sternspannung 127 V. Die Außenleiter L_2 und L_3 führen 5,77 A. Der Neutralleiter übernimmt vollständig den Strom des unterbrochenen Leiters L_1, d. h. 5,77 A (siehe **Bild LI 1.40**).

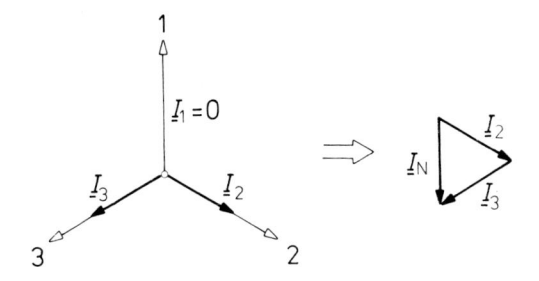

Bild LI 1.40 Neutralleiter übernimmt Außenleiterstrom

Aufgabe 1.5
Die *Strangströme* sind:

$$\underline{I}_{12} = \frac{380\text{ V} \cdot \exp(\mathrm{j}0°)}{85\ \Omega \cdot \exp(\mathrm{j}25°)} = 4{,}47\text{ A} \cdot \exp(-\mathrm{j}25°);$$

$$\underline{I}_{23} = \frac{380\text{ V} \cdot \exp(-\mathrm{j}120°)}{85\ \Omega \cdot \exp(\mathrm{j}25°)} = 4{,}47\text{ A} \cdot \exp(-\mathrm{j}145°);$$

$$\underline{I}_{31} = \frac{380\text{ V} \cdot \exp(+\mathrm{j}120°)}{85\ \Omega \cdot \exp(\mathrm{j}25°)} = 4{,}47\text{ A} \cdot \exp(\mathrm{j}95°).$$

Die *Außenleiterströme* setzen sich aus den Strangströmen geometrisch zusammen. Man beachte, daß die Addition nur zum Ziel führt, wenn die Bezugsspannung $\underline{U}_{12}$ beibehalten wird.

$$\underline{I}_1 = \underline{I}_{12} - \underline{I}_{31} = 4{,}47\,\text{A} \cdot [\exp(-j25°) - \exp(j95°)]$$
$$= 4{,}47\,\text{A} \cdot [\cos(25°) - j\sin(25°) - \cos(95°) - j\sin(95°)]$$
$$= 4{,}47\,\text{A} \cdot (0{,}993 - j1{,}418)$$
$$\underline{I}_1 = 7{,}74\,\text{A} \cdot \exp(-j55°)$$

Entsprechend werden

$$\underline{I}_2 = 7{,}74\,\text{A} \cdot \exp(-j175°)$$
$$\underline{I}_3 = 7{,}74\,\text{A} \cdot \exp(j65°)$$

Grafische Lösung in **Bild LI 1.50**.

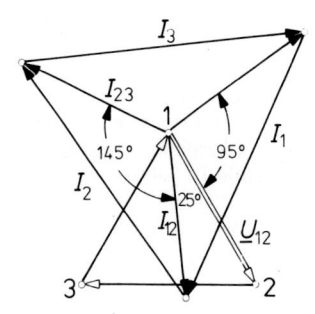

Bild LI 1.50 Grafische Lösung für die Außenleiterströme

Aufgabe 1.6
Die Sternströme waren in der Schaltung nach Bild 1.16:

$\underline{I}_1 = 0{,}22\,\text{A} \cdot \exp(j0°);$ bezogen auf $\underline{U}_{1\text{N}}$

$\underline{I}_2 = 0{,}692\,\text{A} \cdot \exp(j90°);$ bezogen auf $\underline{U}_{2\text{N}}$

$\underline{I}_3 = 2{,}1\,\text{A} \cdot \exp(-j89°);$ bezogen auf $\underline{U}_{3\text{N}}$

Die Gesamtwirkleistung wird durch Addition der Einzelleistungen in den Strängen ermittelt:

$P_1 = 0{,}22\,\text{A} \cdot 220\,\text{V} \cdot \cos(0°) \quad = 48{,}4\,\text{W}$

$P_2 = 0{,}692\,\text{A} \cdot 220\,\text{V} \cdot \cos(90°) \quad = 0\,\text{W}$

$P_3 = 2{,}1\,\text{A} \cdot 220\,\text{V} \cdot \cos(-89°) \quad \underline{= 8{,}06\,\text{W}}$

$\phantom{P_3 = 2{,}1\,\text{A} \cdot 220\,\text{V} \cdot \cos(-89°) \quad =\,} 56{,}46\,\text{W}$

Aufgabe 1.7
Bei der Sternschaltung mit angeschlossenem Neutralleiter gilt immer die Beziehung:

$\underline{I}_1 + \underline{I}_2 + \underline{I}_3 = \underline{I}_\text{N}.$

Die Leiterströme sind bezüglich $\underline{U}_{1\text{N}}$.

$$\underline{I}_1 = \frac{288{,}68\,\text{V}}{20\,\Omega \cdot \exp(j25°)} = 14{,}43\,\text{A} \cdot \exp(-j25°);$$

$$\underline{I}_2 = \frac{288{,}68\,\text{V} \cdot \exp(-\text{j}120°)}{50\,\Omega \cdot \exp(-\text{j}50°)} = 5{,}77\,\text{A} \cdot \exp(-\text{j}70°);$$

$$\underline{I}_3 = \frac{288{,}68\,\text{V} \cdot \exp(+120°)}{85\,\Omega \cdot \exp(\text{j}30°)} = 3{,}4\,\text{A} \cdot \exp(\text{j}90°).$$

Bestimmen von $\underline{I}_N$ durch geometrische Addition der drei Ströme $\underline{I}_1$, $\underline{I}_2$ und $\underline{I}_3$:

$$\begin{aligned}\underline{I}_N &= 14{,}43\,\text{A} \cdot [\cos(25°) - \text{j}\sin(25°)] \\ &\quad + 5{,}77\,\text{A} \cdot [\cos(70°) - \text{j}\sin(70°)] \\ &\quad + 3{,}4\,\text{A} \cdot [\cos(90°) + \text{j}\sin(90°)] \\ &= (15{,}05 - \text{j}8{,}12)\,\text{A} = 17{,}1\,\text{A} \cdot \exp(-\text{j}28{,}34°).\end{aligned}$$

Grafische Lösung und Kontrolle der Rechnung in **Bild LI 1.70**.

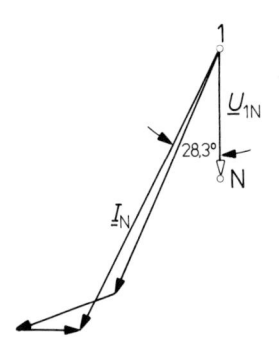

Bild LI 1.70 Grafische Lösung für Neutralleiterstrom

Aufgabe 1.8
Wird der Neutralleiter unterbrochen, dann bilden die drei Außenleiterströme $\underline{I}_1$, $\underline{I}_2$ und $\underline{I}_3$ wieder ein geschlossenes Dreieck:

$$\underline{I}_1 + \underline{I}_2 + \underline{I}_3 = 0.$$

Die Spannungen an den Widerständen betragen nicht mehr 288,68 V, sie sind unterschiedlich, der Sternpunkt befindet sich nicht mehr an der gleichen Stelle – Begriff des verschobenen Sternpunktes!
Lösung entweder nach Gl. (1.20) oder nach Gl. (1.21).

a) Lösung nach Gl. (1.20)
Für den neuen Sternpunkt ist bezüglich der Spannung U_{1N}:

$$\underline{U}_{NN'} = (-102{,}48 - \text{j}9{,}24)\,\text{V} = -102{,}9\,\text{V} \cdot \exp(\text{j}5{,}15°).$$

Ebenso findet man die jetzt unterschiedlichen Sternspannungen:

$\underline{U}_{1N'} = 186{,}42\,\text{V} \cdot \exp(-\text{j}2{,}84°);\quad \underline{U}_{2N'} = -357{,}87\,\text{V} \cdot \exp(\text{j}46{,}39°);$
$\underline{U}_{3N'} = -344{,}73\,\text{V} \cdot \exp(-\text{j}44{,}3°).$

Die neuen Sternspannungen sind ebenso wie die sich aus der weiteren Berechnung ergebenden Stromwerte in **Bild LI 1.80** eingezeichnet.
Mit Gl. (1.19) sind:

$\underline{I}_1 = 9{,}3\,\text{A} \cdot \exp(-\text{j}27{,}84°)$;

$\underline{I}_2 = -7{,}15\,\text{A} \cdot \exp(-\text{j}3{,}61°)$;

$\underline{I}_3 = 4{,}06\,\text{A} \cdot \exp(\text{j}105°)$.

Alle Ströme sind auf den Spannungszeiger $U_{1\text{N}}$ bezogen. Kontrolle der Stromwerte mit Gl. (1.21):

$\underline{I}_1 = 9{,}32\,\text{A} \cdot \exp(-\text{j}57{,}8°)$;

$\underline{I}_2 = -7{,}16\,\text{A} \cdot \exp(-\text{j}33{,}6°)$;

$\underline{I}_3 = 4{,}06\,\text{A} \cdot \exp(\text{j}75{,}7°)$.

Alle Stromwerte nach Gl. (1.21) sind auf den Spannungszeiger $\underline{U}_{12}$ bezogen. Die Summe der drei Außenleiterströme $\underline{I}_1$, $\underline{I}_2$ und $\underline{I}_3$ ist wieder Null:

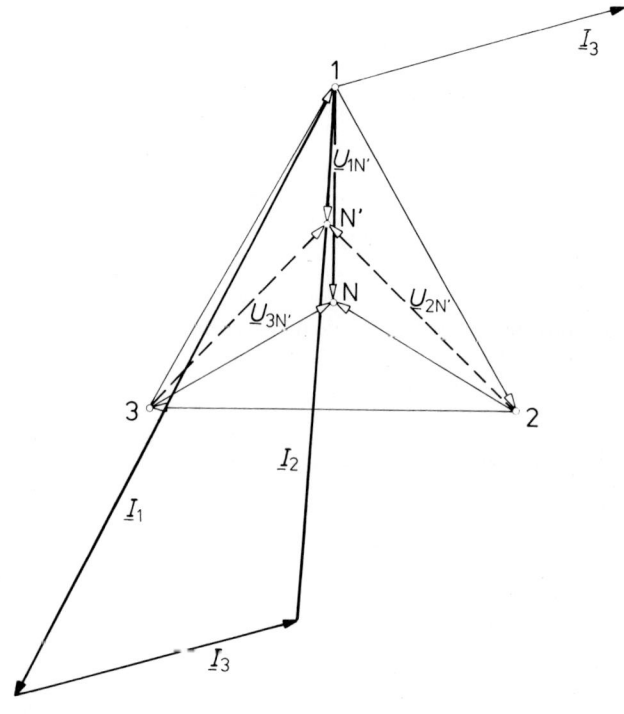

Bild LI 1.80 Grafische Lösung von A 1.8

$$\underline{I}_1 = (4{,}96 - j7{,}89)\,\text{A};$$
$$\underline{I}_2 = (-5{,}96 + j3{,}96)\,\text{A};$$
$$\underline{I}_3 = (1{,}0 + j3{,}93)\,\text{A};$$
$$\sum \underline{I}_v = (0{,}0 \pm j0{,}0)\,\text{A}; \quad (v = 1,2,3)$$

Aufgabe 1.9
Bei der Berechnung werden alle Spannungen auf die Sternspannung $\underline{U}_{1N}$ bezogen. Nach Gl. (1.20) ist:

$$\underline{I}_1 = \underline{Y}_1 (\underline{U}_{1N} + \underline{U}_{NN'})$$

$$\underline{U}_{NN'} = -\frac{0{,}05\,\text{S} \cdot 288{,}68\,\text{V} + 0{,}01\,\text{S} \cdot 288{,}68\,\text{V} \cdot \exp(-j120°) + 0{,}02\,\text{S} \cdot 288{,}68\,\text{V} \cdot \exp(+120°)}{0{,}05\,\text{S} + 0{,}01\,\text{S} + 0{,}02\,\text{S}}$$

$$= -288{,}68\,\text{V}\,[0{,}05 + 0{,}01 \cdot (\cos(120°) - j\sin(120°))$$
$$+ 0{,}02(\cos(120°) + j\sin(120°))]$$
$$= -(126{,}25 + j31{,}12)\,\text{V} = -130{,}02\,\text{V} \cdot \exp(j13{,}85°);$$

$$\underline{I}_1 = [0{,}05 \cdot 288{,}68 - (126{,}25 + j31{,}12)]\,\text{A}$$
$$= (8{,}09 - j1{,}56)\,\text{A}$$
$$= 8{,}24\,\text{A} \cdot \exp(-10{,}9°).$$

Entsprechend lassen sich die übrigen Ströme finden:

$$\underline{I}_2 = -(2{,}706 + j2{,}817)\,\text{A}$$
$$= -3{,}906\,\text{A} \cdot \exp(j46{,}15°);$$
$$\underline{I}_3 = -(5{,}4 + j4{,}38)\,\text{A}$$
$$= -6{,}95\,\text{A} \cdot \exp(-j39{,}04°).$$

Kontrolle nach Gl. (1.21):
Der Nenner der Bestimmungsgleichungen ist:
$$R_1 R_2 + R_2 R_3 + R_3 R_1 = (20\,100 + 20\,500 + 50\,100)\,\Omega^2 = 8000\,\Omega^2.$$
Die Außenleiterspannungen werden auf $\underline{U}_{12}$ bezogen:

$$\underline{I}_1 = \frac{\underline{U}_{13} \cdot R_2 + \underline{U}_{12} \cdot R_3}{R_1 \cdot R_2 + R_2 \cdot R_3 + R_3 \cdot R_1}.$$

$$\underline{U}_{13} = -\underline{U}_{31}$$

$$\underline{I}_1 = \frac{-(500\,\text{V} \cdot \exp(j120°) \cdot 100\,\Omega + 500\,\text{V} \cdot 50\,\Omega}{8000\,\Omega^2}$$

$$= (6{,}25 - j5{,}41)\,\text{A}$$
$$= 8{,}26\,\text{A} \cdot \exp(-j40{,}9°) \text{ bezogen auf } \underline{U}_{12};$$
$$= 8{,}26\,\text{A} \cdot \exp(-10{,}9°) \text{ bezogen auf } \underline{U}_{1N}.$$

Die übrigen Ströme sind dann:

$\underline{I}_2 = -(3{,}75 + j1{,}08)$ A

$\phantom{\underline{I}_2} = -3{,}903$ A $\cdot \exp(j16{,}07°)$ bezogen auf $\underline{U}_{12}$;

$\underline{I}_3 = -(2{,}5 - j6{,}5)$ A

$\phantom{\underline{I}_3} = -6{,}95$ A $\cdot \exp(-j69°)$ bezogen auf $\underline{U}_{12}$.

Summenkontrolle:

$6{,}25$ A $- j5{,}41$ A $- 3{,}75$ A $- j1{,}08$ A $- 2{,}5$ A $+ j6{,}5$ A $= 0$

Die grafische Lösung siehe **Bild LI 1.90**.

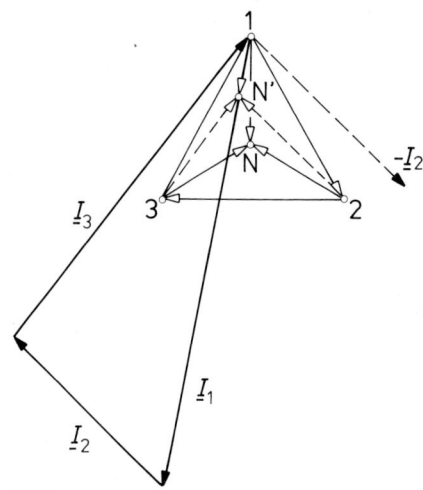

Bild LI 1.90 Neue Sternpunktlage und Ströme der unsymmetrischen Schaltung

Aufgabe 1.10

In Dreileiter-Drehstromsystemen (Dreieckschaltung oder Sternschaltung ohne Neutralleiter) kann die Leistung der Verbraucher mit zwei Wattmetern – *Aron*-Schaltung – gemessen werden. Bedingung ist: Die Summe der Außenleiterströme muß Null sein.

a) In A 1.5 mit der grafischen Lösung **Bild LI 1.50** kann die Gesamtleistung aus der Summe der drei Einzelleistungen in den Strängen ermittelt werden. Wegen der symmetrischen Belastung ist:

$P_{\text{ges}} = \sqrt{3} \cdot 7{,}74$ A $\cdot 380$ V $\cdot \cos(25°) = 4617$ W.

Die Messung mit drei Wattmetern über einen künstlichen Sternpunkt ergäbe:

$P_1 = 7{,}74$ A $\cdot (380$ V$/\sqrt{3}) \cdot \cos(25°)$

$ = 1539{,}03$ W

$P_2 = 1539{,}03$ W

$\underline{P_3 = 1539{,}03\ \text{W}}$

$P_{\text{ges}} = 4617{,}09$ W

Die Zweiwattmeter-Methode nach *Aron* liefert schließlich unter Beachtung der Winkel zwischen den Außenleiterströmen und den zugehörigen Außenleiterspannungen:

$P_1 = 7{,}74\,\text{A} \cdot 380\,\text{V} \cdot \cos(55°)$
$\quad = 1687\,\text{W}$

$P_2 = 7{,}74\,\text{A} \cdot 380\,\text{V} \cdot \cos(5°)$
$\quad = 2930\,\text{W}$

$P_{\text{ges}} = P_1 + P_2 = 4617\,\text{W}.$

Hierin sind:
$\cos(\varphi + 30°) = \cos(25° + 30°);$
$\cos(\varphi - 30°) = \cos(25° - 30°).$

b) In A 1.9 mit der grafischen Lösung **Bild LI 1.90** kann wegen der oben genannten Bedingungen die Leistungsmessung ebenfalls mit der Zweiwattmeter-Methode durchgeführt werden. Die Gesamtleistung des Verbrauchers ist unter Beachtung der verschiedenen Sternspannungen:

$U_{1N'} = I_1 / Y_1 = 8{,}24\,\text{A} \,/0{,}05\,\text{S} = 164{,}8\,\text{V}$

$U_{2N'} = I_2 / Y_2 = 3{,}906\,\text{A}/0{,}01\,\text{S} = 390{,}6\,\text{V}$

$U_{3N'} = I_3 / Y_3 = 6{,}95\,\text{A} \,/0{,}02\,\text{S} = 347{,}5\,\text{V}$

entsprechend:

$P_1 = 8{,}24\,\text{A} \cdot 164{,}8\,\text{V} \ = 1357{,}95\,\text{W}$

$P_2 = 3{,}906\,\text{A} \cdot 390{,}6\,\text{V} = 1525{,}68\,\text{W}$

$\underline{P_3 = 6{,}95\,\text{A} \cdot 347{,}5\,\text{V} \ = 2415{,}13\,\text{W}}$

$P_{\text{ges}} = \qquad\qquad\qquad\quad 5298{,}76\,\text{W}$

Mit der Zweiwattmeter-Methode wird unter Beachtung der Winkel:

$P_1 = 8{,}24\,\text{A} \cdot 500\,\text{V} \cdot \cos(40{,}9°) = 3113{,}9\,\text{W}$

$P_2 = 6{,}95\,\text{A} \cdot 500\,\text{V} \cdot \cos(129°) = 2185{,}8\,\text{W}$

$P_{\text{ges}} = P_1 + P_2 = 5299{,}7\,\text{W}$

Aufgabe 4.1
Die übertragbare Gesamtleistung ist nach Gl. (4.4) und mit $\varkappa_{\text{Cu}} = 53\,\text{m}/(\Omega\,\text{mn}^2)$:

$$P_e = \frac{\Delta U_\% \cdot \varkappa \cdot A \cdot U_e^2}{200 \cdot l}$$

$$= \frac{2{,}5 \cdot 53 \cdot 35 \cdot 220^2}{200 \cdot 1200}\,\text{W} = 0{,}935\,\text{kW}$$

Alle Werte in Gl. (4.4) sind zugeschnittene Werte:

ΔU in % $\qquad\qquad l$ in m
A in mm^2 $\qquad\quad U_e$ in V
$\varkappa$ in m/(Ω mm^2)

Aufgabe 4.2
Für die Lösung wird Gl. (4.9) benötigt. Die Streckenlängen müssen vom Speisepunkt ausgehend eingetragen werden:

$$A = \frac{200 \cdot \sum_v P_v \cdot l_v}{\varkappa \cdot \Delta U_\% \cdot U_e^2}$$

$$A = \frac{200 \cdot (150 \cdot 12,5 + 300 \cdot 18 + 450 \cdot 10 + 600 \cdot 5,2) \cdot 10^3}{33 \cdot 3 \cdot 440^2} \text{ mm}^2$$

$$= 155,42 \text{ mm}^2$$

Gewählter Querschnitt: $A = 185 \text{ mm}^2$

Aufgabe 4.3
Die Ringleitung kann im gemeinsamen Speisepunkt aufgeschnitten werden, danach lassen sich die Stützströme nach Gl. (4.24) bestimmen. Die Längenabschnitte sind jeweils von der entgegengesetzten Seite aus zu messen!

$$I_a = \frac{120 \cdot 12 + 350 \cdot 23 + 430 \cdot 50 + 680 \cdot 7,5 + 780 \cdot 32 + 830 \cdot 5 + 880 \cdot 10 + 1030 \cdot 25}{1130} \text{ A}$$

$$= 88,07 \text{ A}$$

$I_b = (164,5 - 88,07) \text{ A} = 76,43 \text{ A}$

Maximaler Spannungsfall ΔU_{max} bei der 50-A-Abnahmestelle **(Bild LI 4.30)**. Der Querschnitt der Ringleitung läßt sich wieder aus Gl. (4.9) bestimmen **(Bild LI 4.31)**.

$$A = \frac{200 \cdot (120 \cdot 12 + 350 \cdot 23 + 430 \cdot 41,3)}{33 \cdot 3 \cdot 440^2} \text{ mm}^2 = 125,1 \text{ mm}^2$$

Alle eingetragenen Werte wieder dimensionsmäßig zugeschnitten. Der gewählte Querschnitt: 150 mm²

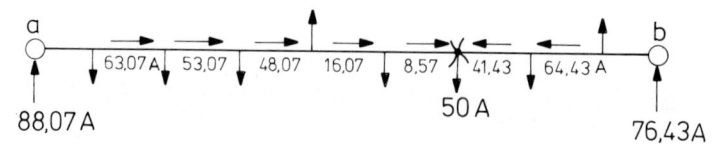

Bild LI 4.30 Aufgetrennte Ringleitung mit Angabe der Stelle von ΔU_{max}

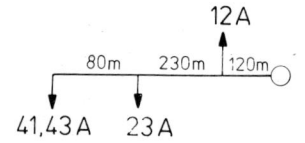

Bild LI 4.31 Einseitig gespeister Leitungsteil für Querschnittberechnung

Aufgabe 4.4
Die Lösung erfolgt nach Gl. (4.26). Unter der Voraussetzung, daß $R_a = R_b$ bzw. $l_a = l_b$, wird der Ausgleichstrom:

$$I_a = \frac{|440 - 600|}{\frac{2 \cdot 4 \cdot 10^3}{33 \cdot 35}} \text{ A} = 23{,}12 \text{ A}.$$

Aufgabe 4.5
Nach Gl. (4.39) ist:

$$A = \frac{100 \cdot l \cdot P_e}{\Delta U \cdot U_e^2}$$

$$= \frac{100 \cdot 2{,}5 \cdot 10^3 \cdot 35 \cdot 10^3}{50 \cdot 2{,}3 (10^3)^2} \text{ mm}^2$$

$$= 76{,}08 \text{ mm}^2$$

Gewählter Querschnitt: $A = 75$ oder 95 mm^2

Aufgabe 4.6
Mit $\varkappa = 31 \text{ m}/(\Omega \text{ mm}^2)$ ist nach Gl. (4.44):

$$P_x = \frac{\Delta U \cdot A \cdot U_e^2}{100 \sum_v l_v}; \; l_v \text{ von Sp aus summiert}$$

$$P_x = \frac{5 \cdot 31 \cdot 35 \cdot (6 \cdot 10^3)^2}{100 \cdot 7500} \text{ W} = 260 \text{ kW}.$$

Durch den ersten Leitungsabschnitt würden $5 \cdot 260 \text{ kW} = 1300 \text{ kW}$ geführt werden. Der zugehörige Stromwert wäre bei einem $\cos \varphi = 0{,}8$:

$$I = \frac{1300 \cdot 10^3}{\sqrt{3} \cdot 6 \cdot 10^3 \cdot 0{,}8} \text{ A} = 156{,}37 \text{ A}.$$

Um den ersten Leitungsabschnitt nicht zu überlasten, dürfte die Gesamtbelastung bei einem zulässigen Stromwert von 145 A nur $P_{ges} = \sqrt{3} \cdot 145 \cdot 6 \cdot 10^3 \cdot 0{,}8 \text{ W} \approx 1200 \text{ kW}$ sein.

Aufgabe 4.7
Für die Einzelleitungen würde gelten:

$$A_1 = \frac{100 \cdot (100 \cdot 5 + 780 \cdot 12 + 1280 \cdot 25) \cdot 10^3}{53 \cdot 3{,}5 \cdot 500^2} \text{ mm}^2$$

$= 90{,}26 \text{ mm}^2$, gewählt 95 mm^2 für Leitung I

$$A_{II} = \frac{100 \cdot (100 \cdot 7{,}5 + 450 \cdot 10 + 1400 \cdot 15 + 1550 \cdot 25)}{53 \cdot 3{,}5 \cdot 500^2} \text{ mm}^2$$

$= 154{,}15 \text{ mm}^2$, gewählt 185 mm² für Leitung II.

Für den Ring unter Einbezug der 250 m langen Verbindungsstrecke werden die Stützströme wieder nach Gl. (4.25) bzw. Gl. (4.45) bestimmt:

$P_a = 49{,}98$ kW und $P_b = 49{,}5$ kW.

Der maximale Spannungsfallwert liegt an der 25-A-Abgangsstelle. Er beträgt nach Gl. (4.44):

$$\Delta U_\% = \frac{100 \cdot (100 \cdot 7{,}5 + 450 \cdot 10 + 1400 \cdot 15 + 1550 \cdot 17{,}5) \cdot 10^3}{53 \cdot 185 \cdot 500^2} \%$$

$= 2{,}17\%$

Würde für den Ring ein Spannungsfallwert von 3,5% zugelassen werden, ließe sich der Querschnitt auf 120 mm² reduzieren **(Bild LI 4.70)**.

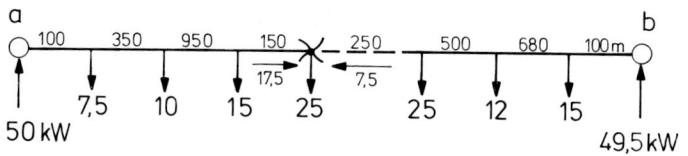

Bild LI 4.70 Aufgetrennte Ringleitung nach Leitungsverbindung

Aufgabe 4.8

Die mit der 30-kV-Freileitung übertragene Wirkleistung beträgt:

$P_e = \sqrt{3} \cdot 30 \cdot 10^3 \text{ V} \cdot 70 \text{ A} \cdot 0{,}8 = 2{,}9$ MW

Verhältnisse auf der Leitung:

Ohmscher Spannungsfall:

$I \cdot R = 70 \text{ A} \cdot 0{,}3 \text{ }\Omega/\text{km} \cdot 15 \text{ km} = 315$ V

Induktiver Spannungsfall:

$I \cdot X = 70 \text{ A} \cdot 0{,}364 \text{ }\Omega/\text{km} \cdot 15 \text{ km}$

Spannungsverlust längs U_e:

$I \cdot R \cdot \cos \varphi_e + I \cdot X \cdot \sin \varphi_e$

$= (3{,}15 \cdot 0{,}8 + 382{,}2 \cdot 0{,}6)$ V

$= 481{,}2$ V

Spannungsverlust senkrecht U_e:

$I \cdot X \cdot \cos \varphi_e - I \cdot R \cdot \sin \varphi_e$

$= (382{,}2 \cdot 0{,}8 - 315 \cdot 0{,}6)\,\text{V}$

$= 116{,}6\,\text{V}$

Prozentualer Spannungsverlust:

$$\Delta U_\% = \frac{481{,}2 \cdot 100}{\dfrac{30\,000}{\sqrt{3}}}\,\% = 2{,}78\,\%$$

Winkel zwischen U_a und U_e:

$$\tan \varphi = \frac{116{,}6\,\text{V}}{\dfrac{30\,000\,\text{V}}{\sqrt{3}} + 481{,}2\,\text{V}} = 0{,}0065$$

$\varphi = 0{,}37°$

Anfangsspannung $U_a = U_e + 481{,}2\,\text{V} = 30{,}5\,\text{kV}$

Aufgabe 4.9
Die 10-kV-Ringleitung kann als zweiseitig gespeiste Leitung behandelt werden. Nach dem Auftrennen werden wieder die Stützwerte bestimmt, in diesem Fall die Ströme. Es ist übersichtlicher, wenn alle gegebenen und errechneten Werte in einer Tabelle eingetragen werden:

Ort	P kW	I A	$\cos\varphi$	$\sin\varphi$	$I\cos\varphi - jI\sin\varphi$ A	l_a km	l_b km
1	300	21,65	0,8	0,6	17,32 − j 12,99	0,8	7
2	120	9,9	0,7	0,57	6,93 − j 7,07	1,8	6
3	95	6,69	0,82	0,71	5,49 − j 3,82	3,8	4
4	150	10,82	0,8	0,6	8,66 − j 6,49	5,3	2,5

Die Stützströme sind nach Gl. (4.45):

$$\underline{I}_a = \frac{(8{,}66 \cdot 2{,}5 + 5{,}49 \cdot 4 + 6{,}93 \cdot 6 + 17{,}32 \cdot 7)}{7{,}8}\,\text{A}$$

$$- j\,\frac{(6{,}49 \cdot 2{,}5 + 3{,}82 \cdot 4 + 7{,}07 \cdot 6 + 12{,}99 \cdot 7)}{7{,}8}\,\text{A}$$

$\underline{I}_a = (26{,}47 - j\,21{,}14)\,\text{A}$

Eine entsprechende Rechnung führt zu I_b mit:

$\underline{I}_b = (11{,}93 - j\,9{,}23)\,\text{A}$.

Die Querschnittberechnung erfolgt wieder durch Auftrennen der Leitung an der Stelle von U_{max}. Die komplexe Strombelegung zeigt **Bild LI 4.91**.
Die Berechnung von A liefert mit Gl. (4.44):

$$A = \frac{\sqrt{3} \cdot 100 \cdot (2{,}5 \cdot 10{,}82 \cdot 0{,}8 + 3{,}5 \cdot 4{,}26 \cdot 0{,}77) \cdot 10^3}{31 \cdot 5 \cdot 10 \cdot 10^3} \text{ mm}^2$$

$$= 3{,}7 \text{ mm}^2$$

Da Al-St-Freileitungsseile erst ab 16 mm^2 dimensioniert sind, würde ein Seil $3 \times 16/2{,}5$ für 90 A Dauerbelastbarkeit in Frage kommen, so daß der eigentliche Spannungsfall nur $\Delta U = 1{,}16\%$ wäre **(Bild LI 4.90, Bild LI 4.91, Bild LI 4.92)**.

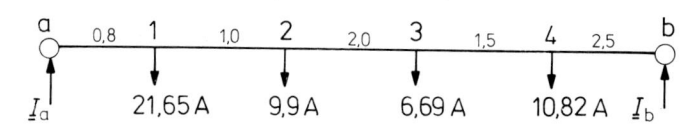

Bild LI 4.90 Stromverteilung auf der Ringleitung

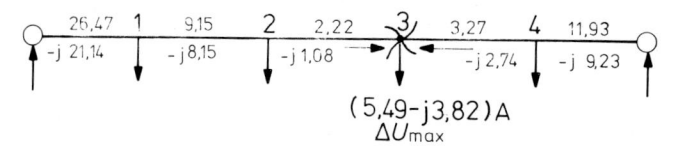

Bild LI 4.91 Komplexe Strombelegung auf der Leitung

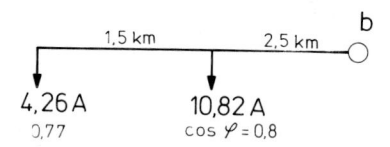

Bild LI 4.92 Einseitig gespeister Leitungsteil für Querschnittsbestimmung

Aufgabe 6.1
1. Schritt: Stromverlegung auf die Punkte a, b, c, d und k. Danach Auftrennen an den Stellen a, b, c, d.

2. Schritt: Bestimmen der Ströme I_a'', I_b'', I_c'' und I_d''.

$$\frac{I_a'' \cdot 100 = I_b'' \cdot 90 = I_c'' \cdot 105 = I_d'' \cdot 105}{I_a'' + I_b'' + I_c'' + I_d'' = 31{,}9 \text{ A}}$$

$I_a'' = 7{,}96 \text{ A}$; $I_b'' = 8{,}84 \text{ A}$; $I_c'' = 7{,}56 \text{ A}$; $I_d'' = 7{,}56 \text{ A}$

Siehe hierzu **Bild LI 6.10** und **Bild LI 6.11**.

3. Schritt: Berechnen der Stützströme I_a, I_b, I_c, I_d.

$I_a = I'_a + I''_a = 20\,\text{A} + 7{,}96\,\text{A} = 27{,}96\,\text{A}$
$I_b = I'_b + I''_b = 26{,}7\,\text{A} + 8{,}84\,\text{A} = 35{,}54\,\text{A}$
$I_c = I'_c + I''_c = 8{,}1\,\text{A} + 7{,}56\,\text{A} = 15{,}66\,\text{A}$
$I_d = I'_d + I''_d = 13{,}3\,\text{A} + 7{,}56\,\text{A} = 20{,}86\,\text{A}$

Kontrolle: Die Summe der Stützströme muß gleich der Summe aller Abgangsströme I_v sein:

$I_a + I_b + I_c + I_d = 100{,}0\,\text{A}$

Die Stromverteilung zeigt das **Bild LI 6.12**, der Querschnitt der Leitungen errechnet sich aus:

$$A = \frac{200 \cdot 50 \cdot 27{,}96}{53 \cdot 3 \cdot 440}\,\text{mm}^2 = 3{,}99\,\text{mm}^2$$

Gewählt: 4 mm².

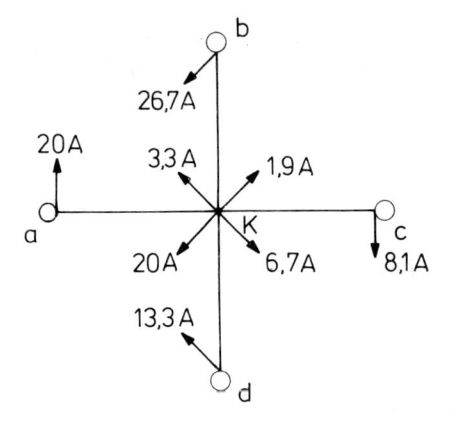

Bild LI 6.10 Vier Leitungszweige aufgetrennter Maschen

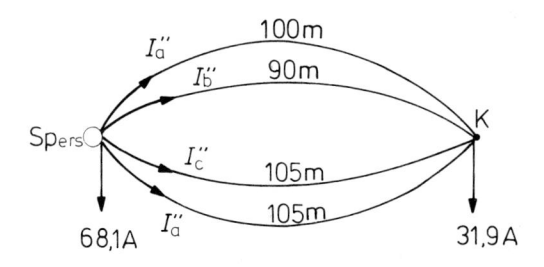

Bild LI 6.11 Bilden des Ersatzspeisepunktes $S_{p,\text{ers}}$

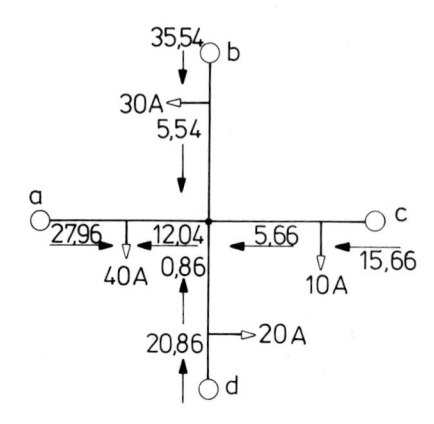

```
        35,54   b
          ↓
   30A ←
         5,54
           ↓
a                                  c
○──27,96──┬──12,04──┬──5,66──┬──○
    ↓     0,86   ↑  ↓    15,66
   40A         10A
              ↑
           20,86  →20A
              ↑
              ○ d
```

Bild LI 6.12 Stromverteilung in den Zweigen

Aufgabe 6.2
Die zwischen den Zweigen a'a, b'b und c'c liegende Dreieckmasche muß in einen Stern umgeformt werden. Vorher werden die komplexen Belastungsströme in die Knoten a, b und c verlegt:

Zwischen a und b

für Knoten b ist: $\dfrac{100 \cdot (3-j2)}{130}$ A $= (2{,}31 - j1{,}54)$ A

für Knoten a ist: $\dfrac{30 \cdot (3-j2)}{130}$ A $= (0{,}69 - j0{,}46)$ A

Zwischen a und c

für Knoten c ist: $\dfrac{40 \cdot (1{,}5 - j0{,}5)}{100}$ A $= (0{,}6 - j0{,}2)$ A

für Knoten a ist: $\dfrac{60 \cdot (1{,}5 - j0{,}5)}{100}$ A $= (0{,}9 - j0{,}3)$ A

Zwischen b und c

für Knoten b ist: $\dfrac{90 \cdot (4-j3)}{120}$ A $= (3{,}0 - j2{,}25)$ A

für Knoten c ist: $\dfrac{30 \cdot (4-j3)}{120}$ A $= (1{,}0 - j0{,}75)$ A

Summe der verlegten Ströme in a: $(1{,}59 - j0{,}76)$ A
Summe der verlegten Ströme in b: $(5{,}31 - j3{,}79)$ A
Summe der verlegten Ströme in c: $(1{,}6 - j0{,}95)$ A

Bei der Umwandlung der Dreieckmasche in einen Stern entstehen die folgenden Längen:

$$l_{ak} = \frac{100 \cdot 130}{350} \text{ m} = 37,14 \text{ m}$$

$$l_{ck} = \frac{100 \cdot 120}{350} \text{ m} = 34,28 \text{ m}$$

$$l_{bk} = \frac{120 \cdot 130}{350} \text{ m} = 44,57 \text{ m}$$

Die nochmalige Verlegung der Ströme auf a', b', c' und k liefert die in **Bild LI 6.20** eingetragenen Summenstromwerte in k und dem Ersatzspeisepunkt. Wird wieder gleicher Spannungsfallwert vorausgesetzt, dann ist:

$\underline{I}_a'' \cdot 87{,}14 = \underline{I}_b'' \cdot 84{,}28 = \underline{I}_c'' \cdot 94{,}57.$

$\underline{I}_a'' + \underline{I}_b'' + \underline{I}_c'' = (4{,}66 - j3)$ A.

Aus diesen beiden Bedingungsgleichungen lassen sich die komplexen Stromwerte für die den Knotenpunkt bedienenden Ströme $\underline{I}_a''$, $\underline{I}_b''$ und $\underline{I}_c''$ bestimmen:

$\underline{I}_a'' = (1{,}58 - j1{,}02)$ A

$\underline{I}_b'' = (1{,}63 - j1{,}05)$ A

$\underline{I}_c'' = (1{,}45 - j0{,}94)$ A

Schließlich werden dann die eigentlichen Stützenströme:

$\underline{I}_a = \underline{I}_a' + \underline{I}_a'' = (2{,}26 - j1{,}34)$ A

$\underline{I}_b = \underline{I}_b' + \underline{I}_b'' = (4{,}13 - j2{,}84)$ A

$\underline{I}_c = \underline{I}_c' + \underline{I}_c'' = (2{,}1 - j1{,}33)$ A

Die Summenprobe liefert:

$\underline{I}_a + \underline{I}_b + \underline{I}_b = \sum \underline{I}_v$

$(8{,}49 - j5{,}51)$ A $\triangleq (8{,}5 - j5{,}5)$ A

Die Stromverteilung in der Dreieckmasche ist in **Bild LI 6.21** dargestellt.

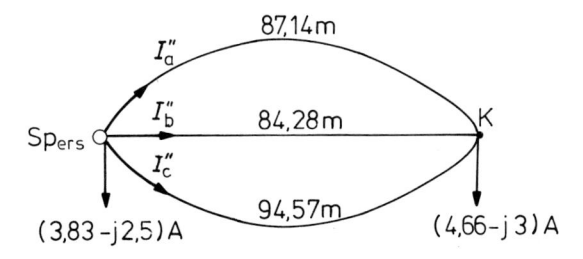

Bild LI 6.20 Bilden des Ersatzspeisepunktes $S_{p,\text{ers}}$

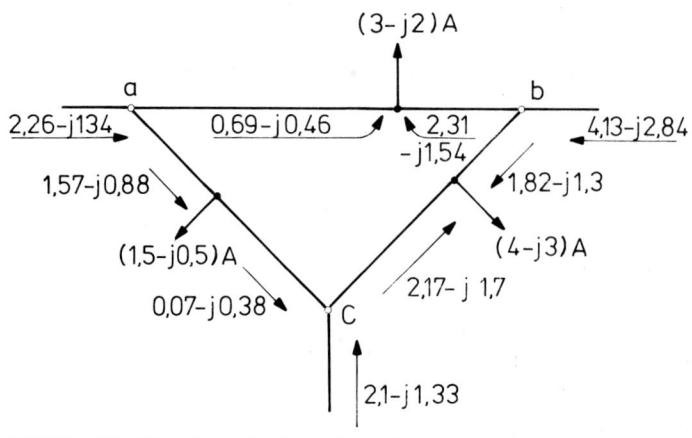

Bild LI 6.21 Verteilung der komplexen Ströme in der Dreieckmasche

3.2 Teil II, Aufgaben 2.1 bis 4.3

Aufgabe 2.1
Für Aluminium ist $R_{p0,2} = 5000$ N/cm$^2 = R_{pzul}$. Das Widerstandsmoment für die angenommene 10 × 1-cm^2-Schiene wird:

$$W = \frac{b^2 \cdot h}{6} = \frac{1 \cdot 10}{6} \text{ cm}^3 = 1{,}66 \text{ cm}^3.$$

Da $R_{p0,2}$ gegeben ist, läßt sich das Biegemoment M_b bestimmen:

$$M_b = R_{pzul} \cdot W = 5 \cdot 10^3 \cdot 1{,}66 \text{ N/cm} = 8{,}3 \cdot 10^3 \text{ N/cm}$$

$$F = \frac{8 \cdot M_b}{l} = \frac{8 \cdot 8{,}3 \cdot 10^3}{75} = 885 \text{ N}$$

Der zugehörige Stoßkurzschlußstrom I_s kann aus Gl. (2.19) errechnet werden, $I_s = 26\,346$ A.
Bei Kupfer als Schienenmaterial, mit $R_{p0,2} = 15\,000$ N/cm^2, ist die mechanische Belastungsfähigkeit dreimal so groß.

Aufgabe 2.2
Der thermisch wirksame Mittelwert ist nach Gl. (2.21) mit eingesetzten Zahlenwerten:

$I_m = 8{,}5$ kA $\sqrt{(0{,}2 + 1{,}0) \cdot 0{,}15 \text{ s/s}}$

Aus **Bild 2.17a** und **Bild 2.17b** wird mit $\varkappa = 1{,}7$: $m = 0{,}2$ und $n = 1{,}0$:

$I_m = 3{,}6$ kA

Bei dreimaliger Wiederzuschaltung – etwa KU-Schaltung – ist nach Gl. (2.22):

$I_m = \sqrt{3{,}6^2 + 3{,}6^2 + 3{,}6^2}$ kA $= 6{,}24$ kA.

Für ein 60-kV-Freileitungsseil aus St-Al beträgt die Endtemperatur etwa 160 °C. Die Nennkurzzeitstromdichte ist dann nach Bild 2.18:

$S_{th} = 70$ A/mm^2

Nach Gl. (2.23) wird damit der notwendige Leiterquerschnitt

$A = I_m \cdot 10^3 / S_{th} = 6{,}24 \cdot 10^3$ A/70 A/mm^2
$= 89{,}14$ mm^2

Das entspricht einem gewählten Leiterquerschnitt von 95 mm^2.

Aufgabe 3.1
Hier kann wieder davon ausgegangen werden, daß die Spannungen wegen des von ihnen eingeschlossenen, sehr kleinen Winkels näherungsweise parallel zueinander ge-

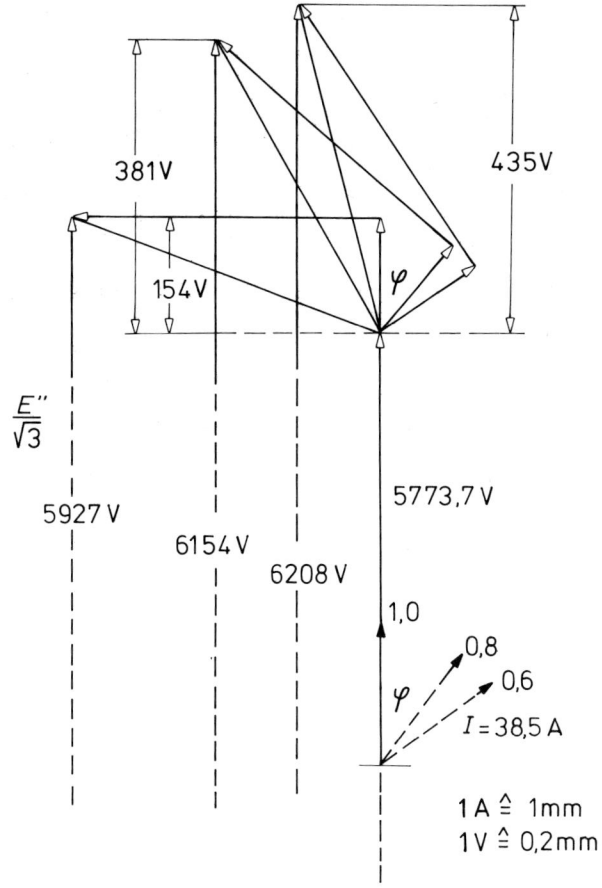

Bild LII 3.10 Kopfzeigerdiagramm als grafische Lösung für E''

zeichnet werden. **Bild LII 3.10** zeigt das „Kopfzeigerdiagramm" und die daraus ablesbaren Werte.

Aufgabe 3.2
Wird die 110-kV-Spannung als Bezugsspannung gewählt, dann müssen alle Reaktanzen der 10-kV-Seite auf diese Spannung umgerechnet werden.
Nach Gl. (3.6) ist:

$$\frac{X_{110}}{X_{10}} = \left(\frac{U_{110}}{U_{10}}\right)^2.$$

Hierin ist X_{110} die Leitungsreaktanz der 10-kV-Seite, bezogen auf 110 kV:

$$X_{110} = j1{,}4 \cdot \left(\frac{110}{10}\right)^2 \Omega = j169{,}4\,\Omega$$

Für den Transformator wird, ebenfalls bezogen auf 110 kV:

$$X_{Tr} = \frac{7 \cdot 110^2}{100 \cdot 10}\,\Omega = j84{,}7\,\Omega$$

Damit ist die Höhe des Kurzschlußstromes auf der 110-kV-Seite:

$$I''_{k(110)} = \frac{110 \cdot 10^3\,V}{\sqrt{3} \cdot j(169{,}4 + 84{,}7 + 14)\,\Omega} = -j236{,}89\,A$$

Mit dem Stromübersetzungsverhältnis wird wieder die Kurzschlußstromhöhe der 10-kV-Seite bestimmt:

$$\frac{I''_{k(10)}}{I''_{k(110)}} = \frac{U_{(110)}}{U_{(10)}}$$

$$I''_{k(10)} = -j236{,}89\,A \cdot \frac{110\,kV}{10\,kV} = -j2605{,}8\,A.$$

Aufgabe 4.1
Bei einem Kurzschluß auf der 0,4-kV-Seite müssen alle davor liegenden Widerstände auf die neue Bezugsspannung umgerechnet werden. Das zugehörige Ersatzbild wird ergänzt durch den Widerstand X_{Tr} der beiden von 20/0,4 kV übersetzenden Transformatoren.

Umrechnung der beiden ersten Widerstandswerte liefert:

$$X_{Ners0{,}4} = 0{,}27 \cdot \left(\frac{0{,}4}{20}\right)^2 \cdot 10^3\,m\Omega = 0{,}108\,m\Omega$$

$$X_{Tr110/20} = 0{,}87 \cdot \left(\frac{0{,}4}{20}\right)^2 \cdot 10^3\,m\Omega = 0{,}348\,m\Omega$$

Die beiden Leitungszweige können als parallele Widerstände aufgefaßt werden, in denen der Kurzschlußstrom nach dem Stromteilergesetz aufgeteilt wird:

$$X_{res20} = \frac{10{,}8 \cdot 4{,}5}{10{,}8 + 4{,}5}\,\Omega = 3{,}18\,\Omega$$

$$X_{\text{res}\,0,4} = 3{,}18 \cdot \left(\frac{0{,}4}{20}\right)^2 \cdot 10^3 \text{ m}\Omega = 1{,}27 \text{ m}\Omega$$

Die beiden Transformatoren tragen mit je 5 MVA bei einer gemeinsamen KS-Spannung von $u_k = 4\%$ bei:

$$X_{\text{Tr}\,0,4} = \frac{4 \cdot 0{,}4^2}{100 \cdot 10} \cdot 10^3 \text{ m}\Omega = 0{,}64 \text{ m}\Omega$$

Die Summe aller Widerstände ist demnach:

$X_{\text{ges}\,0,4} = (0{,}108 + 0{,}348 + 1{,}27 + 0{,}64)$ m$\Omega = 2{,}37$ mΩ

Der Kurzschlußstrom auf der 0,4-kV-Seite ist dann:

$$I''_{k\,0,4} = \frac{0{,}8 \cdot 0{,}4 \cdot 10^3 \text{ V}}{\sqrt{3} \cdot 2{,}37 \cdot 10^{-3}\,\Omega} = 77{,}956 \text{ kA}$$

Die Aufteilung und Höhe der Ströme I''_{ka} und I''_{kb} im 20-kV-Ring ist:

$$I''_{ka\,20} = 77{,}96 \cdot 10^3 \cdot \frac{0{,}4}{20} \cdot \frac{4{,}5}{15{,}3} \text{ A} = 458{,}59 \text{ A}$$

$$I''_{kb\,20} = 77{,}96 \cdot 10^3 \cdot \frac{0{,}4}{20} \cdot \frac{10{,}8}{15{,}3} \text{ A} = 1\,100{,}5 \text{ A}$$

Aufgabe 4.2
Die für die 30-kV-Ebene errechneten Widerstandsdaten im Beispiel entsprechend Bild 4.4 und Bild 4.5 müssen nur auf die 0,4-kV-Niederspannungsseite umgerechnet werden. $X_{\text{ges}\,30} = 4{,}35$ mΩ sind:

$$X_{\text{ges}\,0,4} = 4{,}35 \cdot \left(\frac{0{,}4}{30}\right)^2 \cdot 10^3 \text{ m}\Omega = 0{,}773 \text{ m}\Omega$$

Hinzu kommt noch der Widerstandswert der beiden Transformatoren aus der Umformstation II:

$$X_{\text{Tr}\,\text{III}} = \frac{3{,}6 \cdot 0{,}4^2}{100 \cdot 6{,}4} \cdot 10^3 \text{ m}\Omega = 0{,}9 \text{ m}\Omega$$

Damit wird:

$$I''_{k\,0,4} = \frac{0{,}8 \cdot 0{,}4 \cdot 10^3 \text{ V}}{\sqrt{3} \cdot (0{,}773 + 0{,}9) \text{ m}\Omega} = 110{,}43 \text{ kA} \quad ; \quad I_s = 264{,}7 \text{ kA}$$

Alle Ströme der A 4.1 und A 4.2 sind wegen der ausschließlichen Berücksichtigung der X-Werte in der Kurzschlußbahn rein induktiv!

Aufgabe 4.3
Berechnung aller Widerstandswerte der beteiligten Betriebsmittel für den Kurzschlußfall a vor dem Unterwerk III.

Kraftwerk I
Generator 1: 10 MVA; $X_d'' = 7,5\%$
Generator 2: 15 MVA; $X_d'' = 9\%$

Hieraus Bilden des Ersatzgenerators: 25 MVA

$1/X_{ders}'' = 1 \cdot 10/7,5 \cdot 25 + 1 \cdot 15/9 \cdot 25 = 0,1196$

$X_{ders}'' = 8,36\%$

Widerstand des Ersatzgenerators:

$$X_d'' = \frac{8,36 \cdot 60^2}{100 \cdot 25} \Omega = 12,03 \; \Omega$$

Transformatoren von I:

$$X_{TrI} = \frac{6 \cdot 60^2}{100 \cdot 20} \Omega = 10,8 \; \Omega$$

Kraftwerk II
Generator 1: 12 MVA; $X_d'' = 10\%$
Generator 2: 8 MVA; $X_d'' = 8\%$
Generator 3: 5 MVA; $X_d'' = 7\%$

Bilden des Ersatzgenerators: 25 MVA

$1/X_{ders}'' = 1 \cdot 12/10 \cdot 25 + 1 \cdot 8/8 \cdot 25 + 1 \cdot 5/7 \cdot 25 = 0,116$

$X_{ders}'' = 8,62\%$

Widerstand des Ersatzgenerators:

$$X_d'' = \frac{8,62 \cdot 60^2}{100 \cdot 25} \Omega = 12,4 \; \Omega$$

Transformatoren:

$$X_{TrII} = \frac{6,5 \cdot 60^2}{100 \cdot 21} \Omega = 11,14 \; \Omega$$

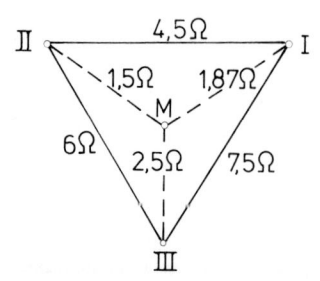

Bild LII 4.30 Umwandlung von Dreieck in Stern

Leitungen:
$X_{I,III} = 25 \text{ km} \cdot 0{,}3 \text{ }\Omega/\text{km} = 7{,}5 \text{ }\Omega$
$X_{II,III} = 20 \text{ km} \cdot 0{,}3 \text{ }\Omega/\text{km} = 6{,}0 \text{ }\Omega$
$X_{I,II} = 15 \text{ km} \cdot 0{,}3 \text{ }\Omega/\text{km} = 4{,}5 \text{ }\Omega$

Umwandlung vom Dreieck in einen Stern, **Bild LII 4.30**:

$$X_{IM} = \frac{7{,}5 \cdot 4{,}5}{4{,}5 + 7{,}5 + 6} \text{ }\Omega = 1{,}875 \text{ }\Omega$$

$$X_{IIM} = \frac{4{,}5 \cdot 6}{18} \text{ }\Omega = 1{,}5 \text{ }\Omega$$

$$X_{IIIM} = \frac{7{,}5 \cdot 6}{18} \text{ }\Omega = 2{,}5 \text{ }\Omega$$

Ersatzschaltbild nach der Umwandlung entsprechend **Bild LII 4.31**:

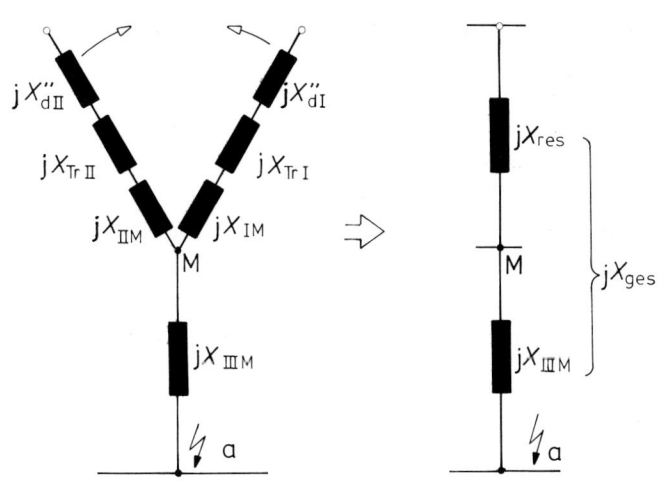

Bild LII 4.31 Ersatzbild nach Umwandlung

Rechter Zweig:
$X_{dI}'' + X_{TrI} + X_{IM} = X'$
$12{,}03 \text{ }\Omega + 10{,}8 \text{ }\Omega + 1{,}875 \text{ }\Omega = 24{,}7 \text{ }\Omega$

Linker Zweig:
$X_{dII}'' + X_{TrII} + X_{IIM} = X''$
$12{,}4 \text{ }\Omega + 11{,}14 \text{ }\Omega + 1{,}5 \text{ }\Omega = 25{,}04 \text{ }\Omega$

$$X_{res} = \frac{X' \cdot X''}{X' + X''} = \frac{24{,}7 \cdot 25{,}04}{24{,}7 + 25{,}04} \text{ }\Omega = 12{,}43 \text{ }\Omega$$

Hieraus ergibt sich für den Gesamtwiderstandswert bis zur Kurzschlußstelle a:

$X_{ges} = X_{res} + X_{IIIM} = 12{,}43\,\Omega + 2{,}5\,\Omega = 14{,}93\,\Omega$

Der Kurzschlußstrom wird dann:

$$I''_{ka} = \frac{1{,}1 \cdot 60 \cdot 10^3\,V}{\sqrt{3} \cdot 14{,}93\,\Omega} = 2552{,}33\,A$$

Für die Kurzschlußstelle b muß X_{ges} wieder auf 6 kV umgerechnet werden, der Widerstand der Transformatoren von III ergänzt den Gesamtwiderstandswert:

$X_{ges} = 0{,}3688\,\Omega$,

$I''_{kb} = 10\,332\,A$

3.3 Teil III, Aufgaben 5.1 bis 5.3

Aufgabe 5.1
In der Kennlinienanordnung von **Bild A5.10a** besteht Selektivität zwischen dem kurzverzögerten Leistungsschalter 3 und dem strombegrenzenden Leistungsschalter 2, der wiederum nur im Überstrombereich zur Sicherung 1 selektiv arbeitet. Im Kurzschlußbereich besteht zwischen 1 und 2 keine Selektivität.
In **Bild A5.10b** sind die Sicherungen 1 und 2 zueinander und zum kurzverzögerten Leistungsschalter 3 selektiv.
In **Bild A5.10c** schneidet die Sicherungskennlinie die Auslösekennlinie des Leistungsschalters. Keine Selektivität zwischen 1 und 2 im Kurzschlußbereich.
Bild A5.10d zeigt Selektivität zwischen einem Leistungsschalter 1 und einer vorgeschalteten Sicherung 2 im Überstrom- und unteren Kurzschlußbereich. An der Grenze des Nennausschaltvermögens von 2 übernimmt die Sicherung 1 die Kurzschlußausschaltung.
In **Bild A5.10e** besteht Selektivität zwischen einem kurzverzögerten Leistungsschalter 2 und dem strombegrenzenden Leistungsschalter 1.
In **Bild A5.10f** sind alle drei Leistungsschalter durch Zeitverzögerung einander selektiv zugeordnet.
Im **Bild A5.10g** schneiden sich die Kennlinien des staffelbaren Leistungsschalters 1 und des strombegrenzenden Schalters, so daß keine Selektivität im oberen Kurzschlußbereich besteht.
Im **Bild A5.10h** liegt der strombegrenzende Leistungsschalter unmittelbar am Verbraucher. Der Transformatorschalter 3 ist in einem bestimmten Strombereich kurzverzögert, danach erfolgt unverzögerte Auslösung. Zwischen allen drei Schaltern besteht volle Selektivität.
Die Sicherungskennlinien 1 und 2 von **Bild A5.10i** schneiden sich im Kurzschlußbereich. Kennlinie 3 liegt zu dicht an der Kennlinie 2, so daß keine Selektivität gewährleistet ist.

Aufgabe 5.2
Für den Transformatorschutz wird ein 1000-A-Leistungsschalter und für den Motorschutz ein 63-A-Motorschutzschalter ausgewählt. Der Motorschutzschalter arbeitet bei einem angenommenen Nennausschaltvermögen von 8 kA mit mehr als doppelter Sicherheit.
Eine Verzögerung des Transformatorschalters entfällt, wenn die Einstellung der Überstromauslöser oberhalb des Nennausschaltvermögens des nachgeschalteten Gerätes

liegt. In diesem Fall wird von „Stromselektivität" gesprochen. Hierzu die Kennlinien in **Bild LIII 5.20**.

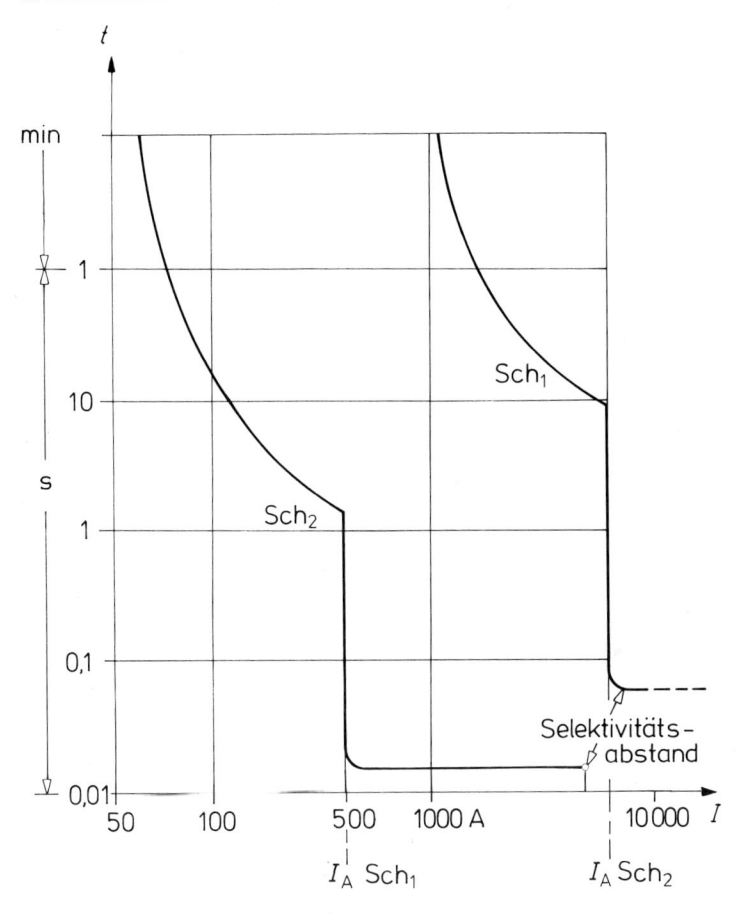

Bild LIII 5.20 Stromselektivität bei großen Nennstromunterschieden

Ansprechwert des Überstromauslösers am Transformatorschalter bei $10 \times I_N$. Da auch noch Unterschiede in den „Eigenzeiten" beider Schalter zu erwarten sind, ist in der gezeigten Anordnung mit voller Selektivität zu rechnen.

Aufgabe 5.3
Bei der Annahme eines *starren Netzes* werden die Kurzschlußströme:

Stelle I: $X_{Tr} = \dfrac{6 \cdot 0{,}4^2}{100 \cdot 2} = 0{,}0048\ \Omega$

$$I''_{kI} = \frac{0,8 \cdot 400}{\sqrt{3 \cdot 0,0048}} \text{ A} = 38,5 \text{ kA}$$

Stelle II: $\quad R = \dfrac{30}{53 \cdot 240} = 0,0023 \ \Omega$

$I''_{kII} = 26 \text{ kA}$

Wird für die Unterverteilung bei einer Entfernung von 10 m bis zum Verbraucher ein Querschnitt von 25 mm² zugrundegelegt, dann beträgt der den Kurzschluß an der Stelle III dämpfende Widerstand:

$$R = \frac{10}{53 \cdot 25} \ \Omega = 0,0075 \ \Omega$$

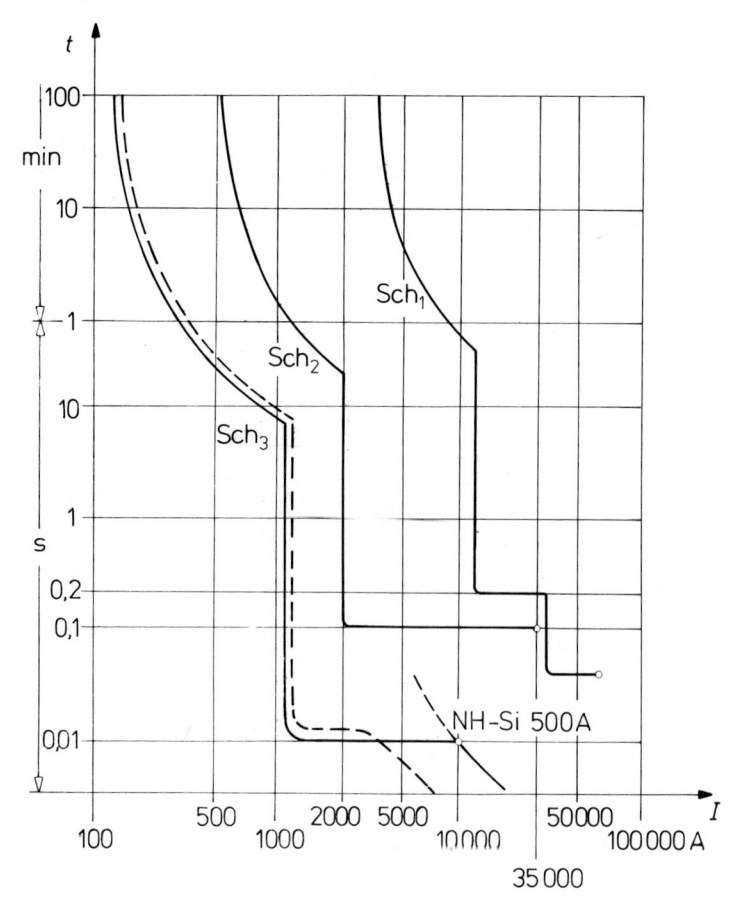

Bild LIII 5.30 Auslösekennlinien der Schalter 1 bis 3 in selektiver Anordnung

Mithin ist: $I_{kIII} = 12{,}7$ kA

Bild LIII 5.30 zeigt die Kennlinienbilder der drei Leistungsschalter mit einer vorgeschalteten Sicherung bei Sch 3. Die ausgewählten Schalternennströme liegen über den tatsächlichen Werten. Der hoch gewählte Sicherungsnennstrom garantiert die Auslösung nur im Kurzschlußbereich.

Sch 3:   160 A $\rightarrow I_k = 10$ kA
NH-Si: 500 A $\rightarrow I_k > 100$ kA
Sch 2:   800 A $\rightarrow I_k = 35$ kA
Sch 1:   3200 A $\rightarrow I_k = 50$ kA

Die Schalter Sch 2 und Sch 1 sind mit kurzverzögerten Überstromauslösern ausgerüstet. Sch 1 schaltet ab 35 kA unverzögert den Kurzschluß aus. Die Zeitverzögerung zwischen Sch 2 und Sch 1 soll 100 ms betragen. In dieser Anordnung ist dann mit voller Selektivität zu rechnen **(Bild LIII 5.30)**.

Kurzschluß an der Stelle 3:
Bei Kurzschlußströmen bis zu 10 kA löst der Motorschutzschalter Sch 3 allein aus. Werden höhere Ströme erzielt – etwa bei größeren Leitungsquerschnitten und Motoren – unterstützt die vorgeschaltete Sicherung die Ausschaltung. Die Auslöser von Sch 2 und Sch 1 sind mit 100 bzw. 200 ms verzögert, sie lösen daher nicht aus.

Kurzschluß an der Stelle 2:
Nach 100 ms löst der Schalter Sch 2 aus, Schalter 1 bleibt geschlossen. Die Energiebelieferung weiterer Hauptverteiler bleibt ungestört.

Kurzschluß an der Stelle 1:
Der Transformatorschalter Sch 1 löst bei Kurzschlußströmen bis 35 kA verzögert und ab 35 kA unverzögert aus. Damit wird eine möglichst schnelle Ausschaltung bei hohen Kurzschlußströmen erzielt.
Anstelle der Kombination „Schalter–NH-Si" kann auch ein strombegrenzend arbeitender Schalter die Schutzaufgabe übernehmen. In **Bild LIII 5.30** ist die mögliche Kennlinie eines derartigen Leistungsschalters für 160 A Nennstrom gestrichelt eingetragen.

3.4 Teil IV, Aufgaben 2.1 bis 2.7

Aufgabe 2.1
Bei ungleichen Quellenspannungen, etwa $U_a > U_b$, ist nach den Kirchhoffschen Gesetzen:

$$I_a + I_b = I$$
$$I_a R_a - I_b R_b = U_a - U_b$$

Anordnung der Koeffizienten:

I_a	I_b	rechte Seite
1	1	I
R_a	$-R_b$	$U_a - U_b$

Der Wert der Koeffizientendeterminante ist:

$$D = \begin{vmatrix} 1 & 1 \\ R_a & -R_b \end{vmatrix} = -R_b - R_a = -(R_b + R_a)$$

Die Zählerdeterminante für I_a ist dann:

$$\begin{vmatrix} I & 1 \\ U_a - U_b & -R_b \end{vmatrix} = I(-R_b) - (U_a - U_b)$$

Die *Cramersche Regel* liefert bei nichtverschwindender Nennerdeterminante:

$$I_a = \frac{I \cdot R_b + (U_a - U_b)}{R_a + R_b} = I \cdot \frac{R_b}{R_a + R_b} + \frac{U_a - U_b}{R_a + R_b}$$

Das additive Glied mit der Differenzspannung ist das „Korrekturglied" als Ausgleichsstrom.

Aufgabe 2.2
Die Determinante kann in Unterdeterminanten entwickelt werden. Die Entwicklung nach der ersten Zeile in die drei Unterdeterminanten:

$$1 \cdot \begin{vmatrix} 5 & 6 \\ 8 & 9 \end{vmatrix} - 2 \cdot \begin{vmatrix} 4 & 6 \\ 7 & 9 \end{vmatrix} + 3 \cdot \begin{vmatrix} 4 & 5 \\ 7 & 8 \end{vmatrix} = (45 - 48) - 2 \cdot (36 - 42) + 3 \cdot (32 - 35) = 0$$

Der Wert der Determinanten dritter Ordnung ist also Null.

Aufgabe 2.3
Für das Gleichungssystem werden wieder die Koeffizienten aufgestellt, wobei auch die nicht besetzten Plätze durch die „Null" markiert sind:

x_1	x_2	x_3	x_4	rechte Seite
1	1	0	1	1
0	1	0,5	−1	0,5
0,5	−1	0	0,5	−1
0	0	−1	0,2	−0,5

Die Elemente der Zeilen und Spalten unter den unbekannten x-Werten gehören der Koeffizientendeterminante D an, die im folgenden nach der ersten Spalte entwickelt wird:

$$D = 1 \cdot \begin{vmatrix} 1 & 0,5 & -1 \\ -1 & 0 & 0,5 \\ 0 & -1 & 0,2 \end{vmatrix} + 0,5 \cdot \begin{vmatrix} 1 & 0 & 1 \\ 1 & 0,5 & -1 \\ 0 & -1 & 0,5 \end{vmatrix} = -1,35$$

Die Zählerdeterminante für x_1 wird:

$$D_{x1} = \begin{vmatrix} 1 & 1 & 0 & 1 \\ 0,5 & 1 & 0,5 & -1 \\ -1 & -1 & 0 & 0,5 \\ -0,5 & 0 & -1 & 0,2 \end{vmatrix}$$

Entwicklung nach der dritten Spalte liefert unter Beachtung der Vorzeichen:

$$D_{x1} = -0,5 \begin{vmatrix} 1 & 1 & 1 \\ -1 & -1 & 0,5 \\ -0,5 & 0 & 0,2 \end{vmatrix} + 1 \cdot \begin{vmatrix} 1 & 1 & 1 \\ 0,5 & 1 & -1 \\ -1 & -1 & 0,5 \end{vmatrix} = 1,125$$

Lösung für x_1 nach der Cramerschen Regel:

$$x_1 = -\frac{1,125}{1,35} = -0,833.$$

Ebenso lassen sich die übrigen Unbekannten x_2, x_3 und x_4 ermitteln:

$x_2 = 1$; $x_3 = 0,666$; $x_4 = 0,833$

Aufgabe 2.4
Auch hier ist die Koeffizientendeterminante von Null verschieden, so daß die Lösung mit Hilfe der Cramerschen Regel erfolgen kann.
Wert der Koeffizientendeterminante:

$$D = \begin{vmatrix} j1 & 0 & 0 & 0 & 0 \\ 0 & j1,5 & 0 & j10 & 0 \\ 0 & 0 & j0,5 & -j10 & 0 \\ 1 & 0 & 1 & 0 & -1 \\ 0 & 1 & -1 & -1 & 0 \end{vmatrix}$$

$$= j1 \cdot \left[j1,5 \cdot \begin{vmatrix} j0,5 & -j10 & 0 \\ 1 & 0 & -1 \\ -1 & -1 & 0 \end{vmatrix} + j10 \cdot \begin{vmatrix} 0 & j0,5 & 0 \\ 0 & 1 & -1 \\ 1 & -1 & 0 \end{vmatrix} \right] = j(15,75 + 5) = j20,75$$

Aus dem Gleichungssystem ist bei der Annahme $R_L = 0$ sofort ablesbar, daß:
$\underline{I}_1 = -j1732\,\text{A}$.

Die Zählerdeterminante für I_2 wird dann wieder unter Beachtung der „rechten Seite" des Gleichungssystems:

$$D_2 = \begin{vmatrix} j1 & 1732 & 0 & 0 & 0 \\ 0 & 577 & 0 & j10 & 0 \\ 0 & 0 & j0,5 & -j10 & 0 \\ 1 & 0 & 1 & 0 & -1 \\ 0 & 0 & -1 & -1 & 0 \end{vmatrix} = j\,577\,(-j\,10,5) = 6058,5$$

Für den Strom $\underline{I}_2$ wird dann:

$$\underline{I}_2 = \frac{D_2}{D} = \frac{6058,5}{j20,75} = -j\,291,98\ \text{A}$$

Entsprechend ergeben sich für die übrigen Ströme:
$\underline{I}_k = -j\,2010,07\ \text{A}$
$\underline{I}_{12} = -j\ 278,07\ \text{A}$
$\underline{I}_v = -j\ 13,9\ \text{A}$

Aufgabe 2.5
Das Matrizenprodukt ist nicht kommutativ, d.h. $A \cdot B \ne B \cdot A$

$$A \cdot B = \begin{bmatrix} 1 & 0 & 2 \\ 3 & 1 & -1 \\ 0 & 2 & 3 \end{bmatrix} \cdot \begin{bmatrix} 0 & -1 & 2 \\ 1 & 0 & 1 \\ 2 & 4 & 1 \end{bmatrix}$$

$$= \begin{bmatrix} 0+1+4 & -1+0+8 & 2+0+2 \\ 0+1-1 & -3+0-4 & 6+1-1 \\ 0+2+6 & 0+0+12 & 0+2+3 \end{bmatrix} = \begin{bmatrix} 5 & 7 & 4 \\ 0 & -7 & 6 \\ 8 & 12 & 5 \end{bmatrix}$$

$$B \cdot A = \begin{bmatrix} 0 & -1 & 2 \\ 1 & 0 & 1 \\ 2 & 4 & 1 \end{bmatrix} \cdot \begin{bmatrix} 1 & 0 & 2 \\ 3 & 1 & -1 \\ 0 & 2 & 3 \end{bmatrix}$$

$$= \begin{bmatrix} 0-3+0 & 0-1+4 & 0+1+6 \\ 1+0+0 & 0+0+2 & 2+0+3 \\ 2+12+0 & 0+4+2 & 4-4+3 \end{bmatrix} = \begin{bmatrix} -3 & 3 & 7 \\ 1 & 2 & 5 \\ 14 & 6 & 3 \end{bmatrix}$$

Aufgabe 2.6
Für die Matrix A wird die inverse Matrix nach Gl. (2.26):

$$|A| = \begin{vmatrix} 1 & 3 \\ 4 & 2 \end{vmatrix} = 2 - 12 = -10$$

$$A^{-1} = \frac{1}{-10} \begin{bmatrix} 2 & -3 \\ -4 & 1 \end{bmatrix} = \begin{bmatrix} -0{,}2 & 0{,}3 \\ 0{,}4 & -0{,}1 \end{bmatrix}$$

oder mit Gl. (2.24):

$$\begin{bmatrix} 1 & 3 \\ 4 & 2 \end{bmatrix} \cdot \begin{bmatrix} x_{11} & x_{12} \\ x_{21} & x_{22} \end{bmatrix} = \begin{bmatrix} 1 & 0 \\ 0 & 1 \end{bmatrix} \rightarrow A \cdot X = E$$

$x_{11} + 3x_{21} = 1$
$4x_{11} + 2x_{21} = 0$
$x_{12} + 3x_{22} = 0$
$4x_{12} + 2x_{22} = 1$

Hieraus lassen sich wieder die x-Werte bestimmen:

$x_{11} = -0{,}2;\quad x_{12} = 0{,}3;\quad x_{22} = -0{,}1;\quad x_{21} = 0{,}4$

Für die Matrix B gilt Gl. (2.27). Es werden die Determinante von B und die adjungierte Matrix von B benötigt:

$$\det(B) = \begin{vmatrix} 5 & 0 & 3 \\ 0 & 1 & 0 \\ 2 & 0 & 10 \end{vmatrix} \begin{matrix} 5 & 0 \\ 0 & 1 \\ 2 & 0 \end{matrix} = 50 - 6 = 44$$

$B_{adj} = A_{ki} = A_{ik \text{(transponiert)}}$, d.h. Spiegeln an der Hauptdiagonalen.
Die Unterdeterminanten von A_{ik} sind:

$A_{11} = \begin{vmatrix} 1 & 0 \\ 0 & 10 \end{vmatrix} \qquad A_{21} = |0| \qquad A_{31} = \begin{vmatrix} 0 & 3 \\ 1 & 0 \end{vmatrix}$

$A_{12} = |0| \qquad A_{22} = \begin{vmatrix} 5 & 3 \\ 2 & 10 \end{vmatrix} \qquad A_{32} = |0|$

$A_{13} = \begin{vmatrix} 0 & 1 \\ 2 & 0 \end{vmatrix} \qquad A_{23} = -\begin{vmatrix} 5 & 0 \\ 2 & 0 \end{vmatrix} \qquad A_{33} = \begin{vmatrix} 5 & 0 \\ 0 & 1 \end{vmatrix}$

Bildung von A_{ki}:

$$A_{ki} = \begin{bmatrix} 10 & 0 & -3 \\ 0 & 44 & 0 \\ -2 & 0 & 5 \end{bmatrix} = B_{adj}$$

$$B^{-1} = \frac{1}{44} \begin{bmatrix} 10 & 0 & -3 \\ 0 & 44 & 0 \\ -2 & 0 & 5 \end{bmatrix}$$

$$= \begin{bmatrix} \frac{5}{22} & 0 & -\frac{3}{44} \\ 0 & 1 & 0 \\ -\frac{2}{44} & 0 & \frac{5}{44} \end{bmatrix}$$

Entsprechend wird für die Matrix C:

$\det(C) = \frac{1}{4}$

$$C_{\text{adj}} = \begin{bmatrix} 0 & \frac{1}{2} & -1 \\ -\frac{1}{2} & 1 & -\frac{3}{2} \\ \frac{1}{4} & -\frac{1}{2} & -1 \end{bmatrix}$$

Hieraus kann die inverse Matrix für C nach Gl. (2.26) gebildet werden:

$$C^{-1} = \begin{bmatrix} 0 & 2 & -4 \\ -2 & 4 & -6 \\ 1 & -2 & 4 \end{bmatrix}$$

Aufgabe 2.7
Unter Verwendung der Zahlenschemata Gl. (2.32), Gl. (2.33) und der Iterationsformel Gl. (2.34 liefert der verkettete Algorithmus:

x_1	x_2	x_3	x_4	rechte Seite
1	1	0	1	1
0	1	0,5	-1	0,5
0,5	-1	0	0,5	-1
0	0	-1	0,2	$-0,5$
1	1	0	1	1
0	1	0,5	-1	0,5
$-0,5$	1,5	0,75	$-1,5$	$-0,75$
0	0	1,33	$-1,79$	$-1,49$

Schrittweise lassen sich hieraus die Werte der x_v $(v = 1 \ldots 4)$ errechnen:

$x_4 = \dfrac{-1,49}{-1,79} = 0,833; \quad x_3 = 0,666; \quad x_2 = 1; \quad x_1 = -0,833.$

4 Schrifttum

4.1 Sammel- und Nachschlagewerke

[1] Hütte: Bd. Elektrische Energietechnik. 29. Aufl., 2 Teile, Berlin/Heidelberg/New York: Springer-Verlag
[2] AEG-Hilfsbuch. 2. Aufl., Berlin: Elitera-Verlag, 1976
[3] Handbuch der Elektrotechnik. Berlin/München: Siemens AG
[4] Schaltgeräte-Handbuch. Klöckner Moeller, 1979

4.2 Lehr- und Fachbücher über Starkstromanlagen und deren Schutzeinrichtungen

[5] *Reck, M.:* Elektro-Starkstrom-Anlagen. 2 Bde., Braunschweig: Westermann-Verlag, 1958
[6] *Flosdorff, R.; Hilgarth, R. G.:* Elektrische Energieverteilung. Stuttgart: B. G. Teubner, 1973
[7] *Franken, H.:* Niederspannungs-Leistungsschalter. Berlin/Heidelberg/New York: Springer-Verlag, 1970
[8] *Rüdenberg, R.:* Elektrische Schaltvorgänge in geschlossenen Stromkreisen von Starkstromanlagen. 4. Aufl., Berlin/Heidelberg/New York: Springer-Verlag, 1962
[9] *Funk, G.:* Der Kurzschluß im Drehstromnetz. München: Oldenbourg-Verlag, 1962
[10] *Lau, H.; Hardt, W.:* Energieverteilung. Braunschweig: Vieweg-Verlag, 1968
[11] *Buchhold, Th.; Happoldt, H.:* Elektrische Kraftwerke und Netze. Berlin/Heidelberg/New York: Springer-Verlag, 1963
[12] *Carlé-Linse:* Berechnung von elektrischen Leitungen und Netzen. Stuttgart: Enke Verlag, 1958
[13] *Plath, W.:* Die Niederspannungs-Schaltanlagen. München: Oldenbourg-Verlag, 1960
[14] *Küpfmüller, K.:* Einführung in die theoretische Elektrotechnik. Berlin/Heidelberg/New York: Springer Verlag, 1968
[15] *Rieder, W.:* Plasma und Lichtbogen. Braunschweig: Vieweg-Verlag, 1967
[16] *Kesselring, F.:* Theoretische Grundlagen zur Berechnung der Schaltgeräte. Sammlung Göschen, 1968
[17] *Mohr, O.:* Grundlagen der allgemeinen Elektrotechnik. Sammlung Göschen, Bd. I, II und III, 1956
[18] *Rziha, E. v.:* Starkstromtechnik. Bd. 2, 8. Aufl., Berlin: Ernst-Verlag, 1960
[19] *Fleck, B.:* Hochspannungs- und Niederspannungs-Anlagen. 5. Aufl., Essen: 1965 und 1968
[20] *Greuel, O.:* Mathematische Ergänzungen und Aufgaben für den Elektrotechniker. 3. Aufl., München: Hanser-Verlag, 1968
[21] *Zurmühl, R.:* Matrizen und ihre technische Anwendung. Berlin/Heidelberg/New York: Springer-Verlag, 1964
[22] *Ayres, F.:* Matrizen, Theorie und Anwendung. McGraw-Hill Book Company, 1978
[23] *Ebinger, A.:* Komplexe Rechnung. Berlin: Elitera Verlag, 1973
[24] *Rompe, R.; Weizel, W.:* Theorie elektrischer Lichtbögen und Funken. Leipzig: Joh.-Ambrosius-Barth-Verlag, 1949

[25] *Schönfeld, H.:* Die wissenschaftlichen Grundlagen der Elektrotechnik. Leipzig: S.-Hirzel-Verlag, 1952
[26] *Lafferty, J. M.:* Vacuum arcs, Theory and Application. New York/Chichester/ Brisbane/Toronto: John Wiley & Sons, 1978
[27] *Roth, A.:* Hochspannungstechnik. 5. Aufl., Berlin/Göttingen/Heidelberg: Springer Verlag, 1965

4.3 Veröffentlichungen über Einzelprobleme der elektrischen Anlagentechnik

[28] *Ehmke, B.:* Drehstrom-Hochspannungsübertragung. Siemens-Energietechnik 3 (1981) Beiheft Hochspannungstechnik, S. 4
[29] *Poch, D.:* Hochspannungs-Gleichstrom-Übertragung (HGÜ). Siemens-Energietechnik 3 (1981) Beiheft Hochspannungstechnik, S. 11
[30] *Harbauer, G.; Rameil, W.:* Einfluß der SF_6-Technik auf moderne Schaltanlagenbauweisen. Siemens-Energietechnik 3 (1981) Beiheft Hochspannungstechnik, S. 18
[31] *Welly, J. D.:* Ein Verfahren zur Berechnung der Kenngrößen von Schaltlichtbögen. etz-Archiv 1 (1979) S. 87–90
[32] *Mayr, O.:* Beiträge zur Theorie des statischen und dynamischen Lichtbogens. Arch. f. Elektrotechnik 37 (1943) S. 589–608
[33] *Haubrich, H. J.:* Entwicklung der Kurzschlußströme in Energieübertragungs- und Verteilungsnetzen. etz Elektrotech. Z., Ausg. A 97 (1976) S. 286–292
[34] *Möller, K.:* Schaltlichtbogen-Forschung und Hochspannungs-Schaltgeräte. etz Elektrotech. Z., Ausg. A 101 (1980) S. 290–294
[35] *Dürschner, R.; Hemmeter, E.:* Schaltanlagen in Rohrbauweise für 220 kV bis 400 kV. Siemens-Z. 44 (1970) S. 15–22
[36] *Schramm, H.-H.:* Schaltleistungsprüfung des 35-GVA Schalters H 914 für 420 kV mit vier Unterbrechereinheiten. Siemens-Z. 46 (1972) S. 251–253
[37] *Fehling, H.:* Neue Erkenntnisse an Schaltlichtbögen hoher Stromstärke bei Niederspannungs-Leistungsschaltern. etz Elektrotech. Z., Ausg. A 85 (1964) S. 133–138
[38] *Fehling, H.; Küster, O.:* Beherrschung von Kurzschlüssen in Niederspannungsanlagen. etz Elektrotech. Z., Ausg. B 20 (1961) S. 541–547
[39] *Kriechbaum, K.:* Entwicklungen auf dem Gebiet der Hochspannungs-Hochleistungsschalter. etz Elektrotech. Z. 102 (1981) H. 7, S. 373–377
[40] *Hintertür, K. H.; Karrenbauer, H.:* Leistungsschalter und Netzbetrieb. etz-Arch. 2 (1980) H. 8, S. 219–225
[41] *Leonhardt, G.; Petry, H.:* Die SF_6-Leistungsschalter GD 1 und GD 2 für Mittelspannungs-Schaltanlagen. Calor-Emag Mitt. II (1978)
[42] *Klingenberg, W.; Köster, U.:* Niederspannungs-Leistungsschalter der Reihe A 7 für 400 A bis 2000 A. Calor-Emag Mitt. I (1981)
[43] *Fredebold, W.:* Entwicklungsaufwand für Niederspannungs-Leistungsselbstschalter. etz Elektrotech. Z., Ausg. B 27 (1975) H. 18
[44] *Loh, O.; Brüning, P.; Fuß, P.:* Niederspannungs-Leistungsschalter mit praktisch unbegrenztem Schaltvermögen. Klöckner-Moeller VER 09 und 123–614 (9/76)
[45] *Wierny, H.:* Selektivität in Niederspannungs-Strahlennetzen. Klöckner-Moeller VER 77–411 (1/75)
[46] *Münstermann, K.:* Niederspannungs-Leistungsschalter und Einschub-Leistungsschalter in Schaltanlagen. Elektro-Anzeiger 31 (1978) H. 7, S. 51–54
[47] *Hermann, W.; Ruoss, E.:* Schalterentwicklung und Schaltleistungsprüfung. BBC-Mitt. 67 (1980) H. 4, S. 225–231

[48] *Graber, W.; Gysel, T.:* Das Ausschalten von Kurzschlußströmen mit ausbleibenden Nulldurchgängen durch Hochspannungsschalter. BBC-Mitt. 67 (1980) H. 4, S. 237–243
[49] *Eidinger, A.; Schaumann, R.:* Schwefelhexafluorid (SF_6). BBC-Mitt. 66 (1979) H. 4, S. 303–307
[50] *Gebel, R.; Huhse, P.; Paulus, I.; Welly, J. D.:* Physikalische Untersuchungen zur Entwicklung von Vakuumschaltröhren. Siemens-Energietechnik 3 (1981) Beiheft „Vakuumschalttechnik für Mittelspannung"
[51] *Kindler, H.:* Schalten im Vakuum. Energiewirtschaftliche Tagesfragen (1979) H. 2
[52] *Braun, A.; Eidinger, A.; Ruoss, E.:* Das Ausschalten von Kurzschluß-Wechselströmen in Hochspannungsnetzen. BBC-Mitt. 66 (1979) S. 240–254
[53] *Simon, P.:* Elektronisches Netzschutzsystem für Industrieanlagen. Elektrizitätswirtschaft (1981) H. 23, S. 853–857
[54] *Schär, F.:* Ein elektronischer Sammelschienen-Differentialschutz für unterschiedliche Stromwandlerübertragungen. Bull. schweiz. elektrotech. Ver. 56 (1965) H. 22, S. 989–996
[55] *Kindler, H.:* Über die Berechnung der Druckentwicklung in Schaltanlagen bei Störlichtbögen. Tech. Mitt. AEG-Telefunken 67 (1977) H. 5/6, S. 257–262
[56] *Köster, U.:* Elektronisch gesteuerte kurzverzögerte Kurzschlußauslösung für Niederspannungs-Leistungsschalter mit Energiespeicher, RZ6A. Calor-Emag-Mitt. I (1980)
[57] *Funk, G.:* Einfluß der Netzdaten und Betriebsbedingungen auf die Größe der Anfangs-Kurzschlußwechselströme bei dreipoligem Kurzschluß. Tech. Mitt. AEG-Telefunken 71 (1981) H. 4/5, S. 168–177
[58] *Nelles, D.:* Netzberechnung. Tech. Mitt. AEG-Telefunken 71 (1981) H. 4/5, S. 136–144
[59] *Wehrle, C.:* 40000 Bilder/s enthüllen den Auftrennvorgang an Schmelzleitern von Niederspannungs-Hochleistungssicherungen. Mitt. AEG-Telefunken 48 (1958) H. 4/5
[60] *Wehrle, C.:* Strombegrenzende NH-Sicherungen. Mitt. AEG-Telefunken 48 (1958) H. 4/5
[61] *Fehling, H.:* Das Ausschaltvermögen von Niederspannungs-Leistungsschaltern aus der Sicht alter und neuer VDE-Bestimmungen, in: Jahrbuch Elektrotechnik '84, Berlin und Offenbach: VDE-Verlag GmbH, und etz Elektrotech. Z. 14 (1983) S. 711–713
[62] *Schmelcher, T.:* Selektivität von Sicherungen in elektrischen Anlagen. AG ZVW 50 Siemens-Verlag, 1972

4.4 VDE-Bestimmungen und DIN-Normen für elektrische Starkstromanlagen (Auswahl)

[1] **Katalog '83: VDE-Vorschriftenwerk.** Berlin und Offenbach: VDE-Verlag GmbH. Verzeichnis der vom Verband Deutscher Elektrotechniker (VDE) e. V. herausgegebenen VDE-Bestimmungen und Entwürfe zu VDE-Bestimmungen
[2] **DIN 57100/VDE 0100 Teil 100 bis Teil 750/80 bis 83,** einschließlich der Entwürfe: Errichten von Starkstromanlagen mit Nennspannungen bis 1000 V
[3] **DIN 57101/VDE 0101/11.80:** Errichten von Starkstromanlagen mit Nennspannungen über 1 kV
[4] **VDE 0102 Teil 1/11.71:** Leitsätze für die Berechnung der Kurzschlußströme — Drehstromanlagen mit Nennspannungen über 1 kV

[5] **DIN 57 102 Teil 2/VDE 0102 Teil 2/11.75**: Leitsätze für die Berechnung der Kurzschlußströme — Drehstromanlagen mit Nennspannungen bis 1 kV
[6] **DIN 57 103/VDE 0103/02.82**: Bemessung von Starkstromanlagen auf mechanische und thermische Kurzschlußfestigkeit
[7] **DIN 57 105 Teil 1/VDE 0105 Teil 1/5.75**: VDE-Bestimmung für den Betrieb von Starkstromanlagen. Von Teil 1 bis Teil 15, einschließlich Entwürfe
[8] **DIN 57 115 Teil 1/VDE 0115 Teil 1/06.82**: Bahnen — allgemeine Bau und Schutzbestimmungen
[9] **DIN 57 118 Teil 1/VDE 0118 Teil 1/82 (Entwurf)**: Errichten elektrischer Anlagen im Bergbau unter Tage — allgemeine Festlegungen
[10] **VDE 0210/5.69**: Bestimmungen für den Bau von Starkstrom-Freileitungen mit Nennspannungen über 1 kV
[11] **VDE 0211/2.70**: Bestimmungen für den Bau von Starkstrom-Freileitungen mit Nennspannungen bis 1000 V
[12] **VDE 0255/11.72**: Bestimmungen für Kabel mit massegetränkter Papierisolierung und Metallmantel für Starkstromanlagen
[13] **VDE 0256/5.66 mit Änderung 2 DIN 57 256 A2/VDE 0256 A2/10.81**: Bestimmungen für Niederdruck-Ölkabel und ihre Garnituren für Wechsel- und Drehstromanlagen mit Nennspannungen bis 275 kV
[14] **DIN 57 636 Teil 1/VDE 0636 Teil 1/8.76**: VDE-Bestimmung für Niederspannungs-Sicherungen bis 1000 V Wechselspannung und 3000 V Gleichspannung
[15] **DIN 57 636 Teil 2 bis Teil 41/VDE 0636 Teil 2 bis Teil 41**: VDE-Bestimmungen über NH-DO und D-Systeme
[16] **DIN 57 638/VDE 0638/9.81**: Niederspannungs-Schaltgeräte, Schalter-Sicherungs-Einheiten, DO-System
[17] **VDE 0660 Teil 5/11.67**: Bestimmungen für Niederspannungsschaltgeräte — Bestimmungen für fabrikfertige Schaltgerätekombinationen (FSK) mit Nennspannungen bis 1000 V Wechselspannung und bis 3000 V Gleichspannung
[18] **DIN 57 660 Teil 101/VDE 0660 Teil 101/09.82**: Niederspannungs-Schaltgeräte, Leistungsschalter
[19] **DIN 57 660 Teil 102 bis Teil 301/VDE 0660 Teil 102 bis 301/79 bis 82**: Spezifikationen, Schütze, Hilfsschalter, Motorschalter etc.
[20] **DIN 57 670 A 1/VDE 0670 A 1/..82 (Entwurf)**: Wechselstromschaltgeräte für Spannungen über 1 kV, Asynchronbedingungen
[21] **DIN 57 670 Teil 101/VDE 0670 Teil 101/7.78**: Hochspannungs-Wechselstrom-Leistungsschalter, Allgemeines und Begriffe
[22] **DIN 57 670 Teil 102–Teil 601/VDE 0670 Teil 102–Teil 601/78 bis 82**: Spezifikationen, Typ- und Stückprüfungen, Synthetische Prüfung, Sicherungseinsätze, etc.
[23] **DIN EN 50052/VDE 0670 Teil 801/..82 (Entwurf)**: Kapselungen für gasisolierte Hochspannungsschaltanlagen und zugehörige gasgefüllte Einrichtungen
[24] **DIN 57 675 Teil 2/VDE 0675 Teil 2/8.75**: Richtlinien für Überspannungsschutzgeräte, Anwendung von Ventilableitern für Wechselspannungsnetze
[25] **DIN 1302**: Mathematische Zeichen, Febr. 68
[26] **DIN 1304**: Allgemeine Formelzeichen, Febr. 78
[27] **DIN 1323**: Elektrische Spannung, Potential, Zweipolquelle, elektromotorische Kraft, Febr. 66
[28] **DIN 1324**: Elektrisches Feld, Jan. 72
[29] **DIN 1325**: Magnetisches Feld, Jan. 72
[30] **DIN 1326**: Gasentladungen, März 74
[31] **DIN 1357**: Einheiten elektrischer Größen, Jul. 71

[32] **DIN 4897**: Elektrische Energieversorgung, Dez. 73
[33] **DIN 5483**: Zeitabhängige Größen, Febr. 74
[34] **DIN 5489**: Vorzeichen und Richtungsregeln für elektrische Netze, Nov. 68
[35] **DIN 40108**: Elektrische Energietechnik, Stromsysteme, Mai 78
[36] **DIN 40110**: Wechselstromgrößen, Okt. 75
[37] **DIN 48201**: Leitungsseile aus Kupfer und Bronze, Apr. 65
[38] **DIN 48204**: Leitungsseile aus Aluminium-Stahl, Jul. 74

5 Sachregister

Teil I

Ableitung 60
Abschnittswiderstände 97
Aldrey 48, 49
Aluminium-Stahl 48
Amplituden 14
Anfangsspannung 56
Anlagen-Kosten 94
Aron-Schaltung 41
Aufgenommener Leitungsstrom 100
Augenblickswerte 15
Austrittsarbeit 49
Außenleiter 15
Außenleiterspannungen 16
Außenleiterströme 15

Bedingungsgleichungen 111
Berührungsspannung 56
Betriebsspannung 56
Bezugsspannung 27
Blindleistung 22
Blitzschutzerdung 52
Bündelleiter 49

CENELEC-Harmonisierungsdokumente 23
Cramersche Regel 36

Determinantenverfahren 35, 36
Deutsche Verbundgesellschaft 44
Dielektrische Verluste 107
Differentialgleichung der Fernleitung 103
Differenzspannung 77
Donaumast 50
Drehfelder 13
Drehoperatoren 27
Drehstrom-Ringleitungen 87
Drehstromsystem 13, 17

Drehstromtechnik 13
Dreieck-Schaltung 18
Dreieckströme 18
Dreimantelkabel 54
Dreiphasen-Vierleitersystem 21
Dreiwattmeter-Methode 39

Einseitig gespeist 62
Einwattmeter-Methode 38
Einzelleistung 22
Elektro-Energiebedarf 43
Elektrolyseanlagen 68
Erdseil 52
Erdungsspannung 56
Ersatzbelastungen 114, 115
Ersatzschaltbild 60
Ersatzspeisestellen 74
Ersatzstrom 115
Erzeugerseite 106

Fernleitung 102
Ferrari 13
Fiktive Länge 70
Filterkreise 106
Flächenbelastung 108
Freileitung 48
Frequenz 15
Frequenzunabhängigkeit 107

Gesamtleistung 22
Gesamtspannungsfall 66
Gittermast 51
Gleichstromleitung 60
Grafische Lösung 28

Hilfskoeffizienten-Matrix 127
Hin- und Rückleitung 80
Hirschgeweihmast 51
Hochgespannte Drehstromübertragung (HDÜ) 44
Hochgespannte Gleichstromübertragung (HGÜ) 44
Hoch- und Höchstspannungsleitung 104
Hohlleiter 49

IEC-Empfehlungen 43
Induktiver Widerstand 58
Industrienetze 108
Inverse Matrix 130, 131
Iterationsverfahren 134

Kabel 53
Kapazitive Stromanteile 100
Kapazitiver Widerstand 59
Kirchhoffsche Sätze 36
Klemmenspannung 56
Knotenpunktgleichung 36
Knotenpunktpotential 129, 132
Knotenpunktspannungen 133
Knotenpunktverfahren 132
Kopfstationen 106
Koronaentladung 49
Koronaverluste 50
Korrekturglied 77
Kraftwerk Klingenberg 42
Kreisförmiges Magnetfeld 13
Kreisfrequenz 15
Kurzschlußstrom 15, 16

Ladestrom 100
Längsspannungsfall 79
Längswiderstände 57
Lastdichte 108
Leistung 21, 22, 23
Leistungsfaktor 22
Leistungsformel 82
Leistungsmesser 39
Leistungsmessung 38
Leistungsverlust 64
Leitermaterial 48
Leitervolumen 70
Leitungen 48
Leitungen mit R und X 91
Leitungen mit R, X und C 99
Leitungsgleichung für
    Fernleitungen 104
Leitungskonstanten 57
Leitungsquerschnitt 64
Leitungsstrom 100
Leitungswiderstand 62

Leitwertmatrix 133
Leitwert-Operator 35
Linienbild 16
Luftkühlung 107

Maschengleichung 36
Maschennetz 46
Maschenströme 128
Mastbild 51
Maste 51
Mastgründung 52
Matrizenprodukt 128
Matrizen-Schreibweise 129
Mehrphasensystem 13, 14
Meßwiderstände 38, 39

Nennerdeterminante 36
Nennspannung 55
Netzabbau 120, 121
Netzaufbau 122, 124
Netzformen 45
Netzmodelle 46
Netzumwandlung 119
Netzwerk, linear 126
Neutralleiter 20
Niederspannungsnetz 47
Normenausschuß 13
Nulleiter 21

Ölkabel 54
Offene Leitung 62
Ohmscher Widerstand 58
Orientiertes Gerüst 126, 127

Parallelschaltung 20
Phasenverschiebungswinkel 16
Portalmast 51

Quellenspannung 15, 17
Querschnittsbestimmung 77
Querspannungsfall 79
Querwiderstände 57

Ringschaltung 15
Ringströme 15
Ringnetz 45

Seekabel 107
Selektivschutz 46
Spaltenvektor 128
Spannungsfallwert 64
Spannungsverlauf 76
Spannungsverlust 63
Spannungszeiger 24, 25
Spannweiten 52
Spezifische Belastung 67
Symmetrische Spannung 29
Symmetrische Mehrphasensysteme 15

Scheinleistung 22
Schwachstromanlagen 5

Starkstromanlagen 5
Sternpunkt 20
Sternpunktleiter 20
Sternschaltung 21
Sternströme 20
Strahlennetz 47
Strangspannungen 15
Strangströme 18
Stromkreise 63
Strommomente 66
Stromrichterventile 106
Stütz-Scheinleistungen 87
Stützströme 74

Teilvermaschung 108
Thyristoren für HGÜ 106, 107
Transponierte Matrix 129
Trassenbreite 43

Übertragungsspannung 43
Unsymmetrische Belastung 29

Ventileigenschaften 106
Verbraucherseite 106
Verbundbetrieb 44
Verbundsysteme 45
Vergrößerungsfaktor 93
Verkettetes Mehrphasensystem 15
Vermaschung 108

Verwandlungsverfahren 69
Verwerfungsmethode 104
Verzweigungspunkt 69
Viererbündel 49
Vollvermaschung 108

Wanderwellen 52
Wechselspannungen 14
Wechselrichter 106
Wechsel- und Drehstromleitung 79
Widerstandsmatrix 130

Zeigerbild 16
Zwangskühlung 53
Zweiseitig gespeiste Leitung 73, 86
Zweiwattmeter-Methode 41

Teil II

Abzweigdrosseln 178
Anfangs-Kurzschlußwechselstrom 143
Anfangszeitkonstante 191
Anfangs-Quellenspannung 144
Ankerrückwirkung 152, 156
Anlagenschutz 135
Asymmetrischer Kurzschlußstromverlauf 152
Atmosphärische Störungen 136
Ausgleichstrom 147
Ausschaltleistung der Leistungsschalter 181, 183
Ausschaltwechselstrom I_a 158

Bezugsspannung U_B 175
Bogenkern 136

C-Faktor 168

Dauerkurzschlußstrom I_k 158
Dreieck-Stern-Umwandlung 198
Dreipoliger Kurzschluß 137, 139
Durchlaßstrom I_D 158

379

Einphasige Ersatzschaltung 169
Einpoliger Kurzschluß 139
Einschaltaugenblick 148
Einschaltvorgänge 145
Einsekundenstrom 165
Elektrodynamische Festigkeit 135
Elektrodynamische Kräfte 152, 160
End-Kurzschlußstrom I_k 146
Erdkurzschluß 140
Erdschluß 141
Erdschlußspulen 141
Erdschlußwiderstände 141
Ersatzgenerator 176
Ersatzgenerator bei starrer Einspeisung 181
Ersatzkurzschlußspannung 182
Ersatznetz 199
Ersatzquellenspannung 172
Ersatzreaktanz bei starrer Einspeisung 181

Fiktive Quellenspannung 201, 202
Fiktiver Speisepunkt 202
Foucault-Ströme 193

Geerdeter Sternpunkt 140
Gekapselte Generatorableitung 192, 193
Generatorferner Kurzschluß 152
Generatornaher Kurzschluß 155, 156
Generatorreaktanz 143
Generator-Quellenspannung 156
Gleichstromglied 148
Grundstromkreis 145

Hauptbeanspruchung 164
Hüllenströme 193
Hüllkurve 152

IEC-Publikation 135
Isolationsstützer 162

Klemmenkurzschluß 192
Knotenpunktspannungen 208
Knotenpunktverfahren 207, 208
Kopfzeigerdiagramm 170
Kurzschluß 135
Kurzschlußbahn 152
Kurzschlußbahnimpedanz 168
Kurzschluß im Ringnetz 194
Kurzschluß im Strommaximum 152
Kurzschlußleistung 135
Kurzschlußsichere Verbindung 192
Kurzschlußspannung 174
Kurzschlußstrom 136
Kurzschlußstrombegrenzung 158
Kurzschlußstrom-Begrenzungsdrossel 178
Kurzschlußstromverlauf 151, 152
Kurzschlußstromverlauf bei Generatornähe 191
Kurzschlußversuchsschaltung 155
Kurzschlußwechselstrom 157
Kurzschlußzeitpunkt 153

Leitsätze 135, 139
Leitungsbeiträge 177
Lichtbogen-Erdschluß 140
Lichtbogen-Kurzschluß 136
Lichtbogenplasma 137
Lichtbogenwiderstand 137

Mechanische Kurzschlußfestigkeit 161

Nennkurzschluß-Ausschaltvermögen 160
Nennkurzschluß-Einschaltvermögen 160
Nennkurzzeitstrom 166, 167
Nennstrom 143
Netzreaktanz 143
Netzverwandlung 197, 198, 199
Nichtstarre Einspeisung 186

Rechteckschienen 163
Reziproke Betriebssituation 201
Rückkühlmöglichkeit 193

Sammelschienendrossel 178
Sarrussche Regel 204
Satter Kurzschluß 136
Selektivschutz 137
Subtransiente Längsreaktanz 167
Subtransiente Reaktanz 144
Symmetrische Feldverteilung 193
Symmetrische Komponenten 141
Symmetrischer Kurzschlußstromverlauf 151
Synchrone Reaktanz 191

Ständerstreuspannung 175
Ständerstreuwiderstand 175
Starre Einspeisung 178, 179
Stationärer Wechselstrom 147
Stoßfaktor 158, 159
Stoßkurzschlußstrom 152, 153
Streckgrenze 164
Stromanstiegsgeschwindigkeit 145
Stromkräfte 161

Teilkurzschlußströme 157
Thermische Belastung 165
Thermische Festigkeit 135
Thermischer Mittelwert 165, 166
Trägheitsmoment 162
Transformatorbeitrag 176
Transformator in der Kurzschlußbahn 173, 174
Transformatorübersetzungsverhältnis 183
Transiente Reaktanz 191

Übergangswiderstand 144
Übergangszeitkonstante 191
Umbruchkräfte 162, 163
Unsymmetrische Netzbelastung 141
Unterdeterminante 204

Verketteter Algorithmus 206, 207

Zeitkonstante 150
Zeitkonstante des Gleichstromgliedes 191
Zweipoliger Kurzschluß 139

Teil III

Ableitstrom 295, 296
Ableitwiderstände 295
Alterung 243, 245
Anode 219
Anodenbrennfleck 220
Anodenfall 220
Antriebsmittel 228
Auslöseglieder 228
Auslösezeit 228
Ausschaltvorgang 228
Ausschaltvermögen 210
Ausschaltzeit 228, 229
Automaten 213

Bimetall 229
Biot-Savart-Gesetz 226
Blaskammer 285
Blaskolben 285
Blasventil 279
Blitzüberspannungen 293, 294
Bogeneinschnürung 219
Brennfleck 220
Brennfleckbeweglichkeit 220
Brennfleckkontraktion 220
Bypasswiderstände 295, 296

Deion-Kammer 234
Differential-Relais 268
Digitale Einstellung 266
Distanzrelais 267
Druckgas-Schalter 215
Druckluft-Leistungsschalter 279
Durchlaßstrom 240 (158 II)

Eigenzeit 228, 229
Einfahrschalter 288
Einschubtechnik 236
Einschubvorrichtung 230
Einschwingfrequenz 276
Einschwingspannung 274, 275, 290
Einstufiges Kontaktsystem 232
Elastische Stöße 219
elektronegativ 285
Elektronen 219
Elektronenaffinität 285
Elektronengas 219
Elektronisches Schutzrelais 266
Erdkapazitäten 269
Erdschlußschutz 269
Erdschluß-Arbeitsstromauslöser 271
Erdschluß-Leistungstrenner 271
Erdschluß-Richtungsrelais 270
Erdschlußstrom 269

Fabrikfertige Schaltgeräte-Kombination (FSK) 213
Fallende Charakteristik 223
Freiauslösung 216
Freiluft-Leistungsschalter 215
Freistrahlschalter 215
Fußpunkte 222

Geschottete Schaltanlagen 297
Gesamtausschaltzeit 228
Getterwirkung 282
Gleichrichter-Sicherung 246
Gleichstromprinzip 274
Gleiteigenschaften 228
Glimmentladung 218
Grenzausschaltvermögen 237
Grundzeit 273

Halboffene Bauweise 250
Hebeltrenner 214
Hochspannungskreis 289, 290
Hochspannungs-Leistungsschalter 276
Hochspannungs-Schaltanlagen 291

Hochspannungs-Schaltgeräte 213, 214, 215
Hochstromkreis 289

Innenraum-Leistungsschalter 215
Ionen 219
Ionengas 219
Ionisation 218

Katode 219
Katodenfall 219
Katodenspur 222
Kassinische Kurven 233
Katodischer Brennfleck 220
Kennlinien von NH-Sicherungen 245
Klein-Selbstschalter 239
Kompakte Bauform 250
Kontaktengestelle 232
Kontakterwärmung 209
Kontaktkräfte 209
Kontaktmaterial 231
Kontaktsystem 232
Kontaktzündung 222
Kurzschlußfortschaltung 272
Kurzschluß-Prüfanlagen 209
Kurzschlußstrombegrenzung 237, 238
Kurzunterbrechung 272
Kurzverzögerter Überstromauslöser 230
KU-Zeit 272

Längsströmung 278
Lastschalter 212, 213
Laufschienen 222
Leerschalter (Trennschalter) 211
Leistungsschalter 212
Lichtbogendauer 228, 229
Lichtbogen-Erdschluß 270
Lichtbogenentladung 217, 218
Lichtbogenentwicklungszeit 228
Lichtbogenlöscheinrichtung 230, 234

Lichtbogen-Löschkammer
(LBK) 209, 231
Lichtbogenlöschung 209
Lichtbogenplasma 219
Löschstift 279

Magnetische Blasung 234
Magnetische Zusatzblasung 227
Maschennetz-Schalter 260
Maschennetz-Sicherung 246, 259
Mehrstufige Schaltstück-
  systeme 234
Mehrzweck-Lastschalter 215
Messende Auslöser 229
Metalldampf 222
Metallelektroden 218
Metallgekapselte Schalt-
  anlagen 293
Mittelspannungs-Leistungs-
  schalter 276
Mittelspannungs-Schalt-
  anlagen 296
Motorschalter 212

Negative Raumladung 220
Neutralgas 219
Neutralteilchen 219
NH-Sicherungen 241, 242
Niederspannungs-Leistungs-
  schalter 228, 230, 237
Niederspannungs-Schalt-
  anlagen 299
Niederspannungs-Schaltgeräte 211

Ölarmer Leistungsschalter 277, 278
Ölschalter 210, 277
Ölströmungsschalter 215

Positive Raumladung 220
Potentiallinienverteilung 233
Prüfzyklus 249

Quarzsand 224
Quasineutral 219
Querströmung 278

Raumladungsgebiet 221
Regeln für Schaltgeräte (RES) 209
Rekombinationsvorgänge 243
Restgase 236
Ringkontakt 279
Rückleistung 261
Rückleistungsrelais 261

Sammelschienenschutz 267, 268
Selbstblasungs-Löschmittel-
  strömung 288
Selektive Zeitstaffelung 230
Selektivität 230
SF_6-Schalter 215
Sicherungen für Leiterschutz 245
Sicherungen für Motorschutz 245
Sicherungseinsätze 242
Sicherungs-Unterteil 242
Synthetische Prüfschaltung 288, 289

Schaltapparate 209
Schaltfelder 297
Schaltgeräte 209, 210, 211
Schaltkombination mit
  Sicherung 212
Schaltstücke 231
Schaltüberspannung 293, 294
Scherentrenner 214
Schmelzleiter 241, 242
Schnellzeit 267
Schutzeinrichtungen 209
Schutzfunkenstrecke 294
Schwefelhexafluorid 284, 285
Schweißfestigkeit 231
Schwingstrom 290

Staffelbarer Niederspannungs-
  Leistungsschalter 230
Staffelung 251
Staffelzeit 251

Stahlblechgekapselte Schalt-
  anlagen 297
Strombegrenzende Leistungs-
  schalter 239
Stromdichteverteilung 232
Stromengestelle 242, 244
Stromnulldurchgang 274
Stromselektivität 251
Stromtragfähigkeit 232
Stromübergangsstelle 232

Teillichtbögen 234
Thermische Auslöser 229
Thermische Dissoziation 285
Thermische Elektronen-
  emission 220
Thermische Ionisation 218
Thermisches Plasma 218
Townsend-Entladung 218
Typprüfung 286

Überlastschutz 229
Überschwingfaktor 276
Überspannungsableiter 295
Überspannungsbegrenzung 294
Überspannungsschutz 293
Überspannungsschutz-
  einrichtung 294
Überstromrelais 265
Überstrom-Richtungsrelais 266
Überstromschutz 265
Umladungen 219
Unterimpedanzanregung 267
Unverzögerte Ausschaltung 229

Vakuum-Leistungsschalter 280
Vakuum-Lichtbogen 281
Vakuumschalter 215
Vakuumschaltröhre 281, 282
Verharrzeit 228
Verzugszeit 238
Vollkapselung 291
Volumenlöschung 224, 243

Wechselstromprinzip 274

Zeitselektivität 251
Zeit-Strom-Kennlinie 236, 237
Zwangskühlung 249

Teil IV

Adjungierte Matrix 333
Adjunkte 311, 320
Assoziativgesetz 328

Cramersche Regel 313

Determinante 311
Determinantenbegriff 311
Diagonalmatrix 331

Einheitsmatrix 331
Elemente 313

Gaußscher Algorithmus 338

Hauptdiagonale 320

Inverse Matrix 332

Koeffizienten-Determinante 313
Kommutativgesetz 328

Lineares Gleichungssystem 312

Matrix 311, 327
Matrizenalgebra 328
Matrizenprodukt 329

Nennerdeterminante 313
Nichtquadratische Matrix 327, 330
Nullmatrix 331
Nullstellen 324

Quadratische Matrix 327

Rändern 320
Rang einer Determinante 320
Rang einer Matrix 332

Sarrussche Regel 313
Spalte 312
Spalte der Absolutglieder 311, 312, 314
Stürzen oder Spiegeln 322

Transponierte Anordnung 336

Unterdeterminante 311, 320

Verketteter Algorithmus 338
Vorzeichenregel 321

Zeile 312

Kommentare zur VDE 0100

Die Fachbände der VDE-Schriftenreihe sind Kommentar und Erläuterung zu einer Vielzahl von VDE-Bestimmungen. Speziell für den Praktiker ist diese Reihe ein wichtiges Instrument zum Verständnis und zur einwandfreien Anwendung der VDE-Bestimmungen. Nachfolgend eine kleine Auswahl:

VDE-Schriftenreihe Band 32

Bemessung und Schutz von Leitungen und Kabeln nach DIN 57 100/VDE 0100 Teil 430 und 523

von H. Haufe, H.-J. Oehms und D. Vogt, 1981
118 Seiten, zahlr. Abb. und Tab., Format A5, kartoniert
ISBN 3-8007-1228-8, Bestell-Nr. 400 232
18,50 DM zzgl. Versandkosten

Für einen gefahrlosen und zuverlässigen Betrieb von elektrischen Anlagen müssen Leitungen und Kabel bei betrieblicher Überlastung und bei Kurzschluß geschützt werden. Um Schäden zu verhindern und eine Gefährdung der Umgebung zu vermeiden, müssen daher Maßnahmen gegen das Entstehen unzulässig hoher Temperaturen getroffen werden.
In der Vergangenheit benutzten die europäischen Länder sehr unterschiedliche Maßstäbe. Inzwischen hat auch die CENELEC die neuen Sachinhalte der IEC-Publikationen übernommen und die gesamten Bestimmungen zum Überstromschutz als Harmonisierungsdokumente veröffentlicht, deren Sachinhalt nun wiederum in VDE 0100 zu übernehmen ist.
In dem vorliegenden Band 32 wird die veröffentlichte Neufassung des alten § 41 der VDE 0100 durch die Teile 430 und 523 der VDE 0100 durch Erläuterungen mit Bildern, Beispielen und Aufgaben leicht verständlich dargestellt.

VDE-Schriftenreihe Band 35

Potentialausgleich und Fundamenterder VDE 0100/VDE 0190

von Ing. (grad.) Dieter Vogt, 1979
84 Seiten, zahlr. Abb. und Fotos, Format A5, kartoniert
ISBN 3-8007-1155-9, Bestell-Nr. 400 235
15,– DM zzgl. Versandkosten

Durch die Vielzahl von Leitungs- und Rohranlagen in Neubauten können Fehler oder Mängel in einem Leitungssystem ungünstige Rückwirkungen auf ein anderes System haben. Dies gilt insbesondere hinsichtlich der Möglichkeiten des Verschleppens elektrischer Spannungen. Um beim Auftreten solcher Mängel einen erhöhten Schutz, vor allem gegen Berührungsspannungen, zu erzielen, wird nach VDE 0190 ein Potentialausgleich gefordert.
Die vorliegende Broschüre gibt einen wichtigen Überblick über den zentralen wie lokalen Potentialausgleich und beschreibt die notwendigen Maßnahmen.

VDE-Schriftenreihe Band 36

Prüfung der Schutzmaßnahmen in Starkstromanlagen in Haushalt, Gewerbe und Landwirtschaft

von J. Karnofsky, U. Kionka, D. Vogt, 1979
93 Seiten, zahlr. Abb. und Fotos, Format A5, kartoniert
ISBN 3-8007-1164-8, Bestell-Nr. 400 236
19,80 DM zzgl. Versandkosten

In der vorliegenden Broschüre geben Autoren dem Errichter, Planer und Betreiber von Elektro-Installationsanlagen Antwort auf die Fragen, die sich bei der Prüfung von Schutzmaßnahmen ergeben. Neben Kriterien für die Beurteilung geeigneter Meßgeräte werden Hinweise für die rationelle und korrekte Durchführung der Messungen gegeben. In eigenen Abschnitten kommen die Isolationsmessung, Prüfung der niederohmigen Verbindung der Schutzleiter, Erdungswiderstandsmessung, Schleifenwiderstandsmessung usw. zur Behandlung.
Band 36 sollte daher jedem Errichter, Planer und Betreiber von Elektro-Installationsanlagen vorliegen, um die Gewähr für richtiges Messen zu geben.

Eine ausführliche Übersicht aller z. Z. lieferbaren Bände dieser Reihe senden wir Ihnen gern zu. Bestellungen bitte direkt an den Verlag oder an Ihre Buchhandlung.

VDE-VERLAG GmbH · Bismarckstraße 33 · D-1000 Berlin 12

Informationen zur VDE 0100

NEU

Sonderdruck aus dem Kompakt-Kurs
Von der VDE 0100 zur neuen DIN 57 100 / VDE 0100

Wenn Sie bereits im Besitz aller neuen VDE-Bestimmungen der VDE 0100 sind, informiert Sie der farbig aufbereitete Sonderdruck „Von der VDE 0100 zur neuen DIN 57 100/VDE 0100" auf 192 Seiten, Format A4, schnell und umfassend. Er sagt Ihnen durch unterschiedliche Farbgebung genau ● was noch gilt ● was unverändert oder nur redaktionell überarbeitet weiter gilt und wo es jetzt zu finden ist ● was sich geändert hat ● was weggefallen ist und schließlich ● was völlig neu ist. Das Buch vermittelt Ihnen in ganz kurzer Zeit den Überblick, den Sie sich seit langem wünschen. Wenn Sie die alte VDE 0100 kennen, sind Sie in ein paar Stunden mit der neuen bestens vertraut. Interessant für Sie ist – wir halten Sie auf dem laufenden! Denn jedesmal, wenn durch die Neuordnung der VDE 0100 Änderungen eintreten, erscheint ein Folgeband, ebenfalls farblich gekennzeichnet, lernfreundlich.

Von der VDE 0100 zur neuen DIN 57 100/ VDE 0100 kostet beim Erstbezug 78,– DM zzgl. Versandkosten. Die weiteren überarbeiteten und ergänzten Ausgaben, die ca. alle 6 bis 9 Monate erscheinen, liefern wir Ihnen zum ermäßigten Preis von jeweils 48,– DM.

Achtung! Für alle, die noch nicht die neuen bzw. überarbeiteten und ergänzten VDE-Bestimmungen der VDE 0100 vorliegen haben, bietet der VDE-VERLAG in Zusammenarbeit mit dem Technischen Lehrinstitut Dr.-Ing. P. Christiani, Konstanz, den Fernlehrgang „Von der VDE 0100 zur neuen DIN 57 100/VDE 0100" an, der sich wie folgt zusammensetzt:

- einer Tonbandkassette und einer Flipchart zur Einführung in die elektrotechnische Normung und die Neuordnung der VDE 0100
- einer Erklärung wichtiger Begriffe
- der Gliederung der neuen DIN 57 100/VDE 0100
- dem umfangreichen farbigen Übersichtsteil
- allen bisher erschienenen Normblättern der neuen Normenreihe sowie wichtigen Entwürfen
- einem Begriffs- und Stichwortverzeichnis
- einem Sammelordner
- Preis 268,– DM

Einen ausführlichen, bebilderten Informationsprospekt senden wir Ihnen gern zu.

VDE-VERLAG GmbH · Bismarckstraße 33 · D-1000 Berlin 12

ckgabe spätestens am

MAI 1995